“十三五”时期国家地表水环境质量评价技术要求

中国环境监测总站 / 编著

中国环境出版集团 · 北京

图书在版编目（CIP）数据

“十三五”时期国家地表水环境质量评价技术要求/中国环境监测总站编著. —北京：中国环境出版集团，2021.11

ISBN 978-7-5111-4816-2

Ⅰ. ①十… Ⅱ. ①中… Ⅲ. ①地面水—水环境质量评价—中国 Ⅳ. ①X824

中国版本图书馆 CIP 数据核字（2021）第 242591 号

出 版 人 武德凯
责任编辑 殷玉婷
责任校对 薄军霞
封面设计 宋 瑞

出版发行 中国环境出版集团
（100062 北京市东城区广渠门内大街 16 号）
网 址：http://www.cesp.com.cn
电子邮箱：bjgl@cesp.com.cn
联系电话：010-67112765（编辑管理部）
发行热线：010-67125803，010-67113405（传真）
印 刷 北京中科印刷有限公司
经 销 各地新华书店
版 次 2021 年 11 月第 1 版
印 次 2021 年 11 月第 1 次印刷
开 本 787×960 1/16
印 张 25.5
字 数 450 千字
定 价 120.00 元

《“十三五”时期国家地表水环境质量评价技术要求》编写指导委员会

主　任：陈善荣　吴季友

副主任：陈金融　刘廷良　景立新　肖建军

委　员：（以姓氏笔画为序）

王业耀　付　强　孙宗光　李建军

杨　凯　徐　琳　温香彩

《“十三五”时期国家地表水环境质量评价技术要求》
编写委员会

主　编：嵇晓燕　肖建军　杨　凯

副主编：孙宗光　李文攀　尚用锁

委　员：（以姓氏笔画为序）

丁　页　王旭佳　王明翠　王姗姗
王淑娟　白　雪　任　蓓　刘　允
刘　京　刘喜惠　许秀艳　孙宗光
阴美晓　李　波　李　曌　李文攀
李旭冉　李晓明　陈　平　陈　鑫
陈文鹏　陈亚男　尚用锁　周　密
侯欢欢　姜明岑　姚志鹏　贺　鹏
黄欣然　彭　丹　嵇晓燕　解　鑫

统　稿：嵇晓燕　尚用锁

前　言

2015 年，国务院印发《水污染防治行动计划》（国发〔2015〕17 号），将水污染防治工作提升至前所未有的高度，同时也提出了以改善水环境质量为核心的总体要求。为完成地表水环境质量目标，原环境保护部先后印发《"十三五"国家地表水环境质量监测网设置方案》（环监测〔2016〕30 号）和《关于做好国家地表水环境质量监测事权上收工作的通知》（环办监测〔2017〕70 号），优化调整了国家地表水环境质量监测网，并遵循"国家考核、国家监测"的原则实施了以自动监测与采测分离手工监测相结合的地表水环境质量监测事权上收。

为科学、客观地评价地表水环境质量，有效地促进《水污染防治行动计划》的实施，基于调整后的"十三五"国家地表水环境质量监测网获取的自动和手工监测数据，形成了一系列数据融合、评价、考核、排名计算方法和技术要求。包括在地表水环境质量标准基础上延伸形成的地表水环境质量评价技术要求、《水污染防治行动计划》地表水环境质量考核技术要求、地级及以上城市国家地表水考核断面水环境质量排名技术要求、地表水环境质量监测数据统计技术要求和地表水环境本底判定技术要求。这些技术要求均以办法或技术规定的形式下发，指导水环境质量报告编制、信息发布、质量考核、城市排名等工作，为水环境管理提供了重要技术支撑。

本书将相关技术要求汇总编制并提供部分报告实例，供从事地表水环境质量监测评价、水污染防治工作的管理和技术人员，以及环境监测和环境科学专业的研究人员参考。由于时间仓促，加之水平有限，书中难免存有不足之处，甚至有失偏颇，恳请广大读者批评指正。

编 者

2021 年 8 月于北京

目　录

第 1 章　“十三五”国家地表水环境质量监测网设置技术要求 1

1.1　断面（点位）设置原则 1

1.2　总体设置情况 2

1.3　各流域断面设置情况 4

第 2 章　地表水环境质量相关标准 13

2.1　范围 13

2.2　引用标准 14

2.3　水域功能和标准分类 14

2.4　标准值 14

2.5　水质评价 17

2.6　水质监测 18

第 3 章　地表水环境质量评价技术要求 24

3.1　适用范围 24

3.2　规范性引用文件 24

3.3　术语和定义 24

3.4　评价指标 25

3.5　评价方法 26

3.6　数据统计 37

3.7　水质状况展示图表征 38

第 4 章　水污染防治行动计划地表水环境质量考核技术要求 45

4.1　基本情况 45

4.2　考核内容 45

4.3　指标解释及评分细则 46

4.4　考核方法 56

第 5 章 地级及以上城市国家地表水考核断面水环境质量排名技术要求 57
5.1 适用范围 57
5.2 规范性引用文件 57
5.3 排名方法 58
5.4 数据统计 61
5.5 信息发布 63
第 6 章 地表水环境质量监测数据统计技术要求 65
6.1 适用范围 65
6.2 规范性引用文件 65
6.3 术语和定义 66
6.4 数据统计 67
6.5 数据整合 68
6.6 数据修约 70
第 7 章 地表水环境本底判定技术要求 72
7.1 适用范围 72
7.2 规范性引用文件 72
7.3 环境本底的判定 73
7.4 环境本底判定程序及应用 74
7.5 环境本底判定工作需提交的相关材料 75
第 8 章 报告示例 77
示例一：2019 年第四季度和 1—12 月全国地表水环境质量状况（新闻通稿） 78
示例二：2019 年 12 月全国地表水环境质量（微信公众号发布报告） 86
示例三：全国地表水水质月报（2019 年 12 月） 89
示例四：2019 年中国生态环境质量报告中地表水环境质量状况部分 187
示例五："十三五"时期地表水环境质量状况及变化趋势（生态环境监测要情） 223
附件 "十三五"时期国家地表水环境质量监测网各流域断面设置情况 234

第1章 “十三五”国家地表水环境质量监测网设置技术要求

2016年，环境保护部印发了《“十三五”国家地表水环境质量监测网设置方案》（环监测〔2016〕30号）。“十三五”国家地表水环境质量监测网是在“十二五”国家地表水环境质量监测网的基础上优化、调整、扩充后形成的，在基本说清全国地表水环境质量的基础上，也考虑了国家地表水污染防治考核的需求，首次将国家地表水环境质量评价断面与流域考核断面进行了整合统一。

1.1 断面（点位）设置原则

（1）代表性：“十三五”国家地表水环境质量监测网覆盖全国主要河流干流及重要的一级、二级支流，兼顾重点区域的三级、四级支流，重点湖泊、水库等；设定的断面（点位）具有区域空间代表性，能代表所在水系或区域的水环境质量状况，可以全面、真实、客观地反映所在水系或区域的水环境质量和污染物的时空分布状况及特征。

（2）连续性：在“十二五”972个断面（点位）以及“十二五”省控、市控和县控断面（点位）的基础上进行筛选、调整，“十三五”增加的断面（点位）优先考虑“十二五”已有的省控、市控和县控断面（点位），原则上不新设断面（点位），保证我国环境监测数据的历史延续性。

（3）多功能性：“十三五”国家地表水环境质量监测网包含评价、考核、排名断面和趋势科研断面。评价、考核、排名断面以改善水环境质量为核心，满足流域水污染防治目标任务考核和城市水环境质量排名等当前环境管理的需求；趋势科研断面在一定时期内固定不变，可以反映流域水环境质量的长期变化趋势。

（4）覆盖范围：

①河流：我国主要水系的干流、流域面积在 1 000 km^2 以上的重要一级、二级支流，重点区域的三级、四级支流，重要的国界河流、省界河流、大型水利设施所在水体等。一般情况下，干流断面间隔距离约 50 km，一级支流设置 2 个断面，二级及以下支流设置 1 个断面。

②湖库：面积在 100 km^2（或储水量在 10 亿 m^3 以上）的重要湖泊、库容在 10 亿 m^3 以上的重要水库以及重要跨国界湖库等，重点增加良好湖库点位。一般每 50～100 km^2 设置 1 个监测点位，同时空间分布具有代表性。

③北方河流、湖库：考虑到我国南、北方水资源分布的不均衡性，北方地区流域面积或库容较小的重要河流或湖库可酌情设置断面（点位）。

（5）国控断面（点位）类型：背景断面、对照断面、控制断面、国界断面、省界断面、市界断面、县界断面、湖库点位、重要饮用水水源地断面（点位）。

（6）断面位置具体要求：

①对照断面：断面上游 2 km 内不应有影响水质的直排污染源或排污沟；

②控制断面：应尽可能选在水质均匀的河段；

③监测断面的设置要具有可达性、采样的便利性；

④根据不同原则设置的断面发生重复时，只设置一个断面。

（7）国界断面：监测断面布设在靠近边境的中国国境以内，界河和界湖适当增加沿河重要城市的控制断面，出入境河流监测断面与国境线间没有排污口或支流汇入口。

（8）省界、市界、县界断面：原则上设置在上下游交界、符合断面设置原则处或下游地区的入境处。

1.2　总体设置情况

“十三五”国家地表水环境质量监测网涉及全国十大流域和大型湖库。“十二五”时期设置的国控断面（点位）有 972 个，其中，河流断面 766 个、湖库点位 206 个，监测 423 条河流（含“三湖”的环湖河流）、62 座湖库；“十三五”时期在此基础上扩充调整后，共设置国控断面（点位）2 767 个，其中，评价、考核、排名断面 1 940 个，入海控制断面 195 个（其中，85 个同时为评价、考核、排名断面），趋势科研断面 717 个。

“十三五”国控断面（点位）包括河流断面 2 424 个、湖库点位 343 个，共监测 1 366 条河流和 139 座湖库。设置跨界断面 957 个，其中，国界断面 93 个，省界断面 299 个，市界断面 408 个，县界断面 157 个（以最高级别统计数量）。“十三五”国控地表水环境质量监测断面（点位）各流域分布情况见表 1.2-1。

表 1.2-1 “十三五”国控地表水环境质量监测断面（点位）各流域分布情况

流域（区域）名称		“十二五”国控断面数量/个	“十三五”国控断面数量/个	监测河流（湖库）数量/个	流域面积/万 km^2	干流河长/km	断面数量增减情况/个
长江		160	648	319	180.8	7 379	488
黄河		62	213	94	79.5	5 464	151
珠江		54	293	173	57.9	2 197	239
松花江		88	186	90	92.2	2 309	98
淮河		94	269	174	32.9	1 000	175
海河		64	191	115	31.8	1 090	127
辽河		55	142	71	31.2	1 430	87
浙闽片		45	168	117	23.7	—	123
西北诸河		52	113	69	345	—	61
西南诸河		31	92	59	85	—	61
太湖	湖体	20	20	1	—	—	0
	河流	34	75	56	—	39	41
巢湖	湖体	8	8	1	—	—	0
	河流	11	16	11	—	5	5
滇池	湖体	10	10	1	—	—	0
	河流	16	18	18	—	2	2
大型湖库		168	305	136	—	—	137
总计		972	2 767	1 505	960	—	1 795

1.3 各流域断面设置情况

1.3.1 长江流域

长江流域“十二五”时期国控断面160个，保留159个，取消1个，新增489个，调整后“十三五”时期国控断面为648个。其中，评价、考核、排名断面510个，入海控制断面3个（其中，1个同时为评价、考核、排名断面），趋势科研断面136个。主要分布在青海、西藏、云南、四川、贵州、重庆、甘肃、陕西、河南、湖北、湖南、江西、安徽、江苏和上海15个省（区、市）。监测断面详细分布情况见表1.3-1。其中，省界断面78个，市界断面112个。

表1.3-1 长江流域监测断面各省（区、市）分布情况 单位：个

省份	“十二五”国控断面数	保留	新增	取消	“十三五”国控断面数
青海	1	1	0	0	1
西藏	1	1	3	0	4
云南	7	7	17	0	24
四川	21	21	71	0	92
贵州	4	4	27	0	31
重庆	11	11	63	0	74
甘肃	1	1	1	0	2
陕西	8	8	9	0	17
河南	5	4	13	1	17
湖北	27	27	113	0	140
湖南	26	26	45	0	71
江西	21	21	55	0	76
安徽	13	13	22	0	35
江苏	12	12	26	0	38
上海	2	2	24	0	26
合计	160	159	489	1	648

“十三五”国家地表水环境质量监测网长江流域共监测319条河流。其中，干流3条，一级支流132条，二级支流122条，三级支流50条，四级及以下支流10条，独流入海的河流2条。

1.3.2 黄河流域

黄河流域“十二五”时期国控断面 62 个，保留 62 个，新增 151 个，调整后“十三五”时期国控断面为 213 个。其中，评价、考核、排名断面 137 个，入海控制断面 1 个（同时为评价、考核、排名断面），趋势科研断面 76 个。主要分布在青海、甘肃、宁夏、内蒙古、山西、陕西、河南和山东 8 个省（区）。监测断面详细分布情况见表 1.3-2。其中，省界断面 44 个，市界断面 48 个，县界断面 29 个。

表 1.3-2 黄河流域监测断面各省（区）分布情况 单位：个

省份	“十二五”国控断面数	保留	新增	“十三五”国控断面数
青海	6	6	7	13
甘肃	7	7	12	19
宁夏	5	5	10	15
内蒙古	7	7	13	20
山西	10	10	31	41
陕西	13	13	37	50
河南	10	10	28	38
山东	4	4	13	17
合计	62	62	151	213

“十三五”国家地表水环境质量监测网黄河流域共监测 94 条河流。其中，干流 1 条，一级支流 52 条，二级支流 36 条，三级支流 4 条，四级及以下支流 1 条。

1.3.3 珠江流域

珠江流域“十二五”国控断面 54 个，保留 53 个，取消 1 个，新增 240 个，调整后“十三五”时期国控断面为 293 个。其中，评价、考核、排名断面 165 个，入海控制断面 70 个（其中，20 个同时为评价、考核、排名断面），趋势科研断面 78 个。主要分布在云南、贵州、广西、广东、海南、福建和湖南 7 个省（区）。监测断面详细分布情况见表 1.3-3。其中，国界断面 7 个，省界断面 22 个，市界断面 64 个，县界断面 26 个。

表 1.3-3 珠江流域监测断面各省（区）分布情况 单位：个

省份	“十二五”国控断面数	保留	新增	取消	“十三五”国控断面数
云南	4	4	13	0	17
贵州	4	4	17	0	21
广西	17	17	57	0	74
广东	19	18	127	1	145
海南	10	10	23	0	33
福建	0	0	2	0	2
湖南	0	0	1	0	1
合计	54	53	240	1	293

“十三五”国家地表水环境质量监测网珠江流域共监测 173 条河流。其中，干流 22 条，独流入海的河流 65 条，一级支流 54 条，二级支流 23 条，三级支流 9 条。

1.3.4 松花江流域

松花江流域“十二五”国控断面 88 个，保留 87 个，取消 1 个，新增 99 个，调整后“十三五”时期国控断面为 186 个。其中，评价、考核、排名断面 108 个，趋势科研断面 78 个。主要分布在黑龙江、吉林和内蒙古 3 个省（区）。监测断面详细分布情况见表 1.3-4。其中，国界断面 26 个，省界断面 26 个，市界断面 22 个，县界断面 19 个。

表 1.3-4 松花江流域监测断面各省（区）分布情况 单位：个

省份	“十二五”国控断面数	保留	新增	取消	“十三五”国控断面数
黑龙江	52	52	46	0	98
吉林	20	19	41	1	60
内蒙古	16	16	12	0	28
合计	88	87	99	1	186

“十三五”国家地表水环境质量监测网松花江流域共监测 90 条河流。其中，干流 5 条，一级支流 37 条，二级支流 44 条，三级支流 4 条。

1.3.5 淮河流域

淮河流域“十二五”国控断面 94 个，保留 93 个，取消 1 个，新增 176 个，调整后“十三五”时期国控断面为 269 个。其中，评价、考核、排名断面 180 个，入海控制断面 52 个（其中，14 个同时为评价、考核、排名断面），趋势科研断面 51 个。主要分布在湖北、河南、安徽、山东和江苏 5 个省。监测断面详细分布情况见表 1.3-5。其中，省界断面 34 个，市界断面 71 个，县界断面 26 个。

表 1.3-5 淮河流域监测断面各省分布情况 单位：个

省份	“十二五”国控断面数	保留	新增	取消	“十三五”国控断面数
湖北	0	0	1	0	1
河南	21	21	25	0	46
安徽	27	27	29	0	56
山东	26	25	55	1	80
江苏	20	20	66	0	86
合计	94	93	176	1	269

“十三五”国家地表水环境质量监测网淮河流域共监测 174 条河流。其中，干流 1 条，一级支流 67 条，二级支流 33 条，三级支流 6 条，四级支流 1 条，独流入海的河流 66 条。

1.3.6 海河流域

海河流域“十二五”国控断面 64 个，保留 64 个，新增 127 个，调整后“十三五”时期国控断面为 191 个。其中，评价、考核、排名断面 161 个，入海控制断面 26 个（其中，19 个同时为评价、考核、排名断面），趋势科研断面 23 个。主要分布在北京、天津、河北、河南、内蒙古、山东和山西 7 个省（区、市）。监测断面详细分布情况见表 1.3-6。其中，省界断面 54 个，市界断面 24 个，县界断面 6 个。

“十三五”国家地表水环境质量监测网海河流域共监测 115 条河流。其中，干流 4 条，一级支流 21 条，二级支流 31 条，三级支流 30 条，四级及以下支流 14 条，独流入海的河流 14 条，引水渠道 1 条。

表 1.3-6 海河流域监测断面各省（区、市）分布情况　　单位：个

省份	“十二五”国控断面数	保留	新增	“十三五”国控断面数
北京	7	7	13	20
天津	10	10	15	25
河北	27	27	57	84
河南	5	5	11	16
内蒙古	1	1	0	1
山东	9	9	11	20
山西	5	5	20	25
合计	64	64	127	191

1.3.7 辽河流域

辽河流域“十二五”国控断面 55 个，保留 54 个，取消 1 个，新增 88 个，调整后“十三五”时期国控断面为 142 个。其中，评价、考核、排名断面 106 个，入海控制断面 19 个（其中，12 个同时为评价、考核、排名断面），趋势科研断面 29 个。主要分布在内蒙古、吉林和辽宁 3 个省（区）。监测断面详细分布情况见表 1.3-7。其中，国界断面 16 个，省界断面 15 个，市界断面 24 个，县界断面 6 个。

表 1.3-7 辽河流域监测断面各省（区）分布情况　　单位：个

省份	“十二五”国控断面数	保留	新增	取消	“十三五”国控断面数
内蒙古	5	5	14	0	19
吉林	17	17	8	0	25
辽宁	33	32	66	1	98
合计	55	54	88	1	142

“十三五”国家地表水环境质量监测网辽河流域共监测 71 条河流。其中，干流 6 条，一级支流 34 条，二级支流 14 条，独流入海的河流 17 条。

1.3.8 浙闽片河流

浙闽片河流“十二五”国控断面 45 个，保留 44 个，取消 1 个，新增 124 个，

调整后“十三五”时期国控断面为 168 个。其中，评价、考核、排名断面 125 个，入海控制断面 20 个（其中，17 个同时为评价、考核、排名断面），趋势科研断面 40 个。主要分布在安徽、浙江和福建 3 个省。监测断面详细分布情况见表 1.3-8。其中，省界断面 5 个，市界断面 22 个，县界断面 32 个。

表 1.3-8 浙闽片监测断面各省分布情况 单位：个

省份	“十二五”国控断面数	保留	新增	取消	“十三五”国控断面数
安徽	4	4	1	0	5
浙江	24	24	73	0	97
福建	17	16	50	1	66
合计	45	44	124	1	168

“十三五”国家地表水环境质量监测网浙闽片共监测 117 条河流。

1.3.9 西北诸河

西北诸河“十二五”国控断面 52 个，保留 51 个，取消 1 个，新增 62 个，调整后“十三五”时期国控断面为 113 个。其中，评价、考核、排名断面 62 个，趋势科研断面 51 个。主要分布在新疆、甘肃、青海和内蒙古 4 个省（区）。监测断面详细分布情况见表 1.3-9。其中，国界断面 13 个，省界断面 2 个，市界断面 4 个，县界断面 2 个。

表 1.3-9 西北诸河监测断面各省（区）分布情况 单位：个

省份	“十二五”国控断面数	保留	新增	取消	“十三五”国控断面数
新疆	47	46	45	1	91
甘肃	4	4	9	0	13
青海	1	1	5	0	6
内蒙古	0	0	3	0	3
合计	52	51	62	1	113

“十三五”国家地表水环境质量监测网西北诸河共监测 69 条河流。

1.3.10 西南诸河

西南诸河“十二五”国控断面 31 个，保留 31 个，新增 61 个，调整后“十三五”时期国控断面为 92 个。其中，评价、考核、排名断面 63 个，趋势科研断面 29 个。主要分布在西藏和云南 2 个省(区)。监测断面详细分布情况见表 1.3-10。其中，国界断面 31 个，省界断面 3 个，市界断面 4 个，县界断面 8 个。

“十三五”国家地表水环境质量监测网西南诸河共监测 59 条河流。其中，干流 8 条，一级支流 33 条，二级支流 16 条，三级支流 2 条。

表 1.3-10 西南诸河监测断面各省（区）分布情况 单位：个

省份	“十二五”国控断面数	保留	新增	“十三五”国控断面数
西藏	10	10	27	37
云南	21	21	34	55
合计	31	31	61	92

1.3.11 太湖流域

太湖流域“十二五”国控断面（点位）54 个，保留 54 个，新增 41 个，调整后“十三五”时期国控断面为 95 个。其中，评价、考核、排名断面 72 个，入海控制断面 4 个（其中，1 个同时为评价、考核、排名断面），趋势科研断面 20 个，主要分布在江苏、浙江和安徽 3 个省。监测断面（点位）详细分布情况见表 1.3-11。其中，省界断面 16 个，市界断面 13 个，县界断面 3 个。

湖体“十二五”国控点位 20 个，保留 20 个，“十三五”时期为 20 个。环湖河流“十二五”国控断面 34 个，保留 34 个，新增 41 个，调整后“十三五”时期国控断面为 75 个。

“十三五”国家地表水环境质量监测网太湖流域共监测 56 条河流。

表 1.3-11 太湖流域监测断面（点位）各省分布情况 单位：个

省份	“十二五”国控断面（点位）数	保留	新增	“十三五”国控断面（点位）数
江苏	42	42	16	58
浙江	12	12	24	36
安徽	0	0	1	1
合计	54	54	41	95

1.3.12 巢湖流域

巢湖流域“十二五”国控断面（点位）19 个，保留 19 个，新增 5 个，调整后“十三五”时期国控断面（点位）为 24 个。其中，评价、考核、排名断面 22 个，趋势科研断面 2 个。主要分布在安徽省。

湖体“十二五”国控点位 8 个，保留 8 个，“十三五”时期为 8 个。环湖河流“十二五”国控断面 11 个，保留 11 个，新增 5 个，调整后“十三五”时期国控断面为 16 个。

“十三五”国家地表水环境质量监测网巢湖流域共监测 11 条河流。

1.3.13 滇池流域

滇池流域“十二五”国控断面（点位）26 个，保留 26 个，新增 2 个，调整后“十三五”时期国控断面（点位）为 28 个。其中，评价、考核、排名断面 22 个，趋势科研断面 6 个。主要分布在云南省。

湖体“十二五”国控点位 10 个，保留 10 个，“十三五”时期为 10 个。环湖河流“十二五”时期国控断面 16 个，保留 16 个，新增 2 个，调整后“十三五”时期国控断面为 18 个。

“十三五”国家地表水环境质量监测网滇池流域共监测 18 条河流。

1.3.14 大型湖库

大型湖库“十二五”监测 32 座湖泊，保留 32 座，新增 34 座，调整后“十三五”时期监测 66 座湖泊，“十三五”国家地表水环境质量监测网湖泊共监测 192

个点位。其中，评价、考核、排名湖泊 57 座，点位 138 个，趋势科研湖泊 22 座，点位 54 个。

大型湖库“十二五”监测 27 座水库，保留 27 座，新增 43 座，调整后“十三五”时期监测 70 座水库。“十三五”国家地表水环境质量监测网水库共监测 113 个点位。其中，评价、考核、排名水库 52 座，点位 69 个，趋势科研水库 25 座，点位 44 个。

第 2 章　地表水环境质量相关标准

地表水环境质量的相关标准主要是依据国家环境保护总局和国家质量监督检验检疫总局于 2002 年发布的《地表水环境质量标准》（GB 3838—2002）。标准的制定是为贯彻《中华人民共和国环境保护法》和《中华人民共和国水污染防治法》，防治水污染，保护地表水水质，保障人体健康，维护良好的生态系统。标准项目分为地表水环境质量标准基本项目、集中式生活饮用水地表水源地补充项目和集中式生活饮用水地表水源地特定项目。《地表水环境质量标准》基本项目适用于全国江河、湖泊、运河、渠道、水库等具有使用功能的地表水水域；集中式生活饮用水地表水源地补充项目和特定项目适用于集中式生活饮用水地表水源地一级保护区和二级保护区。集中式生活饮用水地表水源地特定项目由县级以上人民政府环境保护行政主管部门根据本地区地表水水质特点和环境管理的需要进行选择，集中式生活饮用水地表水源地补充项目和选择确定的特定项目作为基本项目的补充指标。标准项目共计 109 项，其中，地表水环境质量标准基本项目 24 项，集中式生活饮用水地表水源地补充项目 5 项，集中式生活饮用水地表水源地特定项目 80 项，本书结合现行国家标准和《国家地表水环境质量监测网监测任务作业指导书》（试行）对 24 项地表水环境质量标准基本项目的分析方法、最低检出限和方法来源进行了补充和更新。

2.1　范围

GB 3838—2002 按照地表水环境功能分类和保护目标，规定了水环境质量应控制的项目及限值，以及水质评价、水质项目的分析方法和标准的实施与监督。

GB 3838—2002 适用于中华人民共和国领域内江河、湖泊、运河、渠道、水库等具有使用功能的地表水水域。具有特定功能的水域，执行相应的专业用水水质标准。

2.2 引用标准

《生活饮用水卫生规范》（卫生部，2001 年）和本书表 2.6-1～表 2.6-3 所列分析方法标准及规范中所含条文在 GB 3838—2002 中被引用即构成为 GB 3838—2002 条文，与本标准同效。当上述标准和规范修订时，应使用其最新版本。

2.3 水域功能和标准分类

依据地表水水域环境功能和保护目标，按功能高低依次划分为五类：

Ⅰ类主要适用于源头水、国家自然保护区；

Ⅱ类主要适用于集中式生活饮用水地表水源地一级保护区、珍稀水生生物栖息地、鱼虾类产卵场、仔稚幼鱼的索饵场等；

Ⅲ类主要适用于集中式生活饮用水地表水源地二级保护区、鱼虾类越冬场、洄游通道、水产养殖区等渔业水域及游泳区；

Ⅳ类主要适用于一般工业用水区及人体非直接接触的娱乐用水区；

Ⅴ类主要适用于农业用水区及一般景观要求水域。

对应地表水上述五类水域功能，将地表水环境质量标准基本项目标准分为五类，不同功能类别分别执行相应类别的标准值。水域功能类别高的标准值严于水域功能类别低的标准值。同一水域兼有多类使用功能的，执行最高功能类别对应的标准值。实现水域功能与达标功能类别标准为同一含义。

2.4 标准值

地表水环境质量标准基本项目标准限值见表 2.4-1。

表 2.4-1 地表水环境质量标准基本项目标准限值

序号	项目	Ⅰ类	Ⅱ类	Ⅲ类	Ⅳ类	Ⅴ类
1	水温/℃	人为造成的环境水温变化应限制在：周平均最大温升≤1；周平均最大温降≤2				
2	pH（量纲一）	6～9				
3	溶解氧 ≥	饱和率 90%（或 7.5）	6	5	3	2

序号	项目		Ⅰ类	Ⅱ类	Ⅲ类	Ⅳ类	Ⅴ类
4	高锰酸盐指数	≤	2	4	6	10	15
5	化学需氧量（COD）	≤	15	15	20	30	40
6	五日生化需氧量（BOD_5）	≤	3	3	4	6	10
7	氨氮（NH_3-N）	≤	0.15	0.5	1.0	1.5	2.0
8	总磷（以 P 计）	≤	0.02（湖、库 0.01）	0.1（湖、库 0.025）	0.2（湖、库 0.05）	0.3（湖、库 0.1）	0.4（湖、库 0.2）
9	总氮（湖、库，以 N 计）	≤	0.2	0.5	1.0	1.5	2.0
10	铜	≤	0.01	1.0	1.0	1.0	1.0
11	锌	≤	0.05	1.0	1.0	2.0	2.0
12	氟化物（以 F^- 计）	≤	1.0	1.0	1.0	1.5	1.5
13	硒	≤	0.01	0.01	0.01	0.02	0.02
14	砷	≤	0.05	0.05	0.05	0.1	0.1
15	汞	≤	0.000 05	0.000 05	0.000 1	0.001	0.001
16	镉	≤	0.001	0.005	0.005	0.005	0.01
17	铬（六价）	≤	0.01	0.05	0.05	0.05	0.1
18	铅	≤	0.01	0.01	0.05	0.05	0.1
19	氰化物	≤	0.005	0.05	0.2	0.2	0.2
20	挥发酚	≤	0.002	0.002	0.005	0.01	0.1
21	石油类	≤	0.05	0.05	0.05	0.5	1.0
22	阴离子表面活性剂	≤	0.2	0.2	0.2	0.3	0.3
23	硫化物	≤	0.05	0.1	0.2	0.5	1.0
24	粪大肠菌群/（个/L）	≤	200	2 000	10 000	20 000	40 000

集中式生活饮用水地表水源地补充项目标准限值见表 2.4-2。

表 2.4-2 集中式生活饮用水地表水源地补充项目标准限值 单位：mg/L

序号	项目	标准值
1	硫酸盐（以 SO_4^{2-}计）	250
2	氯化物（以 Cl^-计）	250
3	硝酸盐（以 N 计）	10
4	铁	0.3
5	锰	0.1

集中式生活饮用水地表水源地特定项目标准限值见表 2.4-3。

表 2.4-3 集中式生活饮用水地表水源地特定项目标准限值 单位：mg/L

序号	项目	标准值	序号	项目	标准值
1	三氯甲烷	0.06	41	丙烯酰胺	0.000 5
2	四氯化碳	0.002	42	丙烯腈	0.1
3	三溴甲烷	0.1	43	邻苯二甲酸二丁酯	0.003
4	二氯甲烷	0.02	44	邻苯二甲酸二（2-乙基己基）酯	0.008
5	1,2-二氯乙烷	0.03	45	水合肼	0.01
6	环氧氯丙烷	0.02	46	四乙基铅	0.000 1
7	氯乙烯	0.005	47	吡啶	0.2
8	1,1-二氯乙烯	0.03	48	松节油	0.2
9	1,2-二氯乙烯	0.05	49	苦味酸	0.5
10	三氯乙烯	0.07	50	丁基黄原酸	0.005
11	四氯乙烯	0.04	51	活性氯	0.01
12	氯丁二烯	0.002	52	滴滴涕	0.001
13	六氯丁二烯	0.000 6	53	林丹	0.002
14	苯乙烯	0.02	54	环氧七氯	0.000 2
15	甲醛	0.9	55	对硫磷	0.003
16	乙醛	0.05	56	甲基对硫磷	0.002
17	丙烯醛	0.1	57	马拉硫磷	0.05
18	三氯乙醛	0.01	58	乐果	0.08
19	苯	0.01	59	敌敌畏	0.05
20	甲苯	0.7	60	敌百虫	0.05

序号	项目	标准值	序号	项目	标准值
21	乙苯	0.3	61	内吸磷	0.03
22	二甲苯①	0.5	62	百菌清	0.01
23	异丙苯	0.25	63	甲萘威	0.05
24	氯苯	0.3	64	溴氰菊酯	0.02
25	1,2-二氯苯	1.0	65	阿特拉津	0.003
26	1,4-二氯苯	0.3	66	苯并[*a*]芘	2.8×10^{-6}
27	三氯苯②	0.02	67	甲基汞	1.0×10^{-6}
28	四氯苯③	0.02	68	多氯联苯⑥	2.0×10^{-5}
29	六氯苯	0.05	69	微囊藻毒素-LR	0.001
30	硝基苯	0.017	70	黄磷	0.003
31	二硝基苯④	0.5	71	钼	0.07
32	2,4-二硝基甲苯	0.000 3	72	钴	1.0
33	2,4,6-三硝基甲苯	0.5	73	铍	0.002
34	硝基氯苯⑤	0.05	74	硼	0.5
35	2,4-二硝基氯苯	0.5	75	锑	0.005
36	2,4-二氯苯酚	0.093	76	镍	0.02
37	2,4,6-三氯苯酚	0.2	77	钡	0.7
38	五氯酚	0.009	78	钒	0.05
39	苯胺	0.1	79	钛	0.1
40	联苯胺	0.000 2	80	铊	0.000 1

注：①二甲苯：指对-二甲苯、间-二甲苯、邻-二甲苯；
②三氯苯：指 1,2,3-三氯苯、1,2,4-三氯苯、1,3,5-三氯苯；
③四氯苯：指 1,2,3,4-四氯苯、1,2,3,5-四氯苯、1,2,4,5-四氯苯；
④二硝基苯：指对-二硝基苯、间-二硝基苯、邻-二硝基苯；
⑤硝基氯苯：指对-硝基氯苯、间-硝基氯苯、邻-硝基氯苯；
⑥多氯联苯：指 PCB-1016、PCB-1221、PCB-1232、PCB-1242、PCB-1248、PCB-1254、PCB-1260。

2.5 水质评价

地表水环境质量评价应根据应实现的水域功能类别，选取相应类别标准，进行单因子评价，评价结果应说明水质达标情况，超标的应说明超标项目和超标倍数。

丰水期、平水期、枯水期特征明显的水域，应分水期进行水质评价。

集中式生活饮用水地表水源地水质评价的项目应包括表 2.4-1 中的基本项目、表 2.4-2 中的补充项目以及由县级以上人民政府环境保护行政主管部门从表 2.4-3 中选择确定的特定项目。

2.6 水质监测

标准规定的项目标准值，要求水样采集后自然沉降 30 分钟，取上层非沉降部分按规定方法进行分析。

地表水水质监测的采样布点、监测频率应符合国家地表水环境监测技术规范的要求。

标准水质项目的分析方法应优先选用表 2.6-1～表 2.6-3 中的方法，也可采用 ISO 方法体系等其他等效分析方法，但必须进行适用性检验。其中，表 2.6-1 结合现行国家标准和《国家地表水环境质量监测网监测任务作业指导书》（试行）对分析方法、最低检出限和方法来源进行了补充和更新。

表 2.6-1 地表水环境质量标准基本项目分析方法

序号	项目	分析方法	最低检出限/（mg/L）	方法来源
1	水温	温度计法	—	GB 13195—91
2	pH	玻璃电极法	—	HJ 1147—2020
3	溶解氧	碘量法	0.2	GB 7489—87
		电化学探头法	—	HJ 506—2009
4	高锰酸盐指数	—	0.5	GB 11892—89
5	化学需氧量	重铬酸盐法	4	HJ 828—2017
6	五日生化需氧量	稀释与接种法	0.5	HJ 505—2009
7	氨氮	纳氏试剂分光光度法	0.025	HJ 535—2009
		水杨酸分光光度法	0.004	HJ 536—2009
8	总磷	钼酸铵分光光度法	0.01	GB 11893—89
9	总氮	碱性过硫酸钾消解紫外分光光度法	0.05	HJ 636—2012
10	铜	2,9-二甲基-1,10-菲啰啉分光光度法	0.02	HJ 486—2009
		二乙基二硫代氨基甲酸钠分光光度法	0.01	HJ 485—2009
		原子吸收分光光度法（螯合萃取法）	0.001	GB 7475—87
		电感耦合等离子体质谱法	0.000 08	HJ 700—2014
		电感耦合等离子体发射光谱法	0.006	HJ 776—2015
		石墨炉原子吸收分光光度法	0.001	1）

序号	项目	分析方法	最低检出限/（mg/L）	方法来源
11	锌	原子吸收分光光度法	0.05	GB 7475—87
		电感耦合等离子体质谱法	0.000 67	HJ 700—2014
		电感耦合等离子体发射光谱法	0.004	HJ 776—2015
12	氟化物	氟试剂分光光度法	0.02	HJ 488—2009
		离子选择电极法	0.05	GB 7484—87
		离子色谱法	0.006	HJ 84—2016
13	硒	2,3-二氨基萘荧光法	0.000 25	GB 11902—89
		石墨炉原子吸收分光光度法	0.003	GB/T 15505—1995
		原子荧光法	0.000 4	HJ 694—2014
		电感耦合等离子体质谱法	0.000 41	HJ 700—2014
14	砷	二乙基二硫代氨基甲酸银分光光度法	0.007	GB 7485—87
		原子荧光法	0.000 3	HJ 694—2014
		电感耦合等离子体质谱法	0.000 12	HJ 700—2014
15	汞	冷原子吸收分光光度法	0.000 01	HJ 597—2011
		原子荧光法	0.000 04	HJ 694—2014
16	镉	原子吸收分光光度法（螯合萃取法）	0.001	GB 7475—87
		电感耦合等离子体质谱法	0.000 05	HJ 700—2014
		石墨炉原子吸收分光光度法	0.000 1	1）
17	铬（六价）	二苯碳酰二肼分光光度法	0.004	GB 7467—87
18	铅	原子吸收分光光度法（螯合萃取法）	0.01	GB 7475—87
		电感耦合等离子体质谱法	0.000 09	HJ 700—2014
		石墨炉原子吸收分光光度法	0.001	1）
19	氰化物	硝酸银滴定法	0.25	HJ 484—2009
		异烟酸-吡唑啉酮比色法	0.004	
		异烟酸-巴比妥酸比色法	0.001	
		吡啶-巴比妥酸比色法	0.002	
20	挥发酚	4-氨基安替比林分光光度法	0.000 3	HJ 503—2009
21	石油类	紫外分光光度法	0.01	HJ 970—2018
22	阴离子表面活性剂	亚甲蓝分光光度法	0.05	GB 7494—1987
23	硫化物	亚甲基蓝分光光度法	0.003	HJ 1226—2021
24	粪大肠菌群	滤膜法	—	HJ 374.1—2018
		多管发酵法	—	HJ 374.2—2018

注：分析方法、最低检出限和方法来源已补充和更新。

粪大肠菌群滤膜法最低检出限为 2CFU/L；多管发酵法为 3MPN/L。

表中 1）为《水和废水监测分析方法（第四版）》，中国环境科学出版社，2002 年。

表 2.6-2 集中式生活饮用水地表水源地补充项目分析方法

序号	项目	分析方法	最低检出限/（mg/L）	方法来源
1	硫酸盐	重量法	10	GB 11899—89
		火焰原子吸收分光光度法	0.4	GB 13196—91
		铬酸钡光度法	8	1）
		离子色谱法	0.09	HJ 84—2001
2	氯化物	硝酸银滴定法	10	GB 11896—89
		硝酸汞滴定法	2.5	1）
		离子色谱法	0.02	HJ 84—2001
3	硝酸盐	酚二磺酸分光光度法	0.02	GB/T 7480—87
		紫外分光光度法	0.08	1）
		离子色谱法	0.08	HJ 84—2001
4	铁	火焰原子吸收分光光度法	0.03	GB 11911—89
		邻菲啰啉分光光度法	0.03	1）
5	锰	高碘酸钾分光光度法	0.02	GB 11906—89
		火焰原子吸收分光光度法	0.01	GB 11911—89
		甲醛肟光度法	0.01	1）

注：暂采用下列分析方法，待国家方法标准发布后，执行国家标准。
表中 1）为《水和废水监测分析方法（第三版）》，中国环境科学出版社，1989 年。

表 2.6-3 集中式生活饮用水地表水源地特定项目分析方法

序号	项目	分析方法	最低检出限/（mg/L）	方法来源
1	三氯甲烷	顶空气相色谱法	0.000 3	GB/T 17130—1997
		气相色谱法	0.000 6	2）
2	四氯化碳	顶空气相色谱法	0.000 05	GB/T 17130—1997
		气相色谱法	0.000 3	2）
3	三溴甲烷	顶空气相色谱法	0.001	GB/T 17130—1997
		气相色谱法	0.006	2）
4	二氯甲烷	顶空气相色谱法	0.008 7	2）
5	1,2-二氯乙烷	顶空气相色谱法	0.012 5	2）
6	环氧氯丙烷	气相色谱法	0.02	2）
7	氯乙烯	气相色谱法	0.001	2）

序号	项目	分析方法	最低检出限/（mg/L）	方法来源
8	1,1-二氯乙烯	吹扫捕集气相色谱法	0.000 018	2）
9	1,2-二氯乙烯	吹扫捕集气相色谱法	0.000 012	2）
10	三氯乙烯	顶空气相色谱法	0.000 5	GB/T 17130—1997
		气相色谱法	0.003	2）
11	四氯乙烯	顶空气相色谱法	0.000 2	GB/T 17130—1997
		气相色谱法	0.001 2	2）
12	氯丁二烯	顶空气相色谱法	0.002	2）
13	六氯丁二烯	气相色谱法	0.000 02	2）
14	苯乙烯	气相色谱法	0.01	2）
15	甲醛	乙酰丙酮分光光度法	0.05	HJ 13197—91
		4-氨基-3-联氨-5-巯基-1,2,4-三氮杂茂（AHMT）分光光度法	0.05	2）
16	乙醛	气相色谱法	0.24	2）
17	丙烯醛	气相色谱法	0.019	2）
18	三氯乙醛	气相色谱法	0.001	2）
19	苯	液上气相色谱法	0.005	GB 11890—89
		顶空气相色谱法	0.000 42	2）
20	甲苯	液上气相色谱法	0.005	GB 11890—89
		二硫化碳萃取气相色谱法	0.05	
		气相色谱法	0.01	2）
21	乙苯	液上气相色谱法	0.005	GB 11890—89
		二硫化碳萃取气相色谱法	0.05	
		气相色谱法	0.01	2）
22	二甲苯	液上气相色谱法	0.005	GB 11890—89
		二硫化碳萃取气相色谱法	0.05	
		气相色谱法	0.01	2）
23	异丙苯	顶空气相色谱法	0.003 2	2）
24	氯苯	气相色谱法	0.01	HJ/T 74—2001
25	1,2-二氯苯	气相色谱法	0.002	GB/T 17131—1997
26	1,4-二氯苯	气相色谱法	0.005	GB/T 17131—1997
27	三氯苯	气相色谱法	0.000 04	2）
28	四氯苯	气相色谱法	0.000 02	2）
29	六氯苯	气相色谱法	0.000 02	2）
30	硝基苯	气相色谱法	0.000 2	GB 13194—91

序号	项目	分析方法	最低检出限/（mg/L）	方法来源
31	二硝基苯	气相色谱法	0.2	2）
32	2,4-二硝基甲苯	气相色谱法	0.000 3	GB 13194—91
33	2,4,6-三硝基甲苯	气相色谱法	0.1	2）
34	硝基氯苯	气相色谱法	0.000 2	GB 13194—91
35	2,4-二硝基氯苯	气相色谱法	0.1	2）
36	2,4-二氯苯酚	电子捕获-毛细色谱法	0.000 4	2）
37	2,4,6-三氯苯酚	电子捕获-毛细色谱法	0.000 04	2）
38	五氯酚	气相色谱法	0.000 04	GB 8972—88
		电子捕获-毛细色谱法	0.000 024	2）
39	苯胺	气相色谱法	0.002	2）
40	联苯胺	气相色谱法	0.000 2	3）
41	丙烯酰胺	气相色谱法	0.000 15	2）
42	丙烯腈	气相色谱法	0.10	2）
43	邻苯二甲酸二丁酯	液相色谱法	0.000 1	HJ/T 72—2001
44	邻苯二甲酸二（2-乙基己基）酯	气相色谱法	0.000 4	2）
45	水合肼	对二甲氨基苯甲醛直接分光光度法	0.005	2）
46	四乙基铅	双硫腙比色法	0.000 1	2）
47	吡啶	气相色谱法	0.031	GB/T 14672—93
		巴比土酸分光光度法	0.05	2）
48	松节油	气相色谱法	0.02	2）
49	苦味酸	气相色谱法	0.001	2）
50	丁基黄原酸	铜试剂亚铜分光光度法	0.002	2）
51	活性氯	*N,N*-二乙基对苯二胺（DPD）分光光度法	0.01	2）
		3,3′,5,5′-四甲基联苯胺比色法	0.005	2）
52	滴滴涕	气相色谱法	0.000 2	GB 7492—87
53	林丹	气相色谱法	4×10^{-6}	GB 7492—87
54	环氧七氯	液液萃取气相色谱法	0.000 083	2）
55	对硫磷	气相色谱法	0.000 54	GB 13192—91
56	甲基对硫磷	气相色谱法	0.000 42	GB 13192—91
57	马拉硫磷	气相色谱法	0.000 64	GB 13192—91
58	乐果	气相色谱法	0.000 57	GB 13192—91
59	敌敌畏	气相色谱法	0.000 06	GB 13192—91

序号	项目	分析方法	最低检出限/（mg/L）	方法来源
60	敌百虫	气相色谱法	0.000 051	GB 13192—91
61	内吸磷	气相色谱法	0.002 5	2）
62	百菌清	气相色谱法	0.000 4	2）
63	甲萘威	高效液相色谱法	0.01	2）
64	溴氰菊酯	气相色谱法	0.000 2	2）
		高效液相色谱法	0.002	2）
65	阿特拉津	气相色谱法	—	3）
66	苯并[*a*]芘	乙酰化滤纸层析荧光分光光度法	4×10^{-6}	GB 11895—89
		高效液相色谱法	1×10^{-6}	HJ 13198—91
67	甲基汞	气相色谱法	1×10^{-8}	GB/T 17132—1997
68	多氯联苯	气相色谱法	—	3）
69	微囊藻毒素-LR	高效液相色谱法	0.000 01	2）
70	黄磷	钼-锑-抗分光光度法	0.002 5	2）
71	钼	无火焰原子吸收分光光度法	0.002 31	2）
72	钴	无火焰原子吸收分光光度法	0.001 91	2）
73	铍	铬菁 R 分光光度法	0.000 2	HJ/T 58—2000
		石墨炉原子吸收分光光度法	0.000 02	HJ/T 59—2000
		桑色素荧光分光光度法	0.000 2	2）
74	硼	姜黄素分光光度法	0.02	HJ/T 49—1999
		甲亚胺-H 分光光度法	0.2	2）
75	锑	氢化原子吸收分光光度法	0.000 25	2）
76	镍	无火焰原子吸收分光光度法	0.002 48	2）
77	钡	无火焰原子吸收分光光度法	0.006 18	2）
78	钒	钽试剂（BPHA）萃取分光光度法	0.018	GB/T 15503—1995
		无火焰原子吸收分光光度法	0.006 98	2）
79	钛	催化示波极谱法	0.000 4	2）
		水杨基荧光酮分光光度法	0.02	2）
80	铊	无火焰原子吸收分光光度法	4×10^{-6}	2）

注：暂采用下列分析方法，待国家方法标准发布后，执行国家标准。

表中 1）为《水和废水监测分析方法（第三版）》，中国环境科学出版社，1989 年。

表中 2）为《生活饮用水卫生规范》，中华人民共和国卫生部，2001 年。

表中 3）为《水和废水标准检验法（第 15 版）》，中国建筑工业出版社，1985 年。

第 3 章 地表水环境质量评价技术要求

“十三五”时期国家地表水环境质量评价技术要求是在 2011 年环境保护部发布的《地表水环境质量评价办法（试行）》（环办〔2011〕22 号）的基础上进一步修改完善后形成的。既是地表水环境质量标准的延伸，又是地表水环境质量考核的基础，在整个地表水环境质量评价技术体系中起着承上启下的关键作用。已广泛应用于国家地表水环境质量评价工作中，可以客观、真实地反映全国地表水环境质量状况和变化趋势，为地表水环境质量评价、考核和排名工作的开展提供了重要技术支撑，也为满足公众对于水环境质量状况的知情权提供了重要保障。

3.1 适用范围

本技术要求规定了地表水环境质量评价的指标、方法及数据统计等要求。

本技术要求适用于全国范围内的地表水环境质量评价与管理（饮用水水源地水质评价除外）。

3.2 规范性引用文件

本技术要求引用下列文件或其中的条款。凡是未注明日期的引用文件，其最新版本适用于本技术要求。

《地表水环境质量标准》（GB 3838—2002）

《数值修约规则与极限数值的表示和判定》（GB/T 8170—2008）

《水文基本术语和符号标准》（GB/T 50095—2014）

《地表水环境质量监测数据统计技术规定（试行）》（环办监测函〔2020〕82 号）

3.3 术语和定义

下列术语和定义适用于本技术要求。

3.3.1　干流

在一个水系中，直接注入海洋或内陆湖泊的河流。

3.3.2　支流

直接注入干流的支流叫作干流的一级支流，直接注入一级支流的则称为干流的二级支流，以此类推。支流的级别是相对的，而非绝对的。

3.3.3　水系

河流的干流及全部支流构成脉络相通的系统，称为水系，又称河系或河网。

3.3.4　流域

江河湖库及其汇水来源各支流、干流和集水区域的总称。

3.3.5　劣Ⅴ类

对《地表水环境质量标准》（GB 3838—2002）基本项目的浓度值不能满足Ⅴ类标准的称为劣Ⅴ类。

3.3.6　综合营养状态指数

一种利用叶绿素 a（Chl a）、总磷（TP）、总氮（TN）、透明度和高锰酸盐指数（I_{Mn}）等指标，通过归一化计算，对湖泊（水库）营养状态进行分级表征的综合指数。

3.4　评价指标

3.4.1　水质评价指标

地表水水质评价指标为《地表水环境质量标准》（GB 3838—2002）中的地表水环境质量基本项目 pH、溶解氧（DO）、高锰酸盐指数（I_{Mn}）、五日生化需氧量（BOD_5）、化学需氧量（COD）、氨氮（NH_3-N）、总磷（TP）、铜（Cu）、锌（Zn）、氟化物（F^-）、硒（Se）、砷（As）、汞（Hg）、镉（Cd）、铬（六价）（Cr^{6+}）、铅（Pb）、氰化物（CN^-）、挥发酚、石油类、阴离子表面活性剂（LAS）和硫化物（S^{2-}）21 项指标。粪大肠菌群、湖泊和水库的总氮（TN）可单独评价。

3.4.2　营养状态评价指标

湖泊和水库营养状态评价指标为叶绿素 a（Chl a）、总磷（TP）、总氮（TN）、透明度（SD）和高锰酸盐指数（I_{Mn}）共 5 项。

3.5　评价方法

3.5.1　河流水质评价

3.5.1.1　断面水质评价

河流断面水质类别评价采用单因子评价法，即根据评价时段内该断面参评的指标中类别最高的一项来确定，该项指标即为断面定类指标。标准限值相同的按最优水质评价，低于检出限的项目采用 1/2 检出限值进行评价。断面水质类别与水质定性评价分级的对应关系见表 3.5-1。

表 3.5-1　断面水质定性评价

水质类别	水质状况	表征颜色	水质功能类别
Ⅰ～Ⅱ类水质	优	蓝色	饮用水水源地一级保护区、珍稀水生生物栖息地、鱼虾类产卵场、仔稚幼鱼的索饵场等
Ⅲ类水质	良好	绿色	饮用水水源地二级保护区、鱼虾类越冬场、洄游通道、水产养殖区、游泳区等
Ⅳ类水质	轻度污染	黄色	一般工业用水和人体非直接接触的娱乐用水
Ⅴ类水质	中度污染	橙色	农业用水及一般景观用水
劣Ⅴ类水质	重度污染	红色	除调节局部气候外，使用功能较差

有多个采样点的断面数据整合按照表 3.5-2 断面监测指标数据整合规则进行。

表 3.5-2　断面监测指标数据整合规则

监测项目	整合规则
pH	所有采样点氢离子活度算术平均值的负对数
溶解氧	表层采样点的算术平均值
高锰酸盐指数	所有采样点的算术平均值
化学需氧量	所有采样点的算术平均值
五日生化需氧量	所有采样点的算术平均值
氨氮	所有采样点的算术平均值
总氮	所有采样点的算术平均值
总磷	所有采样点的算术平均值
铜	所有采样点的算术平均值
锌	所有采样点的算术平均值
铅	所有采样点的算术平均值
镉	所有采样点的算术平均值
硒	所有采样点的算术平均值
砷	所有采样点的算术平均值
汞	所有采样点的算术平均值
铬（六价）	所有采样点的算术平均值
氟化物	所有采样点的算术平均值
氰化物	所有采样点的算术平均值
硫化物	所有采样点的算术平均值
挥发酚	所有采样点的算术平均值
石油类	表层采样点的算术平均值
阴离子表面活性剂	所有采样点的算术平均值
透明度	采样垂线实测值
叶绿素 a	所有采样点的算术平均值

同一断面（点位）不同采样点的监测指标数据整合成该断面（点位）的指标数据，遵循以下规则：

①pH 取断面所有采样点氢离子活度算术平均值的负对数；

②溶解氧和石油类取表层采样点的算术平均值；

③透明度取湖库点位实测值；

④其余项目取断面所有采样点算术平均值；

⑤对于入海河流断面，采用退平潮采样点数据参与断面数据整合。

3.5.1.2 河流、水系、流域水质评价

当河流、水系、流域的断面总数少于5个时，计算河流、水系、流域所有断面各评价指标浓度算术平均值；对于有多次监测结果的，先按时间序列计算各断面各评价指标浓度的算术平均值，再按空间序列计算所有断面各评价指标浓度的算术平均值，然后按照“3.5.1.1 断面水质评价”方法评价。如果所有断面水质类别均相同，算术平均值评价结果优于各断面水质类别，则以原断面水质类别判定的水质状况作为该河流、水系、流域的水质状况。

当河流、水系、流域的断面总数不少于5个时，采用断面水质类别比例法，即根据评价河流、水系、流域中各水质类别的断面数占河流、水系、流域所有评价断面总数的百分比来评价其水质状况。河流、水系、流域水质类别比例与水质定性评价的对应关系见表3.5-3。

水系或流域水质状况评价应包括干流、支流和整个水系或流域的水质状况评价。

表3.5-3 河流、水系、流域水质定性评价分级

水质类别比例	水质状况	表征颜色
Ⅰ～Ⅱ类水质比例＞0且Ⅰ～Ⅲ类水质比例≥90.0%	优	蓝色
Ⅰ～Ⅲ类水质比例≥75.0%	良好	绿色
Ⅰ～Ⅳ类水质比例＞0且劣Ⅴ类水质比例＜20.0%	轻度污染	黄色
劣Ⅴ类水质比例＜40.0%	中度污染	橙色
劣Ⅴ类水质比例≥40.0%	重度污染	红色

注：1. 水质状况表征颜色的具体要求见表3.7-2；
2. 若水质类别比例满足多个水质定性评价分级条件，则以水质状况最优的作为定性评价结果。

3.5.1.3 主要污染指标确定

（1）断面主要污染指标确定方法

断面水质为“优”或“良好”时，不评价主要污染指标。断面水质超过Ⅲ类标准时评价方法如下：

①不同指标对应的水质类别不同时，选择水质类别较差的前3项指标作为主

要污染指标。

②不同指标对应的水质类别相同时，计算浓度超过Ⅲ类标准限值的倍数，按照超标倍数大小排列，取超标倍数最大的前 3 项为主要污染指标；若超标倍数相同导致主要污染指标超过 3 项，需列出全部污染指标。

③超标指标多于 3 项时，溶解氧不作为主要污染指标列出。

④氰化物或汞、铅、镉、铬（六价）等重金属超标时，作为主要污染指标全部列出。

⑤对于因本底值或无法消除对监测方法的干扰造成的评价指标超标，可做相应标注。

⑥断面主要污染指标后应标注其超标倍数，断面定类指标后应标注其水质类别。pH 和溶解氧不计算超标倍数。超标倍数按式（3-1）计算：

$$B=\frac{\rho-\rho_{\mathrm{III}}}{\rho_{\mathrm{III}}} \tag{3-1}$$

式中：B——该评价指标超标倍数；

ρ——该评价指标的质量浓度，mg/L；

ρ_{III}——某评价指标Ⅲ类水质标准限值，mg/L。

（2）河流、水系、流域主要污染指标确定方法

河流、水系、流域水质为“优”或“良好”时，不评价主要污染指标。断面数少于 5 个的河流、水系、流域，按河流、水系、断面主要污染指标的确定方法确定主要污染指标。断面数不少于 5 个的河流、水系、流域主要污染指标确定方法如下：

①将水质超过Ⅲ类标准的指标按其断面超标率数值大小排列，选择断面超标率最大的前 3 项为河流、水系、流域的主要污染指标，主要污染指标按断面超标率从大到小排列；

②若河流、水系、流域的断面超标率相同导致超标指标超过 3 项，列出全部污染指标；

③超标指标多于 3 项时，溶解氧不作为主要污染指标列出；

④氰化物或汞、铅、镉、铬（六价）等重金属超标时，作为主要污染指标全部列出；

⑤对于因本底值或无法消除对监测方法的干扰造成的评价指标超标，可做相应标注。

断面超标率按式（3-2）计算：

$$P=\frac{N_2}{N_1}\times 100\% \tag{3-2}$$

式中：P——该评价指标河流、水系、流域断面超标率，%；

N_1——河流、水系、流域断面（点位）总数，个；

N_2——该评价指标超过Ⅲ类水质标准限值的断面（点位）数，个。

3.5.2 湖泊和水库评价

3.5.2.1 湖泊和水库水质评价

湖泊、水库单个点位的水质评价，按照“3.5.1.1 断面水质评价”方法进行。同一点位垂线有多个采样点的数据整合按照“3.5.1.1 断面水质评价”中断面数据整合规则进行。

当一个湖泊、水库有多个点位时，计算湖泊、水库多个点位各评价指标浓度算术平均值，然后按照“3.5.1.1 断面水质评价”方法评价。

湖泊、水库多次监测结果的水质评价，先按时间序列计算湖泊、水库各个点位各个评价指标浓度的算术平均值，再按空间序列计算湖泊、水库所有点位各个评价指标浓度的算术平均值，然后按照“3.5.1.1 断面水质评价”方法评价。

对于大型湖泊、水库，可分不同的湖（库）区进行水质评价。水库应根据其水力特性和蓄水规模等因素分为河流型水库和湖库型水库。河流型水库按河流评价，湖库型水库按湖泊评价。

3.5.2.2 湖库和水库营养状态评价

采用综合营养状态指数（$\sum_{j=1}^{5}T_{LI,j}$）进行评价。

采用0～100的一系列连续数字对湖泊（水库）营养状态进行分级，见表3.5-4。

表 3.5-4　湖泊和水库营养状态评价分级

综合营养状态指数	营养状态	表征颜色
$\sum_{j=1}^{5} T_{LI,j} < 30$	贫营养	蓝色
$30 \leqslant \sum_{j=1}^{5} T_{LI,j} \leqslant 50$	中营养	绿色
$50 < \sum_{j=1}^{5} T_{LI,j} \leqslant 60$	轻度富营养	黄色
$60 < \sum_{j=1}^{5} T_{LI,j} \leqslant 70$	中度富营养	橙色
$\sum_{j=1}^{5} T_{LI,j} > 70$	重度富营养	红色

综合营养状态指数按式（3-3）计算：

$$\sum_{j=1}^{5} T_{LI,j} = \sum_{j=1}^{5} W_j \times T_{LI,j} \tag{3-3}$$

式中：$\sum_{j=1}^{5} T_{LI,j}$——综合营养状态指数；

j——第 j 种指标，j=1，2，3，4，5；

W_j——第 j 种指标的营养状态指数的相关权重；

$T_{LI,j}$——第 j 种指标的营养状态指数。

以叶绿素 a 为基准指标，则第 j 种指标的归一化的相关权重按式（3-4）计算：

$$W_j = \frac{r_j^2}{\sum_{j=1}^{5} r_j^2} \tag{3-4}$$

式中：W_j——第 j 种指标的营养状态指数的相关权重；

r_j——第 j 种指标与基准指标叶绿素 a 的相关系数；

j——第 j 种指标，j=1，2，3，4，5。

中国湖泊（水库）的叶绿素 a 与其他指标之间的相关权重 W_j、相关关系 r_j 和 r_j^2 见表 3.5-5。

表 3.5-5 中国湖泊（水库）部分指标与叶绿素 a 的相关关系 r_j、r_j^2 及 W_j 值

参数	Chla	TP	TN	SD	COD_{Mn}
j	1	2	3	4	5
r_j	1	0.84	0.82	−0.83	0.83
r_j^2	1	0.705 6	0.672 4	0.688 9	0.688 9
W_j	0.266 3	0.187 9	0.179 0	0.183 4	0.183 4

各项目营养状态指数用式（3-5）～式（3-9）计算：

$$T_{LI\mathrm{Chl\ a}}=10\times(2.5+1.086\times\ln\rho_{\mathrm{Chla}}) \quad (3\text{-}5)$$

$$T_{LI\mathrm{TP}}=10\times(9.436+1.624\times\ln\rho_{\mathrm{TP}}) \quad (3\text{-}6)$$

$$T_{LI\mathrm{TN}}=10\times(5.453+1.694\times\ln\rho_{\mathrm{TN}}) \quad (3\text{-}7)$$

$$T_{LI\mathrm{SD}}=10\times(5.118-1.94\times\ln d_{\mathrm{SD}}) \quad (3\text{-}8)$$

$$T_{LI\mathrm{I_{Mn}}}=10\times(0.109+2.661\times\ln\rho_{\mathrm{IMn}}) \quad (3\text{-}9)$$

式中：$T_{LI\mathrm{Chl\ a}}$——叶绿素 a 的营养状态指数；

$\rho_{\mathrm{Chl\ a}}$——水中叶绿素 a 的质量浓度，mg/m^3；

$T_{LI\mathrm{TP}}$——总磷的营养状态指数；

ρ_{TP}——水中总磷的质量浓度，mg/L；

$T_{LI\mathrm{TN}}$——总氮的营养状态指数；

ρ_{TN}——水中总氮的质量浓度，mg/L；

$T_{LI\mathrm{SD}}$——透明度的营养状态指数；

d_{SD}——水体的透明度，m；

$T_{LI\mathrm{I_{Mn}}}$——高锰酸盐指数的营养状态指数；

ρ_{IMn}——水的高锰酸盐指数，mg/L。

3.5.3　全国及区域水质评价

全国地表水环境质量评价以国家地表水环境监测网断面（点位）为评价对象，包括河流监测断面和湖（库）监测点位。

行政区域内地表水环境质量评价以行政区域内的监测断面（点位）为评价对象，包括河流监测断面和湖（库）监测点位。

全国及行政区域整体水质状况评价方法采用断面水质类别比例法，水质定性评价分级的对应关系见表 3.5-3。

全国及行政区域内主要污染指标的确定方法按照“3.5.1.3（2）河流、水系、流域主要污染指标确定方法”进行。

3.5.4　水质变化趋势评价

3.5.4.1　基本要求

河流（湖库）、水系、流域、全国及行政区域内水质状况与前一时段、前一年度同期或进行多时段变化趋势分析时，必须满足下列三个条件，以保证数据的可比性：

①选择的监测指标必须相同；

②选择的断面（点位）基本相同；

③定性评价必须以定量评价为依据。

3.5.4.2　不同时段定量评价

（1）单因子浓度比较

评价某一断面（点位）在不同时段的水质变化时，可直接比较评价指标的浓度值，并以图表表征；评价某一河流、水系、流域、全国及行政区域内不同时段的水质变化时，可计算其所含断面浓度的算术平均值进行比较，并以图表表征。

（2）水质类别比例比较

评价某一断面（点位）在不同时段的水质变化时，可直接比较断面（点位）的水质类别；评价某一河流、水系、流域、全国及行政区域内不同时段的水质变化时，可比较其各类水质类别比例，并以图表表征。

3.5.4.3 不同时段水质变化趋势评价

（1）按水质状况等级变化评价

按水质状况等级变化评价可分为以下三种情况：

①当水质状况等级不变时，评价为无明显变化；

②当水质状况等级发生一级变化时，评价为有所变化（好转或下降）；

③当水质状况等级发生两级以上（含两级）变化时，评价为明显变化（好转或下降）。

（2）按组合类别比例法评价

水质类别百分比之差按式（3-10）、式（3-11）计算：

$$\Delta G = G_1 - G_2 \tag{3-10}$$

式中：ΔG——后时段与前时段Ⅰ～Ⅲ类水质百分比之差，%；

G_1——后时段Ⅰ～Ⅲ类水质断面占全部断面比例，%；

G_2——前时段Ⅰ～Ⅲ类水质断面占全部断面比例，%。

$$\Delta D = D_1 - D_2 \tag{3-11}$$

式中：ΔD——后时段与前时段劣Ⅴ类水质百分比之差，%；

D_1——后时段劣Ⅴ类水质断面占全部断面比例，%；

D_2——前时段劣Ⅴ类水质断面占全部断面比例，%。

按组合类别比例法评价主要分为以下情况：

①当 $\Delta G-\Delta D>0$ 时，水质变好；当 $\Delta G-\Delta D<0$ 时，水质变差；

②当 $|\Delta G-\Delta D|\leqslant 10\%$时，评价为无明显变化；

③当 $10\%<|\Delta G-\Delta D|\leqslant 20\%$时，评价为有所变化（好转或下降）；

④当 $|\Delta G-\Delta D|>20\%$时，评价为明显变化（好转或下降）。

当按水质状况等级变化评价或按组合类别比例法评价两种方法的评价结果一致时，可采用两者中任一种方法进行评价；若评价结果不一致，则以变化大的作为变化趋势评价的结果。

3.5.4.4　多时段变化趋势评价

分析断面（点位）、河流、水系、流域、全国及行政区域内多时段的水质变化趋势及变化程度，应对评价指标值（如指标浓度、水质类别比例等）与时间序列进行相关性分析，可采用 Spearman 秩相关系数法检验相关系数和斜率的显著性意义，确定其是否有变化及其变化程度。变化趋势可用折线图来表征。

污染变化趋势的定量分析方法——秩相关系数法（Spearman 秩相关系数法）计算及判定方法如下。

衡量环境污染变化趋势在统计上有无显著性，最常用的是 Daniel 的趋势检验，它使用了 Spearman 的秩相关系数。使用这一方法时，要求具备足够的数据，一般至少应采用 4 个期间的数据，即 5 个时间序列的数据。给出时间周期 $Y_1 \cdots Y_N$，以及 Y_1 到 Y_N 对应的年均值（即 $C_1 \cdots C_N$）按浓度值从小到大排列的序号 $X_1 \cdots X_N$，统计检验用的秩相关系数按式（3-12）、式（3-13）计算：

$$r_s = 1 - \frac{6\sum_{i=1}^{n} d_i^2}{N^3 - N} \tag{3-12}$$

$$d_i = X_i - Y_i \tag{3-13}$$

式中：r_s——秩相关系数；

i——不同时间段，i=1，2，…，n；

d_i——变量 X_i 与 Y_i 的差值；

N——时间周期的周期数值；

X_i——周期 I 到周期 N 按浓度值从小到大排列的序号；

Y_i——按时间排列的序号。

将秩相关系数 r_s 的绝对值同 Spearman 秩相关系数统计表中的临界值（W_p）进行比较。当 $r_s > W_p$ 时，表明变化趋势有显著意义：如果 r_s 是负值（溶解氧相反），则表明在评价时段内有关统计量指标变化呈下降趋势；如果 r_s 为正值（溶解氧相反），则表明在评价时段内有关统计量指标变化呈上升趋势。当 $r_s \leqslant W_p$ 时，表明变化趋势没有显著意义，说明在评价时段内水质变化稳定。秩相关系数 r_s 的临界值（W_p）见表 3.5-6。

表 3.5-6 秩相关系数 r_s 的临界值（W_p）

N	W_p	
	显著水平（单侧检验）0.05	显著水平（单侧检验）0.01
5	0.900	1.000
6	0.829	0.943
7	0.714	0.893
8	0.643	0.833
9	0.600	0.783
10	0.564	0.746
12	0.506	0.712
14	0.456	0.645
16	0.425	0.601
18	0.399	0.564
20	0.377	0.534
22	0.359	0.508
24	0.343	0.485
26	0.329	0.465
28	0.317	0.448
30	0.306	0.432

3.5.5 营养状态变化趋势评价

按湖泊和水库营养状态评价等级变化情况，变化趋势评价可分为以下 3 种：

①当湖泊和水库营养状态评价等级不变时，评价为无明显变化；

②当湖泊和水库营养状态评价等级发生一级变化时，评价为有所变化（好转或下降）；

③当湖泊和水库营养状态评价等级发生两级及两级以上变化时，评价为明显变化（好转或下降）。

3.6　数据统计

3.6.1　数据有效性及完整性

地表水水质 21 项评价指标均应按照相关数据统计和数据审核要求进行审核，采用已完成审核的有效监测数据进行评价。所有有效的监测数据均需纳入评价。

水质评价时段应分为月度、季度和年度，也可根据水文规范的有关规定按照水期进行评价。对于少数因冰封期等原因无法监测的断面（点位），一般应保证每季度至少有 1 个月的监测数据参与评价、每年至少有 4 个月的监测数据参与评价。任意时段评价时采用该时段监测数据的算术平均值进行评价。

3.6.2　数据修约

3.6.2.1　评价指标数据修约

评价指标参与评价前需对统计数据进行最终修约，各指标具体保留小数位数见表 3.6-1，当修约后结果为 0 时，保留 1 位有效数字。评价指标超标倍数和断面超标率均保留至小数点后 1 位有效数字。进舍规则执行 GB/T 8170—2008 的数值修约规则，指标具体修约要求见表 3.6-1。

表 3.6-1　评价指标数据修约要求

评价项目	数据修约要求
pH	保留整数
溶解氧/（mg/L）	保留至小数点后 1 位
高锰酸盐指数/（mg/L）	保留至小数点后 1 位
化学需氧量/（mg/L）	保留至小数点后 1 位
五日生化需氧量/（mg/L）	保留至小数点后 1 位
氨氮/（mg/L）	保留至小数点后 2 位
总氮/（mg/L）	保留至小数点后 2 位
总磷/（mg/L）	保留至小数点后 3 位
铜/（mg/L）	保留至小数点后 3 位

评价项目	数据修约要求
锌/（mg/L）	保留至小数点后 3 位
铅/（mg/L）	保留至小数点后 3 位
镉/（mg/L）	保留至小数点后 5 位
硒/（mg/L）	保留至小数点后 4 位
砷/（mg/L）	保留至小数点后 4 位
汞/（mg/L）	保留至小数点后 5 位
铬（六价）/（mg/L）	保留至小数点后 3 位
氟化物/（mg/L）	保留至小数点后 3 位
氰化物/（mg/L）	保留至小数点后 3 位
硫化物/（mg/L）	保留至小数点后 3 位
挥发酚/（mg/L）	保留至小数点后 4 位
石油类/（mg/L）	保留至小数点后 2 位
阴离子表面活性剂/（mg/L）	保留至小数点后 2 位
透明度/m	保留至小数点后 2 位
叶绿素 a /（mg/m^3）	保留整数

3.6.2.2 水质类别比例修约

水质类别比例保留 1 位小数，进舍规则执行 GB/T 8170—2008 的数值修约规则。各水质类别比例之和不进行归一处理。若统计范围内水质类别全部相同，水质类别比例计为 100%；若统计范围内不存在某一水质类别，水质类别比例计为 0。

3.6.2.3 综合营养状态指数修约

综合营养状态指数保留 1 位小数，进舍规则执行 GB/T 8170—2008 的数值修约规则。

3.7 水质状况展示图表征

水质状况展示图表征要求详见表 3.7-1～表 3.7-4，湖库水质渲染方式和 Kriging 插值参数详见表 3.7-5～表 3.7-6，表征颜色值转换示例详见表 3.7-7。

表 3.7-1　专题图表征要求

图上要素	样式规定	示例
DPI	不低于 300 DPI	—
图名	字体样式：宋体加粗 字体颜色：000000 参考位置：根据图片内容可放在左上角或者中间偏上或者右上角	长江流域考核断面分布图
图例	图例样式 图例名称字体：宋体加粗 图例名称颜色：000000 图例内容字体：宋体 图例内容颜色：000000 参考位置：根据图片内容可放在左下角或者右下角	**图例** 河流 湖库 省份
指北针	样式：箭头右侧被填充颜色的指北针 参考位置：左上角或者右上角	
比例尺	样式：从 0 开始、小节数为 2 字体：幼圆 字体颜色：000000 参考位置：左下角或者右下角	
流域边界样式	内部颜色：F0B0CF 外部颜色：FFE8F3	
省份名称	字体样式：宋体 字体颜色：000000	山东省
省份边界样式	一条短横线，两个点循环 颜色：010101	—··—··—·
城市名称	字体样式：宋体加粗 字体颜色：000000	**济宁市**
城市点样式	两个空心圆叠加 颜色：000000	
市边界样式	两条短横线，一个点循环 颜色：D7D7D7	—·—
县名称	字体样式：宋体 字体颜色：000000	嘉祥县

图上要素	样式规定	示例
县点样式	中心点加空心圆 颜色：000000	
县边界	一条短横线，一个点循环 颜色：CCCCCC	
断面名称	字体样式：微软雅黑 字体颜色：F17C67	断面名称
断面分布点样式	圆形	
断面水质点样式	圆形，左侧半圆为目标水质，右侧半圆为实际水质	
河流-主干样式	颜色：4F81BD	
河流-支流样式	颜色：00B7EF	
湖库-样式	颜色：64E6FF	
河流名称	一级河流字体样式：宋体、加粗、斜体 其他河流字体样式：宋体、斜体 字体颜色：12A3CF	***一级河流*** *二级河流* *三级河流*
湖库名称	字体样式：宋体、斜体 字体颜色：12A3CF	*湖库*

表 3.7-2 水质状况和富营养化状态表征颜色要求

水质类别	水质状况	富营养化状态	色值	RGB	示例
空	空	空	ABABAB	171，171，171	
Ⅰ类	—	—	CCFFFF	204，255，255	
Ⅱ类	优	贫营养	00CCFF	0，204，255	
Ⅲ类	良好	中营养	00FF00	0，255，0	
Ⅳ类	轻度污染	轻度富营养	FFFF00	255，255，0	
Ⅴ类	中度污染	中度富营养	FF9B00	255，155，0	
劣Ⅴ类	重度污染	重度富营养	FF0000	255，0，0	
Ⅰ～Ⅲ类	—	—	00FF9B	0，255，155	

河段中只有一个断面或者河段包含上、下游两个断面且两断面水质类别相同时，使用断面水质类别对应的颜色进行整体渲染。

表 3.7-3　单断面或两断面水质类别一致时河段水质渲染方式表征颜色要求示例

河段水质	示例
Ⅰ类	CCFFFF
Ⅱ类	00CCFF
Ⅲ类	00FF00
Ⅳ类	FFFF00
Ⅴ类	FF9B00
劣Ⅴ类	FF0000
未监测	ABABAB

河段包含上、下游两个断面并且两断面对应水质类别不同时，河段根据两断面不同水质类别对应的颜色进行克里金（Kriging）插值渲染。

表 3.7-4　上、下游断面水质类别不一致时河段水质渲染方式表征颜色要求示例

河段上游断面水质	河段下游断面水质	示例
Ⅰ类	Ⅱ类	
Ⅰ类	Ⅲ类	
Ⅰ类	Ⅳ类	
Ⅰ类	Ⅴ类	
Ⅰ类	劣Ⅴ类	
Ⅱ类	Ⅰ类	
Ⅱ类	Ⅲ类	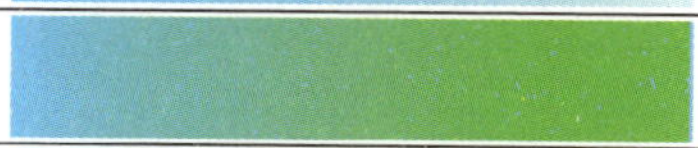
Ⅱ类	Ⅳ类	

河段上游断面水质	河段下游断面水质	示例
Ⅱ类	Ⅴ类	
Ⅱ类	劣Ⅴ类	
Ⅲ类	Ⅰ类	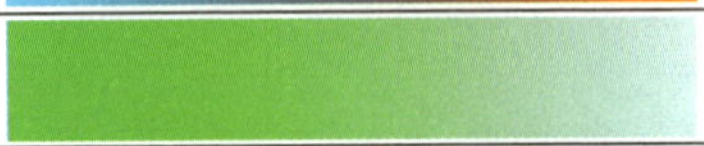
Ⅲ类	Ⅱ类	
Ⅲ类	Ⅳ类	
Ⅲ类	Ⅴ类	
Ⅲ类	劣Ⅴ类	
Ⅳ类	Ⅰ类	
Ⅳ类	Ⅱ类	
Ⅳ类	Ⅲ类	
Ⅳ类	Ⅴ类	
Ⅳ类	劣Ⅴ类	
Ⅴ类	Ⅰ类	
Ⅴ类	Ⅱ类	
Ⅴ类	Ⅲ类	
Ⅴ类	Ⅳ类	
Ⅴ类	劣Ⅴ类	
劣Ⅴ类	Ⅰ类	
劣Ⅴ类	Ⅱ类	

河段上游断面水质	河段下游断面水质	示例
劣Ⅴ类	Ⅲ类	
劣Ⅴ类	Ⅳ类	
劣Ⅴ类	Ⅴ类	

注：插值类型为 Kriging 插值。

同一湖泊、水库中有多个点位的，先使用点位水质类别对应的颜色进行 Kriging 插值渲染，再根据水质类别对应的颜色配置栅格分级颜色表。

表 3.7-5　湖库水质渲染方式表征颜色要求示例

湖库水质	示例
Ⅰ类	CCFFFF
Ⅱ类	00CCFF
Ⅲ类	00FF00
Ⅳ类	FFFF00
Ⅴ类	FF9B00
劣Ⅴ类	FF0000
未监测	ABABAB

表 3.7-6　Kriging 插值参数

参数名称	设置值
查找方式	变长查找
最大半径	0
查看点数	12
半变异参数	球函数
基台值	0
旋转角度	0
自相关阈值	0
平均值	0
块金效应值	0

表 3.7-7　表征颜色值转换示例

序号	色值	RGB	CMYK	示例
1	000 000	0，0，0	93，88，89，80	
2	F0B0CF	240，176，207	7，42，2，0	
3	FFE8F3	255，232，243	0，15，0，0	
4	010 101	1，1，1	93，88，89，80	
5	D7D7D7	215，215，215	18，14，13，0	
6	CCCCCC	204，204，204	24，18，17，0	
7	F17C67	241，124，103	5，64，53，0	
8	4F81BD	79，129，189	73，46，10，0	
9	00B7EF	0，183，239	71，11，4，0	
10	64E6FF	100，230，255	52，0，10，0	
11	12A3CF	18，163，207	75，22，16，0	
12	ABABAB	171，171，171	38，30，29，0	
13	CCFFFF	204，255，255	23，0，7，0	
14	00CCFF	0，204，255	66，0，4，0	
15	00FF00	0，255，0	61，0，100，0	
16	FFFF00	255，255，0	10，0，83，0	
17	FF9B00	255，155，0	0，51，91，0	
18	FF0000	255，0，0	0，96，95，0	
19	00FF9B	0，255，155	59，0，58，0	

第 4 章　水污染防治行动计划地表水环境质量考核技术要求

2015 年，国务院印发《水污染防治行动计划》（国发〔2015〕17 号，以下简称“水十条”），明确水污染防治总体要求以改善水环境质量为核心，且要依法公开环境信息，并与各省（区、市）签订目标责任书，明确水质考核目标。为严格落实水污染防治工作责任，强化监督管理，加快改善水环境质量，2016 年环境保护部会同国务院有关部门制定了《水污染防治行动计划实施情况考核规定（试行）》（环水体〔2016〕179 号）。

4.1　基本情况

用于对各省（区、市）人民政府“水十条”实施情况及水环境质量管理的年度考核和终期考核。考核工作由生态环境部牵头、中央组织部参与；生态环境部会同国务院相关部门组成考核工作组，负责组织实施考核。地方人民政府是“水十条”实施的责任主体。考核坚持统一协调与分工负责相结合、质量优先与兼顾任务相结合、定量评价与定性评估相结合、日常检查与年终抽查相结合、行政考核与社会监督相结合的原则。

4.2　考核内容

考核内容包括水环境质量目标完成情况和水污染防治重点工作完成情况两个方面。以水环境质量目标完成情况为刚性要求，兼顾水污染防治重点工作完成情况。

水环境质量目标包括地表水水质优良比例和劣Ⅴ类水体控制比例、地级及以上城市建成区黑臭水体控制比例、地级及以上城市集中式饮用水水源水质达到或优于III类比例、地下水质量极差控制比例、近岸海域水质状况五个方面。

水污染防治重点工作包括工业污染防治、城镇污染治理、农业农村污染防治、船舶港口污染控制、水资源节约保护、水生态环境保护、强化科技支撑、各方责任及公众参与八个方面。

本书重点讲述水环境质量目标完成情况涉及的考核事项、考核分值和评分细则等内容，水污染防治重点工作涉及的考核事项及具体考核分值不做详细介绍。

水环境质量目标完成情况的具体考核事项和分值见表 4.2-1。

表 4.2-1　水环境质量目标完成情况的具体考核事项和分值

序号	考核内容	考核事项	分值
1	地表水	地表水水质优良比例	40（30）
		地表水劣V类水体控制比例	20
2	黑臭水体	地级及以上城市建成区黑臭水体控制比例	20
3	饮用水水源	地级及以上城市集中式饮用水水源水质达到或优于III类比例	10
4	地下水	地下水质量极差控制比例	10
5	近岸海域	近岸海域水质状况	0（10）

注：分值中括号内为沿海 11 个省份（辽宁、天津、河北、山东、江苏、上海、浙江、福建、广东、广西、海南）的考核分值。

4.3　指标解释及评分细则

4.3.1　地表水

4.3.1.1　指标解释

地表水水质优良（达到或优于III类）比例和地表水劣V类水体比例、断面水质改善或恶化等情况作为计分项。

4.3.1.2　考核要求

各省（区、市）地表水水质优良（达到或优于 III 类）比例、地表水劣Ⅴ类水体比例按照《水污染防治目标责任书》（以下简称《目标责任书》）中的年度目标要求进行考核，断面水质情况按《目标责任书》中每个断面的水质目标和达标年限要求进行考核。

各省（区、市）地表水水质类别不能退化。

4.3.1.3　评价方法

（1）基本评价方法

按《地表水环境质量评价办法（试行）》（环办〔2011〕22 号）进行评价。对于涉及多个考核点位的湖库，对照《目标责任书》中每个断面的水质目标，取多个考核点位年均浓度值的算术平均值进行评价。部分跨省界考核断面（点位）属于河流、湖库左右岸的断面（点位），在不同省份《目标责任书》中同时出现，作为两省份共同考核断面。水质监测与评价方法按照国家有关规定执行。

（2）无监测数据的评价方法

因特别重大、重大水旱、气象、地震、地质等自然灾害或常年自然季节性河流以及上游其他省份不合理开发利用等原因导致断面断流无监测数据的，以该断面实际有水月份的监测数据计算年均值，全年断流视为达标。以上情况需提供职能部门的相关证明材料（如图片、水文资料、气象数据等）。

因考核断面汇水范围内实施治污清淤等引起考核断面所在水体断流无监测数据的，省级生态环境部门应在工程上游组织确定临时替代监测点位并报生态环境部核准，以该断面实际有水月份和断流月份临时替代监测点位的监测数据计算年均值，按该断面水质目标考核。治污清淤实施前应向省级生态环境部门通报工程实施计划，并在考核时提供工程实施的证明文件、图片资料等（包括招标合同、开工证明、清淤位置、淤泥去向、土方量、上游汇水去向、施工时限等）；如不能提供上述资料，断流断面视为不达标。

因本省份行政区域考核断面汇水范围内不合理开发利用导致断流无监测数据的，且不合理开发利用工作于 2015 年 12 月底前完成的，以该断面实际有水月份的监测数据计算年均值，全年断流视为不达标。

考核断面所在河流断流不属于上述情形的，断流 8 个月以内无监测数据的，以该断面实际有水月份的监测数据计算年均值，断流 8 个月及以上的视为不达标。

非上述原因导致全年或部分月份（冰封期或监测规定允许的情形除外）无监测数据的，视为不达标。

（3）客观原因影响水质类别的特殊情形

按照国家特别重大、重大突发公共事件分级标准，遇特别重大、重大水旱、气象、地震、地质等自然灾害时，直接导致考核断面超标的，或因城镇生活污水处理厂、工业污染治理设施、畜禽养殖粪污治理设施、生活垃圾渗滤液处理设施受到自然灾害严重破坏等造成无法达标排放导致考核断面超标的，可酌情将事件影响期内的相关月份水质数据剔除。特别重大、重大突发公共事件及各项处理设施受到严重破坏的，需提供职能部门的相关证明材料（如图片、水文资料、气象数据等）。

因气候原因导致考核断面水质受下游海湾、湖泊或河流非正常来水顶托影响，不能客观反映考核断面水质状况的，需由省级人民政府提供职能部门认可的证明资料（如图片、水文资料、气象数据、涨落潮信息等），酌情扣除影响。

两省份共同考核断面不达标时，若其中一方可提供确切依据证明断面超标是由另一方造成的，经生态环境部认可，非责任省份该断面年度考核视为达标。

（4）上下游断面水质影响识别

判断《目标责任书》断面水质目标表中考核断面是否达到年度目标，若上游入境的省界断面及其下游相邻的本省份考核断面水质均不达标，下游相邻本省份考核断面在扣除上游省份的入境断面水质影响后再进行评价，省份内同一河流的其他断面不扣除上游入境断面的影响。若上游入境的省界断面未设水质目标时，该断面水质原则上应不低于被考核断面水质。

①上下游断面均为河流断面。扣除入境水质影响可参考如下方法：

如果上游入境的省界断面污染物浓度超过其规定的目标值，则从考核断面实测污染物的通量中扣除超出部分的通量，再按考核断面的流量折算成浓度值进行考核（在流量小、流经路程短的情况下，暂不考虑自然降解因素）。扣除方法见式（4-1）。如果扣除上游影响后，出现考核断面调整浓度小于或等于 0 时，则以该断面的目标浓度参加考核。上游断面和下游断面之间没有任何支流存在，且水利、生态环境等部门均无任何断面流量数据，可酌情简化通量计算方式，直接采用浓度值进行计算。

$$C_{调整}=C_{实测}-\frac{\sum_{i=1}^{n}(C_i-C_{i0})\times Q_i}{Q_{实测}} \tag{4-1}$$

式中：$C_{调整}$——下游本省份考核断面某项污染指标扣除上游超标影响后的质量浓度值，mg/L；

$C_{实测}$——下游本省份考核断面某项污染指标实际监测结果，mg/L；

C_i——第 i 条入境河流断面某项污染指标实际监测结果，mg/L；

C_{i0}——第 i 条入境河流断面某项污染指标目标质量浓度，mg/L；

Q_i——第 i 条入境河流断面流量，m^3/s；

$Q_{实测}$——下游本省份考核断面流量，m^3/s。

②上游入境断面为河流断面、下游本省份考核断面为湖库点位。扣分方法见式（4-2）。

$$C_{调整}=C_{实测}-\frac{\sum_{i=1}^{n}(C_i-C_{i0})\times Q_i}{V_{湖（库）}} \tag{4-2}$$

式中：Q_i——第 i 条入境河流当年水量，m^3/a；

$V_{湖（库）}$——下游本省份考核点位所在的湖（库）库容，m^3。

如果上游入境断面水质达标，但入境断面水质目标低于下游本省份考核断面湖库点位水质目标两个类别及以上的，当本省份考核断面湖库点位总磷不达标时，可在扣除上游入境断面水质影响后再进行评价。

③上游入境断面为湖（库）点位、下游本省份考核断面为河流断面。按式（4-3）扣除上游入境影响。

$$C_{调整}=C_{实测}-\frac{(C_{出湖（库）口}-C_{0出湖（库）口})\times Q_{出湖（库）口}}{Q_{实测}} \tag{4-3}$$

式中：$C_{出湖（库）口}$——出湖（库）口某项污染指标实际监测结果，mg/L；

$C_{0出湖（库）口}$——出湖（库）口某项污染指标目标质量浓度，mg/L；

$Q_{出湖（库）口}$——出湖（库）口断面流量，m^3/s。

4.3.1.4 计分方法

《目标责任书》断面水质目标表中的全部断面纳入考核计分。遇前述特殊情形，考核断面视为达标的，按水质目标类别计分；考核断面视为不达标的，按水质目标类别降一类计分。

（1）地表水水质优良（达到或优于Ⅲ类）比例

①未完成年度目标。

按全省（区、市）当年Ⅰ～Ⅲ类实际比例占当年目标比例的比重乘以水质优良指标分值的60%或70%进行计分。具体计算见式（4-4）。

$$S_{Ⅰ\sim Ⅲ类}=\frac{R_{当年实际}}{R_{当年目标}}\times S_1\times K_1 \tag{4-4}$$

式中：$S_{Ⅰ\sim Ⅲ类}$——Ⅰ～Ⅲ类比例的得分；

$R_{当年实际}$——当年Ⅰ～Ⅲ类实际比例，%；

$R_{当年目标}$——《目标责任书》确定的当年Ⅰ～Ⅲ类目标比例，%；

S_1——地表水水质优良（达到或优于Ⅲ类）比例指标的分值，其中，非沿海省份为40分，沿海省份为30分；

K_1——若当年Ⅰ～Ⅲ类实际比例大于70%(含),取值为70%;否则取值为60%。

②完成或超额完成年度目标。

以完成年度Ⅰ～Ⅲ类比例目标得分与超额比例部分得分之和计，具体计算见式（4-5）。若当年Ⅰ～Ⅲ类实际比例为100%，则Ⅰ～Ⅲ类得分为40分（沿海省份为30分）。

$$S_{Ⅰ\sim Ⅲ类}=S_1\times K_1+\frac{R_{当年实际}-R_{当年目标}}{1-R_{当年目标}}\times S_1\times(1-K_1) \tag{4-5}$$

（2）地表水劣Ⅴ类断面比例

①未完成年度目标。

按全省（区、市）当年Ⅰ～Ⅴ类的实际比例占当年目标比例的比重乘以劣Ⅴ

类指标分值的70%进行计分，具体计算见式（4-6）。

$$S_{劣V类}=\frac{1-R_{当年实际}}{1-R_{当年目标}}\times S_2\times K_2 \quad (4\text{-}6)$$

式中：$S_{劣V类}$——地表水劣V类比例的得分；

$R_{当年实际}$——当年劣V类实际比例，%；

$R_{当年目标}$——《目标责任书》确定的当年劣V类目标比例，%；

S_2——地表水劣V类断面比例指标的分值，为20分；

K_2——取值为70%。

②完成或超额完成年度目标。

以完成年度劣V类比例目标得分与超额比例部分得分之和计，具体计算见式（4-7）。当年劣V类目标为0且完成年度目标时，得20分。

$$S_{劣V类}=S_2\times K_2+\frac{R_{当年目标}-R_{当年实际}}{R_{当年目标}}\times S_2\times(1-K_2) \quad (4\text{-}7)$$

（3）加分项

《目标责任书》附表1-3考核断面中，按照基准年水质现状优于Ⅲ类（含）的断面实现升类的断面个数、V类升为Ⅳ类的和规定了特定考核因子浓度的断面达到水质目标的断面个数之和占全省（区、市）断面总个数的比重乘以考核断面变化情况的分值进行加分。同一断面不重复加分。具体计算见式（4-8）。

$$S_{加}=\frac{D_{升}+D_{特殊}}{D}\times S_3 \quad (4\text{-}8)$$

式中：$S_{加}$——加分项得分；

$D_{升}$——与基准年相比，优于Ⅲ类（含）升类和V类升为Ⅳ类的考核断面个数，个；

$D_{特殊}$——规定了特定考核因子浓度的断面达到目标的断面个数，个；

D——全省（区、市）断面总个数，个；

S_3——考核断面变化情况的分值，20分。

（4）扣分项

《目标责任书》附表1-3考核断面中，按未达到当年目标的断面个数占全省（区、市）断面总个数的比重乘以考核断面变化情况的分值进行扣分。具体计算见式（4-9）。

$$S_{扣}=\frac{D_{未达到当年目标}}{D}\times S_3 \tag{4-9}$$

式中：$S_{扣}$——扣分；

$D_{未达到当年目标}$——未达到年度目标的断面个数，个。

（5）地表水计分

最高为 60 分（沿海省份为 50 分）。具体计算见式（4-10）。

$$S_{地表水}=S_{Ⅰ\sim Ⅲ类}+S_{劣Ⅴ类}+S_{加}-S_{扣} \tag{4-10}$$

4.3.2 黑臭水体

4.3.2.1 指标解释

城市黑臭水体整治工作进展及整治成效。通过“地级及以上城市建成区黑臭水体消除比例”来反映，即地级及以上城市完成整治的黑臭水体数目（或长度、面积）与黑臭水体总数目（或长度、面积）的比例。是否消除黑臭按照《城市黑臭水体整治工作指南》（建城〔2015〕130 号）明确的整治效果评估要求进行判定。

4.3.2.2 考核要求

地级及以上城市建成区于 2017 年年底前实现河面无大面积漂浮物，河岸无垃圾，无违法排污口；于 2020 年年底前完成黑臭水体控制在 10%以内的治理目标。直辖市、省会城市、计划单列市建成区要于 2017 年年底前基本消除黑臭水体。

2015 年年底前，地级及以上城市建成区完成水体排查，城市编制黑臭水体整治计划（包括黑臭水体名称、责任人及达标期限等），并通过“全国城镇污水处理管理信息系统”上报住房和城乡建设部。2015 年年底前向社会公布黑臭水体名称、责任人及达标期限。自 2016 年起，省级住房和城乡建设（水务）部门负责在每季度第一个月 15 日前督促和核查行政区域内城市，将本地区上季度黑臭水体整治情况通过全国城市黑臭水体整治监管平台上报住房和城乡建设部。

4.3.2.3 数据来源

根据住房和城乡建设部全国城市黑臭水体整治监管平台以及地方人民政府提供的证明材料，结合现场督查、核查、核定重点任务完成情况。

动态调整黑臭水体名单，将新的黑臭水体及时列入名单。

4.3.2.4 计分方法

2016—2020 年，各省（区、市）地级及以上城市建成区黑臭水体消除比例平均达到 30%、60%、80%、90%、95%（直辖市、省会城市、计划单列市建成区 2016 年和 2017 年应分别达到 40%和 90%，2018 年及以后不低于 90%），得 20 分，每低 1 个百分点扣 1 分，扣完为止。

2020 年，各省（区、市）地级及以上城市有任何一个未达到 90%的，该省份不得分。

各考核年份，出现省会城市或计划单列市未达到年度要求的，每出现一个城市扣 5 分。自 2016 年起，未按要求报送季度信息的，每次扣 3 分，扣完为止。

黑臭水体排查结果为 0 的地级及以上城市，自 2016 年起，发现黑臭水体并主动上报及制定相关整治措施的不扣分，被举报并核实存在黑臭水体的，核实一条扣 5 分，扣完为止。

4.3.3 饮用水水源

4.3.3.1 指标解释

地级及以上城市集中式饮用水水源水质达到或优于III类比例情况。

4.3.3.2 考核要求

各省（区、市）地级及以上城市集中式饮用水水源水质达到或优于III类比例保持稳定或有所提升。

4.3.3.3 数据来源

按《全国集中式生活饮用水水源地水质监测实施方案》（环办函〔2012〕1266号）开展监测并报送数据。

按《地表水环境质量评价方法（试行）》（环办〔2011〕22 号），参考住房和城乡建设、水利、卫生计生部门提供的数据进行评价。

若当月监测的全部指标的评价结果均为达标，则该水源当月的评价结果为达标，逐月达标的水源则本年度为达标水源；反之，若当月监测的全部指标的评价结果之一为不达标，则该水源当月的评价结果为不达标，该水源本年度亦为不达标水源。

部分月份（冰封期或监测规定允许的情形除外）无监测数据的，视为不达标。

对于经专用渠道引河流来水的水库型水源地，确因来水导致总磷超标的，扣除总磷影响。

4.3.3.4 计分方法

达到或优于Ⅲ类比例满足考核目标要求时，按实际比例乘以 10 分计分。

未满足考核目标要求时，按实际比例乘以 8 分进行计分。

4.3.4 地下水

4.3.4.1 指标解释

考核地下水水质恶化趋势的遏制情况。

4.3.4.2 考核要求

各省（区、市）地下水考核点位的水质保持稳定，地下水质量极差的点位比例不高于考核目标。

4.3.4.3 数据来源

国土资源、水利部门分别提供评价数据和评价结果。

各点位监测频率不得少于每年 2 次（丰水期、枯水期），按平均值考核。如果枯水期地下水位下降造成无法采样，则以丰水期监测结果为准。若丰水期也没有监测结果或监测井被破坏，可就近（3 km 以内）利用国家地下水监测工程建设的条件相似的监测井，或在原位置及周边新建监测井。

考核《地下水质量标准》（GB/T 14848—1993）中 pH、氨氮、硝酸盐、亚硝酸盐、挥发性酚类、氰化物、砷、汞、铬（六价）、总硬度、铅、氟化物、镉、铁、锰、溶解性总固体、高锰酸盐指数、硫酸盐、氯化物、总大肠菌群等指标，按综合评价方法进行评价。

4.3.4.4 计分方法

极差比例等于或优于考核目标时，计 10 分。

极差比例差于考核目标时，按考核目标比例要求占实际比例乘以 8 分进行计分。

在上述计分基础上，如地下水水质恶化（除基准年极差点位外，行政区域内级别恶化的考核点位个数大于级别改善的考核点位个数），按恶化的考核点位个数与级别改善的考核点位个数之差占考核点位总个数的比重乘以 10 分进行扣分。

4.3.5 近岸海域

4.3.5.1 指标解释

考核沿海省（区、市）近岸海域水质优良（一类、二类）比例。

4.3.5.2 考核要求

完成国家规定的近岸海域水质保护目标（具体目标经海洋局、生态环境部商省级人民政府确定）。

4.3.5.3 数据来源和计分方法

由国家海洋局、生态环境部联合另行规定。本书主要介绍淡水相关内容，此处不做详述。

4.4 考核方法

考核采用评分法，水环境质量目标完成情况和水污染防治重点工作完成情况满分均为 100 分，考核结果分为优秀、良好、合格、不合格四个等级。

以水环境质量目标完成情况划分等级，评分 90 分及以上为优秀，80 分（含）至 90 分为良好，60 分（含）至 80 分为合格，60 分以下为不合格（即未通过考核）。

以水污染防治重点工作完成情况进行校核，评分大于 60 分（含），水环境质量评分等级即为考核结果；评分小于 60 分，水环境质量评分等级降一档作为考核结果。日常检查情况作为重点工作完成情况考核的基本内容纳入年度考核计分。

遇重大自然灾害（如干旱、洪涝、地震等）或重大工程建设、调度等，对上下游、左右岸水环境质量产生重大影响以及其他重大特殊情形的，可结合重点工作完成情况，综合考虑后最终确定年度考核结果。

自 2017 年至 2020 年，逐年对上年度各地“水十条”实施情况进行年度考核，考核水环境质量目标完成情况和水污染防治重点工作完成情况。

2021 年对 2020 年度进行终期考核，仅考核水环境质量目标完成情况。水环境质量目标完成情况 60 分以下，或地表水水质优良比例、劣Ⅴ类水体控制比例任何一项未达到目标，终期考核认定为不合格。

第5章　地级及以上城市国家地表水考核断面水环境质量排名技术要求

为贯彻落实“水十条”关于公布城市水环境质量排名的要求，进一步促进城市水污染防治工作、改善城市地表水环境质量，充分发挥城市国家地表水考核断面水环境质量排名的倒逼作用，将城市地表水环境质量作为检验水污染防治工作的标准之一，2017 年环境保护部印发《城市地表水环境质量排名技术规定（试行）》（环办监测〔2017〕51 号，简称排名技术规定）。2017 年 10 月起国家地表水环境质量监测实施事权上收，逐步形成了自动监测与采测分离手工监测相结合的监测模式，保证了水环境监测数据的“真、准、全”。在此基础上，2019 年生态环境部又发布了《地级及以上城市国家地表水考核断面水环境质量排名方案（试行）》（环办监测〔2019〕452 号，简称排名方案）。排名方案对排名技术规定的部分内容做了进一步的明确，指导全国地级及以上城市国家地表水考核断面水环境质量排名结果正式发布。

5.1　适用范围

主要提出了针对不同城市的地表水环境质量进行比较排名的方法。

适用于国家对各省（区、市）地级及以上城市地表水环境质量的排名，各省（区、市）对本行政区内城市地表水环境质量排名可参考执行。

5.2　规范性引用文件

《国务院关于印发〈水污染防治行动计划〉的通知》（国发〔2015〕17 号）

《关于印发〈“十三五”国家地表水环境质量监测网设置方案〉的通知》（环监测〔2016〕30 号）

《地表水环境质量标准》（GB 3838—2002）

《关于印发〈地表水环境质量评价办法（试行）〉的通知》（环办〔2011〕22号）

《关于印发〈水污染防治行动计划实施情况考核规定（试行）〉的通知》（环水体〔2016〕179号）

《数值修约规则与极限数值的表示和判定》（GB/T 8170—2008）

5.3 排名方法

城市地表水环境质量排名包括城市地表水环境质量状况排名和城市地表水环境质量变化情况排名。排名方法基于城市水质指数，即CWQI。

5.3.1 排名断面

城市地表水环境质量排名范围包括全国31个省（区、市）的338个地级及以上城市，参与城市排名的断面（点位）是国家地表水环境质量监测网中规定的责任城市排名断面（点位）。

5.3.2 城市水质指数

5.3.2.1 河流水质指数

河流水质指数计算采用《地表水环境质量标准》（GB 3838—2002）表1中除水温、粪大肠菌群和总氮以外的21项指标，包括pH、溶解氧、高锰酸盐指数、生化需氧量、氨氮、石油类、挥发酚、汞、铅、总磷、化学需氧量、铜、锌、氟化物、硒、砷、镉、铬（六价）、氰化物、阴离子表面活性剂和硫化物。

先计算出所有河流监测断面各单项指标浓度的算术平均值，计算出单项指标的水质指数，再综合计算出河流的水质指数$\mathrm{CWQI}_{河流}$。低于检出限的项目，按照1/2检出限值参加计算各单项指标浓度的算术平均值。

（1）单项指标的水质指数

用各单项指标的浓度值除以该指标对应的地表水Ⅲ类标准限值，计算单项指标的水质指数，如式（5-1）所示：

$$\mathrm{CWQI}(i)=\frac{C(i)}{C_S(i)} \tag{5-1}$$

式中：CWQI(i) ——第 i 个水质指标的水质指数；

$C(i)$ ——第 i 个水质指标的浓度值；

$C_S(i)$ ——第 i 个水质指标地表水Ⅲ类标准限值。

此外：

①溶解氧计算如式（5-2）所示：

$$\mathrm{CWQI(DO)}=\frac{C_S(\mathrm{DO})}{C(\mathrm{DO})} \tag{5-2}$$

式中：CWQI(DO) ——溶解氧的水质指数；

C_S(DO) ——溶解氧的地表水Ⅲ类标准限值；

C(DO) ——溶解氧的浓度值。

②pH 的计算方法。

如果 pH≤7 时，计算如式（5-3）所示：

$$\mathrm{CWQI(pH)}=\frac{7.0-\mathrm{pH}}{7.0-\mathrm{pH}_{sd}} \tag{5-3}$$

如果 pH＞7 时，计算如式（5-4）所示：

$$\mathrm{CWQI(pH)}=\frac{\mathrm{pH}-7.0}{\mathrm{pH}_{su}-7.0} \tag{5-4}$$

式中：CWQI(pH) ——pH 的水质指数；

pH_{su} ——GB 3838—2002 中 pH 的上限值；

pH_{sd} ——GB 3838—2002 中 pH 的下限值。

（2）河流水质指数

根据各单项指标的 CWQI，取其加和值即为河流的 CWQI，计算如式（5-5）所示：

$$\mathrm{CWQI}_{\text{河流}}=\sum_{i=1}^{n}\mathrm{CWQI}(i) \tag{5-5}$$

式中：$\mathrm{CWQI}_{\text{河流}}$——河流水质指数；

n——水质指标个数；

$\mathrm{CWQI}(i)$——第 i 个水质指标的水质指数。

5.3.2.2 湖库水质指数

湖库水质指数（$\mathrm{CWQI}_{\text{湖库}}$）计算方法与河流一致，先计算出所有湖库监测点位各单项指标浓度的算术平均值，计算出单项指标的水质指数，再综合计算出湖库的 $\mathrm{CWQI}_{\text{湖库}}$。低于检出限的项目，按照 1/2 检出限值参加计算各单项指标浓度的算术平均值。

另外，在计算单项指标的水质指数时，《地表水环境质量标准》（GB 3838—2002）表 1 中湖库总磷的Ⅲ类标准限值与河流的不同，为 0.05 mg/L。

5.3.2.3 城市水质指数

根据城市行政区域内河流和湖库的 CWQI，取其加权均值即为该城市的 $\mathrm{CWQI}_{\text{城市}}$，计算如式（5-6）所示：

$$\mathrm{CWQI}_{\text{城市}}=\frac{\mathrm{CWQI}_{\text{河流}}\times M+\mathrm{CWQI}_{\text{湖库}}\times N}{(M+N)} \tag{5-6}$$

式中：$\mathrm{CWQI}_{\text{城市}}$——城市水质指数；

$\mathrm{CWQI}_{\text{河流}}$——河流水质指数；

M——城市的河流断面数；

$\mathrm{CWQI}_{\text{湖库}}$——湖库水质指数；

N——城市的湖库点位数。

若排名城市仅有河流断面，无湖库点位，则取城市的河流水质指数为该城市的城市水质指数，计算如式（5-7）所示：

$$\mathrm{CWQI}_{\text{城市}}=\mathrm{CWQI}_{\text{河流}} \tag{5-7}$$

5.3.3　城市地表水环境质量状况排名

城市地表水环境质量状况排名基于城市水质指数，即 $CWQI_{城市}$。按照城市水质指数从小到大的顺序进行排名，排名越靠前说明城市地表水环境质量状况越好。

5.3.4　城市地表水环境质量变化情况排名

城市地表水环境质量变化情况排名基于城市水质指数的变化程度 $\Delta CWQI_{城市}$。$\Delta CWQI_{城市}$为负值，说明城市地表水环境质量变好；$\Delta CWQI_{城市}$为正值，说明城市地表水环境质量变差。按照 $\Delta CWQI_{城市}$从小到大的顺序进行排名，排名越靠前说明城市地表水环境质量改善程度越高。$\Delta CWQI_{城市}$计算如式（5-8）所示：

$$\Delta CWQI_{城市}=\frac{CWQI_{城市}-CWQI_{城市0}}{CWQI_{城市0}}\times 100\% \qquad (5\text{-}8)$$

式中：$\Delta CWQI_{城市}$ ——城市水质指数的变化程度；

$CWQI_{城市}$ ——城市水质指数；

$CWQI_{城市0}$ ——城市前一时段的水质指数。

5.4　数据统计

5.4.1　断面（点位）城市归属

本要求所指城市指城市管辖市域，包括下属区县和已改为省直管的县；涉及上下游城市的出入境断面，均纳入上游城市排名；存在往返流的断面按照年度主流方向，确定上游城市进行排名；涉及两个或多个城市界河的断面，同时参与所有涉及城市的排名。

5.4.2　数据统计和计算

按不同时段进行城市地表水环境质量排名时，采用各监测断面（点位）排名时段每个月监测数据的算术平均值计算排名；低于检出限的项目，按照 1/2 检出限值参与计算算术平均值。

5.4.2.1 缺少监测数据的处理方式

（1）因特别重大、重大水旱、气象、地震、地质等自然灾害或常年自然季节性河流以及上游其他城市不合理开发利用等原因导致断面断流无监测数据的，以该断面实际有水月份的监测数据计算城市水质指数。以上情况需提供职能部门的相关证明材料（如图片、水文资料、气象数据等）。

（2）因断面汇水范围内实施治污清淤等引起所在水体断流的，省级环境保护主管部门应组织在工程上游确定临时替代监测点位并报生态环境部核准，以该断面实际有水月份和断流月份临时替代监测点位的监测数据计算城市水质指数。治污清淤实施前应向省级环境保护主管部门通报工程实施计划，并提供工程实施的证明文件、图片资料等（包括招标合同、开工证明、清淤位置、淤泥去向、土方量、上游汇水去向、施工时限等）；如不能提供上述资料，则以该城市水质最差断面（点位）最差月份数据计算城市水质指数。若最差月份水质好于劣Ⅴ类，则主要污染指标均以Ⅴ类水质标准浓度值计算城市水质指数。

（3）其他非上述原因，如渗坑、不合理开发利用（2015 年 12 月前实施完成除外）引起河流断流等，导致城市任一断面（点位）部分月份（冰封期或监测规定允许情形的除外）无监测数据，则以该城市水质最差断面（点位）最差月份数据计算城市水质指数。若最差月份水质好于劣Ⅴ类，则主要污染指标均以Ⅴ类水质标准浓度值计算城市水质指数。

5.4.2.2 上下游断面水质影响的处理方式

若城市上游入境断面水质不达标，参照《水污染防治行动计划实施情况考核规定（试行）》中的相关规定，扣除上游影响后计算该城市水质指数。

5.4.3 数据修约

数据统计和计算结果按照《数值修约规则与极限数值的表示和判定》（GB/T 8170—2008）的要求进行修约。

各项指标浓度值保留小数位数比《地表水环境质量标准》（GB 3838—2002）中的Ⅰ类标准限值多 1 位，若按此修约为 0 则至少保留 1 位有效位数。

城市水质指数 $CWQI_{城市}$保留 4 位小数位数，城市水质指数的变化程度 $\Delta CWQI_{城市}$保留百分数 2 位小数位数。

5.5 信息发布

5.5.1 城市地表水环境质量状况排名信息

国家公布的城市地表水环境质量状况排名信息包括：

城市地表水环境质量较好的 30 个城市名单。即城市水质指数 $CWQI_{城市}$从小到大排序的前 30 个城市；相同的以并列计，断面（点位）数量多的城市排在前面。

城市地表水环境质量较差的 30 个城市名单。即城市水质指数 $CWQI_{城市}$从大到小排序的前 30 个城市；相同的以并列计，断面（点位）数量多的城市排在前面。

5.5.2 城市地表水环境质量变化情况排名信息

国家在公布城市地表水环境质量状况排名的同时，可公布城市地表水环境质量变化情况排名，包括：

城市地表水环境质量改善较快的 30 个城市名单。即城市水质指数的变化程度 $\Delta CWQI_{城市}$从小到大排序的前 30 个城市；相同的以并列计，断面（点位）数量多的城市排在前面。

城市地表水环境质量改善较慢（或变差较快）的 30 个城市名单。即城市水质指数的变化程度 $\Delta CWQI_{城市}$从大到小排序的前 30 个城市；相同的以并列计，断面（点位）数量多的城市排在前面。

排名时段内城市所有国家地表水考核断面均达到或优于III类水质的城市，或国家地表水考核断面水环境质量由好到差排名在前 20%的城市，不纳入水环境质量变化情况相对较差的后 30 个城市排名。

各省（区、市）公布本行政区域内城市地表水环境质量排名情况时，公布的城市个数由各省（区、市）酌情确定。

5.5.3 排名周期

2019 年每季度开展地级及以上城市国家地表水考核断面水环境质量状况及变化情况排名，发布国家地表水考核断面水环境质量相对较好的前 30 个城市和相对较差的后 30 个城市名单、与上年同期相比水环境质量改善幅度相对较好的前 30 个城市和相对较差的后 30 个城市名单，以及该城市相对应的国家地表水考核断面所在水体的名称。自 2020 年起，地级及以上城市国家地表水考核断面水环境质量状况排名改为月度排名，城市地表水环境质量变化情况排名仍按季度进行。

第 6 章　地表水环境质量监测数据统计技术要求

2017 年，环境保护部按照“国家考核、国家监测”的原则，顺利完成了国家地表水环境质量监测事权上收；通过实施采测分离，背靠背实施采样与分析，实现了监测与考核对象脱钩，切实保证了监测工作的独立、客观、公正，生态环境监测数据质量更加真实可靠。2018 年，国家全面完成了地表水自动监测站建设和上收工作，1 881 个国控水质自动监测站全部建成，运行总体平稳，自动监测数据质量得到切实保障。2019 年，生态环境部审议并原则通过《生态环境监测规划纲要（2020—2035 年）》，将“深化自动监测与手工监测相融合的监测体系”作为地表水环境监测的一项重要任务，要求研究建立以自动监测为主的地表水监测评价、考核与排名办法，与手工监测评价结果平稳衔接。为了进一步适应国家地表水水质评价体系转变、加强水环境质量监测管理、规范地表水环境质量评价工作，对地表水环境质量自动和手工监测数据应用于水环境质量评价时的数据统计方式进行规定，生态环境部于 2020 年发布《地表水环境质量监测数据统计技术规定（试行）》（环办监测函〔2020〕82 号）。

6.1　适用范围

主要提出了地表水（海水除外）监测数据用于环境质量评价时，在数据统计、整合、补遗和修约等方面的技术规则。主要适用于国家地表水环境质量监测网监测数据的统计与应用，地方可参照执行。

6.2　规范性引用文件

本要求引用了下列文件中的条款。凡是未注明日期的引用文件，其最新版本适用于本要求。

《地表水环境质量标准》（GB 3838—2002）

《数值修约规则与极限数值的表示和判定》（GB/T 8170—2008）

《地表水和污水监测技术规范》（HJ/T 91—2002）

《地表水自动监测技术规范（试行）》（HJ 915—2017）

《关于印发〈地表水环境质量评价办法（试行）〉的通知》（环办〔2011〕22号）

6.3 术语和定义

6.3.1 地表水水质自动监测站

指地表水水质自动监测系统的现场部分，一般由站房、采配水、控制、检测、数据传输等全部单元或其中数个单元组成，简称水站。

6.3.2 地表水手工监测有效数据

指水样经手工采样、分析、计算、汇总得出，并通过审核、确认有效的各项指标监测数据，简称手工数据。

6.3.3 地表水自动监测有效实时数据

指水样经水站采样、分析、计算、上传、汇总得出，并通过审核、确认有效的各项指标的实时监测数据，简称自动数据。

6.3.4 代表值

指用于代表水体在某一时段内各监测指标整体浓度水平的统计结果，根据代表时段不同，主要分为日代表值、月代表值、季代表值、年代表值等。

6.3.5 数据整合

指同一统计范围内的各单项指标获得多个不同类型、数量的监测结果时，将多个监测结果整合为一组数据用于代表值统计的过程。

6.4　数据统计

6.4.1　日代表值

各单项指标（pH 除外）的日代表值为当日实际获得的全部自动数据的算术平均值。pH 的日代表值采用当日实际获得的全部 pH 对应氢离子浓度算术平均值的负对数表示，计算时先采用 pH 自动数据计算对应时段的氢离子浓度值，再计算当日全部氢离子浓度算术平均值，最终计算该算术平均值的负对数，如式（6-1）所示：

$$\overline{\mathrm{pH}} = -\lg \overline{C(\mathrm{H}^+)} \tag{6-1}$$

式中：$\overline{\mathrm{pH}}$——对应时段 pH 的日代表值；

$\overline{C(\mathrm{H}^+)}$——对应时段氢离子浓度算术平均值。

每个自然日所有有效自动监测数据均参与评价，且实际参与计算的自动数据量不得低于当日应获得全部数据量的 60%。日代表值仅针对自动数据，手工数据不参与日代表值统计。

6.4.2　月代表值

根据监测方式的不同，月代表值可分为手工月代表值和自动月代表值。手工月代表值为各单项指标的当月手工数据。如当月实际获得的日代表值不少于当月应获得全部日代表值的 60%，可进行自动月代表值统计，统计时所有有效自动监测数据均参与评价。自动月代表值（pH 除外）为各单项指标当月实际获得全部自动数据的算术平均值。pH 的自动月代表值采用当月全部 pH 自动数据对应氢离子浓度算术平均值的负对数表示，计算方法同日代表值。

当某一单项指标由于当月或连续数月未开展监测导致月代表值缺失时，采用该指标上一个临近月份的月代表值作为替代月代表值。

6.4.3 季代表值

根据监测方式的不同，季代表值可分为手工季代表值和自动季代表值。季代表值为各单项指标（包括 pH）当季全部月份月代表值的算术平均值。

6.4.4 年代表值

根据监测方式的不同，年代表值可分为手工年代表值和自动年代表值。年代表值为各单项指标（包括 pH）当年全部月份月代表值的算术平均值。

6.5 数据整合

6.5.1 数据整合指标

6.5.1.1 地表水水质评价指标

《地表水环境质量标准》（GB 3838—2002）表 1 中除水温、粪大肠菌群和总氮以外的 21 项指标，包括 pH、溶解氧、高锰酸盐指数、氨氮、总磷、五日生化需氧量、化学需氧量、石油类、挥发酚、汞、铜、锌、铅、镉、铬（六价）、砷、硒、氟化物、氰化物、硫化物和阴离子表面活性剂。

6.5.1.2 营养状态评价指标

营养状态评价指标包括叶绿素 a、总磷、总氮、透明度和高锰酸盐指数 5 项。

6.5.2 断面（点位）数据整合

同一断面（点位）不同采样点的监测指标数据整合成该断面（点位）的指标数据，遵循以下规则：

①pH 采用断面所有采样点氢离子浓度算术平均值的负对数；

②溶解氧和石油类采用表层采样点的算术平均值；

③透明度采用湖库所有采样垂线实测值的算术平均值；

④其余项目采用断面所有采样点的算术平均值；

⑤入海河流断面采用退平潮采样点数据参与断面数据整合。

6.5.3　月代表值数据整合

同一断面（点位）单项指标的手工月代表值和自动月代表值整合为一组断面（点位）数据参与水质评价。

6.5.3.1　地表水水质评价

pH、溶解氧、高锰酸盐指数、氨氮和总磷 5 项指标优先采用自动月代表值，当月无自动月代表值时采用手工月代表值；其他 16 项指标采用手工月代表值。

6.5.3.2　营养状态评价

总磷、总氮和高锰酸盐指数 3 项指标优先采用自动月代表值，当月无自动月代表值时采用手工月代表值；透明度和叶绿素 a 优先采用手工月代表值，其中叶绿素 a 当月无手工月代表值时采用自动月代表值。

当单项指标月代表值缺失时，采用替代月代表值参与数据整合。单项指标月代表值的选择次序具体要求见表 6.5-1。

表 6.5-1　指标整合优先规则

序号	监测指标	第一优先级	第二优先级	第三优先级
1	pH、溶解氧、高锰酸盐指数、氨氮、总磷、总氮	自动月代表值	手工月代表值	替代月代表值
2	五日生化需氧量、化学需氧量、石油类、挥发酚、汞、铜、锌、铅、镉、铬（六价）、砷、硒、氟化物、氰化物、硫化物、阴离子表面活性剂、透明度	手工月代表值	替代月代表值	—
3	叶绿素 a	手工月代表值	自动月代表值	—

6.5.4　数据补遗

当单项指标月代表值缺失时，采用该指标上一个临近月份的月代表值进行替代，参与该断面（点位）当月代表值的数据整合，用于当月水质评价。由于污染事故造成严重超标的指标不作为替代月代表值。

由于地方基础保障工作不到位造成自动监测指标数据量不满足统计要求的，采用该指标当前时段向前一年最差实时数据替代统计时段代表值。

断面出现地方干扰监测、数据弄虚作假等行为，采用该断面当前时段向前一年最差月代表值替代统计时段代表值。

6.6 数据修约

所有监测指标的手工和自动数据均按照《数值修约规则与极限数值的表示和判定》（GB/T 8170—2008）的要求进行修约。

采用修约后的数据进行水质评价，保留的有效小数位数对照表 6.6-1 进行统一。在此基础上，监测数据一般保留不超过 3 位有效数字；当修约后结果为 0 时，保留 1 位有效数字。当监测数据低于检出限时，以 1/2 检出限值参与计算和统计。

表 6.6-1 评价数据修约要求

序号	监测指标	单位	保留小数位数
1	水温	℃	1
2	pH	—	0
3	溶解氧	mg/L	1
4	高锰酸盐指数	mg/L	1
5	化学需氧量	mg/L	1
6	五日生化需氧量	mg/L	1
7	氨氮	mg/L	2
8	总磷	mg/L	3
9	总氮	mg/L	2
10	铜	mg/L	3
11	锌	mg/L	3
12	氟化物	mg/L	3
13	硒	mg/L	4
14	砷	mg/L	4

序号	监测指标	单位	保留小数位数
15	汞	mg/L	5
16	镉	mg/L	5
17	铬（六价）	mg/L	3
18	铅	mg/L	3
19	氰化物	mg/L	3
20	挥发酚	mg/L	4
21	石油类	mg/L	2
22	阴离子表面活性剂	mg/L	2
23	硫化物	mg/L	3
24	电导率	μS/cm	1
25	浊度	NTU	1
26	透明度	cm	0
27	叶绿素 a	mg/L	3
28	藻密度	个/L	0

第 7 章　地表水环境本底判定技术要求

地表水体中部分水域由于受到地质等客观自然因素的影响，部分指标会出现超标现象，为客观准确地反映水环境质量状况和水污染防治工作成效，生态环境部于 2019 年发布《地表水和地下水环境本底判定技术规定（暂行）》的通知（环办监测函〔2019〕895 号）。

7.1　适用范围

明确了国家地表水和地下水（饮用水水源）环境本底判定的原则、标准和程序等相关要求。

适用于国家组织开展环境质量监测的地表水和地下水（饮用水水源）环境本底判定，地方组织开展环境质量监测的湖库河流和地下水（饮用水水源）可参照执行。

不适用于其他形式地表水和地下水环境背景值等方面的监测、判定和研究。

7.2　规范性引用文件

本要求引用了下列文件中的条款。凡是未注明日期的引用文件，其最新版本适用于本要求。

《地表水环境质量标准》（GB 3838—2002）

《地下水质量标准》（GB/T 14848—2017）

《水污染防治行动计划实施情况考核规定（试行）》（环水体〔2016〕179 号）

《“十三五”国家地表水环境质量监测网设置方案》（环监测〔2016〕30 号）

《国家地表水采测分离监测管理办法》（环办〔2019〕2 号）

《国家地表水水质自动监测站运行管理办法》（环办〔2019〕2 号）

7.2.1　术语和定义

7.2.1.1　环境本底

环境本底一般是指自然环境在未受污染的情况下，各种环境要素中化学元素或化学物质的基线含量。亦指人类在某个区域进行某种社会活动行为之前的自然环境状态。

7.2.1.2　环境本底值

环境本底值指对未受人类社会活动行为影响的环境区域按照规定的监测程序针对特定的监测项目所测定的数据。

7.3　环境本底的判定

7.3.1　环境本底判定要求

不受人类社会活动或受人类活动影响较小区域的河流（段）、湖泊和地下水。例如，河流（段）主要分布在各主要流域（水系）上游；湖泊主要分布在高原内陆地区，无出湖河流的内流湖；或其他形式的水体。

地表水环境本底判定主要针对受到自然地理和地质条件影响较大的水体。

地下水环境本底判定主要针对受到地质条件影响较大的水体。

水体周边无影响环境本底的人为污染源汇入。

7.3.2　判定监测项目

地表水：以《地表水环境质量标准》（GB 3838—2002）24 项常规监测项目为基础，确定不受人类活动影响而产生的监测项目。

饮用水水源：以 GB 3838—2002 中 109 项和《地下水质量标准》（GB/T 14848—2017）93 项为基础，确定不受人类活动影响而产生的监测项目。

环境本底判定时应考虑区域内特征污染项目，可参考的监测项目如下：

（1）地表水：pH、溶解氧、总磷、化学需氧量、高锰酸盐指数、氟化物等。

（2）饮用水水源：pH、氟化物、总硬度、Fe、Mn、As、Sb、硫酸盐、溶解性总固体（TDS）、硼、钼、铊、总α放射性、碘化物等。

7.3.3 判定标准

地表水以 GB 3838—2002 常规监测项目Ⅲ类水质标准限值为判定标准。

地表水型饮用水水源以 GB 3838—2002 常规监测项目Ⅲ类水质标准限值和补充项目、特定项目标准限值为判定标准。

地下水型饮用水水源以 GB/T 14848—2017 常规和非常规监测项目Ⅲ类水质标准限值为判定标准。

7.3.4 判定方法

（1）当受环境本底值影响水体经常超过判定标准限值时可开展环境本底判定。当环境本底值低于判定标准限值时可不进行环境本底判定。

（2）在环境本底判定时，如果拟确定为环境本底的水体、监测项目和时段，需要证明超过判定标准限值的监测项目仅受自然地理条件和地质条件影响而非受人类社会活动影响（或影响较小），否则不予判定。

7.4 环境本底判定程序及应用

7.4.1 判定程序

由各地方生态环境部门以文件形式向中国环境监测总站报送行政区域内的水环境本底判定申请，并附相关证明材料。证明材料需包括水环境本底情况报告及相关材料、专家评审意见等。

由中国环境监测总站会同各流域生态环境监测与科学研究中心根据地方提供的材料组织现场踏勘和专家论证，并报生态环境部备案同意。

需建立环境本底动态更新调整机制，并组织环境本底评审。

7.4.2 环境本底值统计处理

地表水常规监测项目以 GB 3838—2002 Ⅲ类标准限值替换为环境本底值进

行统计计算（水质目标低于Ⅲ类时，以水质目标值替换）。

地表水补充项目和特定项目按标准限值替换为环境本底值进行统计计算。

地下水常规监测项目和非常规监测项目以 GB/T 14848—2017 Ⅲ类标准限值替换为环境本底值进行统计计算。

7.4.3　环境本底应用

确定为环境本底的水体、监测断面（点位）及监测项目，按照确定的水体、断面（点位）、时段和监测项目，在城市地表水和饮用水水源达标考核和城市排名等工作中根据实际情况可选择剔除自然本底的影响。但在全国地表水水质状况评价和饮用水水源水质评价时直接参与评价，评价结果需要注明受环境本底的影响。

7.5　环境本底判定工作需提交的相关材料

为了及时掌握国家地表水和地下水环境本底基础情况，做好环境本底的判定工作，各有关地方需提供国家地表水和地下水环境本底情况报告及相关材料。

地表水和地下水水体的基本情况，以及一定时间序列的环境本底浓度值及水质状况。地表水可采用年度平均值及监测浓度范围（未开展监测和未检出的需注明），饮用水水源需采用月度监测值。环境本底受季节影响时需采用月度监测值，以确定影响的时段。

对于咸水湖或半咸水湖、苦咸水河流等水体需提供盐度、矿化度以及相关阴阳离子浓度。

周边及上游污染源（包括点源和面源）分布及排污情况。

水体地理位置示意图。图中需标明城市、乡镇、村庄的分布情况，周边及上游污染源分布及排污情况，监测断面（点位）布置情况。

环境本底监测的相关信息以表格的形式提交环境本底监测情况，地表水和饮用水水源监测情况分别填写，具体见表 7.5-1。

表 7.5-1　××省（自治区、直辖市）地表水和地下水环境本底监测情况

水体名称	水体类型	断面名称	所在地区	监测时间	环境本底指标（超标倍数）					其他污染指标（超标倍数）				

注：① 水体名称为地表水（河流和湖库）、饮用水水源（地表水、地下水）名称；

② 水体类型为河流、湖泊、水库、饮用水水源（地表水）、饮用水水源（地下水）；

③ 环境本底判定标准采用优于III类水质的考核目标时，需在“环境本底指标”和“其他污染指标”中注明评价标准为“考核目标”。

第8章　报告示例

“十三五”期间，为了满足水环境管理需求和公众信息知情权，根据国家地表水环境质量评价相关技术要求，形成了包括环境专业技术类、环境信息公开类和环境监测要情类3大类20余种报告类型，每年编报近1 000份。同时，水质自动监测实时数据和国家考核断面的月度地表水环境质量监测数据也及时公布共享。

中华人民共和国生态环境部报告发布网址：

http://www.mee.gov.cn/hjzl/

中国环境监测总站报告发布网址：

http://www.cnemc.cn/jcbg/

中国环境监测总站数据发布网址：

http://www.cnemc.cn/sssj/

示例一：2019 年第四季度和 1—12 月全国地表水环境质量状况（新闻通稿）

1　总体水质状况

第四季度，1 940 个国家地表水考核断面中（实测 1 914 个），水质优良（Ⅰ～Ⅲ类）断面比例为 80.0%，同比上升 3.9 个百分点；劣Ⅴ类断面比例为 2.7%，同比下降 1.8 个百分点。主要污染指标为化学需氧量、总磷和高锰酸盐指数。各类水质断面比例见图 1-1[①]。

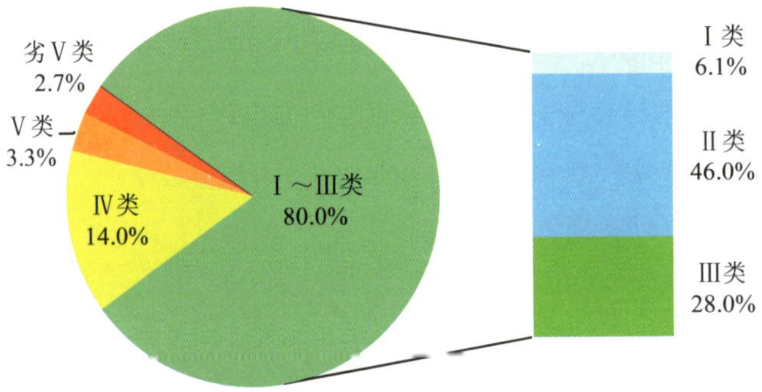

图 1-1　2019 年第四季度全国地表水水质类别比例

2019 年 1—12 月，1 940 个国家地表水考核断面中（实测 1 931 个），水质优良（Ⅰ～Ⅲ类）断面比例为 74.9%，同比上升 3.9 个百分点；劣Ⅴ类断面比例为 3.4%，同比下降 3.3 个百分点。主要污染指标为化学需氧量、总磷和高锰酸盐指数。各类水质断面比例见图 1-2。

① 本书中，所有占比数据由于单位取舍不同或修约而产生的计算误差，均未做机械调整。

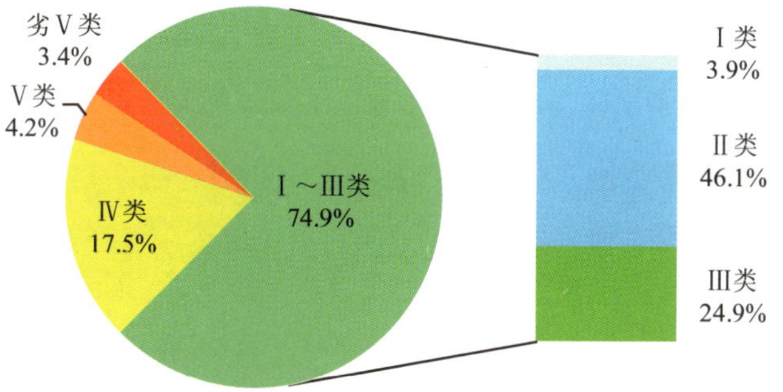

图 1-2　2019 年 1—12 月全国地表水水质类别比例

2　主要江河水质状况

2019 年第四季度，长江、黄河、珠江、松花江、淮河、海河、辽河七大流域及西北诸河、西南诸河和浙闽片河流Ⅰ～Ⅲ类水质断面比例为 85.0%，同比上升 4.5 个百分点；劣Ⅴ类为 2.0%，同比下降 2.8 个百分点。主要污染指标为化学需氧量、高锰酸盐指数和五日生化需氧量。其中，西北诸河、长江流域、浙闽片河流和西南诸河水质为优，珠江流域、黄河流域和松花江流域水质良好，淮河流域、辽河流域和海河流域为轻度污染，详见图 2-1。

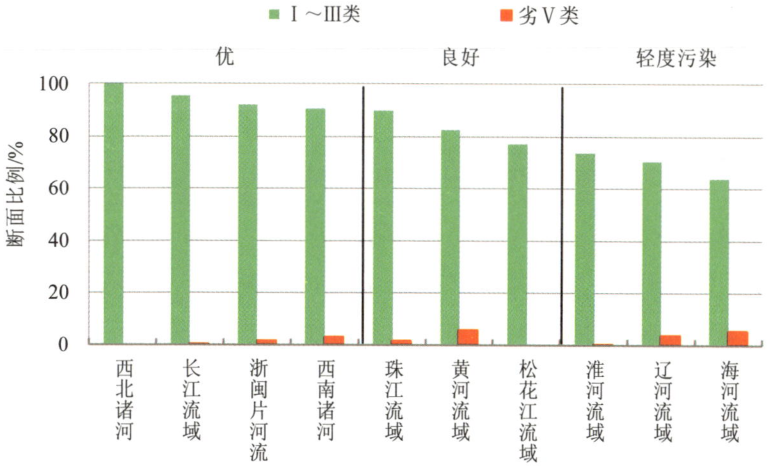

图 2-1　2019 年第四季度七大流域和西南诸河、西北诸河及浙闽片河流水质类别比例

2019 年 1—12 月，长江、黄河、珠江、松花江、淮河、海河、辽河七大流域及西北诸河、西南诸河和浙闽片河流Ⅰ～Ⅲ类水质断面比例为 79.1%，同比上升 4.8 个百分点；劣Ⅴ类为 3.0%，同比下降 3.9 个百分点。主要污染指标为化学需氧量、高锰酸盐指数和氨氮。其中，西北诸河、浙闽片河流、西南诸河和长江流域水质为优，珠江流域水质良好，黄河流域、松花江流域、淮河流域、辽河流域和海河流域为轻度污染，详见图 2-2。

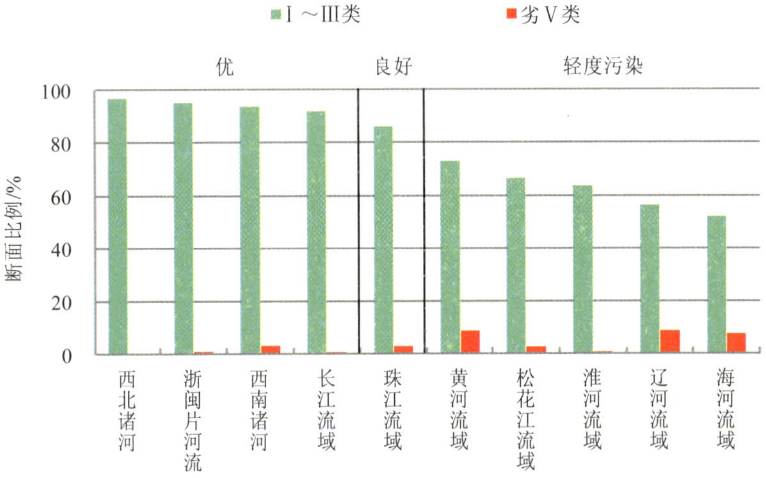

图 2-2 2019 年 1—12 月七大流域和西南诸河、西北诸河及浙闽片河流水质类别比例

3 重要湖（库）水质状况及营养状态

第四季度，监测的 110 个重要湖（库）中，Ⅰ～Ⅲ类水质湖库个数占比为 67.3%，同比上升 0.9 个百分点；劣Ⅴ类水质湖库个数占比为 8.2%，同比上升 2.7 个百分点。主要污染指标为总磷、化学需氧量和高锰酸盐指数。监测富营养化状况的 106 个重要湖（库）中，5 个湖（库）呈中度富营养状态，占 4.7%；26 个湖（库）呈轻度富营养状态，占 24.5%；其余湖（库）未呈现富营养化。其中，太湖为轻度污染、轻度富营养，主要污染指标为总磷；巢湖为轻度污染、轻度富营养，主要污染指标为总磷；滇池为重度污染、轻度富营养，主要污染指标为 pH、化学

需氧量和总磷；洱海水质为优、中营养；丹江口水库水质为优、中营养；白洋淀为轻度污染、轻度富营养，主要污染指标为化学需氧量、总磷和高锰酸盐指数。与 2018 年同期相比，太湖水质有所好转，滇池水质明显下降，巢湖、洱海、丹江口水库和白洋淀水质无明显变化；太湖、巢湖、滇池、洱海、丹江口水库和白洋淀营养状态均无明显变化。

2019 年 1—12 月，监测的 110 个重要湖（库）中，Ⅰ～Ⅲ类水质湖库个数占比为 69.1%，同比上升 2.4 个百分点；劣Ⅴ类水质湖库个数占比为 7.3%，同比下降 0.8 个百分点。主要污染指标为总磷、化学需氧量和高锰酸盐指数。监测富营养化状况的 107 个重要湖（库）中，6 个湖（库）呈中度富营养状态，占 5.6%；24 个湖（库）呈轻度富营养状态，占 22.4%；其余湖（库）未呈现富营养化。其中，太湖为轻度污染、轻度富营养，主要污染指标为总磷；巢湖为轻度污染、轻度富营养，主要污染指标为总磷；滇池为轻度污染、轻度富营养，主要污染指标为化学需氧量和总磷；洱海水质良好、中营养；丹江口水库水质为优、中营养；白洋淀为轻度污染、轻度富营养，主要污染指标为总磷、化学需氧量和高锰酸盐指数。与 2018 年同期相比，巢湖水质有所好转，洱海水质有所下降，营养状态均无变化；太湖、滇池、丹江口水库、白洋淀水质和营养状况均无明显变化。

4　地级及以上城市国家地表水考核断面排名

参加排名的全国地级及以上城市覆盖 2 050 个国控断面，其中 1 940 个为国家地表水考核断面，110 个为入海控制断面。2019 年 1—12 月，全国地级及以上城市中，来宾、柳州、云浮等 30 个城市国家地表水考核断面水环境质量相对较好（从第 1 名到第 30 名），吕梁、营口、沧州等 30 个城市国家地表水考核断面水环境质量相对较差（从倒数第 1 名到倒数第 30 名）；四平、运城、邢台等 30 个城市国家地表水考核断面水环境质量变化情况相对较好（从第 1 名到第 30 名），营口、铜川、白城等 30 个城市国家地表水考核断面水环境质量变化情况相对较差（从倒数第 1 名到倒数第 30 名）。详细见表 4-1～表 4-4。

表 4-1 2019 年 1—12 月国家地表水考核断面水环境质量状况排名前 30 位城市及所在水体

排名	城市	考核断面所在水体
1	来宾市	黔江、红水河、柳江
2	柳州市	洛清江、融江、柳江
3	云浮市	西江
4	金昌市	金川河
5	河池市	龙岩滩水库、红水河、龙江
6	林芝市	雅鲁藏布江
7	桂林市	湘江、浔江、夫夷水、洛清江、桂江、漓江、甘棠江
8	雅安市	大渡河、青衣江
9	梧州市	贺江、浔江、西江
10	黔东南苗族侗族自治州	都柳江、清水江、沅江、渠水、舞水、巴拉河
11	吐鲁番市	白杨河
12	贺州市	贺江、桂江
13	河源市	新丰江水库、东江
14	张掖市	北大河、东大河、黑河
15	丽水市	湖南镇水库、小溪、松阴溪、龙泉溪、瓯江、大溪、松源溪、好溪
16	玉树藏族自治州	通天河
17	嘉峪关市	北大河（干渠）
18	湘西土家族苗族自治州	酉水、沅江、峒河
19	百色市	澄碧河、难滩河、右江、剥隘河、万峰湖
20	昌吉回族自治州	开垦河、三屯河
21	崇左市	左江、明江
22	贵港市	郁江、浔江
23	攀枝花市	雅砻江、金沙江
24	海南藏族自治州	黄河
25	三明市	九龙溪、金溪、濉溪、沙溪、尤溪
26	肇庆市	西江、北江
27	永州市	湘江、潇水
28	张家界市	澧水
29	韶关市	浈江、北江、武江
30	昭通市	横江、赤水河、头屯河、牛栏江、金沙江

表 4-2　2019 年 1—12 月国家地表水考核断面水环境质量状况排名后 30 位城市及所在水体

排名	城市	考核断面所在水体
倒 1	吕梁市	岚漪河*、黄河*、湫水河、蔚汾河、三川河、磁窑河、岚河、屈产河、文峪河
倒 2	营口市	碧流河*、大清河、熊岳河、大辽河、沙河、大旱河
倒 3	沧州市	宣惠河、子牙新河、子牙河、石碑河、廖佳洼河、漳卫新河、青静黄排水渠、南排河、北排河、沧浪渠
倒 4	深圳市	深圳河、茅洲河
倒 5	邢台市	牛尾河、卫运河、滏阳河
倒 6	东莞市	东江、珠江广州段、茅洲河、东莞运河、石马河
倒 7	临汾市	沁河*、昕水河、浍河、汾河
倒 8	阜新市	西细河
倒 9	辽源市	东辽河
倒 10	廊坊市	北运河、子牙河、龙河、潮白河、泃河、潮白新河、大清河
倒 11	茂名市	高州水库*、鉴江、袂花江、小东江、关屋河、森高河、寨头河
倒 12	铜川市	石川河
倒 13	晋中市	松溪河*、清漳河*、潇河、汾河
倒 14	盘锦市	绕阳河、大辽河、辽河
倒 15	太原市	汾河
倒 16	聊城市	高唐湖*、卫运河、马颊河、徒骇河
倒 17	延安市	王瑶水库、北洛河、延河、仕望河、清涧河
倒 18	乌兰察布市	大黑河*、御河
倒 19	博尔塔拉蒙古自治州	赛里木湖、艾比湖
倒 20	沈阳市	拉马河、浑河、柳河、蒲河、辽河、细河
倒 21	四平市	招苏台河、东辽河、西辽河、条子河
倒 22	鹤壁市	淇河*、卫河
倒 23	潍坊市	潍河、峡山水库、白浪河、弥河、小清河、虞河、北胶莱河
倒 24	庆阳市	蒲河、马莲河
倒 25	日照市	付疃河、沭河
倒 26	通辽市	西辽河
倒 27	锦州市	小凌河、女儿河、大凌河、庞家河
倒 28	滨州市	黄河*、幸福河*、小米河*、小清河、德惠新河、徒骇河、潮河、马颊河、支脉河、漳卫新河
倒 29	连云港市	新沭河、青口河、灌河、通榆河、新沂河、沙旺河、兴庄河、车轴河、烧香河、范河、西盐大浦河、五灌河、排淡河、龙王河、淮沭新河、朱稽河、古泊善后河、蔷薇河、大浦河
倒 30	东营市	挑河、广利河、神仙沟

注：表中带*水体水质达到《地表水环境质量标准》（GB 3838—2002）Ⅰ类或Ⅱ类。

表 4-3　2019 年 1—12 月国家地表水考核断面水环境质量变化情况排名前 30 位城市及所在水体

排名	城市	变化幅度	考核断面所在水体
1	四平市	–52.18%	招苏台河、东辽河、西辽河、条子河
2	运城市	–49.36%	黄河、亳清河、三门峡水库、小浪底水库、涑水河、汾河
3	邢台市	–47.06%	牛尾河、卫运河、滏阳河
4	吕梁市	–45.86%	岚漪河、黄河、湫水河、蔚汾河、三川河、磁窑河、岚河、屈产河、文峪河
5	长春市	–36.70%	松花江、伊通河、饮马河、双阳河
6	辽源市	–35.85%	东辽河
7	保定市	–35.60%	拒马河、唐河、南拒马河、府河、白洋淀
8	七台河市	–34.94%	倭肯河
9	中山市	–34.87%	洪奇沥水道、磨刀门水道、横门水道、中心河、兰溪河、泮沙排洪渠
10	深圳市	–33.47%	深圳河、茅洲河
11	安阳市	–32.52%	露水河、安阳河、淅河、淇河、卫河
12	大同市	–31.54%	猪龙河、唐河、桑干河、御河、南洋河
13	连云港市	–30.74%	新沭河、青口河、灌河、通榆河、沙旺河、新沂河、兴庄河、车轴河、烧香河、范河、西盐大浦河、五灌河、排淡河、龙王河、淮沭新河、朱稽河、古泊善后河、蔷薇河、大浦河
14	锦州市	–27.79%	小凌河、女儿河、大凌河、庞家河
15	新乡市	–27.39%	文岩渠、天然渠、人民胜利渠、金堤河、卫河、共产主义渠
16	成都市	–26.39%	青白江、沱江、江安河、岷江（外江）、府河
17	南通市	–26.13%	九圩港河、长江、通启运河、通吕运河、如海运河、栟茶运河、北凌河、如泰运河、掘苴河
18	汕头市	–24.84%	韩江东溪、韩江西溪、榕江、梅溪河、练江
19	铁岭市	–24.07%	凡河、柴河、寇河、清河、辽河、亮子河、招苏台河
20	烟台市	–24.03%	大沽河、黄水河、辛安河、界河、泳汶河、东村河、五龙河、大沽夹河
21	菏泽市	–21.89%	洙赵新河、新万福河、东渔河
22	惠州市	–21.39%	柏岗河、东江、增江、南边灶河、西枝江、霞涌河、岩前河、沙河、吉隆河、淡水河、淡澳河
23	三明市	–21.04%	九龙溪、金溪、沙溪、濉溪、尤溪
24	鹤壁市	–20.45%	淇河、卫河
25	青岛市	–20.39%	崂山水库、吉利河、风河、李村河、白沙河、海泊河、墨水河、北胶莱河
26	鞍山市	–20.35%	大洋河、哨子河、辽河、太子河、海城河
27	内江市	–20.25%	威远河、球溪河、沱江
28	太原市	–19.49%	汾河
29	林芝市	–19.46%	雅鲁藏布江
30	韶关市	–19.24%	浈江、北江、武江

表 4-4　2019 年 1—12 月国家地表水考核断面水环境质量变化情况排名后 30 位城市及所在水体

排名	城市	变化幅度	考核断面所在水体
倒 1	营口市	74.61%	碧流河、大清河、熊岳河、大辽河、沙河、大旱河
倒 2	铜川市	18.00%	石川河
倒 3	白城市	17.59%	洮儿河
倒 4	大理白族自治州	14.92%	沘江、弥苴河、礼社江、洱海、黑惠江、西洱河
倒 5	呼和浩特市	13.10%	浑河、黄河、大黑河
倒 6	博尔塔拉蒙古自治州	10.68%	赛里木湖、艾比湖
倒 7	鹤岗市	10.52%	黑龙江、梧桐河
倒 8	普洱市	9.84%	南拉河、李仙江、南马河、澜沧江、威远江、思茅河
倒 9	许昌市	9.79%	北汝河、颍河、清潩河
倒 10	长治市	8.42%	浊漳西源、沁河、浊漳河、浊漳北源、浊漳南源、绛河
倒 11	聊城市	8.34%	高唐湖、卫运河、马颊河、徒骇河
倒 12	巴音郭楞蒙古自治州	8.13%	开都河、孔雀河、塔里木河、车尔臣河、博斯腾湖
倒 13	临沂市	8.04%	东邳苍分洪道、邳苍分洪道、沂河、云蒙湖、沭河、沙沟河、白马河、武河、新沭河
倒 14	张家口市	7.16%	白河、桑干河、洋河、清水河
倒 15	钦州市	7.00%	茅岭江、武利江、大风江、钦江
倒 16	平顶山市	4.91%	澧河、滚河、白龟山水库、沙河、昭平台水库
倒 17	玉溪市	3.85%	抚仙湖、元江、曲江、南盘江、星云湖、杞麓湖
倒 18	温州市	3.58%	大荆溪、楠溪江、飞云江、瓯江、鳌江、虹桥塘河
倒 19	鸡西市	3.56%	乌苏里江、松阿察河、穆棱河、小兴凯湖、兴凯湖
倒 20	衡水市	3.52%	衡水湖、滹沱河、滏阳河、江江河、清凉江
倒 21	德宏傣族景颇族自治州	3.05%	大盈江、瑞丽江、南畹河、芒市大河
倒 22	固原市	2.60%	渝河、葫芦河、泾河、茹河、清水河
倒 23	阳江市	2.17%	漠阳江、寿长河、丰头河
倒 24	徐州市	1.36%	沭河、复新河、京杭大运河（不牢河段）、徐洪河、大沙河、沿河、京杭大运河（中运河段）、运料河、奎河
倒 25	双鸭山市	1.07%	挠力河、乌苏里江、安邦河
倒 26	周口市	0.98%	颍河、黑茨河、泉河、贾鲁河、涡河
倒 27	鄂州市	0.96%	长江、梁子湖
倒 28	珠海市	0.58%	磨刀门水道、鸡啼门水道、鸡啼门、前山河水道
倒 29	淮安市	0.51%	淮河、苏北灌溉总渠、三河、盐河、京杭大运河（中运河段）、白马湖、浔河、洪泽湖
倒 30	亳州市	0.42%	西淝河、涡河

示例二：2019 年 12 月全国地表水环境质量（微信公众号发布报告）

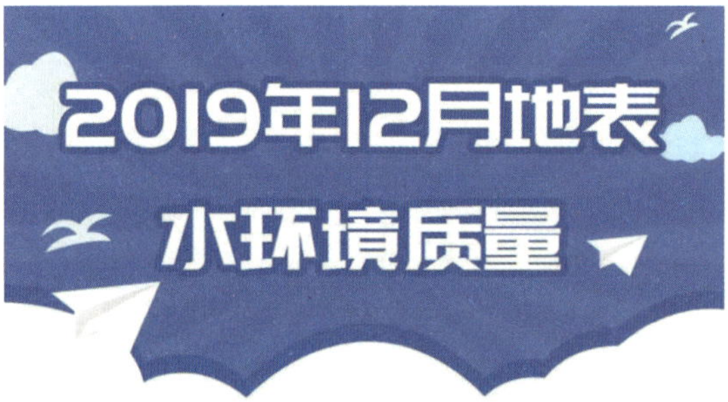

全国地表水环境质量

1940个国家地表水考核断面中，水质优良（Ⅰ～Ⅲ类）断面比例为 77.6% ,劣Ⅴ类断面比例为 2.8% 。

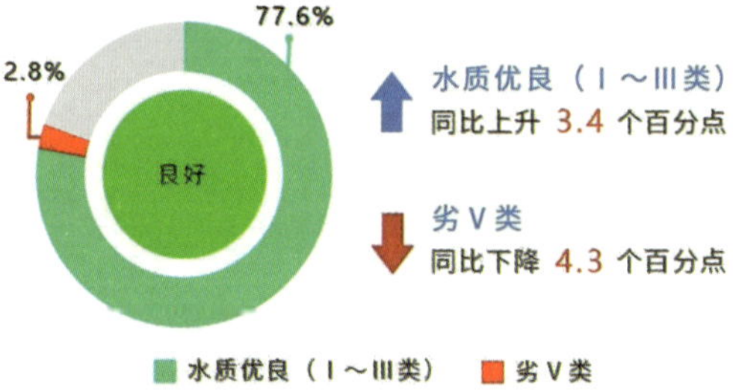

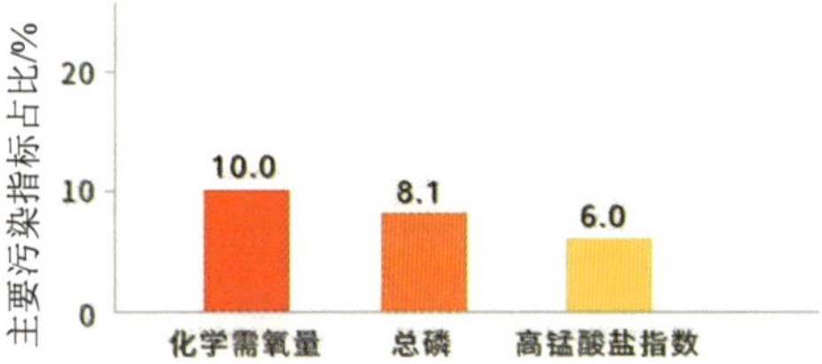

各流域主要江河水质状况

水质优良（Ⅰ～Ⅲ类）
同比上升 4.5 个百分点

劣Ⅴ类
同比下降 4.7 个百分点

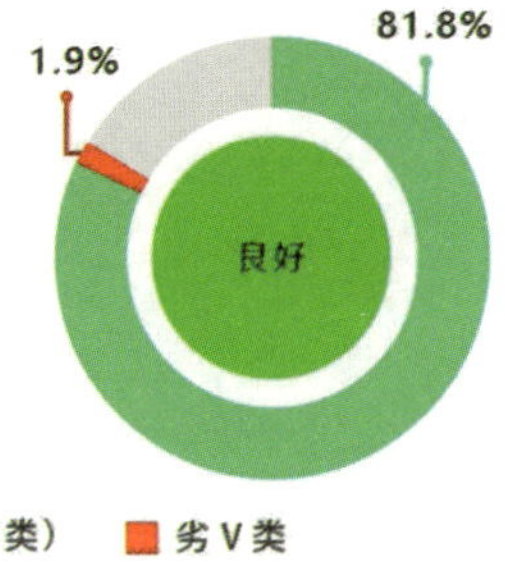

十大流域主要江河水质状况

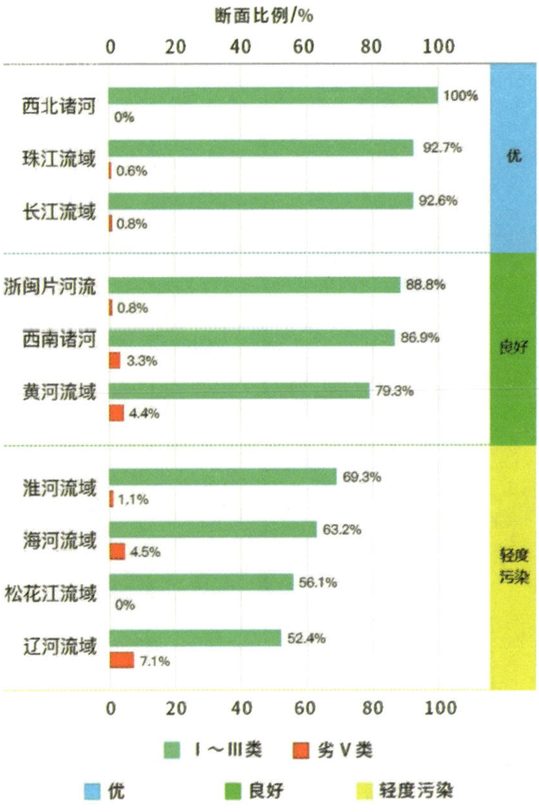

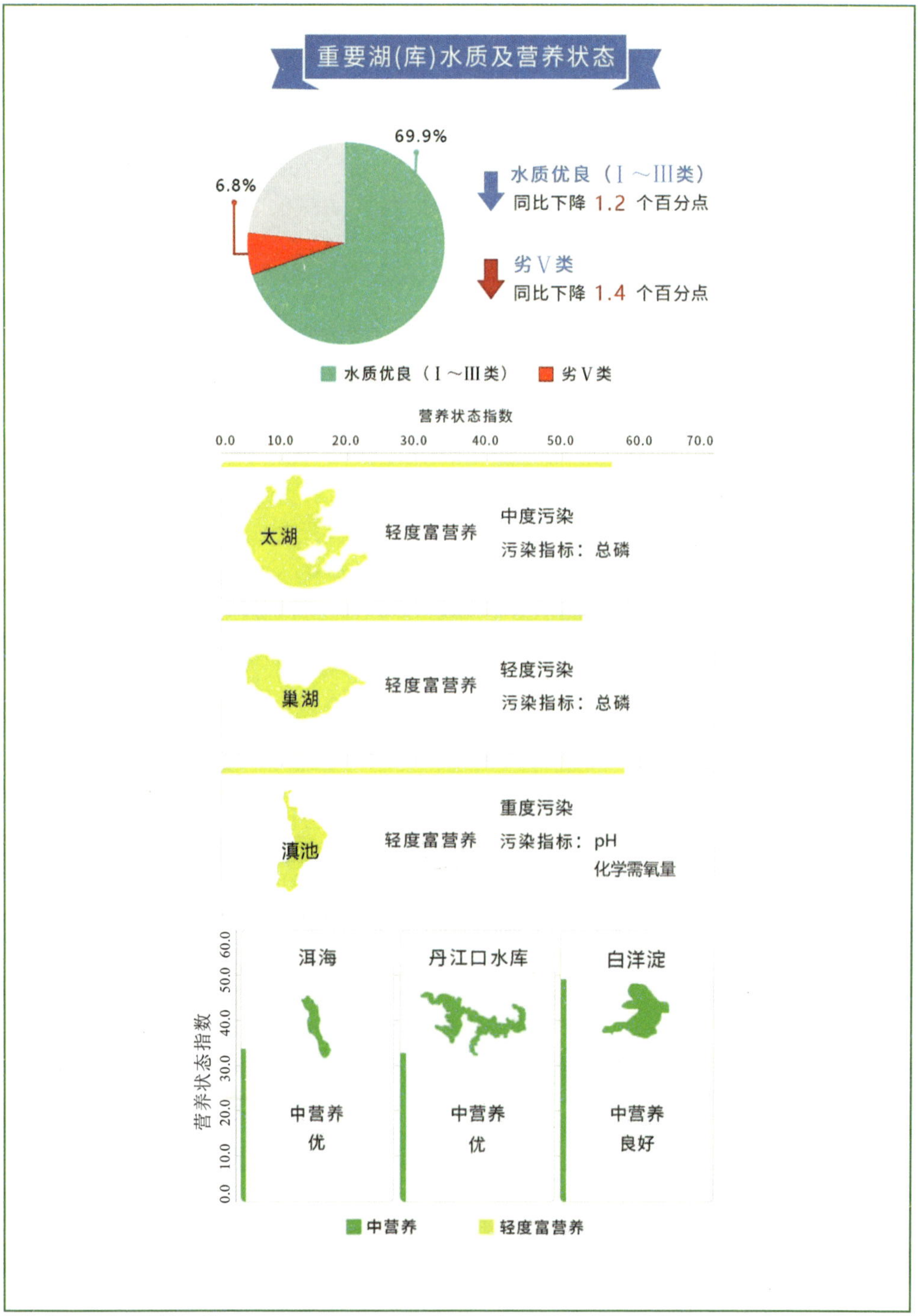
重要湖(库)水质及营养状态
69.9%
6.8%
水质优良（Ⅰ～Ⅲ类）
同比下降 1.2 个百分点
劣Ⅴ类
同比下降 1.4 个百分点
水质优良（Ⅰ～Ⅲ类）
劣Ⅴ类
营养状态指数
0.0 10.0 20.0 30.0 40.0 50.0 60.0 70.0
太湖
轻度富营养
中度污染
污染指标：总磷
巢湖
轻度富营养
轻度污染
污染指标：总磷
滇池
轻度富营养
重度污染
污染指标：pH
化学需氧量
营养状态指数
0.0 10.0 20.0 30.0 40.0 50.0 60.0
洱海
中营养
优
丹江口水库
中营养
优
白洋淀
中营养
良好
中营养
轻度富营养

示例三：全国地表水水质月报（2019年12月）

1　概　况

“十三五”国家地表水环境质量监测网共设置1 940个地表水国控评价、考核、排名断面（点位）（以下简称国考断面），包括长江、黄河、珠江、松花江、淮河、海河和辽河七大流域，浙闽片河流、西北诸河和西南诸河，太湖、滇池和巢湖环湖河流等共978条河流的1 698个断面，以及太湖、滇池、巢湖等112个（座）重要湖库的242个点位（60个湖泊173个点位，52座水库69个点位）。“十三五”时期国家在190条入海河流共设置195个监测断面（其中85个断面包含在国考断面中）。

2019年12月全国共监测1 811个地表水国考断面（点位），其中河流断面1 594个，湖库点位217个；未监测的国考断面（点位）共有129个。共监测178个入海河流断面，未监测的入海河流断面17个（其中4个断面包含在国考断面中）。未监测原因主要是季节性断流、冰封期、交通阻断等。

2019年12月全国地表水总体水质良好。监测的1 811个国考断面（点位）中，Ⅰ类水质断面占10.0%，Ⅱ类占39.5%，Ⅲ类占28.1%，Ⅳ类占15.8%，Ⅴ类占3.8%，劣Ⅴ类占2.8%，详见图1-1。与11月相比，水质无明显变化。其中，Ⅰ类水质断面比例上升1.3个百分点，Ⅱ类下降4.8个百分点，Ⅲ类上升2.1个百分点，Ⅳ类上升1.6个百分点，Ⅴ类持平，劣Ⅴ类下降0.3个百分点。与2018年同期相比，水质无明显变化。其中，Ⅰ类水质断面比例上升0.7个百分点，Ⅱ类下降1.6个百分点，Ⅲ类上升4.3个百分点，Ⅳ类上升2.1个百分点，Ⅴ类下降1.2个百分点，劣Ⅴ类下降4.3个百分点。主要污染指标为化学需氧量、总磷、高锰酸盐指数、氨氮和五日生化需氧量，详见图1-2。

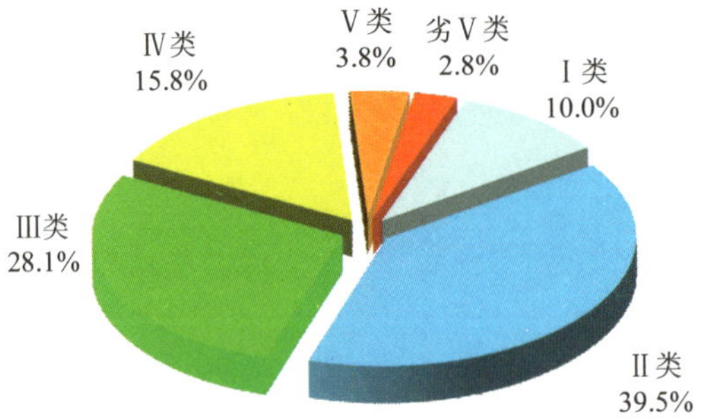

图 1-1　2019 年 12 月全国地表水水质类别比例

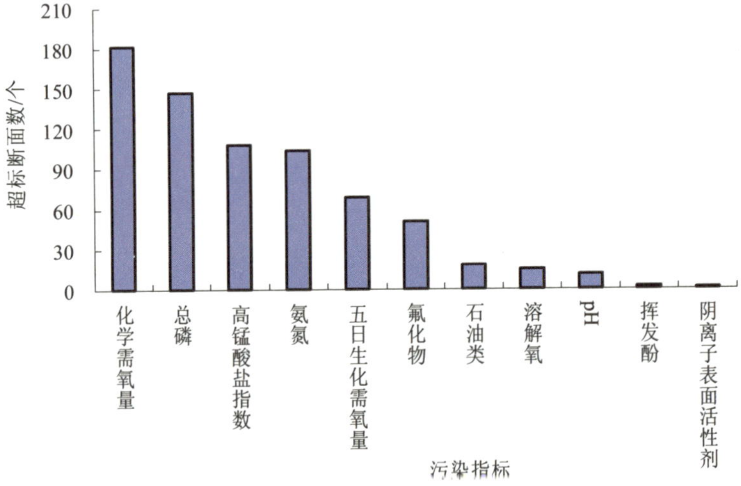

图 1-2　2019 年 12 月全国地表水污染指标统计

1.1　主要江河

2019 年 12 月全国主要江河总体水质良好。监测的 930 条主要河流的 1 594 个断面中，Ⅰ类水质断面占 10.4%，Ⅱ类占 42.6%，Ⅲ类占 28.2%，Ⅳ类占 13.9%，Ⅴ类占 2.8%，劣Ⅴ类占 2.1%，详见图 1-3。与 11 月相比，水质无明显变化，其中，Ⅰ类水质断面比例上升 1.2 个百分点，Ⅱ类下降 5.3 个百分点，Ⅲ类上升 2.4

个百分点，Ⅳ类上升 2.1 个百分点，Ⅴ类下降 0.2 个百分点，劣Ⅴ类下降 0.3 个百分点。与 2018 年同期相比，水质无明显变化，其中，Ⅰ类水质断面比例上升 1.1 个百分点，Ⅱ类下降 1.1 个百分点，Ⅲ类上升 4.5 个百分点，Ⅳ类上升 1.6 个百分点，Ⅴ类下降 1.3 个百分点，劣Ⅴ类下降 4.7 个百分点。主要污染指标为化学需氧量、氨氮、高锰酸盐指数、总磷和五日生化需氧量，详见图 1-4。

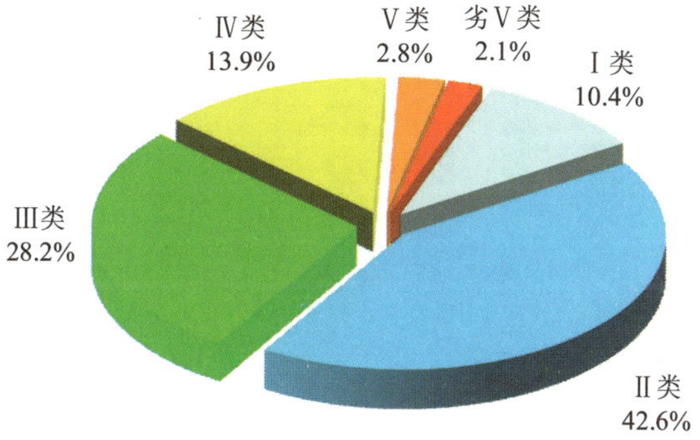

图 1-3　2019 年 12 月全国主要江河水系水质类别比例

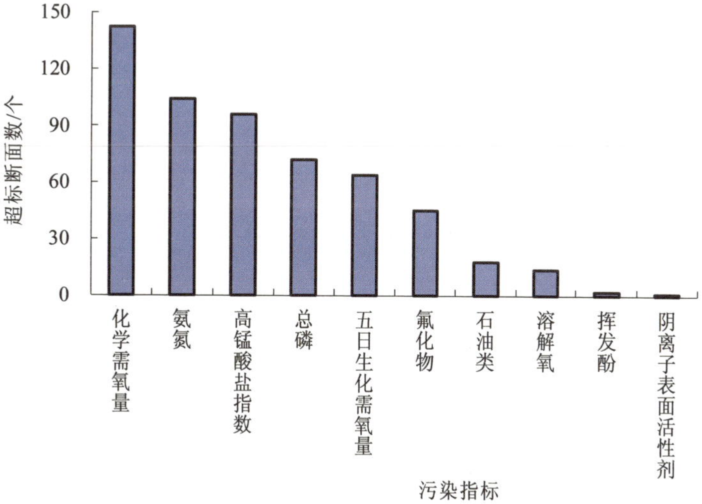

图 1-4　2019 年 12 月全国主要江河水系污染指标统计

长江流域、珠江流域和西北诸河主要江河水质为优；黄河流域、浙闽片河流和西南诸河主要江河水质良好；松花江流域、淮河流域、海河流域和辽河流域主要江河为轻度污染，详见图 1-5。

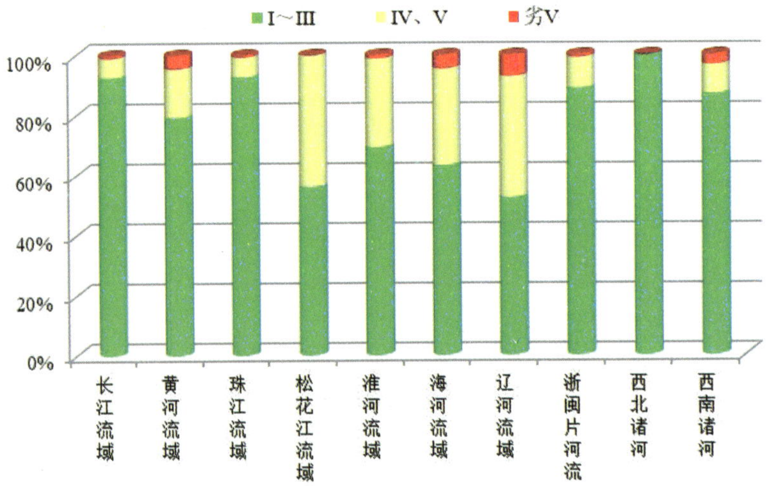

图 1-5　2019 年 12 月十大流域水质类别比例

1.2　重要湖库

2019 年 12 月监测的 103 个重要湖泊和水库中，杞麓湖、滇池、乌伦古湖、程海、呼伦湖（达赉湖）、羊卓雍错和艾比湖 7 个湖泊为重度污染；仙女湖、洪湖、异龙湖、小兴凯湖、淀山湖、星云湖、太湖、高邮湖和兴凯湖 9 个湖泊为中度污染；焦岗湖、升金湖、洪泽湖、阳澄湖、巢湖、梁子湖、沙湖、鄱阳湖、洞庭湖、大通湖、阳宗海、博斯腾湖、莲花水库、三门峡水库和玉滩水库 15 个湖库为轻度污染。主要污染指标为总磷、化学需氧量、高锰酸盐指数、pH 和氟化物，详见图 1-6。

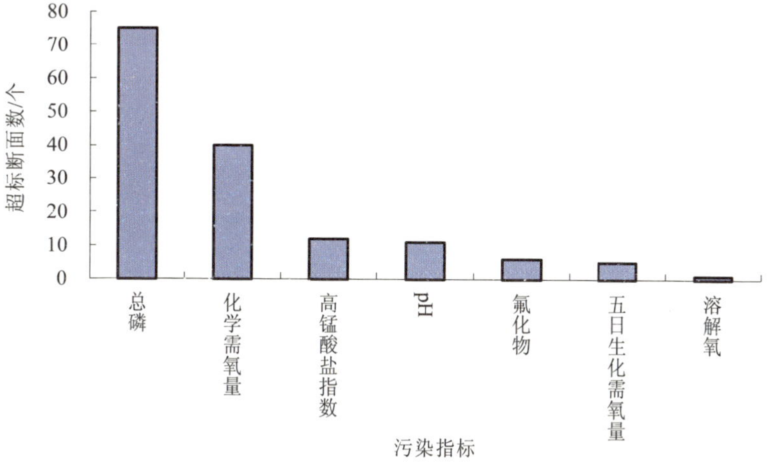

图 1-6 2019 年 12 月全国重要湖库污染指标统计

总氮单独评价时，杞麓湖、淀山湖、斧头湖、白洋淀、万峰湖、艾比湖、云蒙湖、三门峡水库、小浪底水库、红崖山水库、龙岩滩水库和隔河岩水库 12 个湖库为劣Ⅴ类水质；异龙湖、洞庭湖、骆马湖、高唐湖、呼伦湖（达赉湖）、鸭子荡水库、解放村水库和山美水库 8 个湖库为Ⅴ类水质；仙女湖、洪湖、滇池、太湖、焦岗湖、洪泽湖、阳澄湖、鄱阳湖、东平湖、镜泊湖、百花湖、红枫湖、西湖、崂山水库、莲花水库、于桥水库、高州水库、鹤地水库、玉滩水库、密云水库、松花湖、瀛湖和怀柔水库 23 个湖库为Ⅳ类水质；其余湖库水质均满足Ⅲ类水质标准。

监测营养状态指标的 99 个湖库中，杞麓湖、仙女湖、洪湖和异龙湖 4 个湖泊为中度富营养状态；小兴凯湖、滇池、淀山湖、星云湖、太湖、高邮湖、焦岗湖、斧头湖、升金湖、洪泽湖、阳澄湖、巢湖、兴凯湖、衡水湖、龙感湖、梁子湖、沙湖和菜子湖 18 个湖泊为轻度富营养状态；其余湖库为中营养或贫营养状态。

2 主要江河

2.1 长江流域

长江流域主要江河总体水质为优，监测的 502 个断面中，Ⅰ类水质断面占 12.0%，Ⅱ类占 53.0%，Ⅲ类占 27.7%，Ⅳ类占 5.4%，Ⅴ类占 1.2%，劣Ⅴ类占 0.8%。与 11 月相比，水质无明显变化。其中，Ⅰ类水质断面比例上升 1.3 个百分点，Ⅱ类下降 7.7 个百分点，Ⅲ类上升 5.2 个百分点，Ⅳ类上升 1.1 个百分点，Ⅴ类上升 0.2 个百分点，劣Ⅴ类持平。与 2018 年同期相比，水质无明变化。其中，Ⅰ类水质断面比例上升 2.3 个百分点，Ⅱ类下降 2.4 个百分点，Ⅲ类上升 3.7 个百分点，Ⅳ类下降 1.7 个百分点，Ⅴ类下降 1.4 个百分点，劣Ⅴ类下降 0.4 个百分点，见图 2-1、图 2-2。

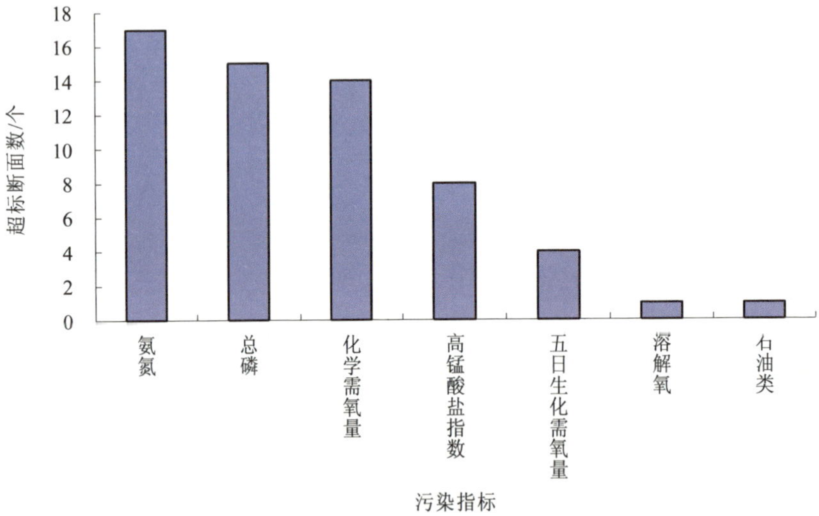

图 2-1 2019 年 12 月长江流域主要江河水体污染指标统计

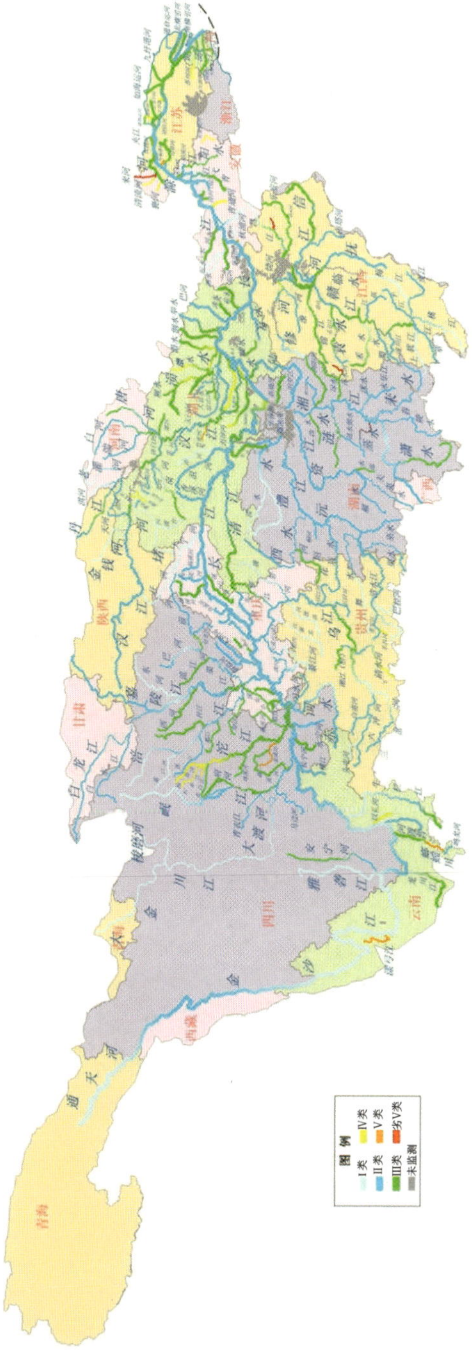

图 2-2　2019 年 12 月长江流域主要江河水质分布示意图

2.1.1 长江水系

2.1.1.1 干流

长江干流水质为优，监测的 59 个断面中，Ⅰ类水质断面占 11.9%，Ⅱ类占 79.7%，Ⅲ类占 8.5%，无Ⅳ类、Ⅴ类和劣Ⅴ类水质断面。与 11 月相比，水质无明显变化。其中，Ⅰ类水质断面比例上升 5.1 个百分点，Ⅱ类下降 5.0 个百分点，Ⅲ类持平。与 2018 年同期相比，水质无明显变化。其中，Ⅰ类水质断面比例下降 3.4 个百分点，Ⅱ类上升 10.2 个百分点，Ⅲ类下降 6.8 个百分点。沿程高锰酸盐指数和氨氮浓度变化见图 2-3。

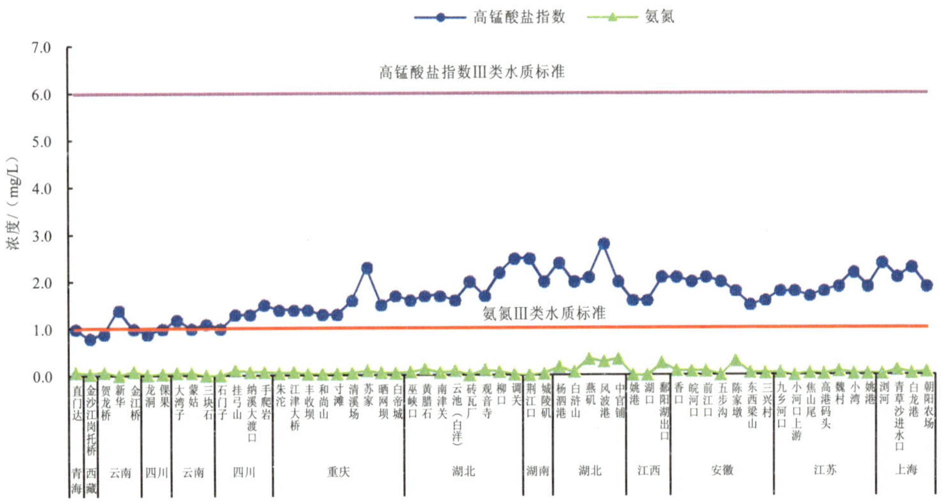

图 2-3 2019 年 12 月长江干流高锰酸盐指数、氨氮沿程变化

2.1.1.2 支流

长江水系主要支流总体水质为优，监测的 251 条支流的 443 个断面中，Ⅰ类水质断面占 12.0%，Ⅱ类占 49.4%，Ⅲ类占 30.2%，Ⅳ类占 6.1%，Ⅴ类占 1.4%，劣Ⅴ类占 0.9%。与 11 月相比，水质无明显变化。其中，Ⅰ类水质断面比例上升 0.8 个百分点，Ⅱ类下降 8.1 个百分点，Ⅲ类上升 5.8 个百分点，Ⅳ类上升 1.2 个百分点，Ⅴ类上升 0.3 个百分点，劣Ⅴ类持平。与 2018 年同期相比，水质无明显

变化。其中，Ⅰ类水质断面比例上升 3.0 个百分点，Ⅱ类下降 4.2 个百分点，Ⅲ类上升 5.1 个百分点，Ⅳ类下降 2.0 个百分点，Ⅴ类下降 1.5 个百分点，劣Ⅴ类下降 0.4 个百分点。

长江水系八大支流水质状况：沱江水质良好，乌江、湘江、沅江、赣江、嘉陵江、汉江和岷江水质为优。

2.1.2　三峡库区

三峡库区水质为优，监测的 10 个断面均为Ⅱ类水质。与 11 月相比，水质无明显变化。其中，Ⅱ类水质断面比例上升 20.0 个百分点，Ⅲ类下降 20.0 个百分点。与 2018 年同期相比，水质无明显变化。其中，Ⅱ类水质断面比例持平，详见表 2-1。

表 2-1　2019 年 12 月三峡库区水质类别

序号	断面名称	所在地区	水质类别			主要污染指标（超标倍数）
			12 月	11 月	2018 年同期	
1	寸滩	江北区	Ⅱ	Ⅱ	Ⅱ	—
2	江津大桥	江津区	Ⅱ	Ⅱ	Ⅱ	—
3	晒网坝	万州区	Ⅱ	Ⅱ	Ⅱ	—
4	和尚山	九龙坡区	Ⅱ	Ⅱ	Ⅱ	—
5	苏家	忠县	Ⅱ	Ⅱ	Ⅱ	—
6	清溪场	涪陵区	Ⅱ	Ⅲ	Ⅱ	—
7	白帝城	奉节县	Ⅱ	Ⅱ	Ⅱ	—
8	丰收坝	大渡口区	Ⅱ	Ⅲ	Ⅱ	—
9	巫峡口	恩施土家族苗族自治州	Ⅱ	Ⅱ	Ⅱ	—
10	黄腊石	恩施土家族苗族自治州	Ⅱ	Ⅱ	Ⅱ	—

2.1.3　省界断面

长江流域省界断面水质为优，监测的 60 个断面中，Ⅰ类水质断面占 21.7%，Ⅱ类占 63.3%，Ⅲ类占 15.0%，无Ⅳ类、Ⅴ类和劣Ⅴ类水质断面。与 11 月相比，水质无明显变化。其中，Ⅰ类水质断面比例上升 5.0 个百分点，Ⅱ类下降 3.4 个百分点，Ⅲ类下降 1.7 个百分点。与 2018 年同期相比，水质无明显变化。其中，Ⅰ类水质断面比例下降 5.0 个百分点，Ⅱ类上升 11.6 个百分点，Ⅲ类下降 3.3 个百分点，Ⅳ类下降 1.7 个百分点，Ⅴ类下降 1.7 个百分点，详见表 2-2。

表 2-2 2019 年 12 月长江流域省界断面水质类别

序号	河流名称	断面名称	上下游省份	所在地区	水质类别			主要污染指标（超标倍数）
					12 月	11 月	2018 年同期	
1	金沙江	金沙江岗托桥	川—藏	昌都市	Ⅱ	Ⅱ	Ⅰ	—
2	金沙江	贺龙桥	川—滇	迪庆藏族自治州	Ⅰ	Ⅱ	Ⅱ	—
3	金沙江	龙洞	滇—川	攀枝花市	Ⅰ	Ⅰ	Ⅰ	—
4	金沙江	大湾子	川—滇	楚雄彝族自治州	Ⅱ	Ⅱ	Ⅰ	—
5	金沙江	蒙姑	川—滇	昆明市	Ⅰ	Ⅱ	Ⅰ	—
6	金沙江	三块石	滇—川	昭通市	Ⅱ	Ⅱ	Ⅰ	—
7	长江	朱沱	川—渝	永川区	Ⅱ	Ⅱ	Ⅱ	—
8	长江	巫峡口	渝—鄂	恩施土家族苗族自治州	Ⅱ	Ⅱ	Ⅱ	—
9	长江	荆江口	鄂—湘	岳阳市	Ⅱ	Ⅱ	Ⅲ	—
10	长江	中官铺	鄂—赣	黄冈市	Ⅱ	Ⅱ	Ⅱ	—
11	长江	姚港	赣—鄂	九江市	Ⅱ	Ⅱ	Ⅱ	—
12	长江	香口	赣—皖	池州市	Ⅱ	Ⅱ	Ⅱ	—
13	长江	三兴村	皖—苏	马鞍山市	Ⅱ	Ⅱ	Ⅱ	—
14	长江	浏河	苏—沪	上海市	Ⅲ	Ⅱ	Ⅱ	—
15	横江	横江桥	滇—川	昭通市	Ⅱ	Ⅱ	Ⅱ	—
16	赤水河	清水铺	滇—黔	毕节市	Ⅱ	Ⅱ	Ⅰ	—
17	赤水河	鲢鱼溪	黔—川	赤水市	Ⅱ	Ⅱ	Ⅱ	—

序号	河流名称	断面名称	上下游省份	所在地区	水质类别			主要污染指标（超标倍数）
					12 月	11 月	2018 年同期	
18	嘉陵江	灶火庵	陕—甘	宝鸡市	Ⅱ	Ⅱ	Ⅱ	—
19	嘉陵江	八庙沟	陕—川	广元市	Ⅱ	Ⅰ	Ⅰ	—
20	嘉陵江	金子	川—渝	合川区	Ⅲ	Ⅱ	Ⅱ	—
21	乌江	万木	黔—渝	酉阳土家族苗族自治县	Ⅱ	Ⅲ	Ⅳ	—
22	綦江河	石门坎	黔—渝	綦江区	Ⅰ	Ⅰ	Ⅱ	—
23	御临河	幺滩	川—渝	广安市	Ⅱ	Ⅲ	Ⅱ	—
24	大洪河（大洪湖）	黎家乡崔家岩村	川—渝	长寿区	Ⅱ	Ⅲ	Ⅲ	—
25	湘江	绿埠头	桂—湘	永州市	Ⅱ	Ⅱ	Ⅱ	—
26	沅江	托口	黔—湘	怀化市	Ⅱ	Ⅲ	Ⅱ	—
27	松滋河	马坡湖	鄂—湘	常德市	Ⅱ	Ⅱ	Ⅱ	—
28	汉江	羊尾	陕—鄂	十堰市	Ⅱ	Ⅱ	Ⅱ	—
29	滁河	陈浅	皖—苏	南京市	Ⅲ	Ⅲ	Ⅲ	—
30	洪渡河	长脚	黔—渝	遵义市	Ⅰ	Ⅱ	Ⅰ	—
31	习水河	长沙	黔—川	赤水市	Ⅱ	Ⅱ	Ⅱ	—
32	羊蹬河	坡渡	黔—渝	遵义市	Ⅰ	Ⅰ	Ⅰ	—
33	白龙江	姚渡	甘—川	广元市	Ⅱ	Ⅰ	Ⅰ	—
34	芙蓉江	江口镇	黔—渝	武隆县	Ⅰ	Ⅱ	Ⅰ	—
35	涪江	玉溪	川—渝	潼南区	Ⅱ	Ⅱ	Ⅱ	—
36	濑溪河	高洞电站	渝—川	荣昌区	Ⅲ	Ⅲ	Ⅲ	—
37	渠江	码头	川—渝	合川区	Ⅱ	Ⅱ	Ⅱ	—
38	任河	水寨子	渝—川	城口县	Ⅰ	Ⅱ	Ⅱ	—
39	辰水	铜信溪电站	黔—湘	怀化市	Ⅱ	Ⅱ	Ⅲ	—
40	夫夷水	窑市	桂—湘	邵阳市	Ⅱ	Ⅱ	Ⅱ	—
41	渠水	地阳坪公路大桥	黔—湘	怀化市	Ⅱ	Ⅱ	Ⅱ	—

序号	河流名称	断面名称	上下游省份	所在地区	水质类别			主要污染指标（超标倍数）
					12月	11月	2018年同期	
42	舞水	鱼市	黔—湘	怀化市	II	II	II	—
43	酉水	里耶镇	渝—湘	湘西土家族苗族自治州	II	II	II	—
44	丹江	淅川荆紫关	陕—豫	南阳市	II	II	V	—
45	溇水	江口村	鄂—湘	恩施土家族苗族自治州	I	I	II	—
46	唐岩河	周家坝	鄂—渝	恩施土家族苗族自治州	I	I	II	—
47	酉水	百福司镇	鄂—渝	恩施土家族苗族自治州	II	II	I	—
48	郁江	长顺乡	鄂—渝	恩施土家族苗族自治州	III	II	I	—
49	堵河	界牌沟	陕—鄂	十堰市	I	I	I	—
50	金钱河	玉皇滩	陕—鄂	十堰市	I	II	II	—
51	萍水河	金鱼石	赣—湘	萍乡市	III	II	III	—
52	昌江	镇埠	皖—赣	景德镇市	I	I	I	—
53	太浦河	汾湖大桥	苏—沪	青浦区	II	III	II	—
54	琼江	光辉	川—渝	潼南区	III	III	III	—
55	花垣河	石花村	黔—湘	湘西土家族苗族自治州	III	III	III	—
56	白河	翟湾	豫—鄂	襄阳市	III	II	III	—
57	唐河	埠口	豫—鄂	襄阳市	II	III	III	—
58	滔河	王河电站	鄂—豫	十堰市	II	II	I	—
59	前河	土堡寨	渝—川	城口县	II	I	II	—
60	任市河	联盟桥	渝—川	达州市	II	II	III	—

2.2 黄河流域

黄河流域主要江河总体水质良好，监测的 135 个断面中，Ⅰ类水质断面占 10.4%，Ⅱ类占 42.2%，Ⅲ类占 26.7%，Ⅳ类占 12.6%，Ⅴ类占 3.7%，劣Ⅴ类占 4.4%。与 11 月相比，水质无明显变化，其中，Ⅰ类水质断面比例下降 0.8 个百分点，Ⅱ类下降 3.3 个百分点，Ⅲ类上升 5.1 个百分点，Ⅳ类上升 2.2 个百分点，Ⅴ类下降 2.3 个百分点，劣Ⅴ类下降 0.8 个百分点。与 2018 年同期相比，水质明显好转，其中，Ⅰ类水质断面比例上升 0.8 个百分点，Ⅱ类上升 4.0 个百分点，Ⅲ类上升 7.6 个百分点，Ⅳ类下降 3.6 个百分点，Ⅴ类持平，劣Ⅴ类下降 8.8 个百分点，见图 2-4、图 2-5。

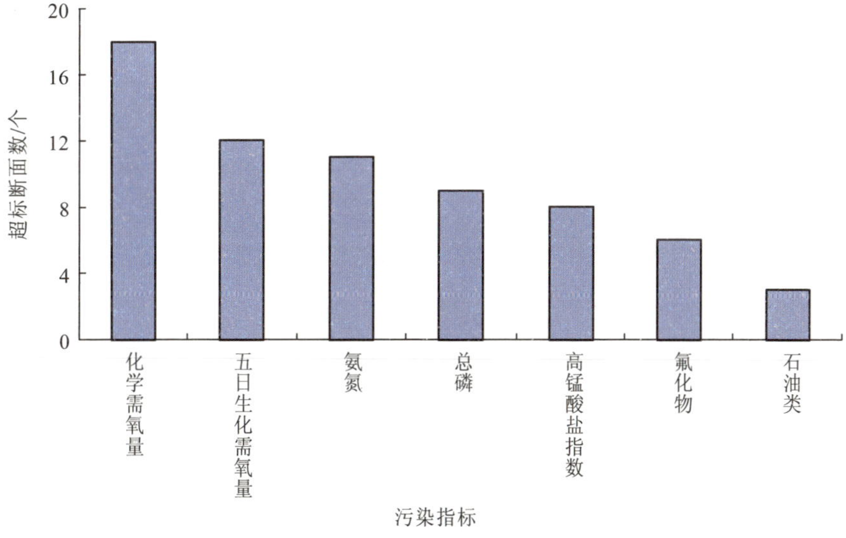

图 2-4 2019 年 12 月黄河流域水体污染指标统计

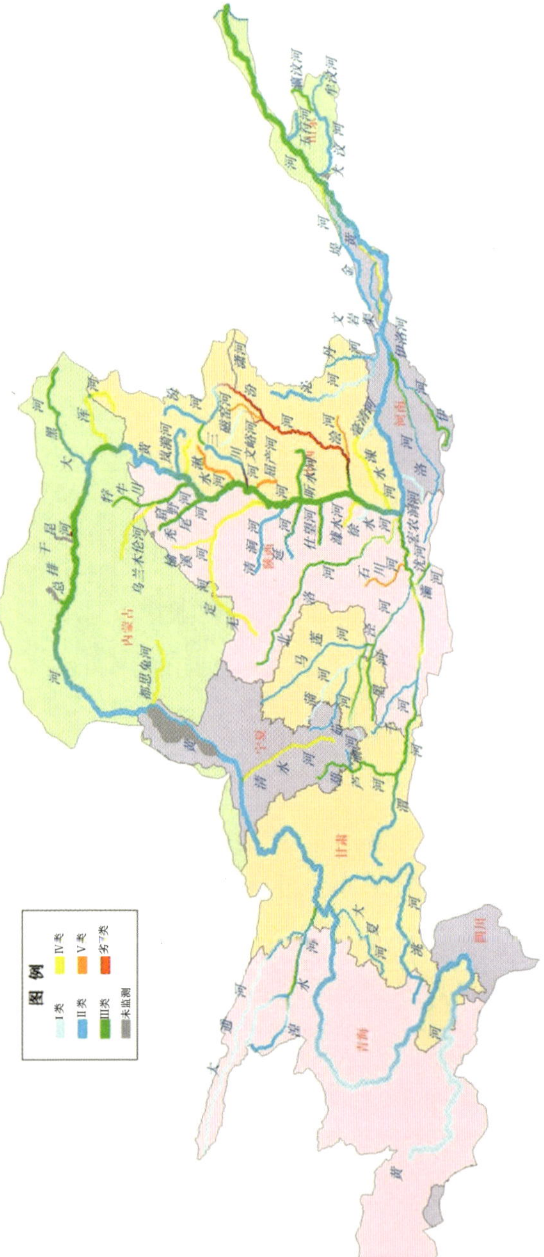

图 2-5　2019 年 12 月黄河流域主要江河水质分布示意图

2.2.1　黄河水系

2.2.1.1　干流

黄河干流水质为优，监测的 31 个断面中，Ⅰ类水质断面占 6.5%，Ⅱ类占 71.0%，Ⅲ类占 22.6%，无Ⅳ类、Ⅴ类和劣Ⅴ类水质断面。与 11 月相比，水质无明显变化，其中，Ⅰ类水质断面比例下降 3.2 个百分点，Ⅱ类上升 3.3 个百分点，Ⅲ类上升 3.2 个百分点，Ⅴ类下降 3.2 个百分点。与 2018 年同期相比，水质无明显变化，其中，Ⅰ类水质断面比例下降 3.2 个百分点，Ⅱ类上升 3.3 个百分点，Ⅲ类持平。沿程高锰酸盐指数和氨氮浓度变化见图 2-6。

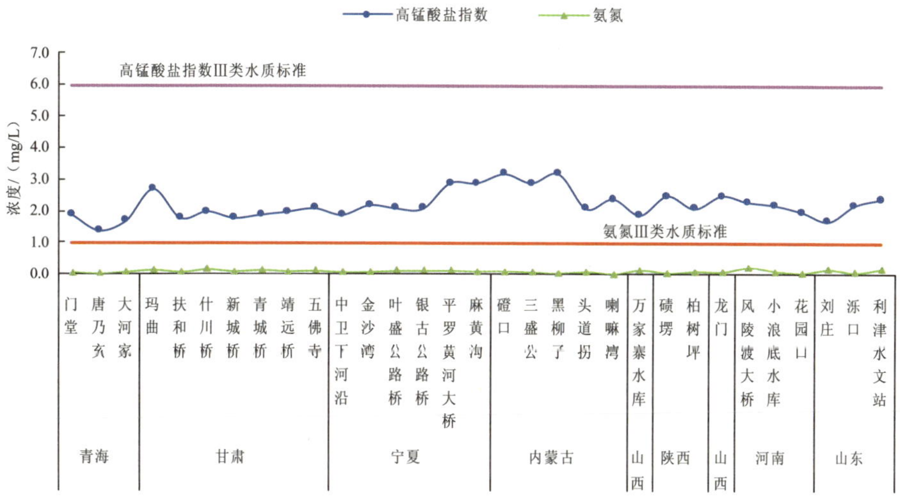

图 2-6　2019 年 12 月黄河干流高锰酸盐指数、氨氮沿程变化

2.2.1.2　支流

黄河水系主要支流总体为轻度污染，主要污染指标为化学需氧量、五日生化需氧量和氨氮。监测的 61 条支流的 104 个断面中，Ⅰ类水质断面占 11.5%，Ⅱ类占 33.7%，Ⅲ类占 27.9%，Ⅳ类占 16.3%，Ⅴ类占 4.8%，劣Ⅴ类占 5.8%。与 11 月相比，水质无明显变化，其中，Ⅰ类水质断面比例下降 0.2 个百分点，Ⅱ类下降 5.1 个百分点，Ⅲ类上升 5.6 个百分点，Ⅳ类上升 2.7 个百分点，Ⅴ类下降 2.0

个百分点，劣Ⅴ类下降 1.0 个百分点。与 2018 年同期相比，水质有所好转。其中，Ⅰ类水质断面比例上升 2.0 个百分点，Ⅱ类上升 4.2 个百分点，Ⅲ类上升 9.8 个百分点，Ⅳ类下降 4.7 个百分点，Ⅴ类持平，劣Ⅴ类下降 11.3 个百分点。

黄河支流中四道沙河、三川河和汾河为重度污染，湫水河、石川河、磁窑河、文峪河、浍河和屈产河为中度污染，无定河、都斯兔河、天然渠、濛水河、涑水河、金堤河、蔚汾河、沇河、清水河、榆溪河、浑河和乌兰木伦河为轻度污染，其余河流水质优良。

渭河水质良好，监测的 10 个断面中，Ⅱ类水质断面占 20.0%，Ⅲ类占 60.0%，Ⅳ类占 20.0%，无Ⅰ类、Ⅴ类和劣Ⅴ类水质断面。与 11 月相比，水质无明显变化。其中，Ⅱ类水质断面比例下降 68.9 个百分点，Ⅲ类上升 60.0 个百分点，Ⅳ类上升 20.0 个百分点，Ⅴ类下降 11.1 个百分点。与 2018 年同期相比，水质有所好转。其中，Ⅱ类水质断面比例上升 10.0 个百分点，Ⅲ类上升 10.0 个百分点，Ⅳ类下降 20.0 个百分点。

2.2.2 省界断面

黄河流域省界断面水质良好，监测的 39 个断面中，Ⅰ类水质断面占 7.7%，Ⅱ类占 46.2%，Ⅲ类占 25.6%，Ⅳ类占 12.8%，Ⅴ类占 5.1%，劣Ⅴ类占 2.6%。与 11 月相比，水质无明显变化，其中，Ⅰ类水质断面比例下降 5.1 个百分点，Ⅱ类上升 7.7 个百分点，Ⅲ类下降 2.6 个百分点，Ⅳ类上升 2.5 个百分点，Ⅴ类持平，劣Ⅴ类下降 2.5 个百分点。与 2018 年同期相比，水质有所好转，其中，Ⅰ类水质断面比例下降 2.6 个百分点，Ⅱ类上升 2.6 个百分点，Ⅲ类上升 10.2 个百分点，Ⅳ类下降 5.1 个百分点，Ⅴ类上升 5.1 个百分点，劣Ⅴ类下降 10.2 个百分点，详见表 2-3。

污染较重的省界断面是晋—晋、陕三川河两河口桥断面。

表2-3　2019年12月黄河流域省界断面水质类别

序号	河流名称	断面名称	上下游省份	所在地区	水质类别			主要污染指标（超标倍数）
					12月	11月	2018年同期	
1	黄河	大河家	青—甘	海东市	II	II	II	—
2	黄河	门堂	青—甘	果洛藏族自治州	I	I	I	—
3	黄河	玛曲	甘—青	甘南藏族自治州	II	II	II	—
4	黄河	五佛寺	甘—宁	白银市	II	II	II	—
5	黄河	中卫下河沿	甘—宁	中卫市	II	II	II	—
6	黄河	麻黄沟	宁—蒙	石嘴山市	II	III	II	—
7	黄河	喇嘛湾	蒙—晋	呼和浩特市	III	V	III	—
8	黄河	万家寨水库	蒙—晋、蒙	忻州市	II	II	III	—
9	黄河	碛塄	晋、陕	榆林市	II	I	III	—
10	黄河	柏树坪	晋、陕	榆林市	III	II	II	—
11	黄河	龙门	晋、陕	运城市	III	III	III	—
12	黄河	风陵渡大桥	晋、陕—晋、豫	三门峡市	II	III	II	—
13	黄河	刘庄	豫、鲁	菏泽市	II	II	II	—
14	湟水	民和桥	青—甘	海东市	II	II	II	—
15	大通河	峡塘	青—甘	海东市	II	II	I	—
16	都斯兔河	都斯兔河入黄口	蒙—宁	石嘴山市	IV	III	IV	化学需氧量（0.2）
17	乌兰木伦河	乌兰木伦河	蒙—陕	鄂尔多斯市	IV	III	II	氟化物（0.4）
18	苍头河	杀虎口	晋—蒙	朔州市	II	II	II	—
19	昕水河	黑城村	晋—晋、陕	临汾市	III	III	劣V	—
20	岚漪河	裴家川口	晋—晋、陕	吕梁市	II	IV	I	—
21	湫水河	碛口	晋—晋、陕	吕梁市	V	劣V	IV	总磷（1.0）、化学需氧量(0.8)

序号	河流名称	断面名称	上下游省份	所在地区	水质类别			主要污染指标（超标倍数）
					12月	11月	2018年同期	
22	屈产河	裴沟	晋—晋、陕	吕梁市	V	IV	IV	氨氮（0.9）、化学需氧量（0.2）
23	三川河	两河口桥	晋—晋、陕	吕梁市	劣V	劣V	劣V	氨氮（6.1）、总磷（1.1）、五日生化需氧量（0.4）
24	蔚汾河	碧村	晋—晋、陕	吕梁市	IV	IV	IV	石油类（1.2）、总磷（0.4）
25	汾河	庙前村	晋—晋、陕	运城市	III	IV	劣V	—
26	涑水河	张留庄	晋—晋、陕	运城市	IV	III	劣V	总磷（0.2）
27	渭河	葡萄园	甘—陕	天水市	III	II	II	—
28	渭河	潼关吊桥	陕—陕、晋	渭南市	III	II	III	—
29	沁河	拴驴泉	晋—豫	晋城市	I	I	II	—
30	金堤河	张秋	豫、鲁	聊城市	IV	V	IV	化学需氧量（0.5）、五日生化需氧量（0.2）、高锰酸盐指数（0.2）
31	洛河	灵口	陕—豫	商洛市	II	I	II	—
32	葫芦河	玉桥	宁—甘	固原市	III	II	II	—
33	泾河	长庆桥	甘—陕	平凉市	III	III	IV	—
34	泾河	弹筝峡	宁—甘	固原市	I	I	I	—
35	特牛川	贾家畔	蒙—陕	榆林市	III	III	II	—
36	丹河	后寨	晋—豫	焦作市	II	II	III	—
37	马莲河	宁县桥头	甘—陕	庆阳市	II	III	劣V	—
38	渝河	联财	宁—甘	固原市	II	II	II	—
39	茹河	沟圈	宁—甘	固原市	II	III	IV	—

2.3　珠江流域

珠江流域主要江河总体水质为优，监测的 165 个断面中，Ⅰ类水质断面占 10.9%，Ⅱ类占 60.0%，Ⅲ类占 21.8%，Ⅳ类占 4.2%，Ⅴ类占 2.4%，劣Ⅴ类占 0.6%。与 11 月相比，水质无明显变化，其中，Ⅰ类水质断面比例下降 0.1 个百分点，Ⅱ类下降 0.4 个百分点，Ⅲ类上升 2.3 个百分点，Ⅳ类下降 2.5 个百分点，Ⅴ类上升 1.8 个百分点，劣Ⅴ类下降 1.2 个百分点。与 2018 年同期相比，水质有所好转，其中，Ⅰ类水质断面比例上升 2.4 个百分点，Ⅱ类下降 0.6 个百分点，Ⅲ类上升 6.6 个百分点，Ⅳ类下降 3.7 个百分点，Ⅴ类持平，劣Ⅴ类下降 4.9 个百分点，见图 2-7、图 2-8。

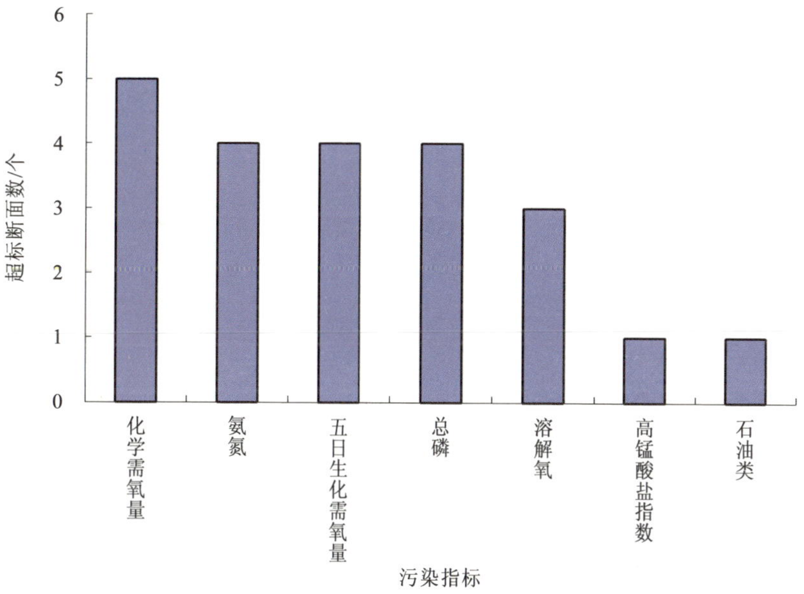

图 2-7　2019 年 12 月珠江流域主要江河水体污染指标统计

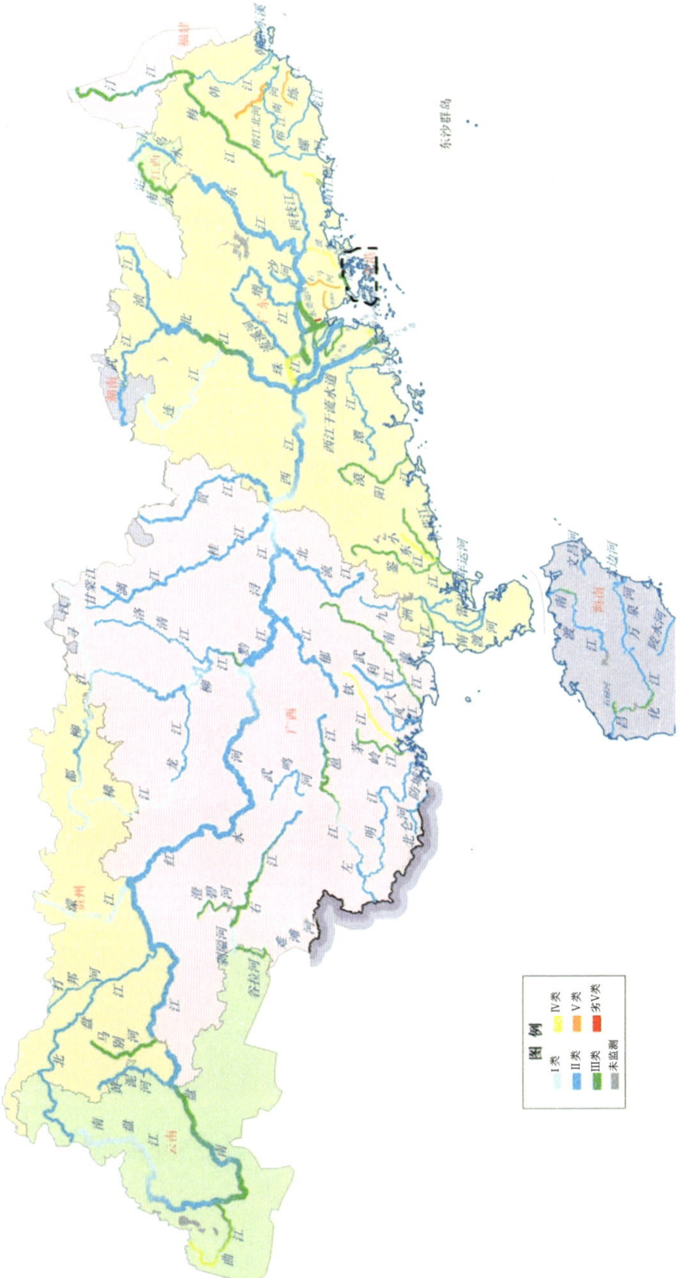

图 2-8 2019 年 12 月珠江流域主要江河水质分布示意图

2.3.1　珠江水系

2.3.1.1　干流

珠江干流水质为优，监测的 50 个断面中，Ⅰ类水质断面占 14.0%，Ⅱ类占 64.0%，Ⅲ类占 18.0%，Ⅳ类占 4.0%，无Ⅴ类和劣Ⅴ类水质断面。与 11 月相比，水质无明显变化，其中，Ⅰ类水质断面比例上升 4.0 个百分点，Ⅱ类上升 4.0 个百分点，Ⅲ类下降 4.0 个百分点，Ⅳ类下降 4.0 个百分点。与 2018 年同期相比，水质有所好转，其中，Ⅰ类水质断面比例上升 14.0 个百分点，Ⅱ类下降 10.0 个百分点，Ⅲ类上升 10.0 个百分点，Ⅳ类下降 6.0 个百分点，Ⅴ类下降 4.0 个百分点，劣Ⅴ类下降 4.0 个百分点。沿程高锰酸盐指数和氨氮浓度变化见图 2-9。

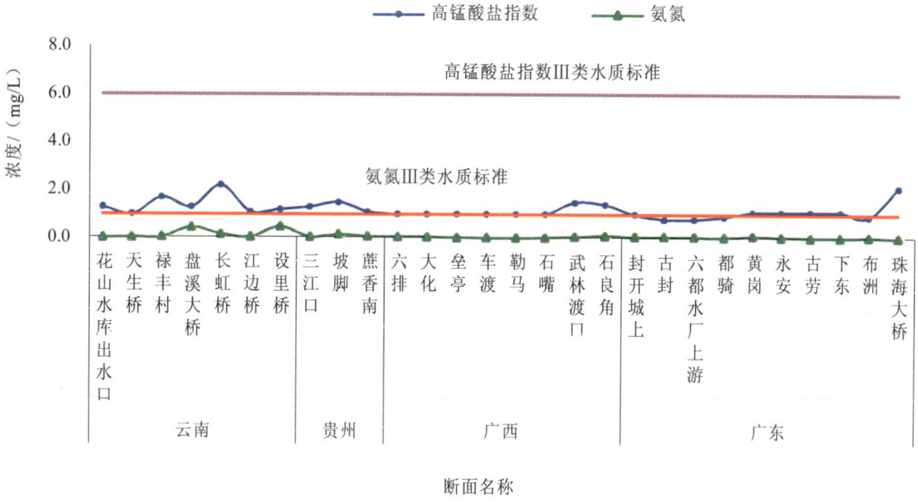

图 2-9　2019 年 12 月珠江干流高锰酸盐指数、氨氮沿程变化

2.3.1.2　支流

珠江水系主要支流总体水质为优，监测的 69 条支流的 101 个断面中，Ⅰ类水质断面占 10.9%，Ⅱ类占 56.4%，Ⅲ类占 22.8%，Ⅳ类占 5.0%，Ⅴ类占 4.0%，劣Ⅴ类占 1.0%。与 11 月相比，水质有所好转，其中，Ⅰ类水质断面比例下降 2.1 个百分点，Ⅱ类下降 2.6 个百分点，Ⅲ类上升 5.8 个百分点，Ⅳ类下降 2.0 个百分点，Ⅴ类上升 3.0 个百分点，劣Ⅴ类下降 2.0 个百分点。与 2018 年同期相比，水质有所好转，其中，Ⅰ类水质断面比例下降 3.0 个百分点，Ⅱ类上升 4.9 个百分点，Ⅲ类上升 5.0 个百分点，Ⅳ类下降 2.9 个百分点，Ⅴ类上升 2.0 个百分点，劣Ⅴ类下降 5.9 个百分点。

珠江支流中东莞运河为重度污染，练江、榕江北河、石马河和茅洲河为中度污染，黄江河、小东江、钦江和淡水河为轻度污染，其余河流水质优良。

2.3.2 海南岛内河流

海南岛内的 8 条河流，三亚河和石碌河水质良好；南渡江、万泉河、陵水河、昌化江、文昌河和大边河水质为优。

2.3.3 省界断面

珠江流域省界断面总体水质为优。监测的 17 个断面中，Ⅰ类水质断面占 29.4%，Ⅱ类占 58.8%，Ⅲ类占 11.8%，无Ⅳ类、Ⅴ类和劣Ⅴ类水质断面。与 11 月相比，水质无明显变化，其中，Ⅰ类水质断面比例上升 10.6 个百分点，Ⅱ类上升 2.6 个百分点，Ⅲ类下降 13.2 个百分点。与 2018 年同期相比，水质有所好转。其中，Ⅰ类水质断面比例上升 11.8 个百分点，Ⅱ类和Ⅲ类持平，Ⅳ类下降 11.8 个百分点，详见表 2-4。

表 2-4 2019 年 12 月珠江流域省界断面水质类别

序号	河流名称	断面名称	上下游省份	所在地区	水质类别			主要污染指标（超标倍数）
					12 月	11 月	2018 年同期	
1	南盘江	三江口	滇、黔	黔西南布依族苗族自治州	Ⅱ	Ⅱ	Ⅱ	—
2	南盘江	坡脚	黔、桂	黔西南布依族苗族自治州	Ⅱ	Ⅱ	Ⅱ	—
3	红水河	六排	黔—桂	河池市	Ⅱ	Ⅲ	Ⅱ	—
4	西江	封开城上	桂—粤	肇庆市	Ⅰ	Ⅱ	Ⅱ	—
5	北盘江	厂房大桥	滇—黔	曲靖市	Ⅱ	Ⅱ	Ⅱ	—
6	北盘江	发耳	滇、黔—黔	六盘水市	Ⅱ	Ⅱ	Ⅱ	—
7	北盘江	蔗香北	黔—黔、桂	黔西南布依族苗族自治州	Ⅱ	Ⅰ	Ⅰ	—
8	濛江	边外河	黔—桂	黔南布依族苗族自治州	Ⅰ	Ⅲ	Ⅰ	—
9	剥隘河	罗村口	滇—桂	百色市	Ⅰ	Ⅱ	Ⅲ	—

序号	河流名称	断面名称	上下游省份	所在地区	水质类别			主要污染指标（超标倍数）
					12 月	11 月	2018 年同期	
10	都柳江	从江大桥	黔—桂	黔东南苗族侗族自治州	I	I	II	—
11	贺江	白沙街	桂—粤	肇庆市	II	II	II	—
12	武江	三溪桥	湘—粤	韶关市	II	—	II	—
13	寻乌水	兴宁电站	赣—粤	河源市	II	III	III	—
14	定南水	庙咀里	赣—粤	河源市	III	II	II	—
15	汀江	青溪	闽—粤	梅州市	III	I	IV	—
16	樟江	界牌	黔—桂	黔南布依族苗族自治州	I	III	I	—
17	九洲江	山角	桂—粤	湛江市	II	II	IV	—

2.4　松花江流域

松花江流域主要江河总体为轻度污染，主要污染指标为化学需氧量、氨氮、高锰酸盐指数、溶解氧和总磷，详见图 2-10。监测的 57 个断面中，I 类水质断面占 5.3%，II类占 22.8%，III类占 28.1%，IV类占 38.6%，V类占 5.3%，无劣V类水质断面。与 11 月相比，水质明显下降。其中，I 类水质断面比例上升 5.3 个百分点，II类下降 1.6 个百分点，III类下降 24.3 个百分点，IV类上升 17.9 个百分点，V类上升 2.9 个百分点。与 2018 年同期相比，水质有所下降，其中，I 类水质断面比例上升 3.4 个百分点，II类下降 1.3 个百分点，III类下降 21.9 个百分点，IV类上升 21.9 个百分点，V类上升 5.3 个百分点，劣V类下降 7.4 个百分点，见图 2-10、图 2-11。

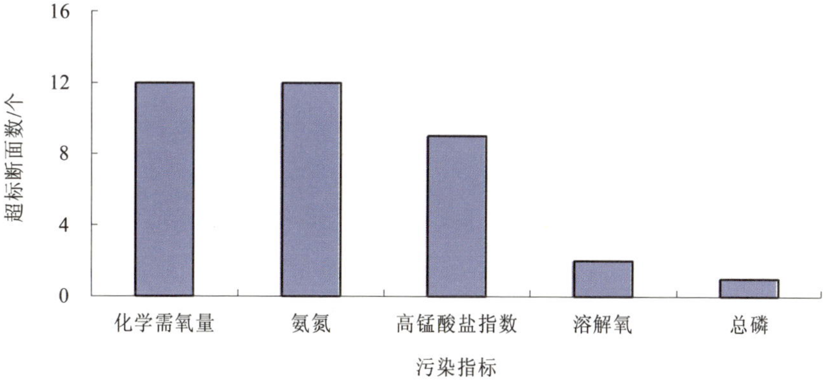

图 2-10　2019 年 12 月松花江流域主要江河水体污染指标

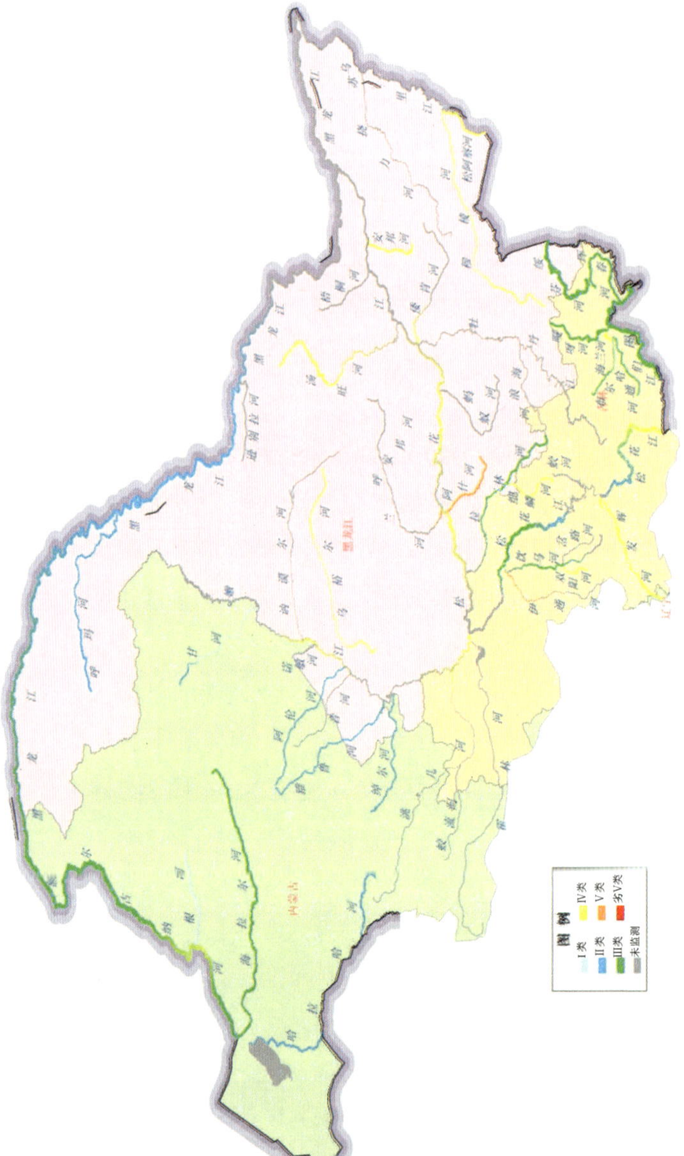

图 2-11 2019 年 12 月松花江流域主要江河水质分布示意图

2.4.1　松花江水系

2.4.1.1　干流

松花江干流为轻度污染，主要污染指标为化学需氧量和氨氮。监测的 8 个断面中，Ⅱ类水质断面占 37.5%，Ⅲ类占 25.0%，Ⅳ类占 37.5%，无Ⅰ类、Ⅴ类和劣Ⅴ类水质断面。与 11 月相比，水质有所下降，其中，Ⅱ类水质断面比例上升 23.2 个百分点，Ⅲ类下降 39.3 个百分点，Ⅳ类上升 16.1 个百分点。与 2018 年同期相比，水质明显下降，Ⅱ类水质断面比例下降 12.5 个百分点，Ⅲ类下降 25.0 个百分点，Ⅳ类上升 37.5 个百分点。沿程高锰酸盐指数和氨氮浓度变化见图 2-12。

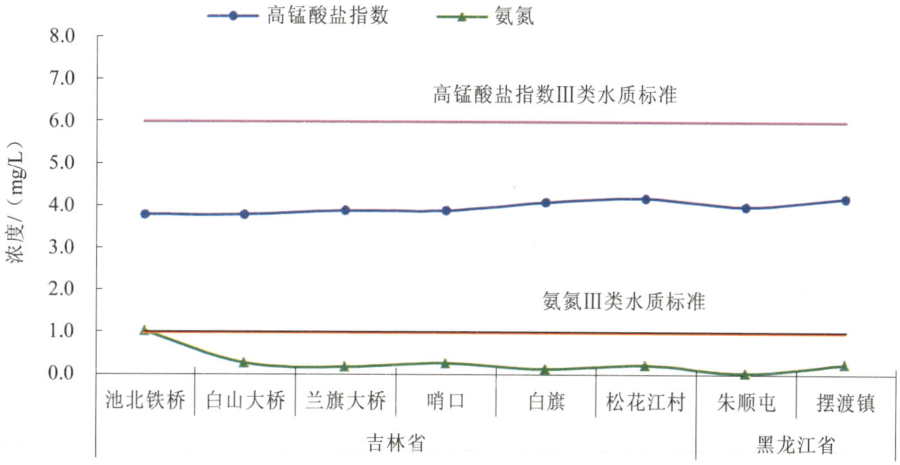

图 2-12　2019 年 12 月松花江干流高锰酸盐指数、氨氮沿程变化

2.4.1.2　支流

松花江水系主要支流总体为轻度污染，主要污染指标为氨氮、化学需氧量和高锰酸盐指数。监测的 24 个断面中，Ⅰ类水质断面占 8.3%，Ⅱ类占 16.7%，Ⅲ类占 8.3%，Ⅳ类占 54.2%，Ⅴ类占 12.5%，无劣Ⅴ类水质断面。与 11 月相比，水质明显下降，其中，Ⅰ类水质断面比例上升 8.3 个百分点，Ⅱ类下降 10.6 个百分点，Ⅲ类下降 39.4 个百分点，Ⅳ类上升 33.7 个百分点，Ⅴ类上升 8.0 个百分点。与 2018 年同期相比，水质明显下降，其中，Ⅰ类水质断面比例上升 8.3 个百分点，Ⅱ类上升 2.4 个百分点，Ⅲ类下降 45.3 个百分点，Ⅳ类上升 36.3 个百分点，Ⅴ类

上升 12.5 个百分点，劣Ⅴ类下降 14.3 个百分点。

松花江的支流中呼兰河、阿什河和伊通河为中度污染，嫩江、倭肯河、安邦河、双阳河、辉发河、细鳞河、洮儿河、乌裕尔河和汤旺河为轻度污染，其余河流水质优良。

2.4.2 其他水系

2.4.2.1 黑龙江

黑龙江水系总体水质为优。监测的 13 个断面中，Ⅰ类水质断面占 7.7%，Ⅱ类占 46.2%，Ⅲ类占 38.5%，Ⅳ类占 7.7%，无Ⅴ类和劣Ⅴ类水质断面。与 11 月相比，水质有所好转，其中，Ⅰ类水质断面比例上升 7.7 个百分点，Ⅱ类上升 8.7 个百分点，Ⅲ类下降 11.5 个百分点，Ⅳ类下降 4.8 个百分点。与 2018 年同期相比，水质有所好转，其中，Ⅰ类水质断面比例下降 0.6 个百分点，Ⅱ类上升 29.5 个百分点，Ⅲ类下降 11.5 个百分点，Ⅳ类下降 17.3 个百分点。

黑龙江水系中，海拉尔河和额尔古纳河水质良好，呼玛河、根河、黑龙江和哈拉哈河水质为优。

2.4.2.2 乌苏里江

乌苏里江水系总体为轻度污染，主要污染指标为高锰酸盐指数、化学需氧量和氨氮。监测的 4 个断面均为Ⅳ类水质。与 11 月相比，858 九队断面水质有所下降，碱场桥、知一桥和穆棱河口内断面水质无明显变化。

乌苏里江水系中，松阿察河和穆棱河为轻度污染。

2.4.2.3 图们江

图们江水质良好。监测的 7 个断面中，Ⅲ类水质断面占 85.7%，Ⅳ类占 14.3%，无Ⅰ类、Ⅱ类、Ⅴ类和劣Ⅴ类水质断面。与 11 月相比，水质无明显变化，其中，Ⅱ类水质断面比例下降 14.3 个百分点，Ⅲ类上升 14.3 个百分点，Ⅳ类持平。与 2018 年同期相比，水质有所下降，其中，Ⅱ类水质断面比例下降 50.0 个百分点，Ⅲ类上升 35.7 个百分点，Ⅳ类上升 14.3 个百分点。

2.4.2.4 绥芬河

绥芬河水质良好。三岔口断面为Ⅲ类水质，与 2019 年 11 月和 2018 年同期相比，水质均有所下降。

2.4.3　省界断面

松花江流域省界断面为轻度污染，主要污染指标为高锰酸盐指数、氨氮和化学需氧量。监测的 10 个断面中，Ⅰ类水质断面占 20.0%，Ⅱ类占 40.0%，Ⅲ类占 10.0%，Ⅳ类占 30.0%，无Ⅴ类和劣Ⅴ类水质断面。与 11 月相比，水质明显下降，其中，Ⅰ类水质断面比例上升 20.0 个百分点，Ⅱ类上升 6.7 个百分点，Ⅲ类下降 50.0 个百分点，Ⅳ类上升 23.3 个百分点。与 2018 年同期相比，水质有所下降，其中，Ⅰ类水质断面比例上升 20.0 个百分点，Ⅱ类上升 6.7 个百分点，Ⅲ类下降 45.6 个百分点，Ⅳ类上升 18.9 个百分点，详见表 2-5。

表 2-5　2019 年 12 月松花江流域省界断面水质类别

序号	河流名称	断面名称	上下游省份	所在地区	水质类别			主要污染指标（超标倍数）
					12 月	11 月	2018 年同期	
1	诺敏河	查哈阳乡	蒙—黑	齐齐哈尔市	—	Ⅱ	—	—
2	细鳞河	肖家船口	吉—黑	吉林市	Ⅳ	Ⅲ	—	氨氮（0.01）
3	牡丹江	大山	吉—黑	延边朝鲜族自治州	—	Ⅱ	—	—
4	绰尔河	绰尔河口	蒙—黑	兴安盟	Ⅱ	Ⅱ	Ⅱ	—
5	霍林河	高力板	蒙—吉	兴安盟	—	Ⅲ	—	—
6	雅鲁河	成吉思汗	蒙—黑	呼伦贝尔市	Ⅱ	—	Ⅲ	—
7	音河	音河水库	蒙—黑	齐齐哈尔市	—	—	—	—
8	松花江	松林	吉—黑	松原市	—	Ⅲ	—	—
9	松花江	肇源	吉—黑	大庆市	—	Ⅲ	—	—
10	洮儿河	斯力很	蒙—吉	兴安盟	—	Ⅲ	—	—
11	阿伦河	新发	蒙—黑	呼伦贝尔市	Ⅱ	—	Ⅱ	—
12	嫩江	白沙滩	黑—吉	白城市	—	Ⅲ	Ⅳ	—
13	嫩江	拉哈	蒙—黑	齐齐哈尔市	Ⅳ	Ⅲ	—	高锰酸盐指数（0.1）
14	嫩江	富源村	蒙—黑	齐齐哈尔市	—	Ⅲ	—	—
15	嫩江	嫩江口内	吉—黑	大庆市	Ⅳ	Ⅳ	—	化学需氧量（0.2）、高锰酸盐指数（0.2）
16	嫩江	博霍头	蒙—黑	黑河市	—	—	Ⅲ	—

序号	河流名称	断面名称	上下游省份	所在地区	水质类别			主要污染指标（超标倍数）
					12 月	11 月	2018 年同期	
17	嫩江	繁荣村	蒙—黑	黑河市	—	—	Ⅲ	—
18	甘河	李屯	蒙—黑	呼伦贝尔市	Ⅰ	—	Ⅲ	—
19	甘河	讷尔克气	黑—蒙	呼伦贝尔市	Ⅰ	—	Ⅱ	—
20	甘河	加格达奇上	蒙—黑	大兴安岭地区	Ⅱ	—	—	—
21	拉林河	兴盛乡	黑—吉	哈尔滨市	Ⅲ	Ⅱ	Ⅲ	—
22	拉林河	苗家	吉—黑	哈尔滨市	—	Ⅲ	—	—
23	蛟流河	宝泉	蒙—吉	兴安盟	—	Ⅱ	—	—

2.5 淮河流域

淮河流域主要江河总体为轻度污染，主要污染指标为化学需氧量、高锰酸盐指数、氟化物、氨氮和五日生化需氧量，详见图 3-13。监测的 176 个断面中，Ⅰ类水质断面占 1.7%，Ⅱ类占 22.2%，Ⅲ类占 45.5%，Ⅳ类占 27.3%，Ⅴ类占 2.3%，劣Ⅴ类占 1.1%。与 11 月相比，水质无明显变化，其中，Ⅰ类水质断面比例持平，Ⅱ类下降 4.5 个百分点，Ⅲ类上升 8.3 个百分点，Ⅳ类下降 1.8 个百分点，Ⅴ类下降 1.8 个百分点，劣Ⅴ类下降 0.1 个百分点。与 2018 年同期相比，水质有所好转，其中，Ⅰ类水质断面比例下降 0.6 个百分点，Ⅱ类上升 4.1 个百分点，Ⅲ类上升 6.0 个百分点，Ⅳ类上升 6.4 个百分点，Ⅴ类下降 7.9 个百分点，劣Ⅴ类下降 7.9 个百分点，见图 2-13、图 2-14。

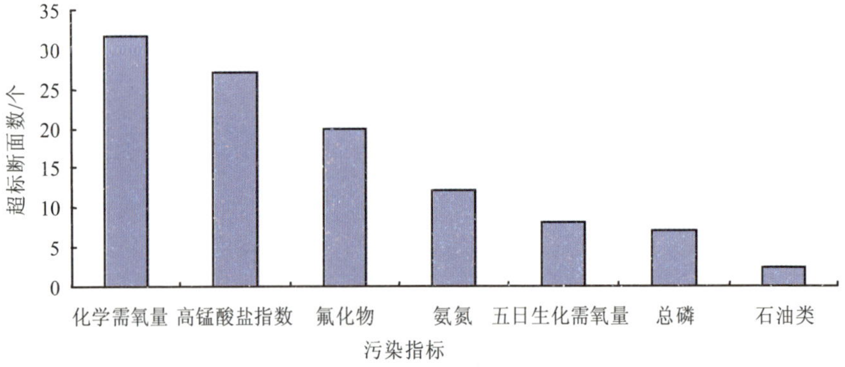

图 2-13　2019 年 12 月淮河流域水体污染指标统计

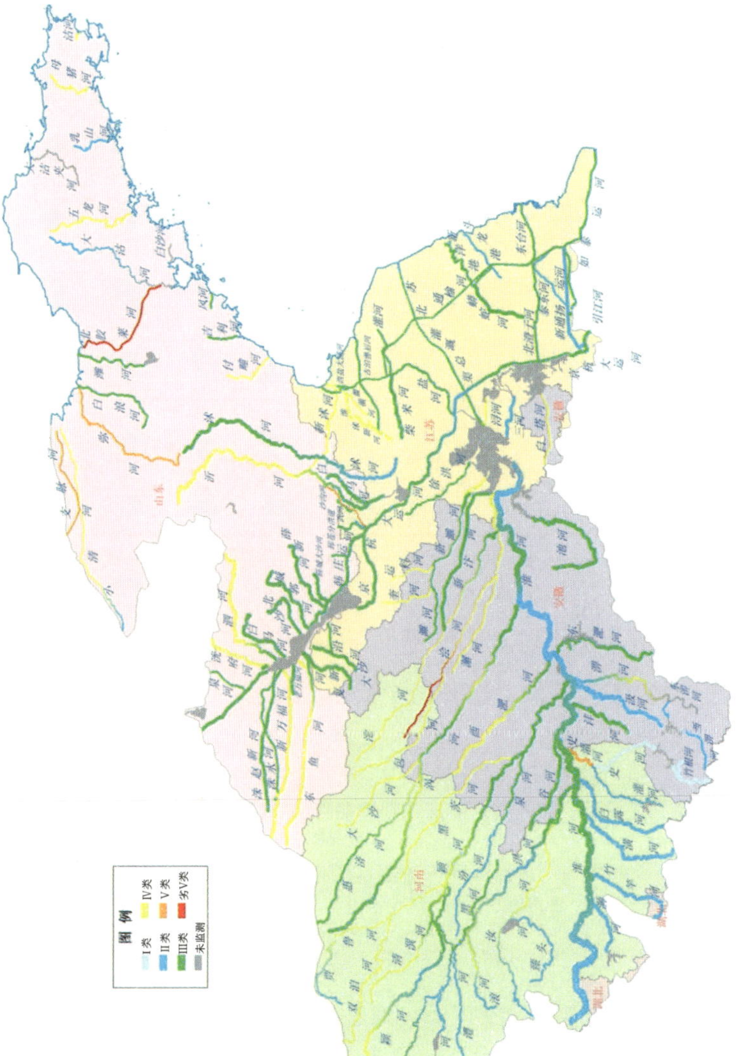

图 2-14 2019 年 12 月淮河流域主要江河水质分布示意图

2.5.1 淮河水系

2.5.1.1 干流

淮河干流水质为优，监测的 10 个断面中，Ⅱ类水质断面占 70.0%，Ⅲ类占 30.0%，无Ⅰ类、Ⅳ类、Ⅴ类和劣Ⅴ类水质断面。与 11 月相比，水质无明显变化，其中，Ⅱ类水质断面比例下降 10.0 个百分点，Ⅲ类上升 10.0 个百分点。与 2018 年同期相比，水质无明显变化，其中，Ⅱ类水质断面比例上升 20.0 个百分点，Ⅲ类下降 20.0 个百分点。沿程高锰酸盐指数和氨氮浓度变化见图 2-15。

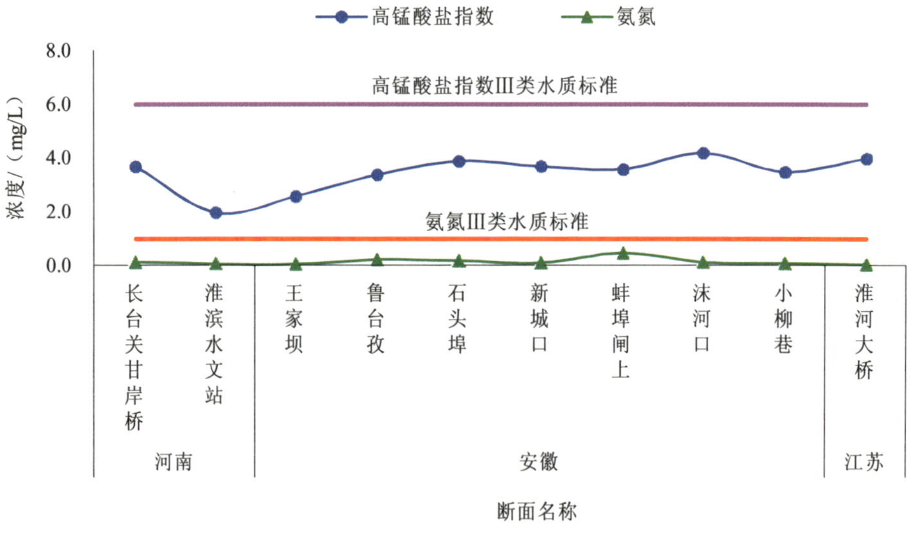

图 2-15 2019 年 12 月淮河干流高锰酸盐指数、氨氮沿程变化

2.5.1.2 支流

淮河水系主要支流总体为轻度污染，主要污染指标为化学需氧量、高锰酸盐指数和氟化物。监测的 65 条支流的 100 个断面中，Ⅰ类水质断面占 3.0%，Ⅱ类占 24.0%，Ⅲ类占 41.0%，Ⅳ类占 30.0%，Ⅴ类占 1.0%，劣Ⅴ类占 1.0%。与 11 月相比，水质无明显变化，其中，Ⅰ类水质断面比例持平，Ⅱ类下降 6.0 个百分点，Ⅲ类上升 6.0 个百分点，Ⅳ类上升 2.0 个百分点，Ⅴ类下降 3.0 个百分点，劣Ⅴ类上升 1.0 个百分点。与 2018 年同期相比，水质明显好转，其中，Ⅰ类水质断

面比例上升1.0个百分点，Ⅱ类上升2.0个百分点，Ⅲ类上升12.0个百分点，Ⅳ类上升5.0个百分点，Ⅴ类下降10.0个百分点，劣Ⅴ类下降10.0个百分点。

淮河的支流中，史灌河为中度污染，包河、浍河、大沙河、怀洪新河、浔河、沱河、清漠河、运料河、涡河、老汴河、双洎河、澥河、白塔河、黑茨河和奎河为轻度污染，其余河流水质优良。

2.5.2 沂沭泗水系

沂沭泗水系总体良好，监测的38条支流的48个断面中，Ⅱ类水质断面占10.4%，Ⅲ类占66.7%，Ⅳ类占20.8%，Ⅴ类占2.1%，无Ⅰ类和劣Ⅴ类水质断面。与11月相比，水质有所好转，其中，Ⅱ类水质断面比例下降7.0个百分点，Ⅲ类上升21.0个百分点，Ⅳ类下降11.8个百分点，Ⅴ类下降2.2个百分点。与2018年同期相比，水质无明显变化，其中，Ⅰ类水质断面比例下降2.1个百分点，Ⅱ类下降0.2个百分点，Ⅲ类下降1.4个百分点，Ⅳ类上升5.9个百分点，Ⅴ类持平，劣Ⅴ类下降2.1个百分点。

2.5.3 山东半岛独流入海

山东半岛独流入海河流总体为轻度污染，主要污染指标为高锰酸盐指数、化学需氧量和氨氮。监测的18个断面中，Ⅱ类水质断面占16.7%，Ⅲ类占22.2%，Ⅳ类占44.4%，Ⅴ类占11.1%，劣Ⅴ类占5.6%，无Ⅰ类水质断面。与11月相比，水质无明显变化，其中，Ⅱ类水质断面比例上升16.7个百分点，Ⅲ类下降15.3个百分点，Ⅳ类上升0.6个百分点，Ⅴ类上升4.9个百分点，劣Ⅴ类下降6.9个百分点。与2018年同期相比，水质明显好转，其中，Ⅰ类水质断面比例下降5.0个百分点，Ⅱ类上升16.7个百分点，Ⅲ类上升2.2个百分点，Ⅳ类上升19.4个百分点，Ⅴ类下降18.9个百分点，劣Ⅴ类下降14.4个百分点。

2.5.4 省界断面

淮河流域省界断面总体为轻度污染，主要污染指标为化学需氧量、高锰酸盐指数和五日生化需氧量。监测的30个断面中，Ⅰ类水质断面占3.3%，Ⅱ类占10.0%，Ⅲ类占46.7%，Ⅳ类占30.0%，Ⅴ类占6.7%，劣Ⅴ类占3.3%。与11月相比，水质无明显变化，其中，Ⅰ类和Ⅱ类水质断面比例持平，Ⅲ类下降 6.6 个百分点，Ⅳ类持平，Ⅴ类上升 3.4 个百分点，劣Ⅴ类上升 3.3 个百分点。与 2018 年同期相比，水质有所好转，其中，Ⅰ类水质断面比例上升 3.3 个百分点，Ⅱ类下降 7.2 个百分点，Ⅲ类上升 8.8 个百分点，Ⅳ类上升 5.9 个百分点，Ⅴ类下降 0.2 个百分点，劣Ⅴ类下降 10.5 个百分点，详见表 2-6。

污染较重的省界断面是豫—皖浍河黄口断面。

表 2-6 2019 年 12 月淮河流域省界断面水质类别

序号	河流名称	断面名称	上下游省份	所在地区	水质类别			主要污染指标（超标倍数）
					12月	11月	2018年同期	
1	淮河	王家坝	豫—皖	阜阳市	Ⅲ	Ⅱ	Ⅲ	—
2	淮河	小柳巷	皖—皖、苏	滁州市	Ⅱ	Ⅲ	Ⅱ	—
3	洪河	新蔡班台	豫—皖	新蔡县	Ⅲ	Ⅲ	Ⅴ	—
4	史河	固始李畈	皖—豫	信阳市	Ⅰ	Ⅰ	Ⅱ	—
5	史灌河	蒋集水文站	豫—皖	信阳市	Ⅴ	Ⅲ	劣Ⅴ	氨氮（0.6）
6	颍河	界首七渡口	豫—皖	阜阳市	Ⅲ	Ⅲ	Ⅳ	—
7	涡河	鹿邑付桥	豫—皖	周口市	Ⅳ	Ⅳ	Ⅳ	化学需氧量（0.1）、高锰酸盐指数（0.1）、氟化物（0.08）
8	新濉河	大屈	皖—苏	宿迁市	Ⅲ	Ⅲ	Ⅲ	—
9	新汴河	团结闸	皖—苏	宿迁市	Ⅲ	Ⅲ	Ⅲ	—
10	泉河	许庄	豫—皖	阜阳市	Ⅲ	Ⅲ	Ⅲ	—
11	黑茨河	张大桥	豫—皖	阜阳市	Ⅳ	Ⅳ	劣Ⅴ	化学需氧量（0.5）、总磷（0.4）
12	惠济河	刘寨村后	豫—皖	亳州市	Ⅳ	Ⅲ	Ⅳ	氟化物（0.2）
13	大沙河	睢阳包公庙	豫—皖	商丘市	Ⅳ	Ⅳ	Ⅳ	化学需氧量（0.1）、高锰酸盐指数（0.1）
14	浍河	黄口	豫—皖	永城市	劣Ⅴ	Ⅳ	Ⅳ	氟化物（1.0）、五日生化需氧量（0.4）、化学需氧量（0.4）
15	、沱河	小王桥	豫—皖	淮北市	Ⅳ	Ⅳ	—	五日生化需氧量（0.05）

序号	河流名称	断面名称	上下游省份	所在地区	水质类别			主要污染指标（超标倍数）
					12月	11月	2018年同期	
16	奎河	黄桥	苏—皖	徐州市	Ⅳ	Ⅳ	劣Ⅴ	总磷（0.4）
17	运料河	下楼公路桥	苏—皖	宿州市	Ⅳ	Ⅴ	Ⅴ	高锰酸盐指数（0.2）
18	包河	颜集	豫—皖	亳州市	Ⅳ	Ⅳ	劣Ⅴ	化学需氧量（0.2）、高锰酸盐指数（0.2）
19	京杭大运河（韩庄运河）	台儿庄大桥	鲁—苏	枣庄市	Ⅲ	Ⅲ	Ⅲ	—
20	京杭大运河（不牢河段）	蔺家坝	苏—鲁	徐州市	Ⅲ	Ⅳ	Ⅲ	—
21	复新河	沙庄桥	苏—鲁	徐州市	Ⅲ	Ⅲ	Ⅲ	—
22	沿河	李集桥	苏—鲁	徐州市	Ⅲ	Ⅲ	Ⅳ	—
23	东邳苍分洪道	东偏泓	鲁—苏	徐州市	Ⅱ	Ⅱ	Ⅳ	—
24	邳苍分洪道	艾山西大桥	鲁—苏	徐州市	Ⅲ	Ⅲ	Ⅱ	—
25	武河	310公路桥	鲁—苏	临沂市	Ⅲ	Ⅲ	Ⅱ	—
26	沙沟河	沙沟桥	鲁—苏	临沂市	Ⅴ	Ⅱ	Ⅲ	化学需氧量（0.8）、高锰酸盐指数（0.5）、五日生化需氧量（0.1）
27	白马河	捷庄	鲁—苏	临沂市	Ⅲ	Ⅲ	Ⅲ	—
28	沂河	港上桥	鲁—苏	徐州市	Ⅲ	Ⅲ	Ⅲ	—
29	沭河	李庄	鲁—苏	徐州市	Ⅱ	Ⅲ	Ⅱ	—
30	新沭河	临沭大兴桥	鲁—苏	临沂市	Ⅳ	Ⅳ	Ⅲ	化学需氧量（0.5）、五日生化需氧量（0.4）、高锰酸盐指数（0.3）

2.6 海河流域

海河流域主要江河总体为轻度污染，主要污染指标为高锰酸盐指数、化学需氧量、五日生化需氧量、氨氮和总磷，详见图 2-16。监测的 155 个断面中，Ⅰ类水质断面占 9.7%，Ⅱ类占 24.5%，Ⅲ类占 29.0%，Ⅳ类占 23.9%，Ⅴ类占 8.4%，劣Ⅴ类占 4.5%。与 11 月相比，水质无明显变化，其中，Ⅰ类水质断面比例上升 0.7 个百分点，Ⅱ类下降 5.2 个百分点，Ⅲ类上升 5.1 个百分点，Ⅳ类上升 4.5 个百分点，Ⅴ类下降 1.9 个百分点，劣Ⅴ类下降 3.2 个百分点。与 2018 年同期相比，水质明显好转，其中，Ⅰ类水质断面比例上升 0.7 个百分点，Ⅱ类下降 1.1 个百分点，Ⅲ类上升 13.0 个百分点，Ⅳ类上升 2.7 个百分点，Ⅴ类下降 2.5 个百分点，劣Ⅴ类下降 12.8 个百分点，见图 2-16、图 2-17。

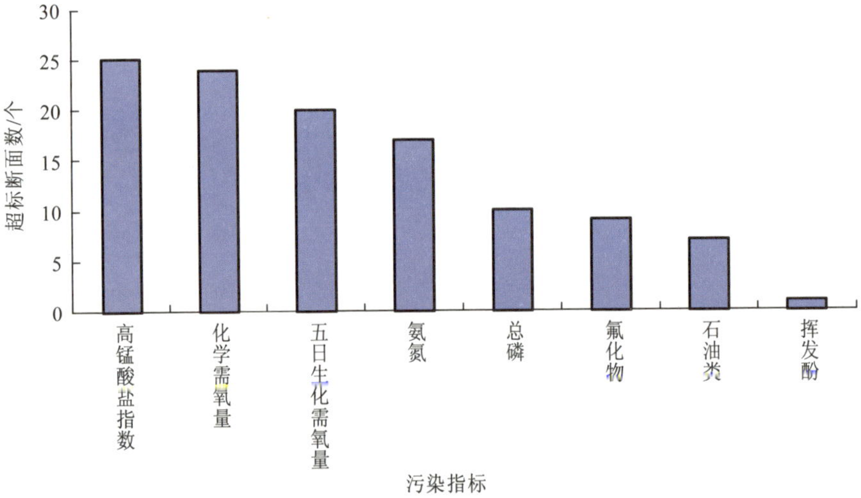

图 2-16 2019 年 12 月海河流域水体污染指标统计

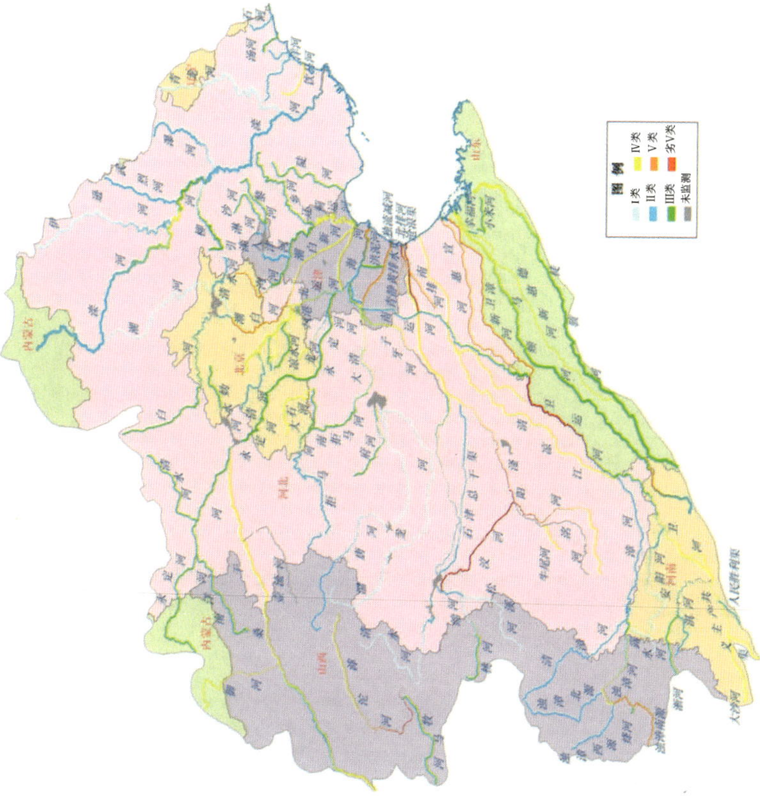

图 2-17　2019 年 12 月海河流域主要江河水质分布示意图

2.6.1 海河水系

2.6.1.1 干流

海河干流为轻度污染，主要污染指标为氟化物、高锰酸盐指数和五日生化需氧量。监测的 2 个断面中，三岔口断面为Ⅱ类水质，海河大闸断面为Ⅴ类。与 11 月相比，三岔口断面和海河大闸断面水质均无明显变化；与 2018 年同期相比，海河大闸断面水质有所下降，三岔口断面水质无明显变化。

2.6.1.2 支流

海河水系主要支流总体为轻度污染，主要污染指标为高锰酸盐指数、化学需氧量和五日生化需氧量。监测的 81 条支流的 120 个断面中，Ⅰ类水质断面占 9.2%，Ⅱ类占 19.2%，Ⅲ类占 30.0%，Ⅳ类占 26.7%，Ⅴ类占 9.2%，劣Ⅴ类占 5.8%。与 11 月相比，水质无明显变化，其中，Ⅰ类水质断面比例下降 0.7 个百分点，Ⅱ类下降 7.2 个百分点，Ⅲ类上升 5.2 个百分点，Ⅳ类上升 6.9 个百分点，Ⅴ类上升 0.1 个百分点，劣Ⅴ类下降 4.1 个百分点。与 2018 年同期相比，水质明显好转，其中，Ⅰ类水质断面比例下降 1.6 个百分点，Ⅱ类下降 5.0 个百分点，Ⅲ类上升 17.5 个百分点，Ⅳ类上升 8.4 个百分点，Ⅴ类下降 3.3 个百分点，劣Ⅴ类下降 15.9 个百分点。

海河的支流中，独流减河、子牙新河和漳卫新河为中度污染，北护城河、桑干河、卫运河、潮白河、永定新河、大清河和蓟运河为轻度污染，其余河流水质优良。

2.6.2 其他水系

2.6.2.1 滦河水系

滦河水系水质总体水质为优，监测的 7 条河流 16 个断面中，Ⅰ类水质断面占 25.0%，Ⅱ类占 56.2%，Ⅲ类占 12.5%，Ⅳ类占 6.2%，无Ⅴ类和劣Ⅴ类断面。与 11 月相比，水质有所好转，其中，Ⅰ类水质断面比例上升 13.2 个百分点，Ⅱ类下降 2.6 个百分点，Ⅲ类上升 6.6 个百分点，Ⅳ类下降 17.3 个百分点，Ⅴ类和劣Ⅴ类持平。与 2018 年同期相比，水质有所好转，其中，Ⅰ类水质断面比例上升 19.1 个百分点，Ⅱ类上升 9.1 个百分点，Ⅲ类下降 11.0 个百分点，Ⅳ类下降 17.3

个百分点，V类和劣V类持平。

2.6.2.2 徒骇—马颊河水系

徒骇—马颊河水系总体为轻度污染，主要污染指标为高锰酸盐指数、化学需氧量和氨氮。监测的5条河流11个断面中，II类水质断面占18.2%，III类占45.5%，IV类占27.3%，V类占9.1%，无I类和劣V类水质断面。与11月相比，水质无明显变化，其中，II类水质断面比例下降4.0个百分点，III类上升12.2个百分点，IV类上升27.3个百分点，V类下降35.3个百分点，I类和劣V类持平。与2018年同期相比，水质明显好转，其中，I类、II类水质断面比例持平，III类上升36.4个百分点，IV类下降18.2个百分点，V类下降9.1个百分点，劣V类下降9.1个百分点。

2.6.2.3 冀东诸河水系

冀东诸河水系总体水质良好，监测的6条河流6个断面中，II类水质断面占50.0%，III类占33.3%，IV类占16.7%，无I类、V类和劣V类水质断面。与11月相比，水质有所好转，其中，II类水质断面比例上升33.3个百分点，III类下降16.7个百分点，IV类下降16.6个百分点，I类、V类和劣V类持平。与2018年同期相比，水质无明显变化，其中，II类水质断面比例上升50.0个百分点，III类下降50.0个百分点，I类、IV类、V类和劣V类持平。

2.6.3 省界断面

海河流域省界断面为轻度污染，主要污染指标为化学需氧量、五日生化需氧量和高锰酸盐指数。监测的47个断面中，I类水质断面占10.6%，II类占14.9%，III类占31.9%，IV类占23.4%，V类占14.9%，劣V类占4.3%。与11月相比，水质无明显变化，其中，I类水质断面比例下降4.6个百分点，II类下降2.5个百分点，III类上升1.5个百分点，IV类上升10.4个百分点，V类上升4个百分点，劣V类下降8.7个百分点。与2018年同期相比，水质明显好转，其中，I类水质断面比例持平，II类下降10.6个百分点，III类上升25.5个百分点，IV类上升4.3个百分点，V类上升2.1个百分点，劣V类下降21.2个百分点，详见表2-7。

污染较重的省界断面是冀—津北排河齐家务断面，冀、鲁卫运河油坊桥断面。

表 2-7 2019 年 12 月海河流域省界断面水质类别

序号	河流名称	断面名称	上下游省份	所在地区	水质类别			主要污染指标（超标倍数）
					12 月	11 月	2018 年同期	
1	滦河	大河口	蒙—冀	锡林郭勒盟	Ⅱ	Ⅱ	Ⅱ	—
2	泃河	东店	京—冀	平谷区	Ⅴ	劣Ⅴ	Ⅳ	五日生化需氧量（1.0）、化学需氧量（0.5）、高锰酸盐指数（0.05）
3	泃河	三河东大桥	冀—津	廊坊市	Ⅲ	Ⅳ	劣Ⅴ	—
4	还乡河	丰北闸	冀—津	唐山市	Ⅲ	Ⅴ	劣Ⅴ	—
5	淋河	淋河桥	冀—津	蓟县	Ⅱ	Ⅰ	Ⅱ	—
6	黎河	黎河桥	冀—津	蓟县	Ⅲ	Ⅱ	Ⅱ	—
7	沙河	沙河桥	冀—津	蓟县	Ⅲ	Ⅱ	Ⅱ	—
8	潮白河	苏庄	京—冀	顺义区	Ⅴ	Ⅲ	Ⅳ	总磷（0.6）
9	潮白河	吴村	京、冀	廊坊市	Ⅴ	Ⅴ	Ⅴ	五日生化需氧量（1.0）、氨氮（0.05）
10	潮白新河	大套桥	冀—津	宝坻区	Ⅳ	Ⅴ	Ⅴ	五日生化需氧量（0.08）
11	潮河	古北口	冀—京	密云县	Ⅰ	Ⅱ	Ⅱ	—
12	白河	后城	冀—京	张家口市	Ⅲ	Ⅲ	Ⅱ	—
13	清水河	墙子路	冀—京	承德市	Ⅱ	Ⅰ	Ⅱ	—
14	北运河	王家摆	京—冀	廊坊市	Ⅳ	Ⅴ	Ⅴ	五日生化需氧量（0.05）、氨氮（0.02）
15	北运河	土门楼	冀—津	武清区	Ⅳ	Ⅳ	Ⅳ	氨氮（0.1）
16	凤港引渠	秦营扬水站	京—冀	廊坊市	Ⅲ	Ⅲ	Ⅳ	—
17	龙凤减河	老夏安公路	京—冀	廊坊市	Ⅳ	Ⅲ	劣Ⅴ	化学需氧量（0.1）
18	永定河	沿河城	冀—京	门头沟区	Ⅲ	Ⅲ	Ⅱ	—
19	桑干河	册田水库出口	晋—冀	大同市	Ⅳ	Ⅳ	劣Ⅴ	化学需氧量（0.2）

序号	河流名称	断面名称	上下游省份	所在地区	水质类别			主要污染指标（超标倍数）
					12 月	11 月	2018 年同期	
20	御河	堡子湾	蒙—晋	大同市	Ⅳ	Ⅳ	劣Ⅴ	总磷（0.2）
21	壶流河	洗马庄	晋—冀	大同市	—	—	—	—
22	洋河	八号桥	冀—京	张家口市	Ⅲ	Ⅱ	Ⅳ	—
23	龙河	三小营	京—冀	廊坊市	Ⅳ	Ⅳ	劣Ⅴ	氨氮（0.2）
24	龙河	大王务	冀—津	廊坊市	Ⅱ	Ⅲ	Ⅲ	—
25	南洋河	宣家塔	晋—冀	大同市	Ⅲ	Ⅲ	Ⅳ	—
26	大清河	台头	冀—津	廊坊市	Ⅳ	劣Ⅴ	劣Ⅴ	氟化物（0.5）、化学需氧量（0.2）
27	唐河	南水芦	晋—冀	大同市	Ⅱ	Ⅱ	Ⅱ	—
28	拒马河	大沙地	冀—京	房山区	Ⅱ	Ⅰ	Ⅰ	—
29	拒马河	张坊	京—冀	房山区	Ⅲ	Ⅰ	Ⅰ	—
30	大石河	码头	京—冀	保定市	Ⅳ	Ⅲ	劣Ⅴ	高锰酸盐指数（0.07）
31	潴龙河	杜里村	晋—冀	保定市	Ⅰ	Ⅰ	Ⅰ	—
32	了牙河	小河闸	冀—津	廊坊市	Ⅳ	Ⅳ	Ⅳ	化学需氧量（0.2）、氨氮（0.01）
33	子牙新河	阎辛庄	冀—津	沧州市	Ⅳ	劣Ⅴ	劣Ⅴ	化学需氧量（0.1）、高锰酸盐指数（0.1）
34	滹沱河	闫家庄大桥	晋—冀	阳泉市	Ⅰ	Ⅱ	Ⅰ	—
35	北排河	齐家务	冀—津	沧州市	劣Ⅴ	劣Ⅴ	劣Ⅴ	化学需氧量（1.2）、高锰酸盐指数（1.3）、总磷（0.2）
36	沧浪渠	翟庄子	冀—津	滨海新区	Ⅴ	劣Ⅴ	劣Ⅴ	五日生化需氧量（1.2）、高锰酸盐指数（1.1）、化学需氧量（0.8）

序号	河流名称	断面名称	上下游省份	所在地区	水质类别			主要污染指标（超标倍数）
					12月	11月	2018年同期	
37	青静黄排水渠	团瓢桥	冀—津	静海区	V	V	V	五日生化需氧量（0.7）、化学需氧量（0.7）、高锰酸盐指数（0.2）
38	绵河	地都	晋—冀	石家庄市	I	II	II	—
39	松溪河	王寨村	晋—冀	晋中市	I	I	I	—
40	卫运河	秤钩湾	冀—鲁	聊城市	III	III	IV	—
41	卫运河	油坊桥	冀、鲁	德州市	劣V	III	III	氟化物（0.8）、化学需氧量（0.6）
42	南运河	第三店	鲁—冀	德州市	III	III	III	—
43	漳卫新河	小泊头桥	冀、鲁	滨州市	V	劣V	V	高锰酸盐指数（0.8）、化学需氧量（0.4）、五日生化需氧量（0.3）
44	卫河	南乐元村集	豫—冀	濮阳市	III	III	劣V	—
45	浊漳河	王家庄	晋—豫	长治市	III	III	II	—
46	清漳河	刘家庄	晋—冀	邯郸市	II	I	II	—
47	马颊河	南乐水文站	豫—冀	濮阳市	V	—	V	氨氮（1.0）、五日生化需氧量（0.4）、化学需氧量（0.2）
48	马颊河	冢北桥	冀—鲁	邯郸市	III	III	IV	—

2.7　辽河流域

辽河流域主要江河总体为轻度污染，主要污染指标为化学需氧量、高锰酸盐指数、五日生化需氧量、氨氮和总磷，详见图 2-18。监测的 84 个断面中，Ⅰ类水质断面占 10.7%，Ⅱ类占 31.0%，Ⅲ类占 10.7%，Ⅳ类占 34.5%，Ⅴ类占 6.0%，劣Ⅴ类占 7.1%。与 11 月相比，水质有所下降，其中，Ⅰ类水质断面比例上升 0.6 个百分点，Ⅱ类下降 6.4 个百分点，Ⅲ类下降 9.5 个百分点，Ⅳ类上升 12.3 个百分点，Ⅴ类下降 1.1 个百分点，劣Ⅴ类上升 4.1 个百分点。与 2018 年同期相比，水质无明显变化，其中，Ⅰ类水质断面比例下降 3.3 个百分点，Ⅱ类上升 1.9 个百分点，Ⅲ类下降 4.4 个百分点，Ⅳ类上升 15.9 个百分点，Ⅴ类上升 0.2 个百分点，劣Ⅴ类下降 10.3 个百分点。见图 2-18、图 2-19。

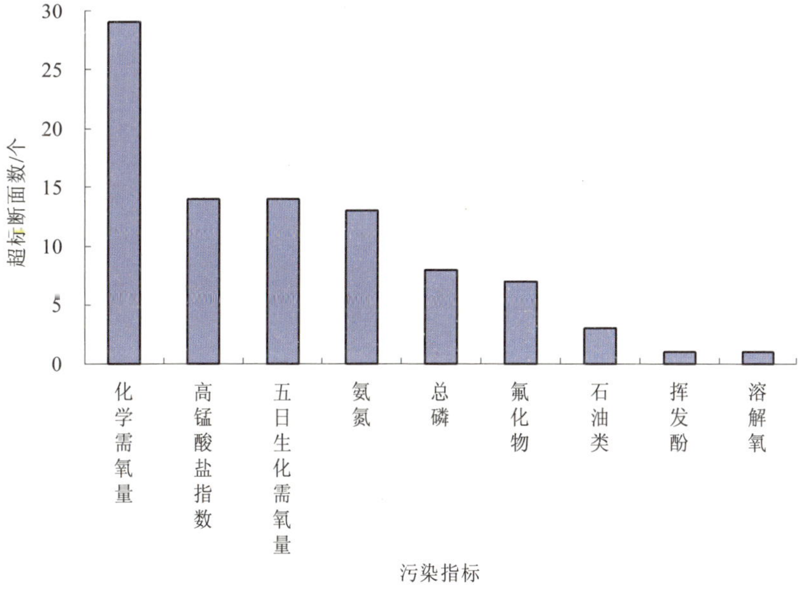

图 2-18　2019 年 12 月辽河流域主要江河水体污染指标统计

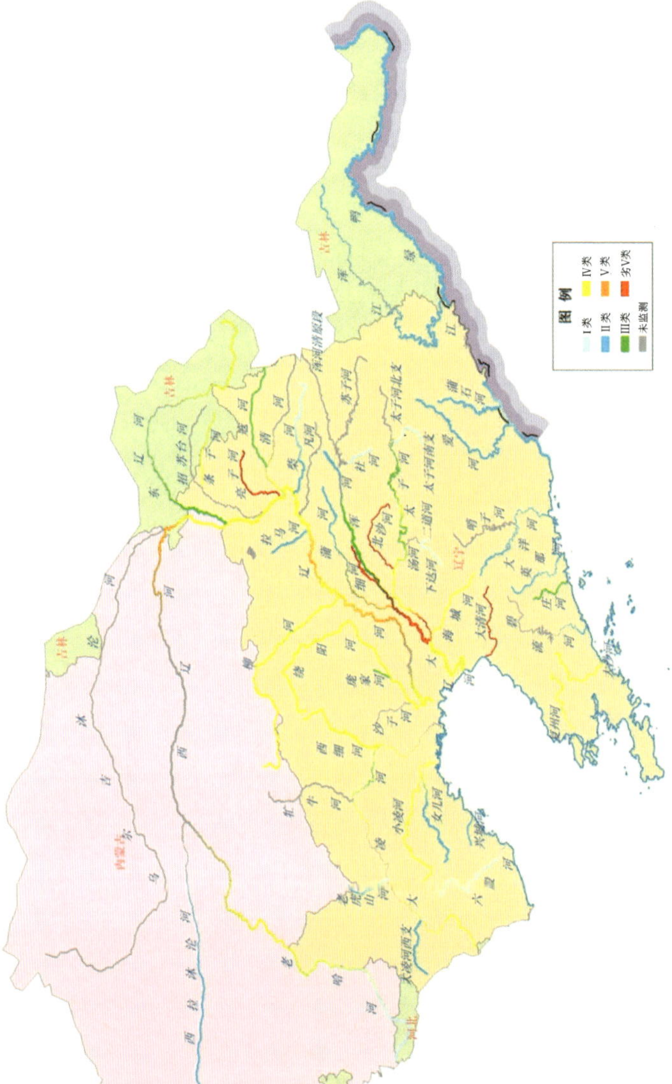

图 2-19 辽河流域主要江河水质分布示意图

2.7.1 辽河水系

2.7.1.1 干流

辽河干流为轻度污染，主要污染指标为化学需氧量、高锰酸盐指数和五日生化需氧量。监测的 12 个断面中，Ⅰ类水质断面占 8.3%，Ⅳ类占 66.7%，Ⅴ类占 25.0%，无Ⅱ类、Ⅲ类和劣Ⅴ类水质断面。与 11 月相比，水质有所下降，其中，Ⅰ类水质断面比例上升 8.3 个百分点，Ⅱ类下降 7.7 个百分点，Ⅲ类下降 15.4 个百分点，Ⅳ类上升 12.9 个百分点，Ⅴ类上升 1.9 个百分点。与 2018 年同期相比，水质有所下降，其中，Ⅰ类水质断面比例上升 8.3 个百分点，Ⅱ类下降 10.0 个百分点，Ⅲ类下降 20.0 个百分点，Ⅳ类上升 26.7 个百分点，Ⅴ类上升 5.0 个百分点，劣Ⅴ类下降 10.0 个百分点，沿程高锰酸盐指数和氨氮浓度变化见图 2-20。

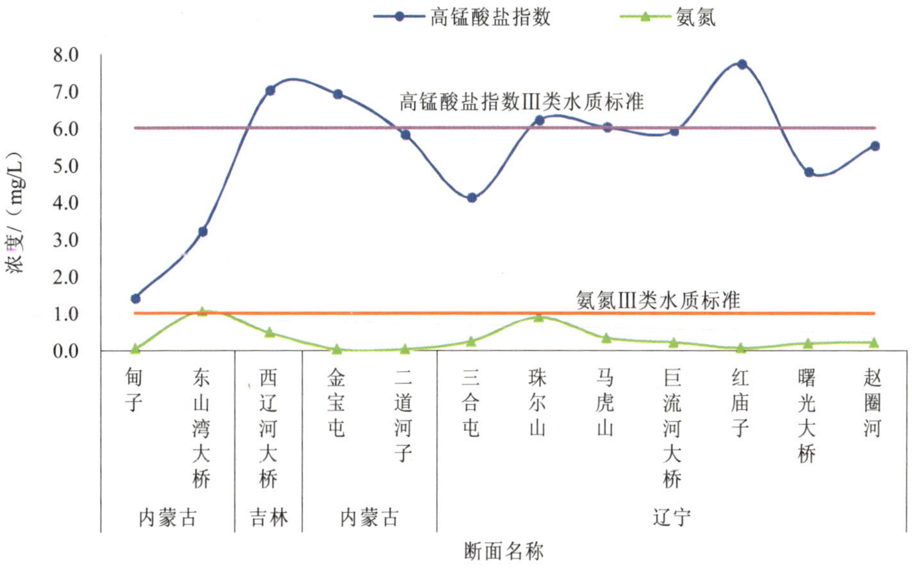

图 2-20 2019 年 12 月辽河干流高锰酸盐指数、氨氮沿程变化

2.7.1.2 支流

辽河水系主要支流总体为轻度污染，主要污染指标为高锰酸盐指数、化学需氧量和五日生化需氧量。监测的 11 条河流的 13 个断面中，Ⅰ类水质断面占 7.7%，

Ⅱ类占 23.1%，Ⅲ类占 23.1%，Ⅳ类占 38.5%，劣Ⅴ类占 7.7%，无Ⅴ类水质断面。与 11 月相比，水质无明显变化，其中，Ⅰ类水质断面比例上升 7.7 个百分点，Ⅱ类下降 1.9 个百分点，Ⅲ类下降 8.1 个百分点，Ⅳ类上升 13.5 个百分点，Ⅴ类下降 12.5 个百分点，劣Ⅴ类上升 1.5 个百分点。与 2018 年同期相比，水质明显好转，其中，Ⅰ类水质断面比例上升 7.7 个百分点，Ⅱ类下降 1.9 个百分点，Ⅲ类上升 4.3 个百分点，Ⅳ类上升 19.7 个百分点，Ⅴ类下降 6.2 个百分点，劣Ⅴ类下降 23.5 个百分点。

辽河支流中，亮子河为重度污染，绕阳河、清河、柳河和条子河为轻度污染，其余河流水质优良。

2.7.2 其他水系

2.7.2.1 大辽河

大辽河水系总体为轻度污染，主要污染指标为化学需氧量、氨氮和高锰酸盐指数。监测的 11 条河流的 23 个断面中，Ⅰ类水质断面占 17.4%，Ⅱ类占 13.0%，Ⅲ类占 17.4%，Ⅳ类占 26.1%，Ⅴ类占 8.7%，劣Ⅴ类占 17.4%。与 11 月相比，水质明显下降，其中，Ⅰ类水质断面比例上升 6.7 个百分点，Ⅱ类下降 22.7 个百分点，Ⅲ类下降 4.0 个百分点，Ⅳ类上升 4.7 个百分点，Ⅴ类上升 1.6 个百分点，劣Ⅴ类上升 13.8 个百分点。与 2018 年同期相比，水质无明显变化，其中，Ⅰ类水质断面比例持平，Ⅱ类下降 8.7 个百分点，Ⅲ类持平，Ⅳ类上升 13.1 个百分点，Ⅴ类上升 4.4 个百分点，劣Ⅴ类下降 8.7 个百分点。

大辽河水系中，北沙河和细河为重度污染，大辽河、蒲河、太子河和海城河为轻度污染，其余河流水质优良。

2.7.2.2 大凌河

大凌河水系总体为轻度污染，主要污染指标为氨氮、氟化物和化学需氧量。监测的 4 条河流的 8 个断面中，Ⅰ类水质断面占 12.5%，Ⅱ类占 25.0%，Ⅲ类占 12.5%，Ⅳ类占 50.0%，无Ⅴ类和劣Ⅴ类水质断面。与 11 月相比，水质有所下降，其中，Ⅰ类水质断面比例上升 12.5 个百分点，Ⅱ类下降 29.5 个百分点，Ⅲ类下降 5.7 个百分点，Ⅳ类上升 31.8 个百分点，劣Ⅴ类下降 9.1 个百分点。与 2018 年同期相比，水质无明显变化，其中，Ⅰ类水质断面比例下降 12.5 个百分点，Ⅱ类、Ⅲ类持平，Ⅳ类上升 37.5 个百分点，Ⅴ类下降 12.5 个百分点，劣Ⅴ类下降 12.5 个百分点。

大凌河水系中，西细河为轻度污染，其余河流水质优良。

2.7.2.3　鸭绿江

鸭绿江水系总体水质为优，监测的 4 条河流的 12 个断面中，Ⅰ类水质断面占 8.3%，Ⅱ类占 91.7%，无Ⅲ类、Ⅳ类、Ⅴ类和劣Ⅴ类水质断面。与 11 月相比，水质无明显变化，其中，Ⅰ类水质断面比例下降 22.5 个百分点，Ⅱ类上升 30.2 个百分点，Ⅲ类下降 7.7 个百分点。与 2018 年同期相比，水质无明显变化，其中，Ⅰ类水质断面比例下降 7.1 个百分点，Ⅱ类上升 14.8 个百分点，Ⅲ类下降 7.7 个百分点。

鸭绿江水系中，所有河流水质均为优。

2.7.3　省界断面

辽河流域省界断面为轻度污染，主要污染指标为化学需氧量、高锰酸盐指数和氟化物。监测的 8 个断面中，Ⅰ类水质断面占 12.5%，Ⅱ类占 25.0%，Ⅲ类占 12.5%，Ⅳ类占 37.5%，Ⅴ类占 12.5%，无劣Ⅴ类水质断面。与 11 月相比，水质有所好转，Ⅰ类水质断面比例上升 12.5 个百分点，Ⅱ类下降 5.0 个百分点，Ⅲ类上升 2.5 个百分点，Ⅳ类上升 7.5 个百分点，Ⅴ类下降 7.5 个百分点，劣Ⅴ类下降 10.0 个百分点。与 2018 年同期相比，水质无明显变化，其中，Ⅰ类水质断面比例下降 1.8 个百分点，Ⅱ类下降 3.6 个百分点，Ⅲ类下降 1.8 个百分点，Ⅳ类上升 23.2 个百分点，Ⅴ类下降 1.8 个百分点，劣Ⅴ类下降 14.3 个百分点，详见表 2-8。

表 2-8　2019 年 12 月辽河流域省界断面水质类别

序号	河流名称	断面名称	上下游省份	所在地区	水质类别			主要污染指标（超标倍数）
					12 月	11 月	2018 年同期	
1	老哈河	甸子	冀—蒙	赤峰市	Ⅰ	Ⅱ	Ⅱ	—
2	西辽河	西辽河大桥	蒙—吉	四平市	Ⅴ	Ⅴ	—	化学需氧量（0.6）、高锰酸盐指数（0.2）、五日生化需氧量（0.1）
3	西辽河	金宝屯	吉—蒙	通辽市	Ⅳ	Ⅳ	—	氟化物（0.4）、化学需氧量（0.3）、高锰酸盐指数（0.2）
4	西辽河	二道河子	蒙—辽	通辽市	Ⅳ	Ⅳ	—	化学需氧量（0.3）、氟化物（0.05）

序号	河流名称	断面名称	上下游省份	所在地区	水质类别			主要污染指标（超标倍数）
					12 月	11 月	2018 年同期	
5	东辽河	四双大桥	吉—辽	四平市	Ⅲ	劣Ⅴ	Ⅳ	—
6	招苏台河	六家子	吉—辽	四平市	—	Ⅱ	Ⅴ	—
7	条子河	林家	吉—辽	四平市	Ⅳ	Ⅴ	劣Ⅴ	五日生化需氧量（0.2）、化学需氧量（0.2）、高锰酸盐指数（0.2）
8	老虎山河	老虎山河大桥	蒙—辽	朝阳市	Ⅱ	Ⅳ	Ⅰ	—
9	鸭绿江	老虎哨	吉—辽	通化市	Ⅱ	Ⅱ	Ⅱ	—
10	浑江	民主	吉—辽	通化市	—	Ⅲ	Ⅲ	—

2.8 浙闽片河流

浙闽片主要江河总体水质良好，监测的 87 条支流的 125 个断面中，Ⅰ类水质断面占 11.2%，Ⅱ类占 44.0%，Ⅲ类占 33.6%，Ⅳ类占 8.8%，Ⅴ类占 1.6%，劣Ⅴ类占 0.8%。与 11 月相比，水质无明显变化，其中，Ⅰ类水质断面比例上升 5.6 个百分点，Ⅱ类下降 10.4 个百分点，Ⅲ类上升 4.8 个百分点，Ⅳ类上升 1.6 个百分点，Ⅴ类持平，劣Ⅴ类下降 1.6 个百分点。与 2018 年同期相比，水质无明显变化，其中，Ⅰ类水质断面比例上升 2.4 个百分点，Ⅱ类下降 5.6 个百分点，Ⅲ类上升 6.4 个百分点，Ⅳ类下降 1.6 个百分点，Ⅴ类持平，劣Ⅴ类下降 1.6 个百分点。见图 2-21、图 2-22。

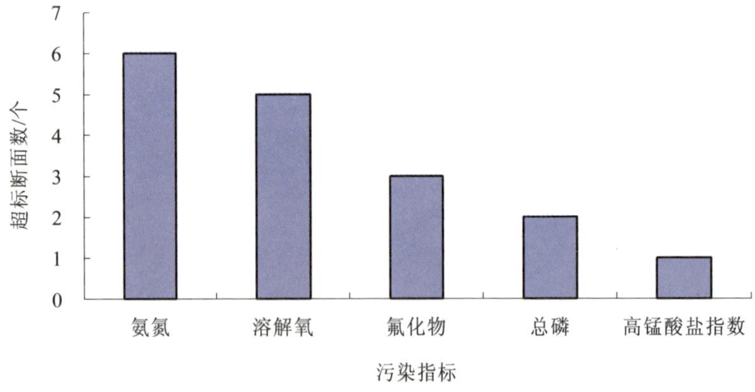

图 2-21 2019 年 12 月浙闽片河流水体污染指标统计

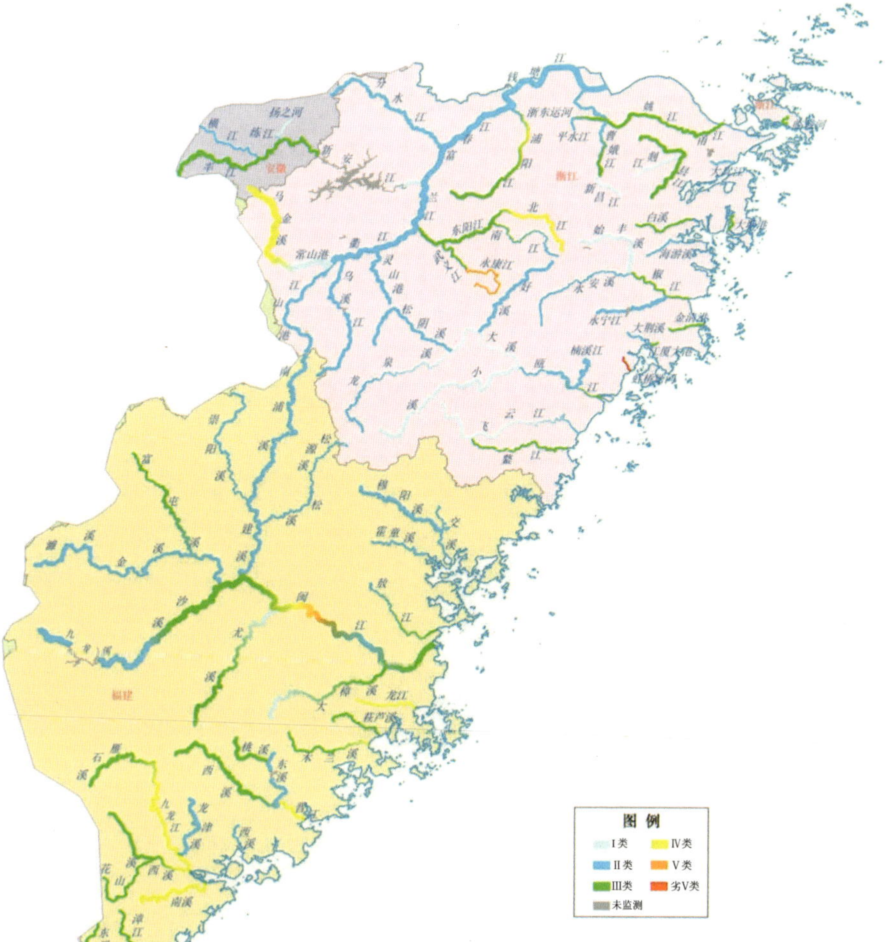

图 2-22　浙闽片主要江河水质分布示意图

2.8.1 安徽省境内河流

安徽省境内河流水质总体为优，监测的 5 条支流的 5 个断面中，Ⅰ类水质断面占 20.0%，Ⅱ类占 40.0%，Ⅲ类占 40.0%，无Ⅳ类、Ⅴ类和劣Ⅴ类水质断面。与 11 月相比，水质无明显变化，其中，Ⅰ类水质断面比例持平，Ⅱ类下降 40.0 个百分点，Ⅲ类上升 40.0 个百分点。与 2018 年同期相比，水质无明显变化，其中，Ⅰ类水质断面比例上升 20.0 个百分点，Ⅱ类下降 40.0 个百分点，Ⅲ类上升 20.0 个百分点。

安徽省境内河流中，率水水质良好，扬之河、横江、新安江和练江水质为优。

2.8.2 浙江省境内河流

浙江省境内河流水质总体为优，监测的 49 条支流的 68 个断面中，Ⅰ类水质断面占 16.2%，Ⅱ类占 44.1%，Ⅲ类占 32.4%，Ⅳ类占 4.4%，Ⅴ类占 1.5%，劣Ⅴ类占 1.5%。与 11 月相比，水质无明显变化，其中，Ⅰ类水质断面比例上升 7.4 个百分点，Ⅱ类下降 11.8 个百分点，Ⅲ类上升 11.8 个百分点，Ⅳ类下降 7.4 个百分点，Ⅴ类和劣Ⅴ类持平。与 2018 年同期相比，水质有所好转，其中，Ⅰ类水质断面比例持平，Ⅱ类下降 3.0 个百分点，Ⅲ类上升 11.8 个百分点，Ⅳ类下降 7.4 个百分点，Ⅴ类上升 1.5 个百分点，劣Ⅴ类下降 2.9 个百分点。

浙江省境内河流中，虹桥塘河为重度污染，永康江为中度污染，马金溪为轻度污染，其余河流水质优良。

2.8.3 福建省境内河流

福建省境内河流水质总体良好，监测的 34 条支流的 52 个断面中，Ⅰ类水质断面占 3.8%，Ⅱ类占 44.2%，Ⅲ类占 34.6%，Ⅳ类占 15.4%，Ⅴ类占 1.9%，无劣Ⅴ类水质断面。与 11 月相比，水质无明显变化，其中，Ⅰ类水质断面比例上升 3.8 个百分点，Ⅱ类下降 5.8 个百分点，Ⅲ类下降 7.7 个百分点，Ⅳ类上升 13.5 个百分点，Ⅴ类持平，劣Ⅴ类下降 3.8 个百分点。与 2018 年同期相比，水质无明显变化，其中，Ⅰ类水质断面比例上升 3.8 个百分点，Ⅱ类下降 5.8 个百分点，Ⅲ类下降 1.9 个百分点，Ⅳ类上升 5.8 个百分点，Ⅴ类下降 1.9 个百分点。

福建省境内河流中，龙江、西溪、晋江、九龙江、闽江和南溪为轻度污染，其余河流水质优良。

2.8.4 省界断面

浙闽片省界断面水质为优，监测的 2 个断面中，松溪岩下断面为Ⅱ类水质，街口断面为Ⅲ类水质。与 11 月相比，街口断面水质有所好转；松溪岩下断面水质无明显变化；与 2018 年同期相比，街口断面水质有所下降；松溪岩下断面水质无明显变化，详见表 2-9。

表 2-9 2019 年 12 月浙闽片河流省界断面水质类别

序号	河流名称	断面名称	上下游省份	所在地区	水质类别			主要污染指标（超标倍数）
					12 月	11 月	2018 年同期	
1	新安江	街口	皖—浙	杭州市	Ⅲ	Ⅳ	Ⅱ	—
2	松源溪	松溪岩下	浙—闽	南平市	Ⅱ	Ⅱ	Ⅱ	—

2.9 西北诸河

西北诸河主要江河总体水质为优，监测的 35 条支流的 53 个断面中，Ⅰ类水质断面占 45.3%，Ⅱ类占 50.9%，Ⅲ类占 3.8%，无Ⅳ类、Ⅴ类和劣Ⅴ类水质断面。与 11 月相比，水质无明显变化，其中，Ⅰ类水质断面比例上升 2.7 个百分点，Ⅱ类下降 3.2 个百分点，Ⅲ类上升 0.5 个百分点。与 2018 年同期相比，水质无明显变化，其中，Ⅰ类水质断面比例上升 3.8 个百分点，Ⅱ类持平，Ⅲ类下降 1.9 个百分点，Ⅳ类下降 1.9 个百分点，见图 2-23。

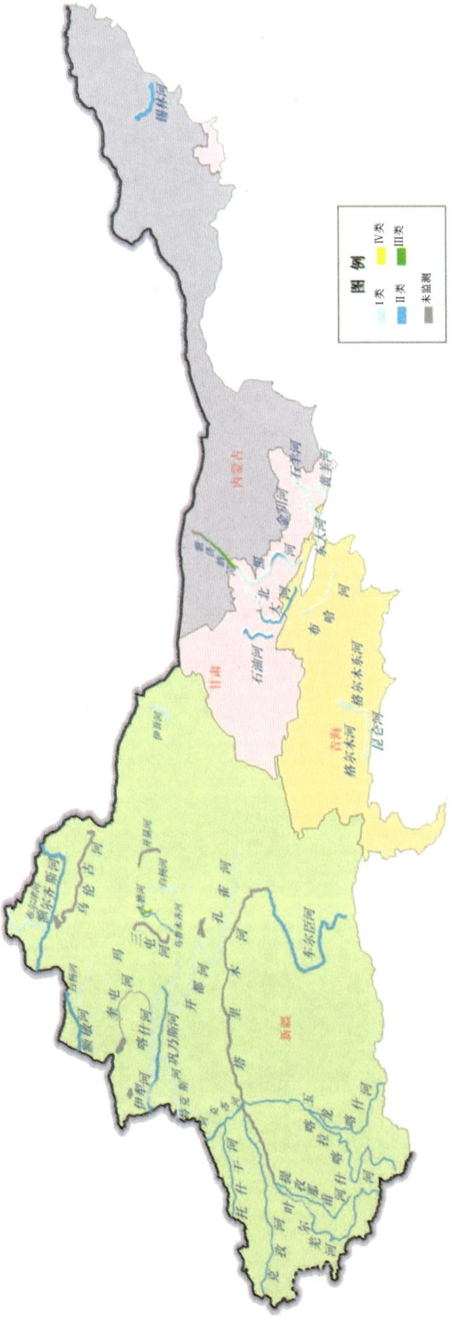

图 2-23 2019 年 12 月西北诸河主要江河水质分布示意图

2.9.1　主要水系

所有河流水质均为优良。

2.9.2　省界断面

西北诸河省界断面水质为优。与 11 月相比，王家庄断面水质有所下降，黄藏寺断面水质无明显变化；与 2018 年同期相比，水质均无明显变化，详见表 2-10。

表 2-10　2019 年 12 月西北诸河省界断面水质类别

序号	河流名称	断面名称	上下游省份	所在地区	水质类别			主要污染指标（超标倍数）
					12 月	11 月	2018 年同期	
1	黑河	黄藏寺	青—甘	海北藏族自治州	Ⅰ	Ⅰ	Ⅰ	—
2	额济纳河	王家庄	甘—蒙	阿拉善盟	Ⅲ	Ⅱ	Ⅲ	—

2.10　西南诸河

西南诸河主要江河总体水质良好，监测的 41 条支流的 61 个断面中，Ⅰ类水质断面占 6.6%，Ⅱ类占 65.6%，Ⅲ类占 14.8%，Ⅳ类占 9.8%，劣Ⅴ类占 3.3%，无Ⅴ类水质断面。与 11 月相比，Ⅰ类水质断面比例上升 0.3 个百分点，Ⅱ类下降 7.4 个百分点，Ⅲ类上升 2.1 个百分点，Ⅳ类上升 6.6 个百分点，Ⅴ类下降 1.6 个百分点，劣Ⅴ类上升 0.1 个百分点。与 2018 年同期同比，Ⅰ类水质断面比例下降 6.1 个百分点，Ⅱ类上升 2.1 个百分点，Ⅲ类下降 4.2 个百分点，Ⅳ类上升 8.2 个百分点，Ⅴ类持平，劣Ⅴ类上升 0.1 个百分点，见图 2-24。

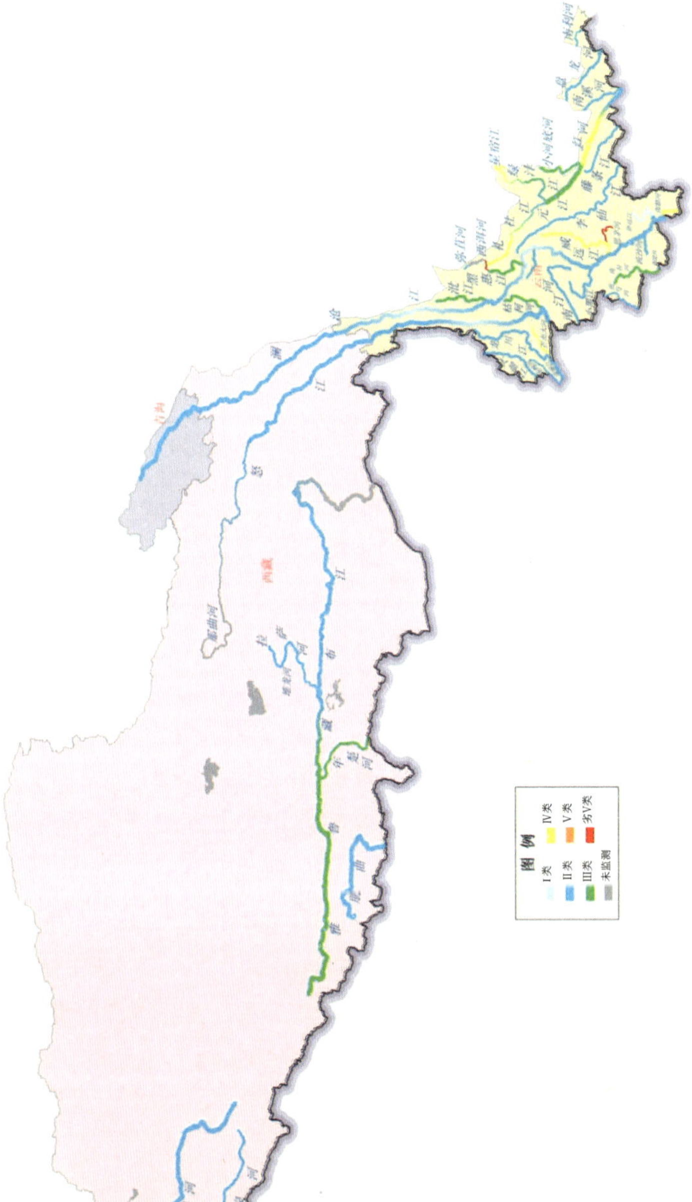

图 2-24 2019 年 12 月西南诸河主要江河水质分布示意图

2.10.1　主要水系

思茅河和西洱河为重度污染，威远江、芒市大河、星宿江和南腊河为轻度污染，其余河流水质优良。

2.10.2　省界断面

西南诸河省界断面水质为优，与 2019 年 11 月和 2018 年同期相比，水质无明显变化，详见表 2-11。

表 2-11　2019 年 12 月西南诸河省界断面水质类别

序号	河流名称	断面名称	上下游省份	所在地区	水质类别			主要污染指标（超标倍数）
					12 月	11 月	2018 年同期	
1	怒江	八宿县怒江桥	藏—滇	昌都市	II	II	I	—
2	澜沧江	芒康县曲孜卡	藏—滇	昌都市	II	II	I	—

2.11　南水北调调水干线

2.11.1　南水北调东线调水干线

南水北调东线调水干线总体水质为优，监测的 16 个断面（点位）中，II类水质断面占 31.3%，III类占 62.5%，V类占 6.3%，无I类、IV类和劣V类水质断面。与 11 月相比，水质有所好转，其中，II类水质断面比例上升 6.3 个百分点，III类上升 12.5 个百分点，IV类下降 12.5 个百分点。与 2018 年同期相比，水质无明显变化，其中，II类水质断面比例上升 25.0 个百分点，III类下降 25.0 个百分点，详见表 2-12。

表 2-12　2019 年 12 月南水北调东线调水干线断面（点位）水质类别

序号	断面（点位）名称	所在河流（湖泊）	所在地区	断面（点位）属性	水质类别			主要污染指标（超标倍数）
					12 月	11 月	2018 年同期	
1	三江营	夹江	扬州市	入江口	II	II	III	—
2	蔺家坝	京杭大运河不牢河段	徐州市	苏—鲁	III	IV	III	—
3	台儿庄大桥	京杭大运河韩庄运河	枣庄市	苏—鲁	III	III	III	—
4	李集	京杭大运河梁济运河段	济宁市		III	IV	III	—
5	张楼	京杭大运河中运河段	徐州市	市界（徐州市—宿迁市）	III	II	III	—
6	五叉河口		淮安市		II	II	III	—
7	马陵翻水站		宿迁市		III	III	III	—
8	江都西闸	芒稻河	扬州市		II	II	II	—
9	顾勒大桥	徐洪河	宿迁市		III	III	III	—
10	老山乡	洪泽湖	淮安市		V	V	V	总磷（1.8）
11	骆马湖乡	骆马湖	宿迁市		II	III	III	—
12	三场		宿迁市		II	III	III	—
13	南阳	南四湖	济宁市		III	III	III	—
14	岛东		济宁市		III	III	III	—
15	东平湖湖北	东平湖	泰安市		III	III	III	—
16	东平湖湖心		泰安市		III	II	III	—

2.11.2 南水北调中线调水干线

南水北调中线调水干线总体水质为优，监测的 6 个断面（点位）均为Ⅱ类水质。与 11 月相比，水质无变化，其中，Ⅰ类水质断面比例下降 16.7 个百分点，Ⅱ类上升 66.7 个百分点，Ⅲ类下降 50.0 个百分点。与 2018 年同期相比，水质无明显变化，其中，Ⅰ类水质断面比例下降 33.3 个百分点，Ⅱ类上升 33.3 个百分点，详见表 2-13。

表 2-13 2019 年 12 月南水北调中线调水干线断面（点位）水质类别

序号	断面（点位）名称	所在水体	所在地区	断面（点位）属性	水质类别			主要污染指标（超标倍数）
					12 月	11 月	2018 年同期	
1	坝上中	丹江口水库	十堰市	库体	Ⅱ	Ⅲ	Ⅱ	—
2	江北大桥	丹江口水库		库体	Ⅱ	Ⅲ	Ⅱ	—
3	五龙泉	丹江口水库	南阳市	库体	Ⅱ	Ⅲ	Ⅱ	—
4	陶岔	干渠		取水口	Ⅱ	Ⅱ	Ⅱ	—
5	南营村	干渠	邯郸市	豫—冀	Ⅱ	Ⅰ	Ⅰ	—
6	曹庄子泵站	干渠	天津市	冀—津	Ⅱ	Ⅱ	Ⅰ	—

2.12 入海河流

入海河流总体为轻度污染，主要污染指标为高锰酸盐指数、氨氮、化学需氧量、总磷和五日生化需氧量，详见图 2-25。监测的 176 条支流的 181 个断面中，Ⅱ类水质断面占 26.5%，Ⅲ类占 40.3%，Ⅳ类占 21.0%，Ⅴ类占 9.9%，劣Ⅴ类占 2.2%，无Ⅰ类水质断面。与 11 月相比，水质无明显变化，其中，Ⅱ类水质断面比例上升 2.6 个百分点，Ⅲ类下降 1.0 个百分点，Ⅳ类下降 2.4 个百分点，Ⅴ类上升 1.7 个百分点，劣Ⅴ类下降 1.1 个百分点。与 2018 年同期相比，水质无明显变化，其中，Ⅰ类水质断面比例下降 1.1 个百分点，Ⅱ类上升 8.7 个百分点，Ⅲ类上升 6.4 个百分点，Ⅳ类下降 5.7 个百分点，Ⅴ类下降 2.9 个百分点，劣Ⅴ类下降 5.6 个百分点，见图 2-25。

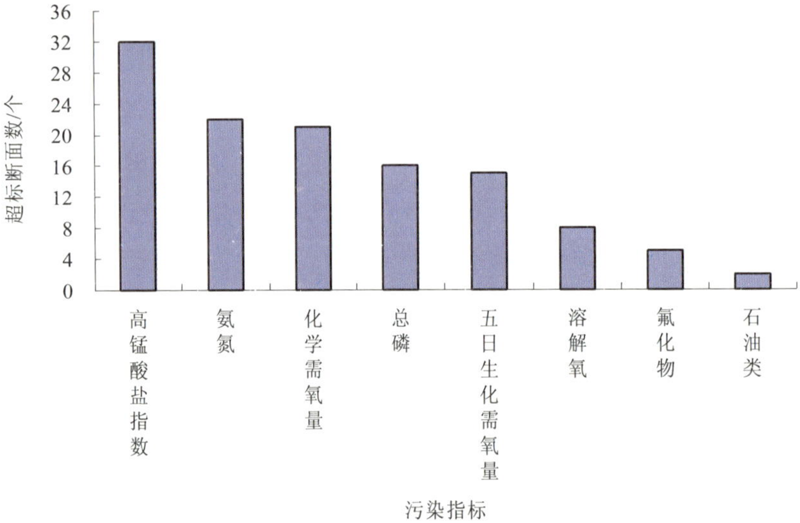

图 2-25 2019 年 12 月入海河流水体污染指标统计

2.12.1 渤海

渤海入海河流总体为轻度污染，主要污染指标为高锰酸盐指数、化学需氧量和五日生化需氧量。监测的 41 条支流的 41 个断面中，Ⅱ类水质断面占 19.5%，Ⅲ类占 17.1%，Ⅳ类占 39.0%，Ⅴ类占 17.1%，劣Ⅴ类占 7.3%，无Ⅰ类水质断面。与 11 月相比，水质无明显变化，其中，Ⅱ类水质断面比例下降 1.0 个百分点，Ⅲ类下降 7.9 个百分点，Ⅳ类上升 9.5 个百分点，Ⅴ类下降 3.4 个百分点，劣Ⅴ类上升 2.8 个百分点。与 2018 年同期相比，水质无明显变化，其中，Ⅱ类水质断面比例上升 9.2 个百分点，Ⅲ类下降 3.4 个百分点，Ⅳ类上升 13.4 个百分点，Ⅴ类下降 13.7 个百分点，劣Ⅴ类下降 5.5 个百分点。

2.12.2 黄海

黄海入海河流总体为轻度污染，主要污染指标为高锰酸盐指数、氨氮和化学需氧量。监测的 46 条支流的 46 个断面中，Ⅱ类水质断面占 21.7%，Ⅲ类占 47.8%，Ⅳ类占 23.9%，Ⅴ类占 6.5%，无Ⅰ类和劣Ⅴ类水质断面。与 11 月相比，水质无明显变化，其中，Ⅱ类水质断面比例上升 10.8 个百分点，Ⅲ类下降 2.2 个百分点，

Ⅳ类下降 4.4 个百分点，Ⅴ类持平，劣Ⅴ类下降 4.3 个百分点。与 2018 年同期相比，水质无明显变化，其中，Ⅰ类水质断面比例下降 2.2 个百分点，Ⅱ类上升 15.2 个百分点，Ⅲ类上升 8.7 个百分点，Ⅳ类下降 6.5 个百分点，Ⅴ类下降 6.5 个百分点，劣Ⅴ类下降 8.7 个百分点。

2.12.3 东海

东海入海河流总体水质良好，监测的 25 条支流的 25 个断面中，Ⅱ类水质断面占 24.0%，Ⅲ类占 60.0%，Ⅳ类占 12.0%，Ⅴ类占 4.0%，无Ⅰ类和劣Ⅴ类水质断面。与 11 月相比，水质无明显变化，其中，Ⅱ类水质断面比例下降 8.0 个百分点，Ⅲ类上升 4.0 个百分点，Ⅳ类上升 4.0 个百分点，Ⅴ类上升 4.0 个百分点，劣Ⅴ类下降 4.0 个百分点。与 2018 年同期相比，水质明显好转，其中，Ⅱ类水质断面比例上升 4.0 个百分点，Ⅲ类上升 20.0 个百分点，Ⅳ类下降 24.0 个百分点，Ⅴ类持平。

2.12.4 南海

南海入海河流总体水质良好，监测的 64 条支流的 69 个断面中，Ⅱ类水质断面占 34.8%，Ⅲ类占 42.0%，Ⅳ类占 11.6%，Ⅴ类占 10.1%，劣Ⅴ类占 1.4%，无Ⅰ类水质断面。与 11 月相比，水质有所好转，其中，Ⅱ类水质断面比例上升 2.9 个百分点，Ⅲ类上升 1.4 个白分点，Ⅳ类下降 10.1 个百分点，Ⅴ类上升 5.8 个百分点，劣Ⅴ类持平。与 2018 年同期相比，水质有所好转，其中，Ⅰ类水质断面比例下降 1.4 个百分点，Ⅱ类上升 6.2 个百分点，Ⅲ类上升 6.3 个百分点，Ⅳ类下降 9.8 个百分点，Ⅴ类上升 4.4 个百分点，劣Ⅴ类下降 5.7 个百分点。

3 湖泊和水库

3.1 太湖

3.1.1 湖体

太湖湖体共监测 17 个点位。全湖整体为中度污染，主要污染指标为总磷。其中，北部沿岸区和湖心区为中度污染，西部沿岸区和东部沿岸区为轻度污染。

与 11 月相比，全湖整体、北部沿岸区、湖心区和东部沿岸区水质有所下降，西部沿岸区水质无明显变化；与 2018 年同期相比，西部沿岸区水质有所好转，全湖整体、北部沿岸区、湖心区和东部沿岸区水质有所下降，详见表 3-1。

表 3-1 2019 年 12 月太湖湖体营养状态指数与水质类别

湖区	TLI			营养状况	水质类别			水质状况	主要污染指标（超标倍数）
	12 月	11 月	2018 年同期		12 月	11 月	2018 年同期		
北部沿岸区	58.9	53.5	54.7	轻度富营养	V	IV	IV	中度污染	总磷（1.6）
西部沿岸区	56.2	54.2	60.8	轻度富营养	IV	IV	V	轻度污染	总磷（1.0）
湖心区	55.0	49.0	60.2	轻度富营养	V	IV	IV	中度污染	总磷（1.4）
东部沿岸区	51.5	43.1	51.8	轻度富营养	IV	III	III	轻度污染	总磷（0.3）
全湖整体	56.3	51.1	57.7	轻度富营养	V	IV	IV	中度污染	总磷（1.2）

总氮单独评价时，全湖整体为IV类水质，其中，东部沿岸区为II类水质，湖心区为III类水质，北部沿岸区和西部沿岸区为V类水质。

营养状态评价表明全湖整体为轻度富营养状态。其中，北部沿岸区、西部沿岸区、湖心区和东部沿岸区为轻度富营养。

3.1.2 环湖河流

主要环湖河流总体为轻度污染，主要污染指标为总磷、化学需氧量和高锰酸盐指数。监测的 39 条河流的 55 个断面中，I 类水质断面占 1.8%，II类占 18.2%，III类占 54.5%，IV类占 23.6%，劣V类占 1.8%，无V类水质断面。与 11 月相比，水质无明显变化，其中，I 类水质断面比例上升 1.8 个百分点，II类下降 5.4 个百分点，III类持平，IV类上升 3.6 个百分点，劣V类持平。与 2018 年同期相比，水质有所好转，其中，I 类水质断面比例持平，II类下降 18.2 个百分点，III类上升 25.4 个百分点，IV类持平，V类下降 1.8 个百分点，劣V类下降 5.5 个百分点。

主要入湖河流：梁溪河和殷村港为轻度污染，其余河流水质优良。

主要出湖河流：胥江水质为优，苏东河水质良好。

主要环湖河流：枫泾塘、京杭运河、红旗塘、浏河、丹金溧漕河、梅溧河和德胜河为轻度污染，其余河流水质优良。

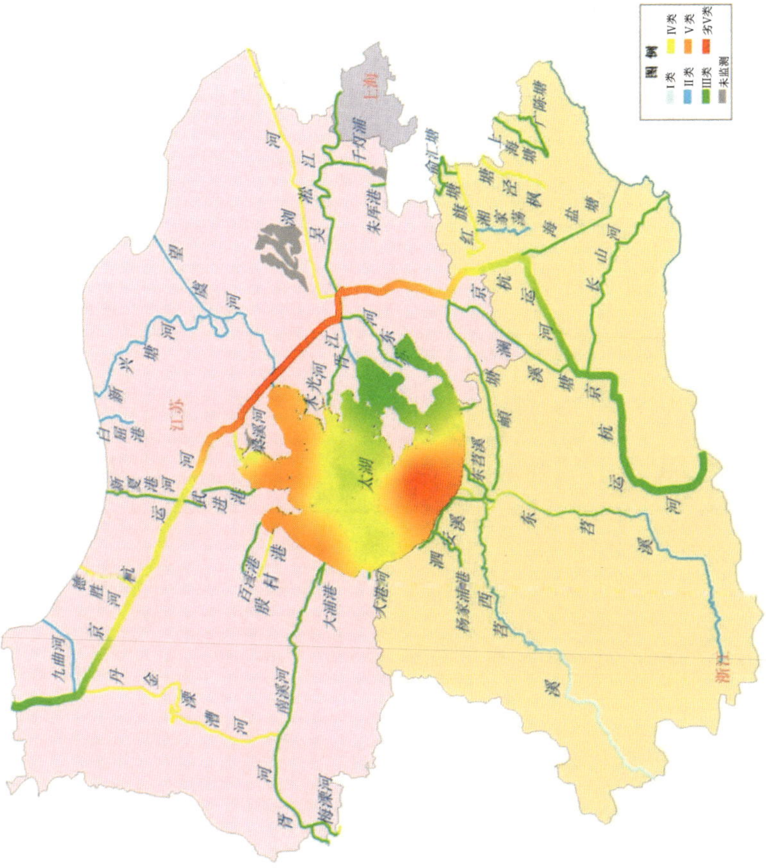

图 3-1 2019年12月太湖流域主要江河水质分布示意图

3.2 滇池

3.2.1 湖体

滇池湖体共监测 10 个点位。全湖整体为重度污染，主要污染指标为 pH 和化学需氧量。其中，滇池外海为重度污染，滇池草海为轻度污染。与 11 月相比，全湖整体、滇池外海和滇池草海水质无明显变化；与 2018 年同期相比，全湖整体水质明显下降，滇池外海和滇池草海水质无明显变化，详见表 3-2。

表 3-2 2019 年 12 月滇池湖体营养状态指数与水质类别

湖区	TLI			营养状况	水质类别			水质状况	主要污染指标（超标倍数）
	12 月	11 月	2018 年同期		12 月	11 月	2018 年同期		
滇池草海	55.3	55.3	51.8	轻度富营养	Ⅳ	Ⅳ	Ⅳ	轻度污染	总磷（0.1）
滇池外海	57.5	56.0	58.3	轻度富营养	劣Ⅴ	劣Ⅴ	劣Ⅴ	重度污染	pH、化学需氧量（0.2）
全湖整体	58.0	57.4	57.8	轻度富营养	劣Ⅴ	劣Ⅴ	Ⅳ	重度污染	pH、化学需氧量（0.06）

总氮单独评价时，全湖整体为Ⅳ类水质。其中，滇池外海为Ⅲ类水质，滇池草海为劣Ⅴ类水质。

营养状态评价表明全湖整体为轻度富营养状态。其中，滇池外海和滇池草海为轻度富营养。

3.2.2 环湖河流

主要环湖河流总体为轻度污染，主要污染指标为氨氮和总磷。监测的 12 条河流的 12 个断面中，Ⅱ类水质断面占 50.0%，Ⅲ类占 16.7%，Ⅳ类占 25.0%，劣Ⅴ类占 8.3%，无Ⅰ类和Ⅴ类水质断面。与 11 月相比，水质无明显变化，其中，Ⅱ类水质断面比例上升 8.3 个百分点，Ⅲ类下降 8.3 个百分点，Ⅳ类和劣Ⅴ类持平。与 2018 年同期相比，水质无明显变化，其中，Ⅱ类和Ⅲ类水质断面比例持平，Ⅳ类上升 8.3 个百分点，劣Ⅴ类下降 8.4 个百分点。

主要入湖河流：捞渔河为重度污染，宝象河、淤泥河和茨巷河为轻度污染，其余河流水质优良。

主要环湖河流：金汁河水质良好。

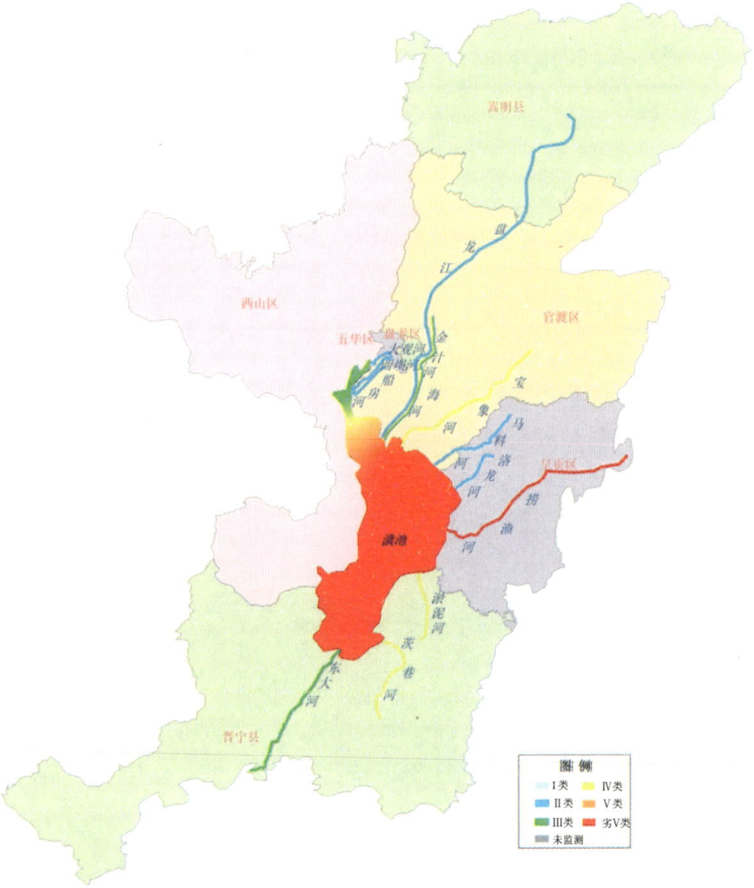

图 3-2　2019 年 12 月滇池流域主要江河水质分布示意图

3.3　巢湖

3.3.1　湖体

巢湖湖体共监测 8 个点位。全湖整体为轻度污染，主要污染指标为总磷。其中，西半湖为轻度污染，东半湖水质良好。与11月相比，西半湖和东半湖水质有所好转，全湖整体水质无明显变化；与2018年同期相比，东半湖水质有所好转，全湖整体和西半湖水质无明显变化，详见表3-3。

表3-3 2019年12月巢湖湖体营养状态指数与水质类别

湖区	TLI			营养状况	水质类别			水质状况	主要污染指标（超标倍数）
	12月	11月	2018年同期		12月	11月	2018年同期		
东半湖	50.1	51.1	52.1	轻度富营养	Ⅲ	Ⅳ	Ⅳ	良好	—
西半湖	55.9	60.4	53.5	轻度富营养	Ⅳ	Ⅴ	Ⅳ	轻度污染	总磷（0.8）
全湖整体	52.6	55.5	53.3	轻度富营养	Ⅳ	Ⅳ	Ⅳ	轻度污染	总磷（0.2）

总氮单独评价时，全湖整体为Ⅲ类水质。其中，西半湖和东半湖为Ⅲ类水质。

营养状态评价表明全湖整体为轻度富营养状态。其中，西半湖和东半湖为轻度富营养。

3.3.2 环湖河流

主要环湖河流总体为轻度污染，主要污染指标为氨氮、化学需氧量和总磷。监测的10条河流的14个断面中，Ⅱ类水质断面占21.4%，Ⅲ类占28.6%，Ⅳ类占14.3%，Ⅴ类占21.4%，劣Ⅴ类占14.3%，无Ⅰ类水质断面。与11月相比，水质明显下降，其中，Ⅱ类水质断面比例下降14.3个百分点，Ⅲ类下降7.1个百分点，Ⅳ类持平，Ⅴ类上升14.3个百分点，劣Ⅴ类上升7.2个百分点。与2018年同期相比，水质无明显变化，其中，Ⅱ类水质断面比例持平，Ⅲ类下降14.3个百分点，Ⅳ类上升7.2个百分点，Ⅴ类上升14.3个百分点，劣Ⅴ类下降7.1个百分点。

主要入湖河流：派河为重度污染，南淝河为中度污染，兆河和白石天河为轻度污染，其余河流水质优良。

主要出湖河流：裕溪河水质良好。

主要环湖河流：丰乐河水质为优。

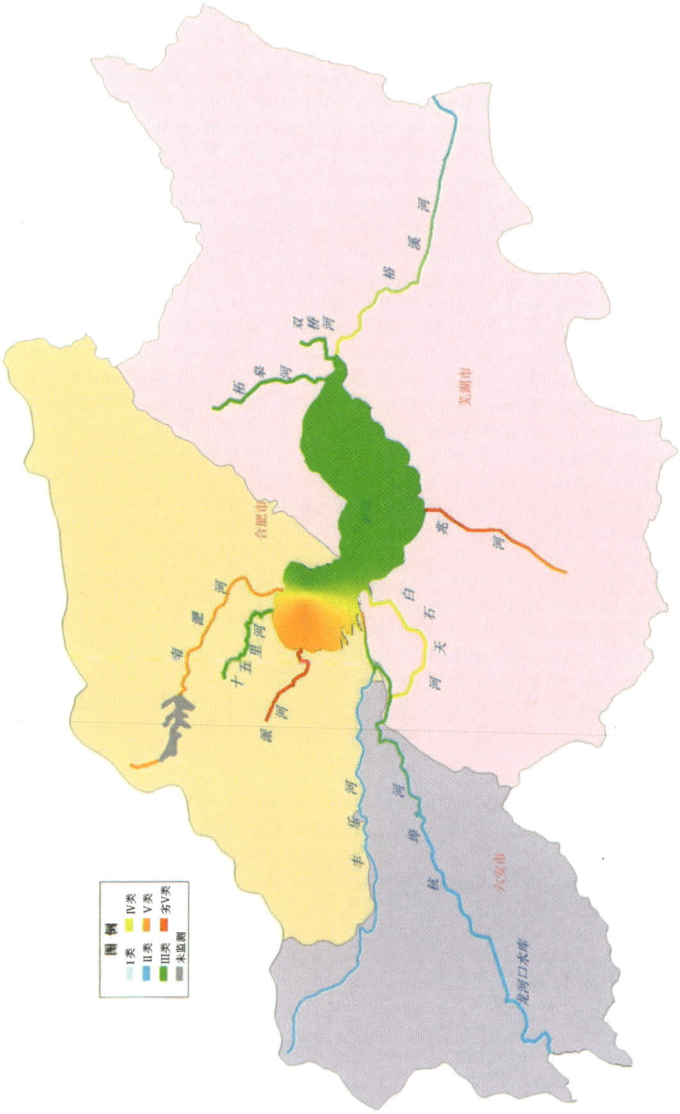

图 3-3　2019 年 12 月巢湖流域主要江河水质分布示意图

3.4 重要湖泊

2019年12月监测的55个重要湖泊中，杞麓湖、乌伦古湖和程海等6个湖泊为劣Ⅴ类水质，仙女湖、洪湖和异龙湖等8个湖泊为Ⅴ类，焦岗湖、升金湖和洪泽湖等11个湖泊为Ⅳ类，斧头湖、衡水湖和龙感湖等18个湖泊为Ⅲ类，骆马湖、高唐湖和百花湖等8个湖泊为Ⅱ类，泸沽湖、花亭湖和柘林湖等4个湖泊为Ⅰ类。与11月相比，星云湖、白洋淀、鄱阳湖、镜泊湖、骆马湖、高唐湖、红枫湖、西湖和邛海水质有所好转，阳宗海水质明显下降，异龙湖、东钱湖、香山湖和万峰湖水质有所下降，其余湖泊水质无明显变化。与2018年同期相比，南漪湖和东钱湖水质明显好转，星云湖、洪泽湖、龙感湖、瓦埠湖、白洋淀、镜泊湖、骆马湖、大通湖和赛里木湖水质有所好转，仙女湖、淀山湖、焦岗湖、阳澄湖、梁子湖、香山湖、阳宗海、西湖和万峰湖水质有所下降，其余湖泊水质无明显变化，详见表3-4。

表3-4 2019年12月重要湖泊水质类别

序号	湖库名称	所属省份	营养状态指数	营养状态	水质类别			水质状况	主要污染指标（超标倍数）
					12月	11月	2018年同期		
1	杞麓湖	云南省	64.4	中度富营养	劣Ⅴ	劣Ⅴ	劣Ⅴ	重度污染	化学需氧量（1.8）、总磷（1.0）、高锰酸盐指数（0.7）、五日生化需氧量（0.2）
2	仙女湖	江西省	64.3	中度富营养	Ⅴ	Ⅴ	Ⅳ	中度污染	总磷（2.6）、五日生化需氧量（1.2）、化学需氧量（0.6）
3	洪湖	湖北省	63.4	中度富营养	Ⅴ	Ⅴ	Ⅴ	中度污染	总磷（1.5）、化学需氧量（0.2）、高锰酸盐指数（0.07）
4	异龙湖	云南省	60.1	中度富营养	Ⅴ	Ⅳ	Ⅴ	中度污染	化学需氧量（0.8）、高锰酸盐指数（0.2）、五日生化需氧量（0.1）

序号	湖库名称	所属省份	营养状态指数	营养状态	水质类别			水质状况	主要污染指标（超标倍数）
					12 月	11 月	2018 年同期		
5	小兴凯湖	黑龙江省	59.8	轻度富营养	Ⅴ	—	—	中度污染	总磷（1.5）
6	淀山湖	上海市	57.5	轻度富营养	Ⅴ	Ⅴ	Ⅳ	中度污染	总磷（2.0）
7	星云湖	云南省	56.6	轻度富营养	Ⅴ	劣Ⅴ	劣Ⅴ	中度污染	总磷（2.2）、化学需氧量（0.9）、高锰酸盐指数（0.1）
8	高邮湖	江苏省	56.2	轻度富营养	Ⅴ	Ⅴ	Ⅴ	中度污染	总磷（1.2）
9	焦岗湖	安徽省	55.7	轻度富营养	Ⅳ	Ⅳ	Ⅲ	轻度污染	化学需氧量（0.4）、高锰酸盐指数（0.1）
10	斧头湖	湖北省	54.8	轻度富营养	Ⅲ	Ⅲ	Ⅲ	良好	—
11	升金湖	安徽省	53.4	轻度富营养	Ⅳ	—	—	轻度污染	总磷（0.6）、化学需氧量（0.1）
12	洪泽湖	江苏省	53.3	轻度富营养	Ⅳ	Ⅳ	Ⅴ	轻度污染	总磷（0.8）
13	阳澄湖	江苏省	52.7	轻度富营养	Ⅳ	Ⅳ	Ⅲ	轻度污染	总磷（0.2）
14	兴凯湖	黑龙江省	51.6	轻度富营养	Ⅴ	—	—	中度污染	总磷（2.0）
15	衡水湖	河北省	51.6	轻度富营养	Ⅲ	Ⅲ	Ⅲ	良好	—
16	龙感湖	安徽省	51.3	轻度富营养	Ⅲ	Ⅲ	Ⅳ	良好	—
17	梁子湖	湖北省	50.5	轻度富营养	Ⅳ	Ⅳ	Ⅲ	轻度污染	总磷（0.2）
18	沙湖	宁夏回族自治区	50.5	轻度富营养	Ⅳ	Ⅳ	Ⅳ	轻度污染	化学需氧量（0.2）、五日生化需氧量（0.05）
19	菜子湖	安徽省	50.2	轻度富营养	Ⅲ	Ⅲ	Ⅲ	良好	—
20	瓦埠湖	安徽省	49.6	中营养	Ⅲ	Ⅲ	Ⅳ	良好	—

序号	湖库名称	所属省份	营养状态指数	营养状态	水质类别			水质状况	主要污染指标（超标倍数）
					12月	11月	2018年同期		
21	白洋淀	河北省	49.1	中营养	Ⅲ	Ⅳ	Ⅳ	良好	—
22	鄱阳湖	江西省	48.6	中营养	Ⅳ	Ⅴ	Ⅳ	轻度污染	总磷（0.3）
23	东平湖	山东省	48.1	中营养	Ⅲ	Ⅲ	Ⅲ	良好	—
24	南漪湖	安徽省	47.6	中营养	Ⅲ	Ⅲ	劣Ⅴ	良好	—
25	洞庭湖	湖南省	47.1	中营养	Ⅳ	Ⅳ	Ⅳ	轻度污染	总磷（0.5）
26	武昌湖	安徽省	47	中营养	Ⅲ	Ⅲ	Ⅲ	良好	—
27	镜泊湖	黑龙江省	46.9	中营养	Ⅲ	Ⅳ	Ⅳ	良好	—
28	南四湖	山东省	46.5	中营养	Ⅲ	Ⅲ	Ⅲ	良好	—
29	骆马湖	江苏省	46.3	中营养	Ⅱ	Ⅲ	Ⅲ	优	—
30	乌伦古湖	新疆维吾尔自治区	45.3	中营养	劣Ⅴ	劣Ⅴ	劣Ⅴ	重度污染	氟化物（1.2）、化学需氧量（0.4）
31	黄大湖	安徽省	43.9	中营养	Ⅲ	Ⅲ	Ⅲ	良好	—
32	程海	云南省	43.6	中营养	劣Ⅴ	劣Ⅴ	劣Ⅴ	重度污染	氟化物（1.4）、pH、化学需氧量（0.3）
33	大通湖	湖南省	42.8	中营养	Ⅳ	Ⅳ	Ⅴ	轻度污染	总磷（0.2）
34	东钱湖	浙江省	42.2	中营养	Ⅲ	Ⅱ	Ⅴ	良好	—
35	白马湖	江苏省	41.5	中营养	Ⅲ	Ⅲ	Ⅲ	良好	—
36	高唐湖	山东省	41.1	中营养	Ⅱ	Ⅲ	Ⅱ	优	—
37	香山湖	宁夏回族自治区	40.4	中营养	Ⅲ	Ⅱ	Ⅱ	良好	—
38	百花湖	贵州省	39.8	中营养	Ⅱ	Ⅱ	Ⅱ	优	—
39	花亭湖	安徽省	39.2	中营养	Ⅰ	Ⅰ	Ⅱ	优	—
40	阳宗海	云南省	38.3	中营养	Ⅳ	Ⅱ	Ⅲ	轻度污染	溶解氧
41	红枫湖	贵州省	37.6	中营养	Ⅱ	Ⅲ	Ⅱ	优	—
42	西湖	浙江省	36.1	中营养	Ⅲ	Ⅳ	Ⅱ	良好	—
43	赛里木湖	新疆维吾尔自治区	35.5	中营养	Ⅱ	Ⅱ	Ⅲ	优	—
44	洱海	云南省	33.8	中营养	Ⅱ	Ⅱ	Ⅱ	优	—

序号	湖库名称	所属省份	营养状态指数	营养状态	水质类别			水质状况	主要污染指标（超标倍数）
					12 月	11 月	2018 年同期		
45	万峰湖	贵州省	33.2	中营养	Ⅲ	Ⅱ	Ⅱ	良好	—
46	班公错	西藏自治区	32.8	中营养	Ⅱ	Ⅱ	Ⅱ	优	—
47	邛海	四川省	32.1	中营养	Ⅱ	Ⅲ	Ⅱ	优	—
48	博斯腾湖	新疆维吾尔自治区	31.2	中营养	Ⅳ	Ⅳ	—	轻度污染	化学需氧量（0.1）
49	柘林湖	江西省	25.5	贫营养	Ⅰ	Ⅰ	Ⅰ	优	—
50	抚仙湖	云南省	14.5	贫营养	Ⅰ	Ⅰ	Ⅰ	优	—
51	泸沽湖	云南省	8.5	贫营养	Ⅰ	Ⅰ	Ⅰ	优	—
52	呼伦湖	内蒙古自治区	—	—	劣Ⅴ	—	劣Ⅴ	重度污染	化学需氧量（3.4）、氟化物（0.9）、高锰酸盐指数（1.0）、总磷（0.5）
53	纳木错	西藏自治区	—	—	—	劣Ⅴ	劣Ⅴ	—	—
54	色林错	西藏自治区	—	—	Ⅲ	Ⅲ	Ⅲ	良好	—
55	羊卓雍错	西藏自治区	—	—	劣Ⅴ	劣Ⅴ	劣Ⅴ	重度污染	pH
56	艾比湖	新疆维吾尔自治区	—	—	劣Ⅴ	劣Ⅴ	—	重度污染	氟化物（5.2）、总磷（0.8）、五日生化需氧量（0.05）
57	乌梁素海	内蒙古自治区	—	—	—	Ⅲ	—	—	—

总氮单独评价时，杞麓湖、淀山湖和斧头湖等 6 个湖泊为劣Ⅴ类，异龙湖、洞庭湖和骆马湖等 5 个湖泊为Ⅴ类，仙女湖、洪湖和焦岗湖等 11 个湖泊为Ⅳ类，其余 33 个湖泊水质均满足Ⅲ类水质标准。

监测营养状态的 51 个湖泊中，杞麓湖、仙女湖和洪湖 4 个湖泊为中度富营养状态，小兴凯湖、淀山湖和星云湖等 15 个湖泊为轻度富营养状态，泸沽湖、柘林湖和抚仙湖 3 个湖泊为贫营养状态，其余 29 个湖泊为中营养状态，详见图 3-4。

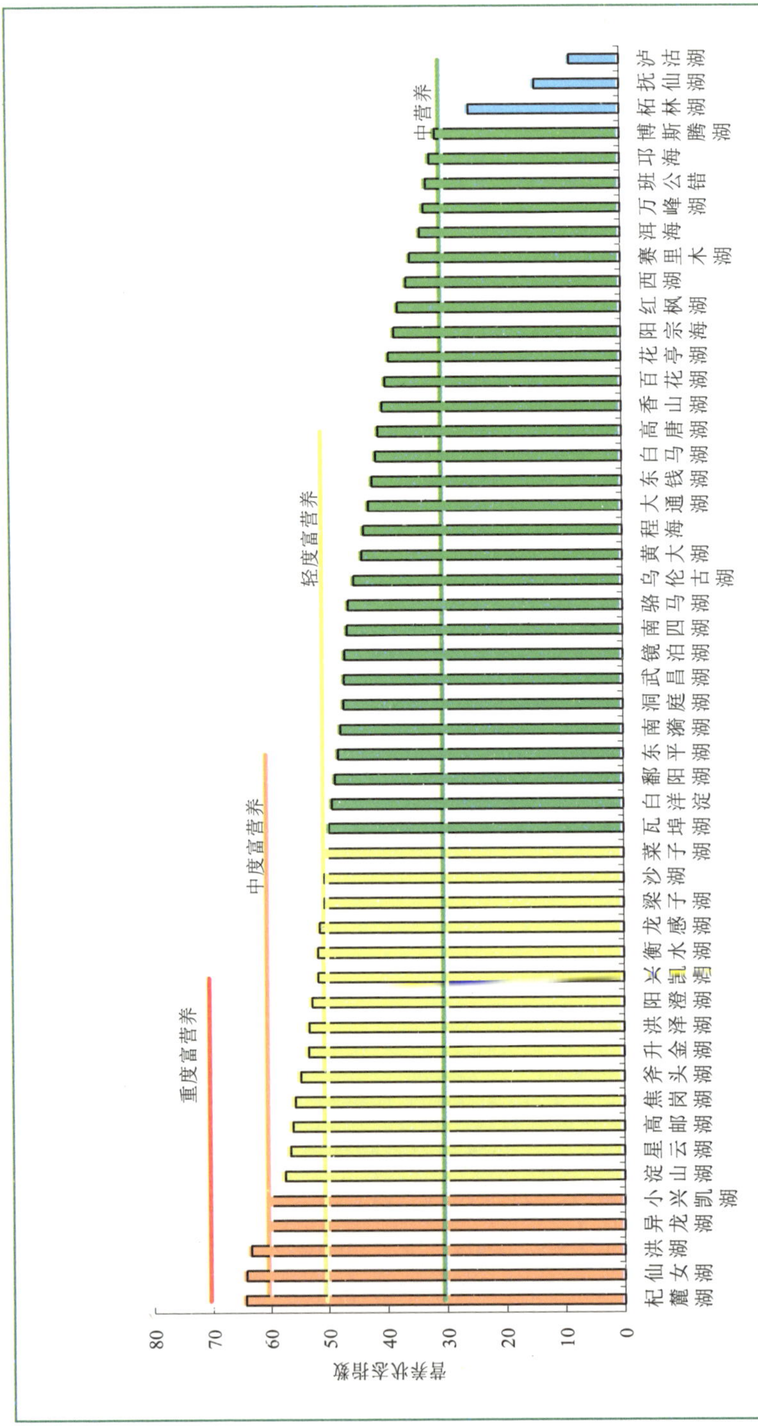

图 3-4 2019 年 12 月重要湖泊营养状态指数

3.5　重要水库

2019 年 12 月监测的 45 个重要水库中，莲花水库、三门峡水库和玉滩水库 3 个水库为Ⅳ类水质，云蒙湖、崂山水库和峡山水库等 14 个水库为Ⅲ类，于桥水库、董铺水库和鸭子荡水库等 18 个水库为Ⅱ类，红崖山水库、东江水库和湖南镇水库等 10 个水库为Ⅰ类。与 11 月相比，白莲河水库和南湾水库水质明显好转，于桥水库、董铺水库、里石门水库、尔王庄水库和山美水库水质有所好转，三门峡水库水质明显下降；白龟山水库、玉滩水库、小浪底水库、密云水库、王瑶水库、昭平台水库和大广坝水库水质有所下降，其余水库水质无明显变化。与 2018 年同期相比，于桥水库、鸭子荡水库、玉滩水库、白莲河水库和山美水库水质有所好转，云蒙湖、高州水库、三门峡水库、鹤地水库、密云水库、昭平台水库、大广坝水库、大隆水库和铜山源水库水质有所下降，其余水库水质无明显变化，详见表 3-5。

表 3-5　2019 年 12 月重要水库水质类别

序号	湖库名称	所属省份	营养状态指数	营养状态	水质类别			水质状况	主要污染指标（超标倍数）
					12 月	11 月	2018 年同期		
1	云蒙湖	山东省	49.4	中营养	Ⅲ	Ⅲ	Ⅱ	良好	—
2	崂山水库	山东省	49.1	中营养	Ⅲ	Ⅲ	Ⅲ	良好	—
3	峡山水库	山东省	48.0	中营养	Ⅲ	Ⅲ	Ⅲ	良好	—
4	莲花水库	黑龙江省	47.7	中营养	Ⅳ	Ⅳ	Ⅳ	轻度污染	总磷（1.0）
5	于桥水库	天津市	44.5	中营养	Ⅱ	Ⅲ	Ⅲ	优	—
6	高州水库	广东省	42.0	中营养	Ⅲ	Ⅲ	Ⅱ	良好	—
7	董铺水库	安徽省	41.8	中营养	Ⅱ	Ⅲ	Ⅱ	优	—
8	三门峡水库	河南省	41.7	中营养	Ⅳ	Ⅱ	Ⅲ	轻度污染	化学需氧量（0.2）
9	鹤地水库	广东省	41.6	中营养	Ⅲ	Ⅲ	Ⅱ	良好	—
10	白龟山水库	河南省	41.6	中营养	Ⅲ	Ⅱ	Ⅲ	良好	—

序号	湖库名称	所属省份	营养状态指数	营养状态	水质类别			水质状况	主要污染指标（超标倍数）
					12月	11月	2018年同期		
11	鸭子荡水库	宁夏回族自治区	41.3	中营养	Ⅱ	Ⅱ	Ⅲ	优	—
12	玉滩水库	重庆市	41.0	中营养	Ⅳ	Ⅲ	Ⅴ	轻度污染	总磷（0.6）
13	小浪底水库	河南省	39.2	中营养	Ⅲ	Ⅱ	Ⅲ	良好	—
14	密云水库	北京市	38.6	中营养	Ⅲ	Ⅱ	Ⅱ	良好	—
15	王瑶水库	陕西省	38.5	中营养	Ⅲ	Ⅱ	Ⅲ	良好	—
16	松花湖	吉林省	38.0	中营养	Ⅲ	Ⅲ	—	良好	—
17	昭平台水库	河南省	38.0	中营养	Ⅲ	Ⅱ	Ⅱ	良好	—
18	瀛湖	陕西省	36.3	中营养	Ⅱ	Ⅱ	Ⅱ	优	—
19	大广坝水库	海南省	36.2	中营养	Ⅲ	Ⅱ	Ⅱ	良好	—
20	里石门水库	浙江省	35.6	中营养	Ⅱ	Ⅲ	Ⅰ	优	—
21	红崖山水库	甘肃省	35.2	中营养	Ⅰ	Ⅱ	—	优	—
22	尔王庄水库	天津市	35.0	中营养	Ⅱ	Ⅲ	Ⅱ	优	—
23	白莲河水库	湖北省	34.6	中营养	Ⅱ	Ⅳ	Ⅲ	优	—
24	大隆水库	海南省	34.6	中营养	Ⅲ	Ⅲ	Ⅱ	良好	—
25	解放村水库	甘肃省	33.6	中营养	Ⅱ	Ⅱ	Ⅱ	优	—
26	山美水库	福建省	33.3	中营养	Ⅱ	Ⅲ	Ⅲ	优	—
27	南湾水库	河南省	33.3	中营养	Ⅱ	Ⅳ	Ⅱ	优	—
28	怀柔水库	北京市	33.1	中营养	Ⅱ	Ⅱ	Ⅰ	优	—
29	丹江口水库	湖北省、河南省	32.8	中营养	Ⅱ	Ⅱ	Ⅰ	优	—
30	东江水库	湖南省	31.8	中营养	Ⅰ	Ⅱ	Ⅰ	优	—
31	鲁班水库	四川省	31.4	中营养	Ⅱ	Ⅱ	Ⅱ	优	—
32	龙岩滩水库	广西壮族自治区	29.7	贫营养	Ⅱ	Ⅱ	Ⅰ	优	—
33	鲇鱼山水库	河南省	29.7	贫营养	Ⅱ	Ⅱ	Ⅱ	优	—

序号	湖库名称	所属省份	营养状态指数	营养状态	水质类别			水质状况	主要污染指标（超标倍数）
					12月	11月	2018年同期		
34	湖南镇水库	浙江省	28.3	贫营养	Ⅰ	Ⅰ	Ⅰ	优	—
35	铜山源水库	浙江省	28.3	贫营养	Ⅲ	Ⅲ	Ⅱ	良好	—
36	双塔水库	甘肃省	27.2	贫营养	Ⅰ	Ⅰ	—	优	—
37	太平湖	安徽省	27.0	贫营养	Ⅰ	Ⅱ	Ⅰ	优	—
38	隔河岩水库	湖北省	27.0	贫营养	Ⅱ	Ⅱ	Ⅰ	优	—
39	新丰江水库	广东省	26.3	贫营养	Ⅰ	Ⅰ	Ⅰ	优	—
40	富水水库	湖北省	26.3	贫营养	Ⅱ	Ⅱ	Ⅰ	优	—
41	松涛水库	海南省	25.9	贫营养	Ⅰ	Ⅱ	Ⅰ	优	—
42	长潭水库	浙江省	25.5	贫营养	Ⅰ	Ⅱ	Ⅰ	优	—
43	黄龙滩水库	湖北省	24.2	贫营养	Ⅱ	Ⅱ	Ⅰ	优	—
44	千岛湖	浙江省	24.1	贫营养	Ⅰ	Ⅰ	Ⅱ	优	—
45	漳河水库	湖北省	23.3	贫营养	Ⅰ	Ⅰ	Ⅱ	优	—
46	磨盘山水库	黑龙江省	—	—	—	Ⅲ	—	—	—
47	石门水库（褒河）	陕西省	—	—	—	—	—	—	—
48	党河水库	甘肃省	—	—	—	Ⅰ	Ⅰ	—	—
49	龙羊峡水库	青海省	—	—	—	—	—	—	—
50	水丰湖	辽宁省	—	—	—	Ⅰ	—	—	—
51	大伙房水库	辽宁省	—	—	—	—	—	—	—
52	察尔森水库	内蒙古自治区	—	—	—	Ⅲ	—	—	—

总氮单独评价时，云蒙湖、三门峡水库和小浪底水库等6个水库为劣Ⅴ类水质，鸭子荡水库、解放村水库和山美水库3个水库为Ⅴ类，崂山水库、莲花水库和于桥水库等10个水库为Ⅳ类，其余26个水库水质均满足Ⅲ类水质标准。

监测营养状态的45个水库中，云蒙湖、崂山水库和峡山水库等31个水库为中营养状态，其余14个水库为贫营养状态，详见图3-5。

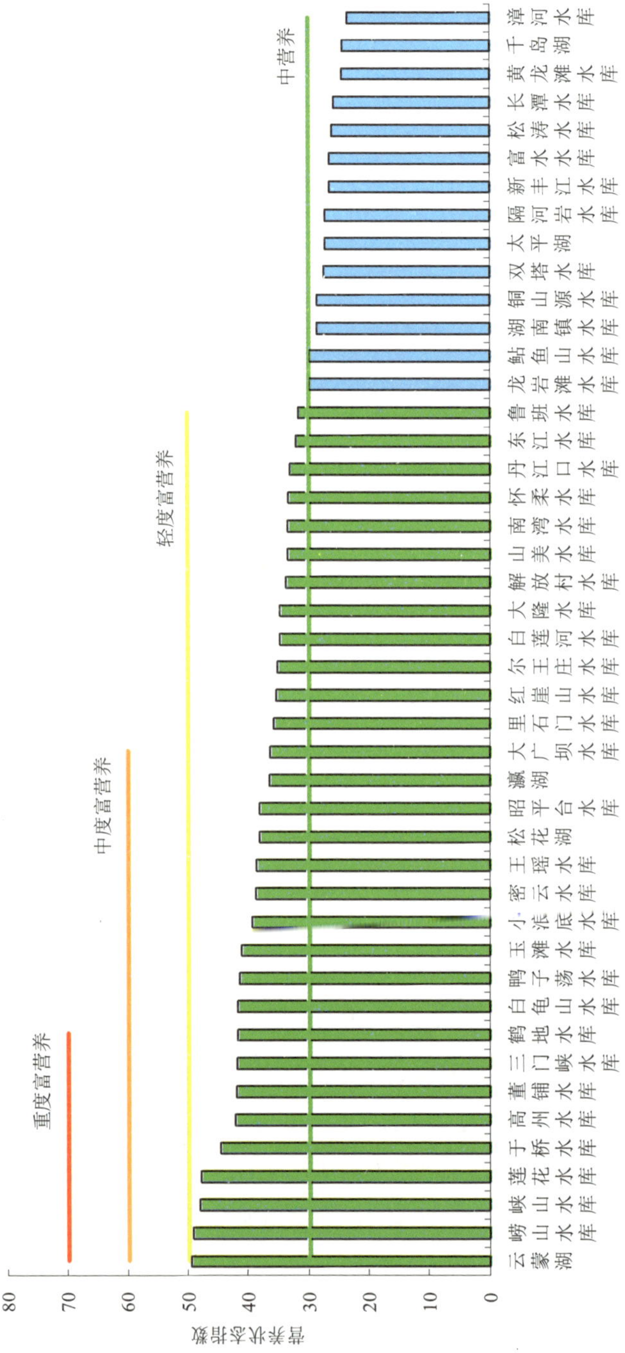

图 3-5 2019 年 12 月重要水库营养状态指数

4　超标断面

2019 年 12 月，331 个河流断面、105 个湖库点位和 60 个入海控制断面水质未达到地表水Ⅲ类标准，详见表 4-1～表 4-3。

表 4-1　2019 年 12 月地表水河流断面超标情况

序号	所属流域	所在河流	断面名称	所属省份	所在地区	污染指标
1	长江流域	滠水	滠口	湖北省	武汉市	氨氮（0.3）、化学需氧量（0.2）、高锰酸盐指数（0.1）
2		四湖总干渠	新滩	湖北省	荆州市	化学需氧量（0.2）、高锰酸盐指数（0.03）
3		四湖总干渠	运粮湖同心队	湖北省	潜江市	氨氮（0.1）
4		外秦淮河	七桥瓮	江苏省	南京市	氨氮（0.7）
5		涢水	朱家河口	湖北省	武汉市	氨氮（0.5）
6		涢水	鲢鱼地泵站	湖北省	孝感市	化学需氧量（0.4）、高锰酸盐指数（0.1）
7		涢水	平林	湖北省	随州市	高锰酸盐指数（0.3）
8		南官河	祥和大桥	江苏省	泰州市	氨氮（0.09）
9		泗河	泗河口	湖北省	十堰市	化学需氧量（0.2）
10		修河	吴城修河	江西省	九江市	氨氮（0.02）
11		南河	南河河口	江西省	景德镇市	氨氮（3.8）、总磷（1.9）、化学需氧量（0.2）、溶解氧
12		以礼河	以礼河水文站	云南省	曲靖市	氨氮（0.5）
13		绵远河	八角	四川省	德阳市	总磷（0.05）
14		来河	水口	安徽省	滁州市	化学需氧量（1.6）、高锰酸盐指数（1.6）、五日生化需氧量（1.3）、石油类（0.2）
15		青通河	河口	安徽省	池州市	氨氮（0.3）
16		竹皮河	马良龚家湾	湖北省	荆门市	总磷（0.6）、化学需氧量（0.4）、高锰酸盐指数（0.1）
17		十圩港	新十圩港大桥	江苏省	泰州市	总磷（0.2）、氨氮（0.06）

序号	所属流域	所在河流	断面名称	所属省份	所在地区	污染指标
18	长江流域	神定河	神定河口	湖北省	十堰市	氨氮（0.4）、化学需氧量（0.3）
19		石亭江	双江桥	四川省	德阳市	总磷（0.4）
20		清流河	乌衣下	安徽省	滁州市	化学需氧量（0.2）、高锰酸盐指数（0.05）
21		尧渡河	东流	安徽省	池州市	化学需氧量（0.8）、五日生化需氧量（0.3）、总磷（0.3）
22		萍水河	桐车湾	江西省	萍乡市	氨氮（1.3）
23		北河	201 医院	四川省	成都市	总磷（0.3）
24		太浦河	太浦河桥	上海市	青浦区	总磷（0.1）
25		无量溪河	狮子口	安徽省	宣城市	氨氮（0.3）
26		襄河	化肥厂下	安徽省	滁州市	化学需氧量（0.4）、五日生化需氧量（0.2）、高锰酸盐指数（0.2）
27		羊昌河	凤山桥边	贵州省	黔南布依族苗族自治州	总磷（0.2）
28		蒸水	蒸水入湘江口	湖南省	衡阳市	氨氮（1.6）
29		沱江	宏缘	四川省	资阳市	总磷（0.1）
30		通顺河	港洲村	湖北省	武汉市	氨氮（0.1）
31		澴水	孝昌王店	湖北省	孝感市	化学需氧量（0.2）
32		苏州河	黄渡	上海市	嘉定区	总磷（0.1）
33		鸭子河	三川	四川省	德阳市	总磷（0.4）
34		漾弓江	龙兴村	云南省	丽江市	氨氮（0.7）、总磷（0.6）
35		清水河	新庄	贵州省	贵阳市	总磷（0.2）
36		釜溪河	碳研所	四川省	自贡市	氨氮（0.7）、化学需氧量（0.4）
37		螳螂川	富民大桥	云南省	昆明市	化学需氧量（0.6）、五日生化需氧量（0.5）、总磷（0.5）

序号	所属流域	所在河流	断面名称	所属省份	所在地区	污染指标
38	黄河流域	文峪河	南姚	山西省	吕梁市	氨氮（2.9）、总磷（0.5）、五日生化需氧量（0.4）、化学需氧量（0.4）、高锰酸盐指数（0.2）
39		浍河	西曲村	山西省	运城市	氨氮（0.9）、五日生化需氧量（0.8）、总磷（0.8）、高锰酸盐指数（0.2）、化学需氧量（0.05）、氟化物（0.04）
40		屈产河	裴沟	山西省	吕梁市	氨氮（0.9）、化学需氧量（0.2）
41		浑河	浑河入黄口	内蒙古自治区	呼和浩特市	石油类（0.4）
42		四道沙河	四道沙河入黄口	内蒙古自治区	包头市	氟化物（0.5）
43		无定河	辛店	陕西省	榆林市	化学需氧量（0.3）
44		榆溪河	鱼河	陕西省	榆林市	化学需氧量（0.4）、高锰酸盐指数（0.1）
45		磁窑河	桑柳树	山西省	晋中市	五日生化需氧量（0.9）、氨氮（0.6）、化学需氧量（0.4）
46		濡水河	芝川	陕西省	韩城市	化学需氧量（0.3）、五日生化需氧量（0.05）
47		渭河	咸阳铁桥	陕西省	咸阳市	氨氮（0.09）
48		渭河	魏家堡	陕西省	宝鸡市	五日生化需氧量（0.2）、化学需氧量（0.1）
49		洛河	王谦村	陕西省	渭南市	石油类（0.4）、化学需氧量（0.2）、五日生化需氧量（0.08）
50		乌兰木伦河	乌兰木伦河	内蒙古自治区	鄂尔多斯市	氟化物（0.4）
51		都斯兔河	都斯兔河入黄口	宁夏回族自治区	石嘴山市	化学需氧量（0.2）

序号	所属流域	所在河流	断面名称	所属省份	所在地区	污染指标
52	黄河流域	蔚汾河	碧村	山西省	吕梁市	石油类（1.2）、总磷（0.4）
53		灞河	三郎村	陕西省	西安市	氨氮（0.4）
54		涑水河	张留庄	山西省	运城市	总磷（0.2）
55		汾河	温南社	山西省	太原市	氨氮（2.5）、五日生化需氧量（0.4）、化学需氧量（0.4）、总磷（0.2）、氟化物（0.06）、高锰酸盐指数（0.03）
56		汾河	王庄桥南	山西省	晋中市	氨氮（2.4）、五日生化需氧量（0.02）
57		汾河	上平望	山西省	临汾市	氨氮（4.3）、总磷（2.7）、五日生化需氧量（1.2）、化学需氧量（0.6）、高锰酸盐指数（0.5）
58		清水河	三营	宁夏回族自治区	固原市	氟化物（0.3）、化学需氧量（0.1）
59		清水河	泉眼山	宁夏回族自治区	中卫市	氟化物（0.4）
60		湫水河	碛口	山西省	吕梁市	总磷（1.0）、化学需氧量（0.8）
61		金堤河	张秋	山东省	聊城市	化学需氧量（0.5）、五日生化需氧量（0.2）、高锰酸盐指数（0.2）
62		天然渠	封丘陶北	河南省	新乡市	高锰酸盐指数（0.02）
63		三川河	两河口桥	山西省	吕梁市	氨氮（6.1）、总磷（1.1）、五日生化需氧量（0.4）、化学需氧量（0.3）
64		石川河	岔口	陕西省	铜川市	总磷（1.0）、五日生化需氧量（0.8）、氨氮（0.7）、化学需氧量（0.6）、高锰酸盐指数（0.4）
65		沋河	张家庄	陕西省	渭南市	化学需氧量（0.3）

序号	所属流域	所在河流	断面名称	所属省份	所在地区	污染指标
66	珠江流域	漠阳江	尖山	广东省	阳江市	化学需氧量（0.4）
67		泮沙排洪渠	泮沙桥	广东省	中山市	氨氮（0.06）
68		练江	海门湾桥闸	广东省	汕头市	化学需氧量（0.9）、五日生化需氧量（0.6）
69		袂花江	大山江	广东省	湛江市	氨氮（0.6）、总磷（0.4）
70		前山河水道	石角咀水闸	广东省	珠海市	高锰酸盐指数（0.2）
71		珠江广州段	鸦岗	广东省	广州市	化学需氧量（0.1）
72		文昌河	水涯新区	海南省	文昌市	氨氮（0.8）、溶解氧
73		小东江	石碧	广东省	茂名市	五日生化需氧量（0.2）、氨氮（0.1）、溶解氧
74		柏岗河	滨海十路与石化大道中交会处	广东省	惠州市	总磷（0.6）
75		石马河	旗岭	广东省	东莞市	总磷（0.6）、氨氮（0.5）
76		曲江	永昌桥	云南省	玉溪市	化学需氧量（0.2）、总磷（0.2）、五日生化需氧量（0.02）
77		寨头河	寨头河出海口	广东省	茂名市	总磷（37.2）、氨氮（7.2）、五日生化需氧量（2.7）、高锰酸盐指数（1.5）、溶解氧
78		文教河	坡柳水闸	海南省	文昌市	五日生化需氧量（0.2）、化学需氧量（0.2）、高锰酸盐指数（0.2）
79		榕江北河	龙石	广东省	揭阳市	五日生化需氧量（0.6）、化学需氧量（0.05）、溶解氧
80		南流江	南域	广西壮族自治区	北海市	石油类（1.8）、溶解氧
81		东山河	后山村	海南省	万宁市	溶解氧
82		关屋河	电力局排海口	广东省	茂名市	氨氮（0.9）、总磷（0.4）、化学需氧量（0.2）、五日生化需氧量（0.1）、高锰酸盐指数（0.07）、溶解氧

序号	所属流域	所在河流	断面名称	所属省份	所在地区	污染指标
83	珠江流域	淡水河	紫溪	广东省	惠州市	氨氮（0.3）
84		东莞运河	樟村（家乐福）	广东省	东莞市	氨氮（1.7）
85		茅洲河	共和村	广东省		总磷（0.8）、石油类（2.6）
86		罗带河	罗带铁路桥	海南省	东方市	高锰酸盐指数（0.6）
87		霞涌河	横头街霞涌医院门口前	广东省	惠州市	氨氮（0.8）
88		黄江河	海丰西闸	广东省	汕尾市	化学需氧量（0.2）
89		钦江	钦江东	广西壮族自治区	钦州市	总磷（0.4）、溶解氧
90		钦江	高速公路西桥	广西壮族自治区	钦州市	氨氮（0.8）、总磷（0.2）
91	松花江流域	伊通河	靠山大桥	吉林省	长春市	氨氮（0.8）、化学需氧量（0.4）、高锰酸盐指数（0.02）
92		细鳞河	肖家船口	吉林省	吉林市	氨氮（0.01）
93		阿什河	阿什河口内	黑龙江省	哈尔滨市	氨氮（0.6）、总磷（0.1）
94		汤旺河	友好	黑龙江省	伊春市	化学需氧量（0.3）、高锰酸盐指数（0.2）
95		乌裕尔河	龙安桥	黑龙江省	齐齐哈尔市	化学需氧量（0.2）
96		乌裕尔河	宝泉镇上（黑）	黑龙江省	黑河市	氨氮（0.4）
97		安邦河	兴农排灌站	黑龙江省	双鸭山市	氨氮（0.4）、化学需氧量（0.3）、高锰酸盐指数（0.1）
98		松花江	池北铁桥	吉林省	长白山保护开发管理委员会	氨氮（0.04）
99		松花江	摆渡镇	黑龙江省	哈尔滨市	化学需氧量（0.2）
100		松花江	朱顺屯	黑龙江省	哈尔滨市	化学需氧量（0.1）
101		洮儿河	月亮湖下	吉林省	白城市	高锰酸盐指数（0.2）、化学需氧量（0.05）
102		倭肯河	倭肯河口内	黑龙江省	哈尔滨市	化学需氧量（0.4）
103		嫩江	拉哈	黑龙江省	齐齐哈尔市	高锰酸盐指数（0.1）
104		嫩江	嫩江口内	黑龙江省	大庆市	化学需氧量（0.2）、高锰酸盐指数（0.2）

序号	所属流域	所在河流	断面名称	所属省份	所在地区	污染指标
105	松花江流域	饮马河	靠山南楼	吉林省	长春市	氨氮（0.1）
106		呼兰河	呼兰河口内	黑龙江省	哈尔滨市	溶解氧
107		辉发河	福兴	吉林省	吉林市	氨氮（0.1）
108		辉发河	兴隆	吉林省	通化市	氨氮（0.4）
109		双阳河	砖瓦窑桥	吉林省	长春市	氨氮（0.01）
110		额尔古纳河	黑山头	内蒙古自治区	呼伦贝尔市	化学需氧量（0.1）
111		穆棱河	碱场桥	黑龙江省	鸡西市	化学需氧量（0.1）、高锰酸盐指数（0.1）
112		穆棱河	知一桥	黑龙江省	鸡西市	化学需氧量（0.4）、高锰酸盐指数（0.03）
113		穆棱河	穆棱河口内	黑龙江省	鸡西市	氨氮（0.2）
114		松阿察河	858 九队	黑龙江省	鸡西市	高锰酸盐指数（0.1）、溶解氧
115		海兰河	石井（小河龙）	吉林省	延边朝鲜族自治州	氨氮（0.4）
116	淮河流域	烧香河	烧香北闸	江苏省	连云港市	氨氮（0.5）、五日生化需氧量（0.4）、化学需氧量（0.4）、高锰酸盐指数（0.3）
117		北凌河	北凌新闸	江苏省	南通市	高锰酸盐指数（0.2）、化学需氧量（0.1）
118		泳汶河	后田	山东省	烟台市	化学需氧量（0.05）
119		龙王河	海头大桥	江苏省	连云港市	氨氮（0.6）
120		墨水河	墨水河入海口	山东省	青岛市	高锰酸盐指数（0.03）
121		排淡河	大板跳闸	江苏省	连云港市	氨氮（0.1）
122		朱稽河	郑园桥	江苏省	连云港市	高锰酸盐指数（0.2）、总磷（0.2）
123		掘苴河	环东闸口	江苏省	南通市	化学需氧量（0.6）、高锰酸盐指数（0.5）、总磷（0.2）、五日生化需氧量（0.1）
124		五灌河	燕尾闸	江苏省	连云港市	高锰酸盐指数（0.1）
125		广利河	东八路桥	山东省	东营市	高锰酸盐指数（0.3）、化学需氧量（0.2）

序号	所属流域	所在河流	断面名称	所属省份	所在地区	污染指标
126	淮河流域	虞河	潘家庵	山东省	潍坊市	氨氮（0.1）
127		兴庄河	兴庄桥	江苏省	连云港市	高锰酸盐指数（0.07）
128		白塔河	天长化工厂	安徽省	滁州市	化学需氧量（0.3）、高锰酸盐指数（0.2）
129		浍河	蚌埠固镇	安徽省	蚌埠市	化学需氧量（0.2）、氟化物（0.2）、总磷（0.05）
130		浍河	湖沟	安徽省	蚌埠市	氟化物（0.3）、化学需氧量（0.2）
131		浍河	东坪集	安徽省	宿州市	五日生化需氧量（0.4）、氟化物（0.4）、化学需氧量（0.05）
132		浍河	黄口	河南省	永城市	氟化物（1.0）、五日生化需氧量（0.4）、化学需氧量（0.4）、高锰酸盐指数（0.4）
133		奎河	黄桥	江苏省	徐州市	总磷（0.4）
134		汝河	汝南沙口	河南省	驻马店市	化学需氧量（0.3）
135		沱河	小王桥	安徽省	淮北市	五日生化需氧量（0.05）
136		沱河	后常桥	安徽省	淮北市	化学需氧量（0.4）、氟化物（0.2）、高锰酸盐指数（0.1）
137		沱河	芦岭桥	安徽省	宿州市	氟化物（0.3）
138		沱河	永城张板桥	河南省	永城市	氟化物（0.3）、化学需氧量（0.2）
139		淠河	新安渡口	安徽省	六安市	氨氮（0.2）
140		清濮河	临颍高村桥	河南省	漯河市	氨氮（0.4）
141		怀洪新河	五河	安徽省	蚌埠市	化学需氧量（0.2）
142		洪河	西平杨庄	河南省	驻马店市	化学需氧量（0.2）、氨氮（0.2）
143		颍河	白沙水库	河南省	许昌市	氟化物（0.4）、化学需氧量（0.2）
144		颍河	周口康店	河南省	周口市	化学需氧量（0.1）、氨氮（0.1）

序号	所属流域	所在河流	断面名称	所属省份	所在地区	污染指标
145	淮河流域	老汴河	临淮乡	江苏省	宿迁市	高锰酸盐指数（0.1）
146		惠济河	刘寨村后	安徽省	亳州市	氟化物（0.2）
147		黑茨河	张大桥	安徽省	阜阳市	化学需氧量（0.5）、总磷（0.4）
148		双洎河	新郑黄甫寨	河南省	郑州市	氨氮（0.4）、高锰酸盐指数（0.2）
149		包河	颜集	安徽省	亳州市	化学需氧量（0.2）、高锰酸盐指数（0.2）
150		史灌河	蒋集水文站	河南省	信阳市	氨氮（0.6）
151		贾鲁河	中牟陈桥	河南省	开封市	高锰酸盐指数（0.4）
152		贾鲁河	西华大王庄	河南省	周口市	总磷（0.4）
153		大沙河	睢阳包公庙	河南省	商丘市	化学需氧量（0.1）、高锰酸盐指数（0.1）
154		涡河	岳坊大桥	安徽省	亳州市	化学需氧量（0.1）、高锰酸盐指数（0.1）
155		涡河	鹿邑付桥	河南省	周口市	化学需氧量（0.1）、高锰酸盐指数（0.1）、氟化物（0.08）
156		运料河	下楼公路桥	安徽省	宿州市	高锰酸盐指数（0.2）
157		浔河	唐曹	江苏省	淮安市	氨氮（0.3）
158		西淝河	利辛段	安徽省	亳州市	高锰酸盐指数（0.03）
159		澥河	李大桥闸	安徽省	淮北市	氟化物（0.4）、化学需氧量（0.2）、高锰酸盐指数（0.1）
160		东台河	川水港闸	江苏省	盐城市	总磷（0.2）、五日生化需氧量（0.1）
161		淮沭新河	新村桥	江苏省	连云港市	氟化物（0.06）
162		泗河	兖州南大桥	山东省	济宁市	化学需氧量（0.2）
163		沂河	韩旺大桥	山东省	淄博市	石油类（0.2）
164		沂河	临沂北大桥	山东省	临沂市	化学需氧量（0.05）
165		蔷薇河	临洪闸	江苏省	连云港市	氨氮（0.3）、高锰酸盐指数（0.1）、氟化物（0.1）

序号	所属流域	所在河流	断面名称	所属省份	所在地区	污染指标
166	淮河流域	新沭河	临沭大兴桥	山东省	临沂市	化学需氧量（0.5）、五日生化需氧量（0.4）、高锰酸盐指数（0.3）
167		光府河	东石佛	山东省	济宁市	氟化物（0.01）
168		西支河	入湖口	山东省	济宁市	高锰酸盐指数（0.4）
169		沙沟河	沙沟桥	山东省	临沂市	化学需氧量（0.8）、高锰酸盐指数（0.5）、五日生化需氧量（0.1）
170		东渔河	徐寨	山东省	菏泽市	石油类(1.0)、氟化物(0.5)
171		新万福河	湘子庙	山东省	济宁市	氟化物（0.2）、化学需氧量（0.1）
172		小清河	辛丰庄	山东省	济南市	化学需氧量（0.3）、氨氮（0.2）、总磷（0.2）
173		小清河	羊口	山东省	潍坊市	化学需氧量（0.2）、总磷（0.2）、高锰酸盐指数（0.1）、氟化物（0.1）
174		小清河	西闸	山东省	滨州市	高锰酸盐指数（0.5）、五日生化需氧量（0.2）、化学需氧量（0.2）、氟化物（0.09）
175		小清河	范李	山东省	滨州市	氨氮（0.2）、高锰酸盐指数（0.02）
176		弥河	张建桥	山东省	潍坊市	五日生化需氧量（0.7）、化学需氧量（0.6）、高锰酸盐指数（0.5）
177		北胶莱河	新河大闸	山东省	青岛市	化学需氧量（3.2）、高锰酸盐指数（0.4）、总磷（0.3）、五日生化需氧量（0.2）、氟化物（0.1）
178		沽河	泰祥桥	山东省	威海市	化学需氧量（0.2）、高锰酸盐指数（0.03）
179		支脉河	支脉河陈桥	山东省	东营市	化学需氧量（0.6）、高锰酸盐指数（0.6）、氟化物（0.5）、氨氮（0.2）

序号	所属流域	所在河流	断面名称	所属省份	所在地区	污染指标
180	淮河流域	付疃河	大古镇	山东省	日照市	高锰酸盐指数（0.2）、氨氮（0.07）
181		母猪河	南桥	山东省	威海市	化学需氧量（0.2）、高锰酸盐指数（0.1）
182		五龙河	桥头	山东省	烟台市	化学需氧量（0.2）、高锰酸盐指数（0.03）
183	海河流域	廖佳洼河	李家堡二	河北省	沧州市	高锰酸盐指数（1.5）、五日生化需氧量（1.4）
184		潮河 1	邵家	山东省	滨州市	氟化物（0.5）、高锰酸盐指数（0.07）
185		桑干河	册田水库出口	山西省	大同市	化学需氧量（0.2）
186		桑干河	固定桥	山西省	大同市	氨氮（0.4）
187		桑干河	梵王寺	山西省	朔州市	石油类（0.6）
188		子牙河	小河闸	河北省	廊坊市	化学需氧量（0.2）、氨氮（0.01）
189		永定新河	塘汉公路桥	天津市	滨海新区	化学需氧量（0.4）、五日生化需氧量（0.2）、高锰酸盐指数（0.1）
190		北护城河	鼓楼外大街	北京市	东城区	石油类（0.2）
191		牛尾河	后西吴桥	河北省	邢台市	总磷（0.3）、氨氮（0.01）
192		北运河	土门楼	天津市	武清区	氨氮（0.1）
193		北运河	王家摆	河北省	廊坊市	五日生化需氧量（0.05）、氨氮（0.02）
194		宣惠河	大口河口	河北省	沧州市	五日生化需氧量（1.4）、高锰酸盐指数（1.4）
195		通惠河	新八里桥	北京市	朝阳区	高锰酸盐指数（0.1）
196		江江河	张帆庄	河北省	沧州市	化学需氧量（0.4）、高锰酸盐指数（0.4）
197		滹沱河	代县桥	山西省	忻州市	石油类（0.4）、挥发酚（0.4）、五日生化需氧量（0.08）
198		滹沱河	定襄桥	山西省	忻州市	氨氮（2.1）、总磷（0.6）、石油类（2.4）、氟化物（0.09）

序号	所属流域	所在河流	断面名称	所属省份	所在地区	污染指标
199	海河流域	浊漳河	小峧	山西省	长治市	氟化物（0.07）
200		蓟运河	蓟运河防潮闸	天津市	滨海新区	化学需氧量（0.5）、高锰酸盐指数（0.4）、氨氮（0.4）、总磷（0.05）
201		子牙新河	马棚口防潮闸	天津市	滨海新区	化学需氧量（1.2）、高锰酸盐指数（1.4）、五日生化需氧量（0.1）
202		子牙新河	阎辛庄	河北省	沧州市	化学需氧量（0.1）、高锰酸盐指数（0.1）
203		漳卫新河	小泊头桥	山东省	滨州市	高锰酸盐指数（0.8）、化学需氧量（0.4）、五日生化需氧量（0.3）
204		御河	堡子湾	山西省	大同市	总磷（0.2）
205		御河	利仁皂	山西省	大同市	化学需氧量（0.2）、五日生化需氧量（0.05）
206		独流减河	万家码头	天津市	滨海新区	高锰酸盐指数（1.1）、五日生化需氧量（0.9）
207		滏阳河	曲周	河北省	邯郸市	氨氮（0.4）
208		滏阳河	艾辛庄	河北省	邢台市	氨氮（3.4）、化学需氧量（0.4）、高锰酸盐指数（0.02）
209		滏阳河	小范桥	河北省	衡水市	化学需氧量（0.2）
210		龙河	三小营	河北省	廊坊市	氨氮（0.2）
211		大清河	台头	河北省	廊坊市	氟化物（0.5）、化学需氧量（0.2）
212		洨河	大石桥	河北省	石家庄市	氨氮（4.1）、化学需氧量（0.4）、五日生化需氧量（0.2）、高锰酸盐指数（0.07）
213		卫运河	油坊桥	山东省	德州市	氟化物（0.8）、化学需氧量（0.6）
214		浊漳南源	北寨	山西省	长治市	总磷（0.9）、化学需氧量（0.2）

序号	所属流域	所在河流	断面名称	所属省份	所在地区	污染指标
215	海河流域	沧浪渠	翟庄子	天津市	滨海新区	五日生化需氧量（1.2）、高锰酸盐指数（1.1）、化学需氧量（0.8）
216		沧浪渠	沧浪渠出境	天津市	滨海新区	高锰酸盐指数（4.4）、五日生化需氧量（2.4）、石油类（2.4）、氨氮（0.2）
217		泃河	东店	北京市	平谷区	五日生化需氧量（1.0）、化学需氧量（0.5）、高锰酸盐指数（0.05）
218		海河	海河大闸	天津市	滨海新区	五日生化需氧量（1.2）、高锰酸盐指数（1.2）、总磷（0.5）、氟化物（0.1）
219		大沙河	修武水文站	河南省	新乡市	氟化物（0.2）
220		潮白河	苏庄	北京市	顺义区	总磷（0.6）
221		潮白河	吴村	河北省	廊坊市	五日生化需氧量（1.0）、氨氮（0.05）
222		清凉江	连村闸	河北省	衡水市	氨氮（0.3）、氟化物（0.3）
223		共产主义渠	卫辉下马营	河南省	鹤壁市	高锰酸盐指数（0.3）
224		共产主义渠	获嘉东碑村	河南省	新乡市	氟化物（0.07）
225		南排河	李家堡一	河北省	沧州市	氟化物（0.5）、高锰酸盐指数（0.2）、总磷（0.2）、五日生化需氧量（0.1）
226		北排河	北排水河防潮闸	天津市	滨海新区	高锰酸盐指数（1.0）
227		北排河	齐家务	河北省	沧州市	化学需氧量（1.2）、高锰酸盐指数(1.3)、总磷(0.2)
228		潮白新河	大套桥	天津市	宝坻区	五日生化需氧量（0.08）
229		潮白新河	黄白桥	天津市	宝坻区	化学需氧量（0.2）
230		青静黄排水渠	青静黄防潮闸	天津市	滨海新区	高锰酸盐指数（1.3）
231		青静黄排水渠	团瓢桥	天津市	静海区	五日生化需氧量（0.7）、化学需氧量（0.7）、高锰酸盐指数（0.2）
232		大石河	码头	河北省	保定市	高锰酸盐指数（0.07）

序号	所属流域	所在河流	断面名称	所属省份	所在地区	污染指标
233	海河流域	卫河	五陵	河南省	安阳市	石油类（0.6）、五日生化需氧量（0.08）
234		卫河	小河口	河南省	新乡市	石油类（0.8）、五日生化需氧量（0.2）、总磷（0.2）
235		龙凤减河	老夏安公路	河北省	廊坊市	化学需氧量（0.1）
236		滦河	偏桥子大桥	河北省	承德市	氨氮（0.3）
237		徒骇河	富国	山东省	滨州市	化学需氧量（0.2）、高锰酸盐指数（0.2）
238		马颊河	胜利桥	山东省	滨州市	高锰酸盐指数（0.6）、化学需氧量（0.5）
239		马颊河	南乐水文站	河南省	濮阳市	氨氮（1.0）、五日生化需氧量（0.4）、化学需氧量（0.2）
240		德惠新河	王杠子闸	山东省	滨州市	高锰酸盐指数（0.07）
241		德惠新河	大山	山东省	滨州市	化学需氧量（0.2）
242		饮马河	饮马河口	河北省	秦皇岛市	氨氮（0.1）
243	辽河流域	女儿河	女儿河入河口	辽宁省	锦州市	化学需氧量（0.2）
244		复州河	复州湾大桥	辽宁省	大连市	总磷（0.2）
245		复州河	三台子	辽宁省	大连市	化学需氧量（0.2）
246		沙河	沙河入海口	辽宁省	营口市	氨氮（0.9）
247		大清河	大清河口	辽宁省	营口市	氨氮（1.4）、总磷（0.3）、溶解氧
248		大沙河	麦家	辽宁省	大连市	化学需氧量（0.3）
249		小凌河	何家信子	辽宁省	锦州市	化学需氧量（0.2）
250		小凌河	西树林	辽宁省	锦州市	氨氮（0.3）
251		柳河	柳河桥	辽宁省	沈阳市	化学需氧量（0.4）、高锰酸盐指数（0.1）
252		老哈河	东山湾大桥	内蒙古自治区	赤峰市	氨氮（0.04）
253		辽河	红庙子	辽宁省	沈阳市	化学需氧量（0.6）、高锰酸盐指数（0.3）、五日生化需氧量（0.1）
254		辽河	马虎山	辽宁省	沈阳市	化学需氧量（0.6）

序号	所属流域	所在河流	断面名称	所属省份	所在地区	污染指标
255	辽河流域	辽河	巨流河大桥	辽宁省	沈阳市	五日生化需氧量（0.4）
256		辽河	赵圈河	辽宁省	盘锦市	总磷（0.3）、化学需氧量（0.2）
257		辽河	曙光大桥	辽宁省	盘锦市	化学需氧量（0.4）
258		辽河	珠尔山	辽宁省	铁岭市	化学需氧量（0.3）、高锰酸盐指数（0.03）
259		辽河	三合屯	辽宁省	铁岭市	五日生化需氧量（0.5）、化学需氧量（0.4）
260		西辽河	二道河子	内蒙古自治区	通辽市	化学需氧量（0.3）、氟化物（0.05）
261		西辽河	金宝屯	内蒙古自治区	通辽市	氟化物（0.4）、化学需氧量（0.3）、高锰酸盐指数（0.2）
262		西辽河	西辽河大桥	吉林省	四平市	化学需氧量（0.6）、高锰酸盐指数（0.2）、五日生化需氧量（0.1）、氟化物（0.1）
263		绕阳河	胜利塘	辽宁省	盘锦市	高锰酸盐指数（0.5）
264		东辽河	河清	吉林省	辽源市	五日生化需氧量（0.1）、化学需氧量（0.05）
265		亮子河	亮子河入河口	辽宁省	铁岭市	氨氮（2.6）、总磷（1.1）、挥发酚（2.1）、石油类（3.0）、五日生化需氧量（0.4）、化学需氧量（0.4）、高锰酸盐指数（0.03）
266		清河	清辽	辽宁省	铁岭市	氨氮（0.4）、五日生化需氧量（0.1）
267		条子河	林家	吉林省	四平市	五日生化需氧量（0.2）、化学需氧量（0.2）、高锰酸盐指数（0.2）
268		大辽河	辽河公园	辽宁省	营口市	总磷（0.3）、高锰酸盐指数（0.2）

序号	所属流域	所在河流	断面名称	所属省份	所在地区	污染指标
269	辽河流域	大辽河	三岔河	辽宁省	盘锦市	五日生化需氧量（0.2）、化学需氧量（0.2）、氨氮（0.2）
270		浑河	于家房	辽宁省	沈阳市	化学需氧量（1.2）、五日生化需氧量（0.3）、氨氮（0.3）、高锰酸盐指数（0.03）
271		太子河	小姐庙	辽宁省	鞍山市	氨氮（0.9）、化学需氧量（0.4）、高锰酸盐指数（0.4）
272		太子河	刘家台	辽宁省	鞍山市	氨氮（1.4）、氟化物（0.2）、化学需氧量（0.1）、总磷（0.05）
273		太子河	兴安	辽宁省	本溪市	石油类（0.6）
274		太子河	下口子	辽宁省	辽阳市	化学需氧量（0.5）、五日生化需氧量（0.4）、高锰酸盐指数（0.3）
275		太子河	下王家	辽宁省	辽阳市	化学需氧量（0.1）
276		蒲河	蒲河沿	辽宁省	沈阳市	五日生化需氧量（1.1）、化学需氧量（0.3）、高锰酸盐指数（0.3）
277		细河	于台	辽宁省	沈阳市	石油类（19.6）、氨氮（7.9）、阴离子表面活性剂（3.4）、五日生化需氧量（2.0）、总磷（1.8）、氟化物（1.6）、化学需氧量（1.4）、高锰酸盐指数（1.4）
278		北沙河	河洪桥	辽宁省	辽阳市	化学需氧量（1.2）、氨氮（1.0）、五日生化需氧量（0.8）、总磷（0.8）
279		海城河	牛庄	辽宁省	鞍山市	化学需氧量（0.1）
280		西细河	高台子	辽宁省	锦州市	化学需氧量（0.3）、氟化物（0.06）
281		大凌河	张家堡	辽宁省	锦州市	氟化物（0.3）、化学需氧量（0.2）
282		大凌河	章吉营	辽宁省	朝阳市	氨氮（0.1）
283		大凌河	王家窝棚	辽宁省	葫芦岛市	氨氮（0.2）

序号	所属流域	所在河流	断面名称	所属省份	所在地区	污染指标
284	浙闽片河流	九龙江	华安西陂	福建省	漳州市	氟化物（0.5）
285		九龙江	浦南水文站	福建省	漳州市	氟化物（0.3）
286		马金溪	下界首	浙江省	衢州市	氟化物（0.2）
287		永康江	章店	浙江省	金华市	氨氮（0.7）、总磷（0.2）
288		四灶浦	四灶浦闸	浙江省	宁波市	氨氮（0.7）
289		龙江	福清海口桥	福建省	福州市	氨氮（0.3）
290		浦阳江	湄池	浙江省	绍兴市	氨氮（0.07）
291		木兰溪	三江口	福建省	莆田市	溶解氧
292		虹桥塘河	蒲岐	浙江省	温州市	氨氮（2.0）、总磷（0.6）、溶解氧
293		北江	义东桥	浙江省	金华市	氨氮（0.07）
294		西溪	上坂	福建省	漳州市	溶解氧
295		晋江	鲟埔	福建省	泉州市	氨氮（0.3）
296		闽江	闽清雄江	福建省	福州市	溶解氧
297		闽江	古田黄田	福建省	宁德市	溶解氧
298		南溪	南溪浮宫桥	福建省	漳州市	高锰酸盐指数（0.5）
299	西南诸河	西洱河	四级坝	云南省	大理白族自治州	氨氮（6.5）、总磷（2.2）
300		红河	蔓耗桥	云南省	红河哈尼族彝族自治州	五日生化需氧量（0.2）
301		思茅河	莲花乡	云南省	普洱市	氨氮（4.4）、总磷（2.0）、化学需氧量（0.4）
302		星宿江	水文站	云南省	楚雄彝族自治州	氨氮（0.5）
303		威远江	储木场	云南省	普洱市	溶解氧
304		礼社江	龙树桥	云南省	大理白族自治州	总磷（0.05）
305		芒市大河	风平	云南省	德宏傣族景颇族自治州	氨氮（0.2）
306		南腊河	勐捧岔河	云南省	西双版纳傣族自治州	总磷（0.5）

序号	所属流域	所在河流	断面名称	所属省份	所在地区	污染指标
307	太湖流域	西苕溪	新港口	浙江省	湖州市	化学需氧量（0.1）
308		梁溪河	蠡桥	江苏省	无锡市	高锰酸盐指数（0.1）
309		东苕溪	城西大桥	浙江省	湖州市	总磷（0.5）
310		红旗塘	红旗塘大坝	浙江省	嘉兴市	化学需氧量（0.1）
311		梅渫河	殷桥	安徽省	宣城市	化学需氧量（0.4）
312		殷村港	殷村港桥	江苏省	无锡市	总磷（0.1）
313		枫泾塘	枫南大桥	浙江省	嘉兴市	氨氮（0.06）
314		京杭运河	五牧	江苏省	无锡市	总磷（0.4）
315		京杭运河	望亭上游	江苏省	苏州市	总磷（1.2）、高锰酸盐指数（0.1）
316		京杭运河	吕城	江苏省	镇江市	总磷（0.2）
317		京杭运河	王江泾	浙江省	嘉兴市	石油类（0.4）、化学需氧量（0.2）
318		丹金溧漕河	黄埝桥	江苏省	常州市	总磷（0.3）
319		德胜河	东潘桥	江苏省	常州市	总磷（0.2）
320		浏河	浏河闸	江苏省	苏州市	总磷（0.04）
321	巢湖流域	派河	肥西化肥厂下	安徽省	合肥市	氨氮（1.4）
322		裕溪河	三胜大队渡口	安徽省	合肥市	氨氮（0.5）
323		杭埠河	北闸渡口	安徽省	合肥市	氨氮（0.9）、总磷（0.2）
324		白石天河	石堆渡口	安徽省	合肥市	化学需氧量（0.5）
325		南淝河	施口	安徽省	合肥市	氨氮（0.9）
326		兆河	入湖口渡口	安徽省	合肥市	总磷（1.2）、化学需氧量（0.2）、溶解氧
327		兆河	庐江缺口	安徽省	合肥市	氨氮（0.6）、五日生化需氧量（0.5）、化学需氧量（0.2）、高锰酸盐指数（0.2）
328	滇池流域	捞渔河	大渔乡土罗村入湖口	云南省	昆明市	氨氮（1.4）
329		宝象河	宝丰村入湖口	云南省	昆明市	总磷（0.4）
330		淤泥河	晋城小寨	云南省	昆明市	氨氮（0.4）
331		茨巷河	茨巷河入湖口（牛恋乡）	云南省	昆明市	总磷（0.4）

表 4-2　2019 年 12 月地表水湖库点位超标情况

序号	所属流域	所在湖库	点位名称	所属省份	所在地区	超标项目（超标倍数）
1	长江流域	仙女湖	湖心岛	江西省	新余市	总磷（2.6）、五日生化需氧量（1.2）、化学需氧量（0.6）
2		梁子湖	入湖口	湖北省	鄂州市	总磷（0.8）
3		梁子湖	东梁子湖湖心	湖北省	鄂州市	总磷（0.6）
4		梁子湖	梁子岛水源	湖北省	鄂州市	总磷（0.6）
5		梁子湖	出湖口	湖北省	鄂州市	总磷（0.8）
6		鄱阳湖	莲湖	江西省	上饶市	总磷（0.6）
7		鄱阳湖	南矶山	江西省	南昌市	总磷（1.0）
8		鄱阳湖	伍湖分场	江西省	南昌市	总磷（0.4）
9		鄱阳湖	吴城	江西省	九江市	总磷（0.8）
10		鄱阳湖	星子	江西省	九江市	总磷（0.4）
11		鄱阳湖	老爷庙	江西省	九江市	总磷（0.2）
12		鄱阳湖	蚌湖	江西省	九江市	总磷（0.4）
13		鄱阳湖	鄱阳湖出口	江西省	九江市	总磷（0.2）
14		鄱阳湖	蛤蟆石	江西省	九江市	总磷（0.2）
15		鄱阳湖	都昌	江西省	九江市	总磷（0.4）
16		鄱阳湖	梅溪咀	江西省	上饶市	总磷（1.0）
17		鄱阳湖	余干	江西省	上饶市	总磷（0.2）
18		程海	程海湖中	云南省	丽江市	氟化物（1.4）、pH、化学需氧量（0.3）
19		大通湖	大通湖	湖南省	益阳市	总磷（0.2）
20		阳澄湖	阳澄湖心	江苏省	苏州市	总磷（0.2）
21		洪湖	湖心 A	湖北省	荆州市	总磷（1.6）、化学需氧量（0.2）、高锰酸盐指数（0.1）
22		洪湖	杨柴湖	湖北省	荆州市	总磷（1.2）、化学需氧量（0.2）、高锰酸盐指数（0.08）
23		洪湖	排水闸	湖北省	荆州市	总磷（1.2）、化学需氧量（0.2）
24		洪湖	湖心 B	湖北省	荆州市	总磷（2.0）、化学需氧量（0.2）、高锰酸盐指数（0.07）
25		玉滩水库	玉滩水库	重庆市	重庆市	总磷（0.6）

序号	所属流域	所在湖库	点位名称	所属省份	所在地区	超标项目（超标倍数）
26	长江流域	洞庭湖	鹿角	湖南省	岳阳市	总磷（0.8）
27	长江流域	洞庭湖	扁山	湖南省	岳阳市	总磷（0.8）
28	长江流域	洞庭湖	东洞庭湖	湖南省	岳阳市	总磷（0.8）
29	长江流域	洞庭湖	洞庭湖出口	湖南省	岳阳市	总磷（0.8）
30	长江流域	洞庭湖	横岭湖	湖南省	岳阳市	总磷（0.4）
31	长江流域	洞庭湖	虞公庙	湖南省	岳阳市	总磷（0.2）
32	长江流域	洞庭湖	岳阳楼	湖南省	岳阳市	总磷（0.8）
33	长江流域	洞庭湖	蒋家嘴	湖南省	常德市	总磷（0.2）
34	长江流域	洞庭湖	南嘴	湖南省	益阳市	总磷（0.2）
35	长江流域	洞庭湖	小河嘴	湖南省	益阳市	总磷（0.2）
36	长江流域	升金湖	中心点	安徽省	池州市	总磷（0.6）、化学需氧量（0.1）
37	长江流域	淀山湖	急水港桥	上海市	上海市	总磷（2.0）
38	黄河流域	三门峡水库	三门峡水库	河南省	三门峡市	化学需氧量（0.2）
39	黄河流域	沙湖	沙湖	宁夏回族自治区	石嘴山市	化学需氧量（0.2）、五日生化需氧量（0.05）
40	珠江流域	星云湖	星云湖心	云南省	玉溪市	总磷（2.2）、化学需氧量（0.9）、高锰酸盐指数（0.1）
41	珠江流域	杞麓湖	杞麓湖心	云南省	玉溪市	化学需氧量（1.8）、总磷（1.0）、高锰酸盐指数（0.7）、五日生化需氧量（0.2）
42	珠江流域	阳宗海	阳宗海中	云南省	昆明市	溶解氧
43	松花江流域	莲花水库	三道	黑龙江省	牡丹江市	总磷（1.0）
44	松花江流域	小兴凯湖	新开流	黑龙江省	鸡西市	总磷（0.4）
45	松花江流域	小兴凯湖	泄洪 1 闸	黑龙江省	鸡西市	总磷（3.8）
46	松花江流域	小兴凯湖	泄洪 2 闸	黑龙江省	鸡西市	总磷（0.2）
47	松花江流域	兴凯湖	中俄交界东	黑龙江省	鸡西市	总磷（2.0）
48	松花江流域	兴凯湖	中俄交界西	黑龙江省	鸡西市	总磷（2.2）
49	松花江流域	兴凯湖	档壁镇	黑龙江省	鸡西市	总磷（2.0）

序号	所属流域	所在湖库	点位名称	所属省份	所在地区	超标项目（超标倍数）
50	松花江流域	兴凯湖	龙王庙	黑龙江省	鸡西市	总磷（1.8）
51		呼伦湖（达赉湖）	甘珠花	内蒙古自治区	呼伦贝尔市	化学需氧量（3.3）、氟化物（1.1）、高锰酸盐指数（1.0）、总磷（0.6）
52		呼伦湖（达赉湖）	小河口	内蒙古自治区	呼伦贝尔市	化学需氧量（3.5）、氟化物（0.7）、pH、高锰酸盐指数（1.0）、总磷（0.4）
53	淮河流域	洪泽湖	老山乡	江苏省	淮安市	总磷（1.8）
54		洪泽湖	蒋坝镇	江苏省	淮安市	总磷（2.6）
55		洪泽湖	高良涧镇	江苏省	淮安市	总磷（1.2）
56		焦岗湖	焦岗湖	安徽省	淮南市	化学需氧量（0.4）、高锰酸盐指数（0.1）
57		高邮湖	湖心区	江苏省	扬州市	总磷（1.2）
58	海河流域	白洋淀	南刘庄	河北省	保定市	总磷（0.2）
59		白洋淀	圈头	河北省	保定市	化学需氧量（0.1）、高锰酸盐指数（0.1）
60		白洋淀	光淀张庄	河北省	保定市	化学需氧量（0.2）、高锰酸盐指数（0.07）
61	西北诸河	乌伦古湖	乌伦古湖码头	新疆维吾尔自治区	阿勒泰地区	氟化物（0.8）、化学需氧量（0.4）
62		乌伦古湖	南部渔政点	新疆维吾尔自治区	阿勒泰地区	氟化物（1.5）、化学需氧量（0.5）
63		艾比湖	艾比湖 1	新疆维吾尔自治区	博尔塔拉蒙古自治州	氟化物（5.2）、总磷（0.8）、五日生化需氧量（0.05）
64		博斯腾湖	博湖 15	新疆维吾尔自治区	巴音郭楞蒙古自治州	化学需氧量（0.2）
65		博斯腾湖	博湖 16	新疆维吾尔自治区	巴音郭楞蒙古自治州	化学需氧量（0.1）
66		博斯腾湖	博湖 17	新疆维吾尔自治区	巴音郭楞蒙古自治州	化学需氧量（0.2）

序号	所属流域	所在湖库	点位名称	所属省份	所在地区	超标项目（超标倍数）
67	西北诸河	博斯腾湖	博湖 1	新疆维吾尔自治区	巴音郭楞蒙古自治州	化学需氧量（0.05）
68		博斯腾湖	博湖 2	新疆维吾尔自治区	巴音郭楞蒙古自治州	化学需氧量（0.05）
69		博斯腾湖	博湖 3	新疆维吾尔自治区	巴音郭楞蒙古自治州	化学需氧量（0.1）
70		博斯腾湖	博湖 4	新疆维吾尔自治区	巴音郭楞蒙古自治州	化学需氧量（0.1）
71		博斯腾湖	博湖 6	新疆维吾尔自治区	巴音郭楞蒙古自治州	化学需氧量（0.2）
72		博斯腾湖	博湖 7	新疆维吾尔自治区	巴音郭楞蒙古自治州	化学需氧量（0.05）
73		博斯腾湖	博湖 10	新疆维吾尔自治区	巴音郭楞蒙古自治州	化学需氧量（0.2）
74		博斯腾湖	博湖 11	新疆维吾尔自治区	巴音郭楞蒙古自治州	化学需氧量（0.2）
75		博斯腾湖	博湖 12	新疆维吾尔自治区	巴音郭楞蒙古自治州	化学需氧量（0.1）
76		博斯腾湖	博湖 13	新疆维吾尔自治区	巴音郭楞蒙古自治州	化学需氧量（0.1）
77	西南诸河	羊卓雍错	羊湖东区	西藏自治区	山南地区	pH
78		异龙湖	异龙湖中	云南省	红河哈尼族彝族自治州	化学需氧量（0.8）、高锰酸盐指数（0.2）、五日生化需氧量（0.1）

序号	所属流域	所在湖库	点位名称	所属省份	所在地区	超标项目（超标倍数）
79	太湖流域	太湖	梅梁湖心	江苏省	无锡市	总磷（2.2）
80		太湖	锡东水厂	江苏省	无锡市	总磷（1.2）
81		太湖	沙渚南	江苏省	无锡市	总磷（3.0）
82		太湖	竺山湖心	江苏省	常州市	总磷（1.4）
83		太湖	兰山嘴	江苏省	无锡市	总磷（0.4）
84		太湖	乌龟山南	江苏省	无锡市	总磷（0.6）
85		太湖	西山西	江苏省	苏州市	总磷（1.0）
86		太湖	拖山	江苏省	无锡市	总磷（1.2）
87		太湖	椒山	江苏省	常州市	总磷（0.8）
88		太湖	漫山	江苏省	苏州市	总磷（0.8）
89		太湖	平台山	江苏省	苏州市	总磷（1.0）
90		太湖	十四号灯标	江苏省	苏州市	总磷（4.2）
91		太湖	泽山	江苏省	苏州市	总磷（0.2）
92		太湖	大雷山	江苏省	苏州市	总磷（0.6）
93		太湖	五里湖心	江苏省	无锡市	总磷（0.6）
94		太湖	大浦口	江苏省	无锡市	总磷（1.2）
95	巢湖流域	巢湖	新河入湖区	安徽省	合肥市	总磷（1.0）
96		巢湖	西半湖湖心	安徽省	合肥市	总磷（1.4）
97	滇池流域	滇池	灰湾中	云南省	昆明市	pH、化学需氧量（0.2）
98		滇池	罗家营	云南省	昆明市	pH、化学需氧量（0.2）、总磷（0.2）
99		滇池	观音山东	云南省	昆明市	pH、化学需氧量（0.3）
100		滇池	观音山中	云南省	昆明市	pH、化学需氧量（0.2）
101		滇池	观音山西	云南省	昆明市	pH、化学需氧量（0.1）
102		滇池	海口西	云南省	昆明市	pH、化学需氧量（0.4）、高锰酸盐指数（0.02）
103		滇池	滇池南	云南省	昆明市	pH、化学需氧量（0.4）、总磷（0.2）
104		滇池	白鱼口	云南省	昆明市	pH、化学需氧量（0.2）
105		滇池	断桥	云南省	昆明市	总磷（0.2）

表 4-3 2019 年 12 月入海控制断面超标情况

序号	汇入海区	所在海区	断面名称	所属省份	所在地区	污染指标
1	渤海	小清河	羊口	山东省	潍坊市	化学需氧量（0.2）、总磷（0.2）、高锰酸盐指数（0.1）、氟化物（0.1）
2		付疃河	大古镇	山东省	日照市	高锰酸盐指数（0.2）、氨氮（0.07）
3		母猪河	南桥	山东省	威海市	化学需氧量（0.2）、高锰酸盐指数（0.1）
4		五龙河	桥头	山东省	烟台市	化学需氧量(0.2)、高锰酸盐指数(0.03)
5		廖佳洼河	李家堡二	河北省	沧州市	高锰酸盐指数（1.5）、五日生化需氧量（1.4）
6		潮河 1	邵家	山东省	滨州市	氟化物（0.5）、高锰酸盐指数（0.07）
7		永定新河	塘汉公路桥	天津市	滨海新区	化学需氧量（0.4）、五日生化需氧量（0.2）、高锰酸盐指数（0.1）
8		宣惠河	大口河口	河北省	沧州市	五日生化需氧量（1.4）、高锰酸盐指数（1.4）
9		蓟运河	蓟运河防潮闸	天津市	滨海新区	化学需氧量(0.5)、高锰酸盐指数(0.4)、氨氮（0.4）、总磷（0.05）
10		子牙新河	马棚口防潮闸	天津市	滨海新区	化学需氧量(1.2)、高锰酸盐指数(1.4)、五日生化需氧量（0.1）
11		独流减河	万家码头	天津市	滨海新区	高锰酸盐指数（1.1）、五日生化需氧量（0.9）
12		沧浪渠	沧浪渠出境	天津市	滨海新区	高锰酸盐指数（4.4）、五日生化需氧量（2.4）、石油类（2.4）、氨氮（0.2）
13		海河	海河大闸	天津市	滨海新区	五日生化需氧量（1.2）、高锰酸盐指数（1.2）、总磷（0.5）、氟化物（0.1）
14		南排河	李家堡一	河北省	沧州市	氟化物（0.5）、高锰酸盐指数（0.2）、总磷（0.2）、五日生化需氧量（0.1）
15		北排河	北排水河防潮闸	天津市	滨海新区	高锰酸盐指数（1.0）
16		青静黄排水渠	青静黄防潮闸	天津市	滨海新区	高锰酸盐指数（1.3）
17		徒骇河	富国	山东省	滨州市	化学需氧量(0.2)、高锰酸盐指数(0.2)
18		马颊河	胜利桥	山东省	滨州市	高锰酸盐指数(0.6)、化学需氧量(0.5)

序号	汇入海区	所在海区	断面名称	所属省份	所在地区	污染指标
19	渤海	德惠新河	大山	山东省	滨州市	化学需氧量（0.2）
20		饮马河	饮马河口	河北省	秦皇岛市	氨氮（0.1）
21		复州河	三台子	辽宁省	大连市	化学需氧量（0.2）
22		沙河	沙河入海口	辽宁省	营口市	氨氮（0.9）
23		大清河	大清河口	辽宁省	营口市	氨氮（1.4）、总磷（0.3）、溶解氧
24		小凌河	西树林	辽宁省	锦州市	氨氮（0.3）
25		辽河	赵圈河	辽宁省	盘锦市	总磷（0.3）、化学需氧量（0.2）
26		大辽河	辽河公园	辽宁省	营口市	总磷（0.3）、高锰酸盐指数（0.2）
27	黄海	烧香河	烧香北闸	江苏省	连云港市	氨氮（0.5）、五日生化需氧量（0.4）、化学需氧量（0.4）、高锰酸盐指数（0.3）
28		北凌河	北凌新闸	江苏省	南通市	高锰酸盐指数（0.2）、化学需氧量（0.1）
29		泳汶河	后田	山东省	烟台市	化学需氧量（0.05）
30		龙王河	海头大桥	江苏省	连云港市	氨氮（0.6）
31		墨水河	墨水河入海口	山东省	青岛市	高锰酸盐指数（0.03）
32		排淡河	大板跳闸	江苏省	连云港市	氨氮（0.1）
33		朱稽河	郑园桥	江苏省	连云港市	高锰酸盐指数（0.2）、总磷（0.2）
34		掘苴河	环东闸口	江苏省	南通市	化学需氧量（0.6）、高锰酸盐指数（0.5）、总磷（0.2）、五日生化需氧量（0.1）
35		五灌河	燕尾闸	江苏省	连云港市	高锰酸盐指数（0.1）
36		广利河	东八路桥	山东省	东营市	高锰酸盐指数（0.3）、化学需氧量（0.2）
37		虞河	潘家庵	山东省	潍坊市	氨氮（0.1）
38		兴庄河	兴庄桥	江苏省	连云港市	高锰酸盐指数（0.07）
39		东台河	川水港闸	江苏省	盐城市	总磷（0.2）、五日生化需氧量（0.1）
40		蔷薇河	临洪闸	江苏省	连云港市	氨氮（0.3）、高锰酸盐指数（0.1）、氟化物（0.1）
41	东海	四灶浦	四灶浦闸	浙江省	宁波市	氨氮（0.7）
42		龙江	福清海口桥	福建省	福州市	氨氮（0.3）
43		木兰溪	三江口	福建省	莆田市	溶解氧
44		晋江	鲟埔	福建省	泉州市	氨氮（0.3）

序号	汇入海区	所在海区	断面名称	所属省份	所在地区	污染指标
45	南海	漠阳江	尖山	广东省	阳江市	化学需氧量（0.4）
46		泮沙排洪渠	泮沙桥	广东省	中山市	氨氮（0.06）
47		练江	海门湾桥闸	广东省	汕头市	化学需氧量（0.9）、五日生化需氧量（0.6）
48		袂花江	大山江	广东省	湛江市	氨氮（0.6）、总磷（0.4）
49		文昌河	水涯新区	海南省	文昌市	氨氮（0.8）、溶解氧
50		柏岗河	滨海十路与石化大道中交会处	广东省	惠州市	总磷（0.6）
51		寨头河	寨头河出海口	广东省	茂名市	总磷（37.2）、氨氮（7.2）、五日生化需氧量（2.7）、高锰酸盐指数（1.5）、溶解氧
52		文教河	坡柳水闸	海南省	文昌市	五日生化需氧量（0.2）、化学需氧量（0.2）、高锰酸盐指数（0.2）
53		南流江	南域	广西壮族自治区	北海市	石油类（1.8）、溶解氧
54		东山河	后山村	海南省	万宁市	溶解氧
55		关屋河	电力局排海口	广东省	茂名市	氨氮（0.9）、总磷（0.4）、化学需氧量（0.2）、五日生化需氧量（0.1）、高锰酸盐指数（0.07）、溶解氧
56		罗带河	罗带铁路桥	海南省	东方市	高锰酸盐指数（0.6）
57		霞涌河	横头街霞涌医院门口前	广东省	惠州市	氨氮（0.8）
58		黄江河	海丰西闸	广东省	汕尾市	化学需氧量（0.2）
59		钦江	钦江东	广西壮族自治区	钦州市	总磷（0.4）、溶解氧
60		钦江	高速公路西桥	广西壮族自治区	钦州市	氨氮（0.8）、总磷（0.2）

示例四：2019 年中国生态环境质量报告中地表水环境质量状况部分

1　地表水监测情况

2019 年，地表水按照《“十三五”国家地表水环境质量监测网设置方案》（环监测〔2016〕30 号）建立的国家地表水环境质量监测网开展月水质监测。范围覆盖全国主要河流干流及重要的一级、二级支流，兼顾重点区域的三级、四级支流，重要湖泊、水库（以下简称湖库）等。其中，评价、考核、排名断面（点位）共 1 940 个（以下简称国考断面），包括长江、黄河、珠江、松花江、淮河、海河和辽河七大流域及浙闽片河流、西北诸河、西南诸河，太湖、滇池和巢湖环湖河流等共 978 条河流的 1 698 个断面；太湖、滇池、巢湖等 112 个（座）重要湖库的 242 个点位（60 个湖泊 173 个点位，52 座水库 69 个点位）。

全年实际开展监测的断面 1 931 个，其他 9 个断面因断流、交通阻断等原因未开展监测，实际开展监测的湖库 110 个，石门水库（褒河）和龙羊峡水库因交通阻断未开展监测。

监测指标为《地表水环境质量标准》（GB 3838—2002）表 1 规定的 24 项。河流增测电导率和流量，湖库增测透明度、叶绿素 a 和水位等指标。

2 地表水环境质量状况

2.1 全国

2019 年，全国地表水总体为轻度污染，与上年相比无明显变化。主要污染指标为化学需氧量、总磷和高锰酸盐指数，断面超标率分别为 13.1%、11.4%和 7.7%。监测的 1 931 个国考断面中，Ⅰ类水质断面 76 个，占 3.9%；Ⅱ类 891 个，占 46.1%；Ⅲ类 480 个，占 24.9%；Ⅳ类 337 个，占 17.5%；Ⅴ类 82 个，占 4.2%；劣Ⅴ类 65 个，占 3.4%。与上年相比，Ⅰ类水质断面比例下降 0.8 个百分点，Ⅱ类上升 6.9 个百分点，Ⅲ类下降 2.2 个百分点，Ⅳ类上升 0.8 个百分点，Ⅴ类下降 1.4 个百分点，劣Ⅴ类下降 3.3 个百分点。详见图 2-1。

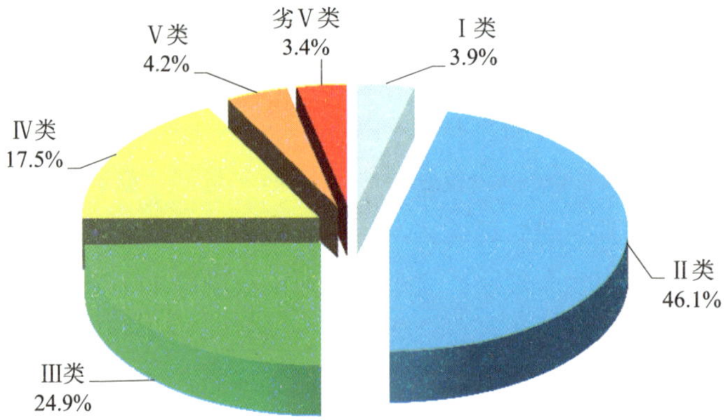

图 2-1 2019 年全国地表水水质类别比例

23 个国考断面出现 28 次重金属超标现象。超标断面分布在长江流域、黄河流域、珠江流域、松花江流域、海河流域、辽河流域、浙闽片河流和太湖流域。分省份来看，超标断面分布在湖北（2 个）、湖南（2 个）、内蒙古（3 个）、山西（2 个）、宁夏（2 个）、广东（2 个）、江西（1 个）、河北（3 个）、天津（2 个）、辽宁（1 个）、山东（1 个）、浙江（2 个）。

在重金属超标断面中，汞超标 12 个、砷超标 7 个、硒超标 3 个、铬（六价）

超标 2 个，其中三溪桥断面砷和汞均超标。汞超标倍数范围为 0.4～17.2 倍，最大超标断面为长江流域北河聂家滩断面；砷超标倍数范围为 0.05～0.6 倍，最大超标断面为长江流域春陵水罗渡镇断面、松花江流域呼伦湖（达赉湖）甘珠花断面和长江流域大冶湖闸点位；硒超标倍数范围为 0.5～1.1 倍，最大超标断面为珠江流域珠江广州段墩头基断面；铬（六价）超标倍数范围为 2.1～3.5 倍，最大超标断面为太湖流域京杭运河五牧断面。

2.2　主要江河

2019 年，主要江河总体水质良好。长江、黄河、珠江、松花江、淮河、海河、辽河七大流域和浙闽片河流、西北诸河、西南诸河监测的 1 610 个水质断面中，Ⅰ类 67 个，占 4.2%；Ⅱ类 824 个，占 51.2%；Ⅲ类 382 个，占 23.7%；Ⅳ类 236 个，占 14.7%；Ⅴ类 53 个，占 3.3%；劣Ⅴ类 48 个，占 3.0%。与 2018 年相比，Ⅰ类水质断面比例下降 0.8 个百分点，Ⅱ类上升 8.2 个百分点，Ⅲ类下降 2.6 个百分点，Ⅳ类上升 0.3 个百分点，Ⅴ类下降 1.2 个百分点，劣Ⅴ类下降 3.9 个百分点。

西北诸河、浙闽片河流、西南诸河和长江流域水质为优，珠江流域水质良好，黄河、松花江、淮河、辽河和海河流域为轻度污染。详见图 2-2。

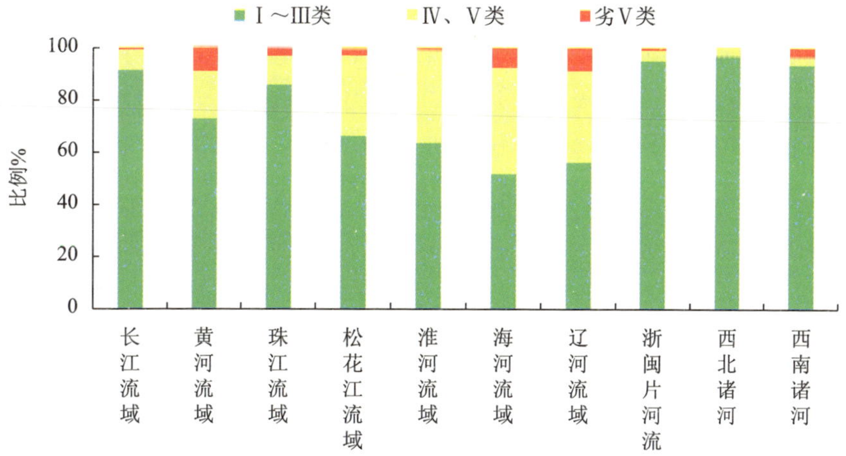

图 2-2　2019 年主要江河水质状况

2.2.1 长江流域

（1）水质状况

2019 年，长江流域主要江河水质为优。监测的 509 个水质断面中，Ⅰ类占 3.3%，Ⅱ类占 67.0%，Ⅲ类占 21.4%，Ⅳ类占 6.7%，Ⅴ类占 1.0%，劣Ⅴ类占 0.6%。与 2018 年相比，Ⅰ类水质断面比例下降 2.4 个百分点，Ⅱ类上升 12.3 个百分点，Ⅲ类下降 5.7 个百分点，Ⅳ类下降 2.3 个百分点，Ⅴ类下降 0.8 个百分点，劣Ⅴ类下降 1.2 个百分点。

长江干流水质为优。监测的 59 个水质断面中，Ⅰ类占 6.8%，Ⅱ类占 91.5%，Ⅲ类占 1.7%，无Ⅳ类、Ⅴ类和劣Ⅴ类。与 2018 年相比，Ⅱ类水质断面比例上升 13.5 个百分点，Ⅲ类下降 13.6 个百分点，其他类均持平。沿程高锰酸盐指数和氨氮浓度变化见图 2-3。

长江主要支流水质为优。监测的 450 个水质断面中，Ⅰ类占 2.9%，Ⅱ类占 63.8%，Ⅲ类占 24.0%，Ⅳ类占 7.6%，Ⅴ类占 1.1%，劣Ⅴ类占 0.7%。与 2018 年相比，Ⅰ类水质断面比例下降 2.6 个百分点，Ⅱ类上升 12.1 个百分点，Ⅲ类下降 4.6 个百分点，Ⅳ类下降 2.6 个百分点，Ⅴ类下降 0.9 个百分点，劣Ⅴ类下降 1.3 个百分点。

长江流域省界断面水质为优。监测的 60 个水质断面中，Ⅰ类占 3.3%，Ⅱ类占 81.7%，Ⅲ类占 13.3%，Ⅳ类占 1.7%，无Ⅴ类和劣Ⅴ类。与 2018 年相比，Ⅰ类水质断面比例下降 8.4 个百分点，Ⅱ类上升 11.7 个百分点，Ⅳ类下降 3.3 个百分点，其他类均持平。

（2）超标指标

2019 年，长江流域排名前三的超标指标为总磷、化学需氧量和氨氮，断面超标率分别为 3.7%、2.6%和 2.6%，详见表 2-1。

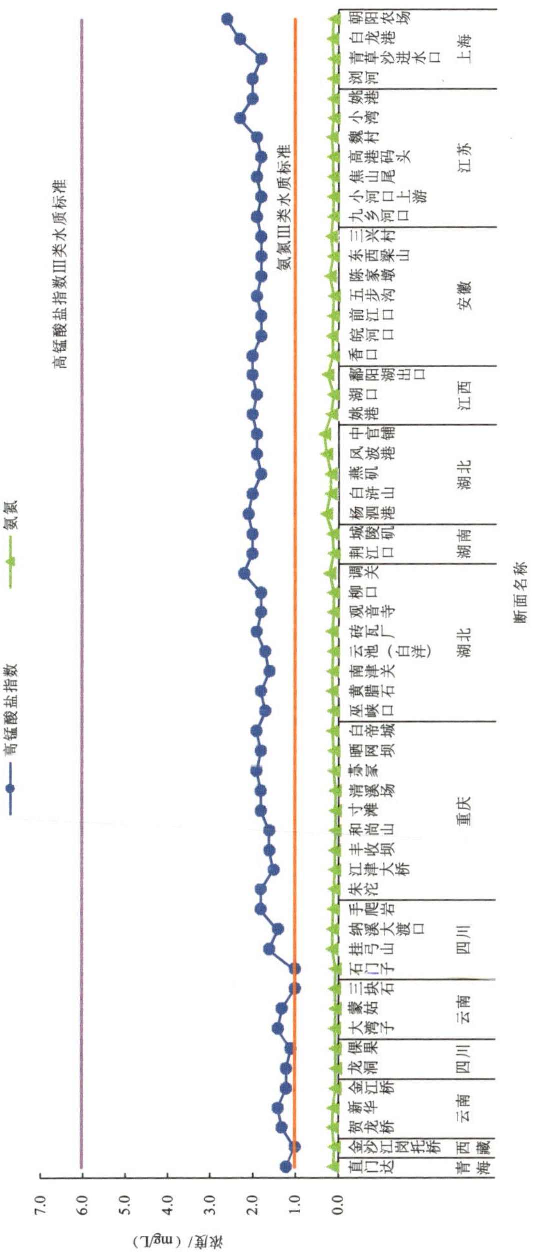

图 2-3 2019 年长江干流高锰酸盐指数和氨氮浓度沿程变化

表 2-1 2019 年长江流域超标指标情况

指标	统计断面数/个	年均值断面超标率/%	年均值范围/（mg/L）	年均值超标最高断面及超标倍数	
				断面名称	超标倍数
总磷	509	3.7	未检出～0.431	螳螂川昆明市富民大桥	1.2
化学需氧量	509	2.6	未检出～33.2	来河滁州市水口	0.7
氨氮	509	2.6	0.03～3.68	神定河十堰市神定河口	2.7
高锰酸盐指数	509	2.0	0.9～8.7	来河滁州市水口	0.4
溶解氧	509	0.8	4.1～11.0	四湖总干渠荆州市新河村	—
五日生化需氧量	509	0.6	未检出～5.3	螳螂川昆明市富民大桥	0.3
汞	509	0.2	未检出～0.000 17	北河襄阳市聂家滩	0.7

2.2.2 黄河流域

（1）水质状况

2019 年，黄河流域主要河流为轻度污染，主要污染指标为氨氮、化学需氧量和总磷。监测的 137 个断面中，Ⅰ类占 3.6%，Ⅱ类占 51.8%，Ⅲ类占 17.5%，Ⅳ类占 12.4%，Ⅴ类占 5.8%，劣Ⅴ类占 8.8%。与 2018 年相比，Ⅰ类水质断面比例上升 0.7 个百分点，Ⅱ类上升 6.5 个百分点，Ⅲ类下降 0.7 个百分点，Ⅳ类下降 5.1 个百分点，Ⅴ类上升 2.2 个百分点，劣Ⅴ类下降 3.6 个百分点。

黄河干流水质为优，监测的 31 个水质断面中，Ⅰ类占 6.5%，Ⅱ类占 77.4%，Ⅲ类占 16.1%，无其他类。与 2018 年相比，Ⅱ类水质断面比例下降 3.2 个百分点，Ⅲ类上升 3.2 个百分点，其他类均持平。沿程高锰酸盐指数和氨氮浓度变化见图 2-4。

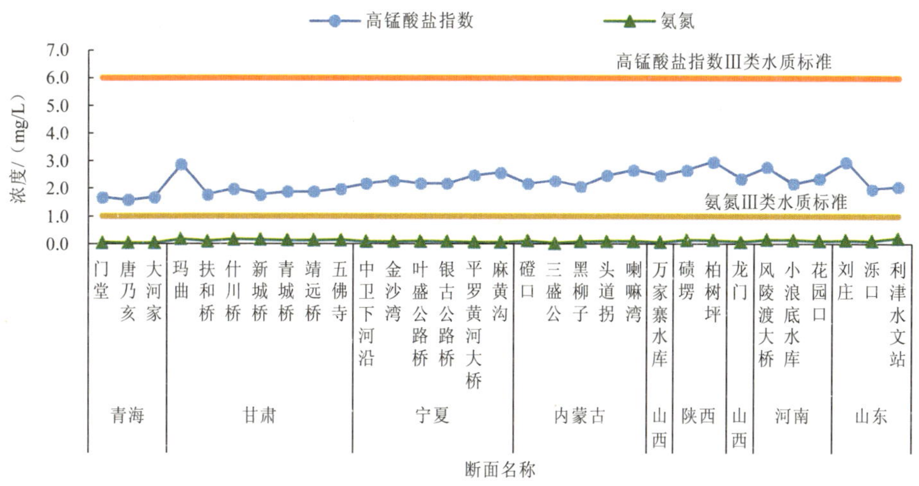

图 2-4　2019 年黄河干流高锰酸盐指数和氨氮浓度沿程变化

黄河主要支流为轻度污染，主要污染指标为氨氮、化学需氧量和总磷。监测的 106 个水质断面中，I 类占 2.8%，II 类占 44.3%，III类占 17.9%，IV类占 16.0%，V类占 7.5%，劣V类占 11.3%。与 2018 年相比，I 类水质断面比例上升 0.9 个百分点，II 类上升 9.4 个百分点，III类下降 1.9 个百分点，IV类下降 6.6 个百分点，V类上升 2.8 个百分点，劣V类下降 4.7 个百分点。

黄河流域省界断面为轻度污染，主要污染指标为氨氮、化学需氧量和五日生化需氧量。监测的 39 个水质断面中，I 类占 2.6%，II 类占 56.4%，III类占 12.8%，IV类占 10.3%，V类占 10.3%，劣V类占 7.7%。与 2018 年相比，II 类水质断面比例下降 2.6 个百分点，III类上升 5.1 个百分点，IV类下降 5.1 个百分点，V类上升 2.6 个百分点，其他类均持平。

（2）超标指标

2019 年，黄河流域排名前三的超标指标为氨氮、化学需氧量和总磷，断面超标率分别为 16.8%、16.8%和 11.7%，详见表 2-2。

表 2-2 2019 年黄河流域超标指标情况

指标	统计断面数/个	年均值断面超标率/%	年均值范围/（mg/L）	年均值超标最高断面及超标倍数	
				断面名称	超标倍数
氨氮	137	16.8	0.05～13.73	磁窑河晋中市桑柳树	12.7
化学需氧量	137	16.8	6.3～64.2	磁窑河晋中市桑柳树	2.2
总磷	137	11.7	0.009～0.908	浍河运城市西曲村	3.5
五日生化需氧量	137	8.8	0.5～13.4	磁窑河晋中市桑柳树	2.4
高锰酸盐指数	137	5.8	1.3～15.0	磁窑河晋中市桑柳树	1.5
氟化物	137	4.4	0.13～1.3	清水河固原市三营	0.3
石油类	137	3.6	0.005～0.13	文峪河吕梁市南姚	1.6
挥发酚	137	2.2	0.000 2～3.142 4	磁窑河晋中市桑柳树	627.5
溶解氧	137	0.7	4.5～12.5	延河延安市朱家沟	—
阴离子表面活性剂	137	0.7	0.02～0.21	文峪河吕梁市南姚	0.05

2.2.3 珠江流域

（1）水质状况

2019 年，珠江流域主要河流水质良好。监测的 165 个水质断面中，Ⅰ类占 3.6%，Ⅱ类占 69.1%，Ⅲ类占 13.3%，Ⅳ类占 9.7%，Ⅴ类占 1.2%，劣Ⅴ类占 3.0%。与 2018 年相比，Ⅰ类水质断面比例下降 1.2 个百分点，Ⅱ类上升 7.3 个百分点，Ⅲ类下降 4.9 个百分点，Ⅳ类上升 1.8 个百分点，Ⅴ类下降 0.6 个百分点，劣Ⅴ类下降 2.5 个百分点。

珠江干流水质良好。监测的 50 个水质断面中，Ⅱ类占 80.0%，Ⅲ类占 4.0%，Ⅳ类占 16.0%，无其他类。与 2018 年相比，Ⅰ类水质断面比例下降 2.0 个百分点，Ⅱ类上升 16.0 个百分点，Ⅲ类下降 16.0 个百分点，Ⅳ类上升 6.0 个百分点，Ⅴ类下降 2.0 个百分点，劣Ⅴ类下降 2.0 个百分点。沿程高锰酸盐指数和氨氮浓度变化见图 2-5。

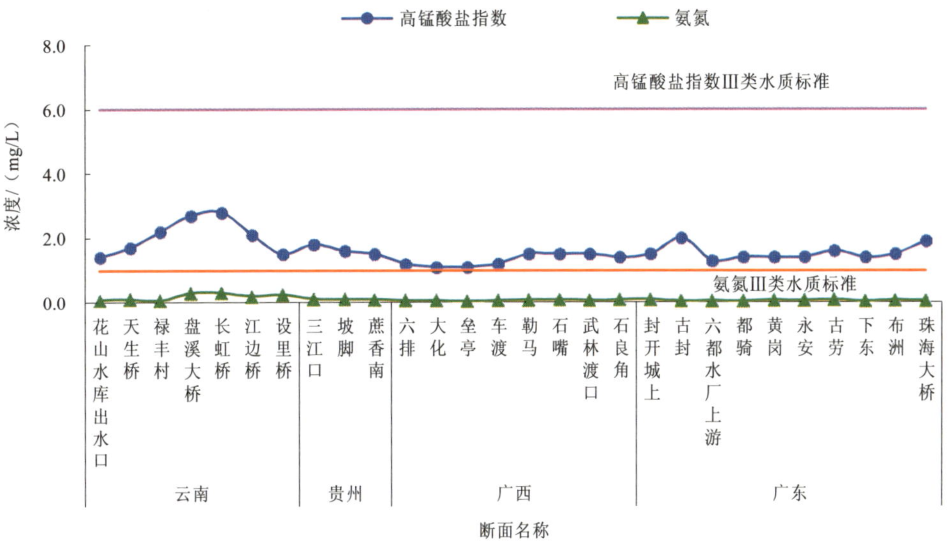

图 2-5　2019 年珠江干流高锰酸盐指数和氨氮浓度沿程变化

珠江主要支流水质良好。监测的 101 个水质断面中，Ⅰ类占 5.9%，Ⅱ类占 63.4%，Ⅲ类占 15.8%，Ⅳ类占 7.9%，Ⅴ类占 2.0%，劣Ⅴ类占 5.0%。与 2018 年相比，Ⅰ类水质断面比例下降 1.0 个百分点，Ⅱ类上升 5.0 个百分点，Ⅲ类下降 1.0 个百分点，Ⅳ类和Ⅴ类均持平，劣Ⅴ类下降 2.9 个百分点。

海南岛内河流水质为优。监测的 14 个水质断面中，Ⅱ类占 71.4%，Ⅲ类占 28.6%，无其他类。与 2018 年相比，Ⅱ类水质断面比例下降 7.2 个百分点，Ⅲ类上升 7.2 个百分点，其他类均持平。

珠江流域省界断面水质为优。监测的 17 个水质断面中，Ⅰ类占 11.8%，Ⅱ类占 82.4%，Ⅲ类占 5.9%，无其他类。与 2018 年相比，Ⅱ类水质断面比例上升 5.9 个百分点，Ⅲ类下降 5.9 个百分点，其他类均持平。

（2）超标指标

2019 年，珠江流域排名前三的超标指标为总磷、溶解氧和氨氮，断面超标率为 7.9%、7.9%和 5.5%，详见表 2-3。

表 2-3 2019 年珠江流域超标指标情况

指标	统计断面数/个	年均值断面超标率/%	年均值范围/（mg/L）	年均值超标最高断面及超标倍数	
				断面名称	超标倍数
总磷	165	7.9	未检出～0.7	石马河东莞市旗岭	2.5
溶解氧	165	7.9	2.2～10.1	茅洲河东莞市、深圳市共和村	—
氨氮	165	5.5	0.03～5.12	东莞运河东莞市樟村（家乐福）	4.1
化学需氧量	165	1.2	未检出～32.2	练江汕头市海门湾桥闸	0.6
五日生化需氧量	165	1.2	未检出～6.8	练江汕头市海门湾桥闸	0.7
高锰酸盐指数	165	0.6	0.9～6.6	九洲江湛江市排里	0.1
石油类	165	0.6	未检出～0.08	茅洲河东莞市、深圳市共和村	0.6

2.2.4 松花江流域

（1）水质状况

2019 年，松花江流域主要河流为轻度污染，主要污染指标为化学需氧量、高锰酸盐指数和氨氮。监测的 107 个水质断面中，无 I 类，II 类占 13.1%，III类占 53.3%，IV类占 26.2%，V 类占 4.7%，劣 V 类占 2.8%。与 2018 年相比，I 类水质断面比例持平，II 类上升 1.0 个百分点，III类上升 7.5 个百分点，IV类下降 0.9 个百分点，V 类上升 1.9 个百分点，劣 V 类下降 9.3 个百分点。

松花江干流水质良好。监测的 17 个水质断面中，III类占 88.2%，IV类占 11.8%，无其他类。与 2018 年相比，II 类水质断面比例下降 17.6 个百分点，III类上升 11.7 个百分点，IV类上升 5.9 个百分点，其他类均持平。沿程高锰酸盐指数和氨氮浓度变化见图 2-6。

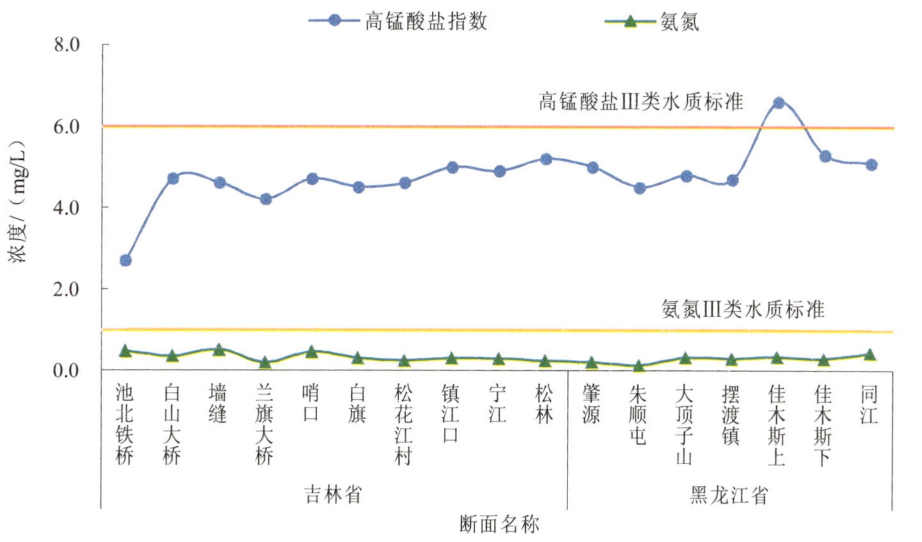

图 2-6　2019 年松花江干流高锰酸盐指数和氨氮浓度沿程变化

松花江主要支流为轻度污染，主要污染指标为高锰酸盐指数、化学需氧量和氨氮。监测的 55 个水质断面中，无 I 类，II 类占 21.8%，III类占 41.8%，IV类占 23.6%，V 类占 7.3%，劣 V 类占 5.5%。与 2018 年相比，I 类水质断面比例持平，II 类上升 9.3 个百分点，III类上升 0.7 个白分点，IV类上升 4.0 个百分点，V 类上升 3.7 个百分点，劣 V 类下降 17.7 个百分点。

黑龙江水系为轻度污染，主要污染指标为化学需氧量和高锰酸盐指数。监测的 18 个水质断面中，II 类占 11.1%，III类占 33.3%，IV类占 55.6%，无其他类。与 2018 年相比，II 类水质断面比例下降 0.7 个百分点，III类上升 9.8 个百分点，IV类下降 3.2 个百分点，V 类下降 5.9 个百分点，其他类均持平。

乌苏里江水系为轻度污染，主要污染指标为化学需氧量和高锰酸盐指数。监测的 9 个水质断面中，III类占 66.7%，IV类占 33.3%，无其他类。与 2018 年相比，III类水质断面比例上升 11.1 个百分点，IV类下降 11.1 个百分点，其他类均持平。

图们江水系水质良好。监测的 7 个水质断面中，III类占 85.7%，IV类占 14.3%，无其他类。与 2018 年相比，II 类水质断面比例下降 14.3 个百分点，III类上升 42.8 个百分点，IV类下降 28.6 个百分点，其他类均持平。

绥芬河水质良好。1个水质断面为III类。

松花江流域省界断面水质为优。监测的23个水质断面中，II类占43.5%，III类占52.2%，IV类占4.3%，无其他类。与2018年相比，II类水质断面比例上升17.4个百分点，III类下降8.7个百分点，IV类下降8.7个百分点，其他类均持平。

（2）超标指标

2019年，松花江流域排名前三的超标指标为化学需氧量、高锰酸盐指数和氨氮，断面超标率分别为21.5%、21.5%和8.4%，详见表2-4。

表2-4 2019年松花江流域超标指标情况

指标	统计断面数/个	年均值断面超标率/%	年均值范围/(mg/L)	年均值超标最高断面及超标倍数	
				断面名称	超标倍数
化学需氧量	107	21.5	8.9～27.9	汤旺河伊春市友好断面	0.4
高锰酸盐指数	107	21.5	2.1～10.2	汤旺河伊春市友好断面	0.7
氨氮	107	8.4	0.04～2.6	伊通河长春市靠山大桥	1.6
总磷	107	5.6	0.017～0.435	饮马河长春市靠山南楼	1.2
氟化物	107	0.9	0.06～1.04	松花江长白山保护开发管理委员会池北铁桥	0.04

2.2.5 淮河流域

（1）水质状况

2019年，淮河流域主要河流为轻度污染，主要污染指标为化学需氧量、高锰酸盐指数和氟化物。监测的179个水质断面中，I类占0.6%，II类占20.1%，III类占43.0%，IV类占35.2%，V类占0.6%，劣V类占0.6%。与2018年相比，I类水质断面比例持平，II类上升7.9个百分点，III类下降1.4个百分点，IV类上升4.6个百分点，V类下降8.8个百分点，劣V类下降2.2个百分点。

淮河干流水质为优。监测的10个水质断面中，II类占90.0%，III类占10.0%，无其他类。与2018年相比，II类水质断面比例上升80.0个百分点，III类下降70.0个百分点，IV类下降10.0个百分点，其他类均持平。沿程高锰酸盐指数和氨氮浓度变化见图2-7。

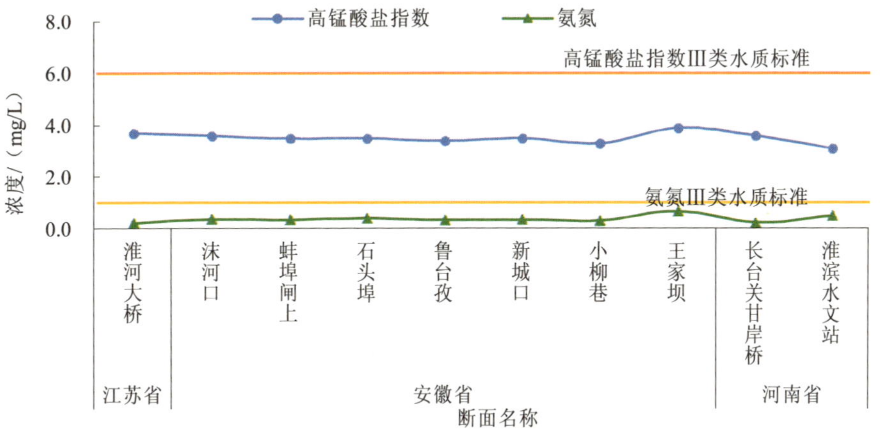

图 2-7 2019 年淮河干流高锰酸盐指数和氨氮浓度沿程变化

淮河主要支流为轻度污染，主要污染指标为化学需氧量、高锰酸盐指数和氟化物。监测的 101 个水质断面中，Ⅰ类占 1.0%，Ⅱ类占 20.8%，Ⅲ类占 37.6%，Ⅳ类占 40.6%，无Ⅴ类和劣Ⅴ类。与 2018 年相比，Ⅱ类水质断面比例上升 7.9 个百分点，Ⅳ类上升 5.0 个百分点，Ⅴ类下降 9.9 个百分点，劣Ⅴ类下降 3.0 个百分点，Ⅰ类和Ⅲ类持平。

沂沭泗水系水质良好。监测的 48 个水质断面中，Ⅱ类占 6.2%，Ⅲ类占 72.9%，Ⅳ类占 20.8%，无其他类。与 2018 年相比，Ⅱ类水质断面比例下降 8.4 个百分点，Ⅲ类上升 10.4 个百分点，Ⅳ类下降 2.1 个百分点，其他类均持平。

山东半岛独流入海河流为轻度污染，主要污染指标为化学需氧量、高锰酸盐指数和氟化物。监测的 20 个水质断面中，无Ⅰ类，Ⅱ类占 15.0%，Ⅲ类占 15.0%，Ⅳ类占 60.0%，Ⅴ类占 5.0%，劣Ⅴ类占 5.0%。与 2018 年相比，Ⅰ类水质断面比例持平，Ⅱ类上升 10.2 个百分点，Ⅲ类下降 4.0 个百分点，Ⅳ类上升 26.7 个百分点，Ⅴ类下降 28.3 个百分点，劣Ⅴ类下降 4.5 个百分点。

淮河流域省界断面为轻度污染，主要污染指标为化学需氧量、总磷和氟化物。监测的 30 个水质断面中，Ⅱ类占 10.0%，Ⅲ类占 43.3%，Ⅳ类占 46.7%，无其他类。与 2018 年相比，Ⅰ类水质断面比例持平，Ⅱ类下降 6.7 个百分点，Ⅲ类下降 3.4 个百分点，Ⅳ类上升 20.0 个百分点，Ⅴ类下降 6.7 个百分点，劣Ⅴ类下降 3.3 个百分点。

（2）超标指标

2019 年，淮河流域排名前三的超标指标为化学需氧量、高锰酸盐指数和氟化物，断面超标率分别为 22.3%、12.8%和 12.3%，详见表 2-5。

表 2-5 2019 年淮河流域超标指标情况

指标	统计断面数/个	年均值断面超标率/%	年均值范围/（mg/L）	年均值超标最高断面及超标倍数	
				断面名称	超标倍数
化学需氧量	179	22.3	6.7～45.1	北胶莱河青岛市新河大闸	1.3
高锰酸盐指数	179	12.8	1.6～8.5	支脉河东营市支脉河陈桥	0.4
氟化物	179	12.3	0.16～1.43	北胶莱河青岛市新河大闸	0.4
总磷	179	7.3	0.010～0.284	洪河新蔡县新蔡班台	0.4
五日生化需氧量	179	6.7	1.0～5.6	五龙河烟台市桥头	0.4
氨氮	179	5.6	0.04～1.46	小清河济南市辛丰庄	0.5

2.2.6 海河流域

（1）水质状况

2019 年，海河流域主要河流为轻度污染，主要污染指标为化学需氧量、高锰酸盐指数和五日生化需氧量。监测的 160 个水质断面中，Ⅰ类占 6.9%，Ⅱ类占 28.8%，Ⅲ类占 16.2%，Ⅳ类占 27.5%，Ⅴ类占 13.1%，劣Ⅴ类占 7.5%。与 2018 年相比，Ⅰ类水质断面比例上升 1.3 个百分点，Ⅱ类上升 6.9 个百分点，Ⅲ类下降 2.6 个百分点，Ⅳ类上升 8.1 个百分点，Ⅴ类下降 1.3 个百分点，劣Ⅴ类下降 12.5 个百分点。

海河干流 2 个水质断面，三岔口为Ⅱ类，海河大闸为Ⅴ类。与 2018 年相比，水质均有所好转。

海河主要支流为轻度污染，主要污染指标为化学需氧量、高锰酸盐指数和五日生化需氧量。监测的 124 个水质断面中，Ⅰ类占 8.1%，Ⅱ类占 22.6%，Ⅲ类占 16.9%，Ⅳ类占 28.2%，Ⅴ类占 14.5%，劣Ⅴ类占 9.7%。与 2018 年相比，Ⅰ类水质断面比例上升 0.8 个百分点，Ⅱ类上升 2.4 个百分点，Ⅲ类上升 1.6 个百分点，Ⅳ类上升 9.7 个百分点，Ⅴ类上升 0.8 个百分点，劣Ⅴ类下降 15.3 个百分点。

滦河水系水质为优。监测的 17 个水质断面中，Ⅰ类占 5.9%，Ⅱ类占 70.6%，

Ⅲ类占 17.6%，Ⅳ类占 5.9%，无Ⅴ类和劣Ⅴ类。与 2018 年相比，Ⅰ类水质断面比例上升 5.9 个百分点，Ⅱ类上升 29.4 个百分点，Ⅲ类下降 29.5 个百分点，Ⅳ类下降 5.9 个百分点，Ⅴ类和劣Ⅴ类持平。

徒骇—马颊河水系为轻度污染，主要污染指标为化学需氧量、高锰酸盐指数和五日生化需氧量。监测的 11 个水质断面中，Ⅱ类占 27.3%，Ⅲ类占 9.1%，Ⅳ类占 45.5%，Ⅴ类占 18.2%，无Ⅰ类和劣Ⅴ类。与 2018 年相比，Ⅲ类水质断面比例上升 9.1 个百分点，Ⅳ类上升 9.1 个百分点，Ⅴ类下降 18.2 个百分点，其他类均持平。

冀东沿海诸河水系为轻度污染，主要污染指标为高锰酸盐指数、氨氮和氟化物。监测的 6 个水质断面中，Ⅱ类占 33.3%，Ⅲ类占 16.7%，Ⅳ类占 50.0%，无其他类。与 2018 年相比，Ⅱ类水质断面比例上升 33.3 个百分点，Ⅲ类下降 16.6 个百分点，Ⅳ类上升 16.7 个百分点，Ⅴ类下降 33.3 个百分点，Ⅰ类和劣Ⅴ类持平。

海河流域省界断面为轻度污染，主要污染指标为化学需氧量、五日生化需氧量和高锰酸盐指数。监测的 47 个水质断面中，Ⅰ类占 12.8%，Ⅱ类占 8.5%，Ⅲ类占 17.0%，Ⅳ类占 29.8%，Ⅴ类占 21.3%，劣Ⅴ类占 10.6%。与 2018 年相比，Ⅰ类水质断面比例上升 4.3 个百分点，Ⅱ类下降 12.8 个百分点，Ⅲ类上升 6.4 个百分点，Ⅳ类上升 4.3 个百分点，Ⅴ类上升 8.5 个百分点，劣Ⅴ类下降 10.7 个百分点。

（2）超标指标

2019 年，海河流域排名前三的超标指标为化学需氧量、高锰酸盐指数和五日生化需氧量，断面超标率分别为 37.5%、26.9%和 23.8%，详见表 2-6。

表 2-6 2019 年海河流域超标指标情况

指标	统计断面数/个	年均值断面超标率/%	年均值范围/（mg/L）	年均值超标最高断面及超标倍数	
				断面名称	超标倍数
化学需氧量	160	37.5	未检出～46.6	大清河廊坊市台头	0.9
高锰酸盐指数	160	26.9	0.8～17.5	沧浪渠天津市沧浪渠出境	1.9
五日生化需氧量	160	23.8	0.6～10.7	大清河廊坊市台头	1.7
氨氮	160	15.6	0.05～2.95	洨河石家庄市大石桥	2.0

指标	统计断面数/个	年均值断面超标率/%	年均值范围/（mg/L）	年均值超标最高断面及超标倍数	
				断面名称	超标倍数
总磷	160	13.1	未检出～0.478	御河大同市堡子湾	1.4
氟化物	160	6.9	0.18～1.76	大清河廊坊市台头	0.8
石油类	160	3.1	未检出～0.13	卫河濮阳市南乐元村集	1.6
挥发酚	160	1.9	未检出～0.026 1	滏阳河邢台市艾辛庄	4.2
阴离子表面活性剂	160	0.6	未检出～0.22	御河大同市堡子湾	0.1
汞	160	0.6	未检出～0.000 19	南排河沧州市李家堡一	0.9

2.2.7 辽河流域

（1）水质状况

2019 年，辽河流域主要河流为轻度污染，主要污染指标为化学需氧量、高锰酸盐指数和五日生化需氧量。监测的 103 个水质断面中，Ⅰ类占 3.9%，Ⅱ类占 37.9%，Ⅲ类占 14.6%，Ⅳ类占 25.2%，Ⅴ类占 9.7%，劣Ⅴ类占 8.7%。与 2018 年相比，Ⅰ类水质断面比例上升 0.1 个百分点，Ⅱ类上升 9.1 个百分点，Ⅲ类下降 1.7 个百分点，Ⅳ类上升 6.0 个百分点，Ⅴ类上升 0.1 个百分点，劣Ⅴ类下降 13.4 个百分点。

辽河干流为轻度污染，主要污染指标为高锰酸盐指数、化学需氧量和五日生化需氧量。监测的 14 个水质断面中，Ⅱ类占 14.3%，Ⅳ类占 57.1%，Ⅴ类占 21.4%，劣Ⅴ类占 7.1%，无Ⅰ类和Ⅲ类。与 2018 年相比，Ⅲ类水质断面比例下降 7.1 个百分点，Ⅳ类上升 21.4 个百分点，劣Ⅴ类下降 14.3 个百分点，其他类均持平。

辽河主要支流为中度污染，主要污染指标为化学需氧量、氨氮和五日生化需氧量。监测的 19 个水质断面中，无Ⅰ类，Ⅱ类占 10.5%，Ⅲ类占 15.8%，Ⅳ类占 36.8%，Ⅴ类占 15.8%，劣Ⅴ类占 21.1%。与 2018 年相比，Ⅰ类水质断面比例持平，Ⅱ类上升 0.5 个百分点，Ⅲ类下降 4.2 个百分点，Ⅳ类上升 21.8 个百分点，Ⅴ类下降 4.2 个百分点，劣Ⅴ类下降 13.9 个百分点。

大辽河水系为轻度污染，主要污染指标为化学需氧量、氨氮和五日生化需氧量。监测的 28 个水质断面中，Ⅰ类占 7.1%，Ⅱ类占 35.7%，Ⅲ类占 17.9%，Ⅳ类占 17.9%，Ⅴ类占 10.7%，劣Ⅴ类占 10.7%。与 2018 年相比，Ⅰ类水质断面比例持平，Ⅱ类上升 10.7 个百分点，Ⅲ类上升 3.6 个百分点，Ⅳ类上升 7.2 个百分点，Ⅴ类上升 3.6 个百分点，劣Ⅴ类下降 25.0 个百分点。

大凌河水系为轻度污染，主要污染指标为氟化物、高锰酸盐指数和化学需氧量。监测的 11 个水质断面中，无Ⅰ类，Ⅱ类占 54.5%，Ⅲ类占 18.2%，Ⅳ类占 9.1%，Ⅴ类占 9.1%，劣Ⅴ类占 9.1%。与 2018 年相比，Ⅱ类水质断面比例上升 18.1 个百分点，Ⅲ类下降 9.1 个百分点，Ⅳ类下降 18.2 个百分点，Ⅴ类上升 9.1 个百分点，Ⅰ类和劣Ⅴ类持平。

鸭绿江水系水质为优。监测的 13 个水质断面中，Ⅰ类占 15.4%，Ⅱ类占 84.6%，无其他类。与 2018 年相比，Ⅱ类水质断面比例上升 7.7 个百分点，Ⅳ类下降 7.7 个百分点，其他类均持平。

辽河流域省界断面为轻度污染，主要污染指标为化学需氧量、五日生化需氧量和高锰酸盐指数。监测的 10 个水质断面中，Ⅱ类占 40.0%，Ⅳ类占 30.0%，Ⅴ类占 20.0%，劣Ⅴ类占 10.0%，无Ⅰ类和Ⅲ类。与 2018 年相比，Ⅰ类水质断面比例持平，Ⅱ类上升 10.0 个百分点，Ⅲ类下降 20.0 个百分点，Ⅳ类上升 20.0 个百分点，Ⅴ类上升 10.0 个百分点，劣Ⅴ类下降 20.0 个百分点。

（2）超标指标

2019 年，辽河流域排名前三的超标指标为化学需氧量、高锰酸盐指数和五日生化需氧量，断面超标率分别为 28.2%、13.6%和 13.6%，详见表 2-7。

表 2-7　2019 年辽河流域超标指标情况

指标	统计断面数/个	年均值断面超标率/%	年均值范围/（mg/L）	年均值超标最高断面及超标倍数	
				断面名称	超标倍数
化学需氧量	103	28.2	未检出～39.4	蒲河沈阳市蒲河沿	1.0
高锰酸盐指数	103	13.6	1.3～10.3	老哈河赤峰市大兴南	0.7
五日生化需氧量	103	13.6	未检出～8.2	绕阳河盘锦市胜利塘	1.0
氨氮	103	12.6	未检出～4.43	北沙河辽阳市河洪桥	3.4
总磷	103	7.8	未检出～0.717	庞家河锦州市柳家桥	2.6
氟化物	103	6.8	0.09～1.51	西辽河四平市西辽河大桥	0.5
石油类	103	2.9	未检出～0.09	细河沈阳市于台	0.8

2.2.8 浙闽片河流

（1）水质状况

2019 年，浙闽片河流水质为优。监测的 125 个水质断面中，Ⅰ类占 3.2%，Ⅱ类占 56.8%，Ⅲ类占 35.2%，Ⅳ类占 3.2%，Ⅴ类占 0.8%，劣Ⅴ类占 0.8%。与 2018 年相比，Ⅰ类水质断面比例上升 0.8 个百分点，Ⅱ类上升 4.0 个百分点，Ⅲ类上升 1.6 个百分点，Ⅳ类下降 6.4 个百分点，Ⅴ类下降 0.8 个百分点，劣Ⅴ类上升 0.8 个百分点。

浙闽片河流省界断面水质为优。2 个水质断面均为Ⅱ类。

（2）超标指标

2019 年，浙闽片河流排名前三的超标指标为溶解氧、总磷和氨氮，断面超标率分别为 3.2%、2.4%和 1.6%，详见表 2-8。

表 2-8 2019 年浙闽片河流超标指标情况

指标	统计断面数/个	年均值断面超标率/%	年均值范围/（mg/L）	年均值超标最高断面及超标倍数	
				断面名称	超标倍数
溶解氧	125	3.2	4.1～9.4	木兰溪莆田市三江口	—
总磷	125	2.4	0.018～0.34	龙江福州市福清海口桥	0.7
氨氮	125	1.6	0.03～3.02	虹桥塘河温州市蒲岐	2.0
化学需氧量	125	0.8	未检出～26.8	龙江福州市福清海口桥	0.3

2.2.9 西北诸河

（1）水质状况

2019 年，西北诸河水质为优。监测的 62 个水质断面中，Ⅰ类占 22.6%，Ⅱ类占 71.0%，Ⅲ类占 3.2%，Ⅳ类占 3.2%，无Ⅴ类和劣Ⅴ类。与 2018 年相比，Ⅰ类水质断面比例下降 3.2 个百分点，Ⅱ类上升 8.1 个百分点，Ⅲ类下降 4.9 个百分点，其他类均持平。

西北诸河省界断面水质为优。2 个水质断面中，甘—蒙省界王家庄断面为Ⅱ类，青—甘省界黄藏寺断面为Ⅰ类。

（2）超标指标

2019 年，西北诸河的超标指标为高锰酸盐指数、化学需氧量、五日生化需氧量和氨氮，断面超标率均为 1.6%，详见表 2-9。

表 2-9　2019 年西北诸河超标指标情况

指标	统计断面数/个	年均值断面超标率/%	年均值范围/（mg/L）	年均值超标最高断面及超标倍数	
				断面名称	超标倍数
高锰酸盐指数	62	1.6	0.5～7.8	锡林浩特市锡林河	0.3
化学需氧量	62	1.6	未检出～24.1	锡林浩特市锡林河	0.2
五日生化需氧量	62	1.6	未检出～4.6	锡林浩特市锡林河	0.2
氨氮	62	1.6	未检出～1.04	石羊河武威市扎子沟	0.04

2.2.10　西南诸河

（1）水质状况

2019 年，西南诸河水质为优。监测的 63 个水质断面中，Ⅰ类占 7.9%，Ⅱ类占 76.2%，Ⅲ类占 9.5%，Ⅳ类占 3.2%，无Ⅴ类，劣Ⅴ类占 3.2%。与 2018 年相比，Ⅰ类水质断面比例下降 1.6 个百分点，Ⅱ类上升 3.2 个百分点，Ⅲ类下降 3.2 个百分点，Ⅳ类上升 3.2 个百分点，Ⅴ类持平，劣Ⅴ类下降 1.6 个百分点。

西南诸河省界断面水质为优。八宿县怒江桥断面水质为Ⅰ类，芒康县曲孜卡断面水质为Ⅱ类。

（2）超标指标

2019 年，西南诸河排名前三的超标指标为氨氮、总磷和化学需氧量，断面超标率分别为 6.3%、3.2%和 3.2%，详见表 2-10。

表 2-10 2019 年西南诸河超标指标情况

指标	统计断面数/个	年均值断面超标率/%	年均值范围/（mg/L）	年均值超标最高断面及超标倍数	
				断面名称	超标倍数
氨氮	63	6.3	未检出～8.08	思茅河普洱市莲花乡	7.1
总磷	63	3.2	未检出～0.805	思茅河普洱市莲花乡	3.0
化学需氧量	63	3.2	未检出～29.4	思茅河普洱市莲花乡	0.5
五日生化需氧量	60	1.7	0.5～7.9	思茅河普洱市莲花乡	1.0
阴离子表面活性剂	63	1.6	未检出～0.29	思茅河普洱市莲花乡	0.4
高锰酸盐指数	63	1.6	0.5～6.4	思茅河普洱市莲花乡	0.07

2.2.11 南水北调

（1）南水北调（东线）

①沿线水环境质量。

南水北调（东线）长江取水口夹江三江营断面为Ⅱ类水质，与 2018 年相比无明显变化。输水干线京杭运河里运河段、宝应运河段和宿迁运河段水质为优，不牢河段、韩庄运河段和梁济运河段水质良好；与 2018 年相比，宝应运河段水质有所好转，韩庄运河段有所下降，其他河段均无明显变化。

洪泽湖湖体为轻度污染，与 2018 年相比水质有所好转，主要污染指标为总磷，营养状态为轻度富营养。

骆马湖湖体水质良好，与 2018 年相比无明显变化，营养状态为轻度富营养。汇入骆马湖的沂河水质良好，与 2018 年相比有所下降。

南四湖湖体水质良好，与 2018 年相比无明显变化，营养状态为中营养。汇入南四湖的 11 条河流水质均为良好，洙赵新河水质与 2018 年相比有所好转，其他河流均无明显变化。

东平湖湖体水质良好，与 2018 年相比无明显变化，营养状态为中营养。汇入东平湖的大汶河水质良好，与 2018 年相比无明显变化。

2019 年南水北调（东线）沿线主要河流和湖泊水质状况见表 2-11、表 2-12。

表 2-11　2019 年南水北调（东线）沿线主要河流水质状况

河流名称	断面名称	汇入湖库	所在地市	水质类别		主要超标指标（超标倍数）
				2019 年	2018 年	
夹江	三江营	—	扬州	Ⅱ	Ⅱ	—
里运河段	槐泗河口			Ⅱ	Ⅱ	—
宝应运河段	大运河船闸（宝应船闸）			Ⅱ	Ⅲ	—
宿迁运河段	马陵翻水站		宿迁	Ⅱ	Ⅱ	—
不牢河段	蔺家坝		徐州	Ⅲ	Ⅲ	—
韩庄运河段	台儿庄大桥		枣庄	Ⅲ	Ⅱ	—
梁济运河段	李集		济宁	Ⅲ	Ⅲ	—
沂河	港上桥	汇入骆马湖	徐州	Ⅲ	Ⅱ	—
沿河	李集桥	汇入南四湖		Ⅲ	Ⅲ	—
城郭河	群乐桥		枣庄	Ⅲ	Ⅲ	—
洙赵新河	于楼		菏泽	Ⅲ	Ⅳ	—
老运河	西石佛		济宁	Ⅲ	Ⅲ	—
洸府河	东石佛			Ⅲ	Ⅲ	—
泗河	尹沟			Ⅲ	Ⅲ	—
白马河	马楼			Ⅲ	Ⅲ	—
老运河	老运河微山段			Ⅲ	Ⅲ	—
西支河	入湖口			Ⅲ	Ⅲ	—
东渔河	西姚			Ⅲ	Ⅲ	—
洙水河	105 公路桥			Ⅲ	Ⅲ	—
大汶河	王台大桥	汇入东平湖	泰安	Ⅲ	Ⅲ	—

表 2-12　2019 年南水北调（东线）沿线主要湖泊水质状况

湖泊名称	所属省份	监测点位数/个	综合营养状态指数	营养状态	水质类别		主要超标指标（超标倍数）
					2019 年	2018 年	
洪泽湖	江苏	6	56.2	轻度富营养	Ⅳ	Ⅴ	总磷（0.91）
骆马湖		2	51.2	轻度富营养	Ⅲ	Ⅲ	—
南四湖	山东	5	47.6	中营养	Ⅲ	Ⅲ	—
东平湖		2	48.3	中营养	Ⅲ	Ⅲ	—

②调水期间水环境质量。

2019 年，南水北调（东线）一期工程在 1 月至 5 月和 11 月至 12 月两个时段分别进行调水。调水期间调水线路上涉及的 17 个水质断面（点位）中，除洪泽湖老山乡点位为Ⅴ类水质外，其他断面（点位）均为Ⅱ类、Ⅲ类水质。

2019 年南水北调（东线）一期工程调水期间干线水质状况见表 2-13。

表 2-13　2019 年南水北调（东线）一期工程调水期间干线水质状况

河流（湖库）名称	断面（点位）名称	所属省份	所在地市	水质类别	主要超标指标（超标倍数）
夹江	三江营	江苏	扬州	Ⅱ	—
芒稻河	江都西闸	江苏	江都	Ⅱ	—
洪泽湖	老山乡	江苏	淮安	Ⅴ	总磷（1.17）
京杭大运河中运河段	五叉河口	江苏	淮安	Ⅲ	—
京杭大运河中运河段	马陵翻水站	江苏	宿迁	Ⅲ	—
骆马湖	骆马湖乡	江苏	宿迁	Ⅲ	—
	三场	江苏	宿迁	Ⅲ	—
徐洪河	顾勒大桥	江苏	宿迁	Ⅲ	—
京杭大运河中运河段	张楼	江苏	邳州	Ⅲ	—
京杭大运河不牢河段	蔺家坝	江苏	徐州	Ⅲ	—
京杭大运河韩庄运河段	台儿庄大桥	山东	枣庄	Ⅲ	—
南四湖	岛东	山东	济宁	Ⅲ	—
	南阳	山东	济宁	Ⅲ	—
京杭大运河梁济运河段	李集	山东	济宁	Ⅲ	—
柳长河	八里湾入湖口	山东	泰安	Ⅲ	—
东平湖	东平湖湖心	山东	泰安	Ⅲ	—
	东平湖湖北	山东	泰安	Ⅲ	—

（2）南水北调（中线）

①源头及上游地区水环境质量。

2019 年，丹江口水库水质为优，与 2018 年相比无明显变化，营养状态为中营养。取水口丹江口水库陶岔点位为Ⅱ类水质，与 2018 年相比无明显变化。

汇入丹江口水库的 9 条河流中，天河水质良好，其他河流水质均为优。与 2018 年相比，官山河水质有所好转，天河水质有所下降，其他河流均无明显变化，见表 2-14～表 2-16。

表 2-14 2019 年南水北调（中线）源头丹江口水库水质状况

点位名称	所在地市	水质类别	
		2019 年	2018 年
坝上中	十堰	II	II
五龙泉	南阳	II	II
宋岗		II	II
何家湾	十堰	II	II
江北大桥		II	II

表 2-15 2019 年南水北调（中线）取水口水质状况

点位名称	所在地市	水质类别	
		2019 年	2018 年
陶岔	南阳市	II	II

表 2-16 2019 年南水北调（中线）主要河流水质状况

河流名称	断面名称	所在地市	断面属性	水质类别	
				2019 年	2018 年
汉江	烈金坝	汉中	—	II	I
	黄金峡		城市河段	II	II
	小钢桥	安康	—	II	II
	老君关		城市河段	II	II
	羊尾	十堰	省界	II	II
	陈家坡		—	II	II
淇河	淅川高湾	南阳	入河口	II	II
金钱河	夹河口	十堰	入库口	I	II
天河	天河口			III	II
堵河	焦家院			II	II
官山河	孙家湾			II	III
浪河	浪河口			II	II

河流名称	断面名称	所在地市	断面属性	水质类别	
				2019 年	2018 年
丹江	构峪口	商洛	—	Ⅱ	Ⅱ
	丹凤下		—	Ⅱ	Ⅱ
	淅川荆紫关	南阳	省界	Ⅱ	Ⅱ
	淅川史家湾		入库口	Ⅱ	Ⅱ
老灌河	淅川张营			Ⅱ	Ⅱ

②调水干线水环境质量。

2019 年，南水北调（中线）一期工程全年调水。调水期间丹江口水库库体及调水线路上涉及的 7 个断面（点位）均为Ⅱ类水质。

表 2-17　2019 年南水北调（中线）一期工程调水干线水质状况

所在水体	断面名称	所属省份	所在地市	断面（点位）属性	水质类别	主要超标指标（超标倍数）
丹江口水库	坝上中	湖北	丹江口	库体	Ⅱ	—
	江北大桥			库体	Ⅱ	—
	五龙泉	河南	南阳	库体	Ⅱ	—
干渠	陶岔			取水口	Ⅱ	—
	南营村	河北	邯郸	省界（豫—冀）	Ⅱ	—
	曹庄子泵站	天津	天津	省界（冀—津）	Ⅱ	—
	惠南庄	北京	北京	省界（冀—京）	Ⅱ	—

2.2.12　三峡库区支流

（1）水质状况

2019 年，按照年均值评价，三峡库区主要支流水质为优。77 个水质断面中，Ⅰ类占 5.2%，Ⅱ类占 75.3%，Ⅲ类占 18.2%，Ⅳ类占 1.3%，无其他类，详见图 2-8。与 2018 年相比，Ⅰ类水质断面比例上升 3.9 个百分点，Ⅱ类下降 5.2 个百分点，Ⅲ类上升 3.9 个百分点，Ⅳ类下降 2.6 个百分点，其他类均持平。总磷和化学需氧量出现超标，断面超标率均为 1.3%。

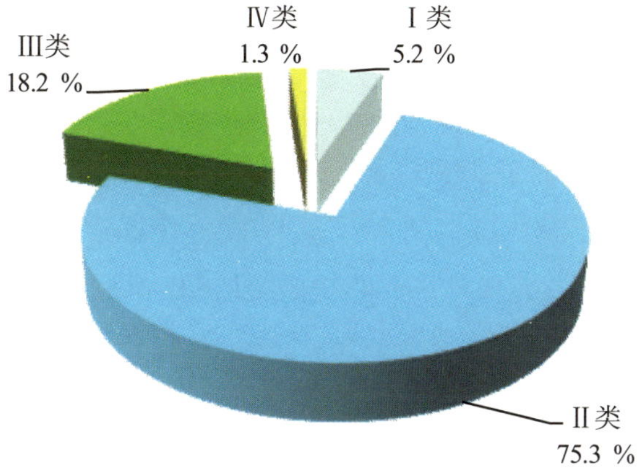

图 2-8　2019 年三峡库区长江主要支流年均水质状况

按照月度结果评价，Ⅰ类水质断面比例为 5.2%～18.2%，Ⅱ类为 37.7%～77.9%，Ⅲ类为 10.4%～53.2%，Ⅳ类为 0～5.2%，Ⅴ类为 0～1.3%，劣Ⅴ类为 0～2.6%。1 月、4 月至 6 月、8 月和 12 月，Ⅰ～Ⅲ类水质断面比例分别比 2018 年同期上升 3.9 个、3.9 个、4.0 个、2.6 个、1.2 个和 1.3 个百分点，7 月持平，2 月、3 月和 9 月至 11 月分别比 2018 年同期下降 1.3 个百分点、1.3 个百分点、1.2 个百分点、1.3 个百分点和 1.3 个百分点，详见图 2-9。

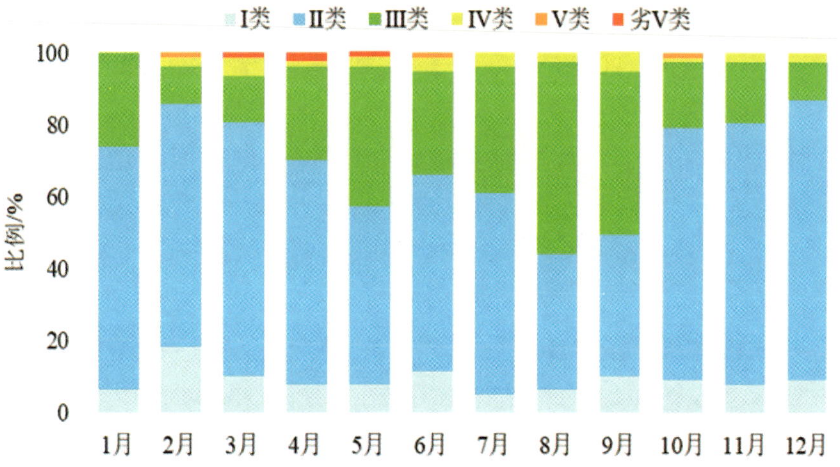

图 2-9　2019 年三峡库区长江主要支流月度水质状况

（2）营养状态

按照年均值评价，77 个监测断面综合营养状态指数范围为 24.5～60.9，处于贫营养状态的断面占监测断面总数的 1.3%，中营养状态占 77.9%，轻度富营养状态占 19.5%，中度富营养状态占 1.3%，无其他营养状态。其中，回水区处于富营养状态的断面占 22.5%，非回水区占 18.9%。与 2018 年相比，处于贫营养状态的断面比例下降 3.9 个百分点，中营养状态上升 3.9 个百分点，其他营养状态持平。其中，回水区处于富营养状态的断面比例上升 5.0 个百分点，非回水区下降 5.4 个百分点，详见图 2-10。

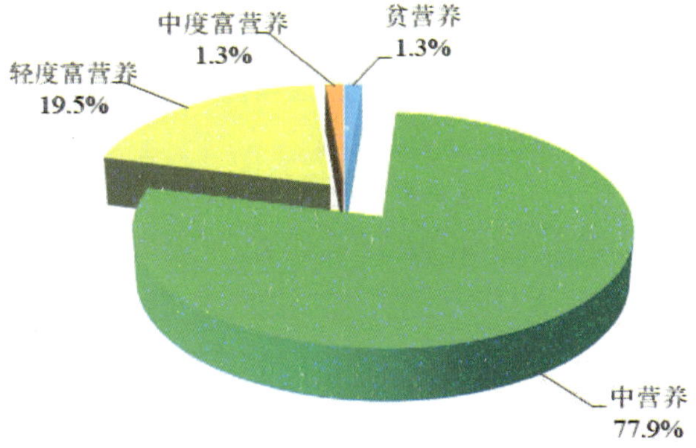

图 2-10　2019 年三峡库区长江主要支流水体年均营养状况

按照月度结果评价，77 个监测断面综合营养状态指数范围为 17.8～71.3，处于贫营养状态的断面占监测断面总数的 1.3%～9.1%，中营养状态占 54.5%～90.9%，轻度富营养状态占 3.9%～37.7%，中度富营养状态占 0～6.5%，重度富营养状态占 0～1.3%。其中，回水区处于富营养状态的断面占 0～47.5%，非回水区占 8.1%～35.1%，详见图 2-11。

与 2018 年水华敏感期（3 月至 10 月）相比，回水区 3 月和 4 月富营养状态的断面比例分别下降 7.5 个百分点和 2.5 个百分点，5 月持平，6 月至 10 月分别上升 2.5 个百分点、5.0 个百分点、22.5 个百分点、12.5 个百分点和 2.5 个百分点；

非回水区 3 月至 6 月富营养状态的断面比例分别下降 18.9 个百分点、10.8 个百分点、13.5 个百分点和 2.7 个百分点，8 月持平，7 月、9 月和 10 月分别上升 5.4 个百分点、2.7 个百分点和 5.4 个百分点。

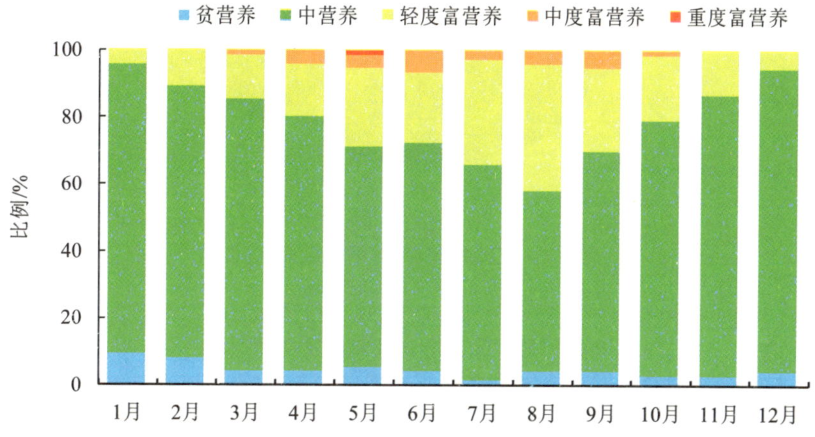

图 2-11　2019 年三峡库区长江主要支流水体月度营养状况

（3）水华状况

2019 年，三峡库区各支流无水华现象发生，澎溪河和大宁河发现水色异常，主要发生在春夏季。

2.3　湖库

2.3.1　总体情况

2019年，在110个监测水质的重要湖库中，水质为优的湖库有39个，占35.5%；良的 37 个，占 33.6%；轻度污染的 21 个，占 19.1%；中度污染的 5 个，占 4.5%；重度污染的 8 个，占 7.3%，详见图 2-12。主要污染指标为总磷、化学需氧量和高锰酸盐指数，详见表 2-18。

在 107 个监测营养状态的湖库中，中度富营养状态的湖库 6 个，占 5.6%；轻度富营养状态的 24 个，占 22.4%；中营养状态的 67 个，占 62.6%；贫营养状态的 10 个，占 9.3%。

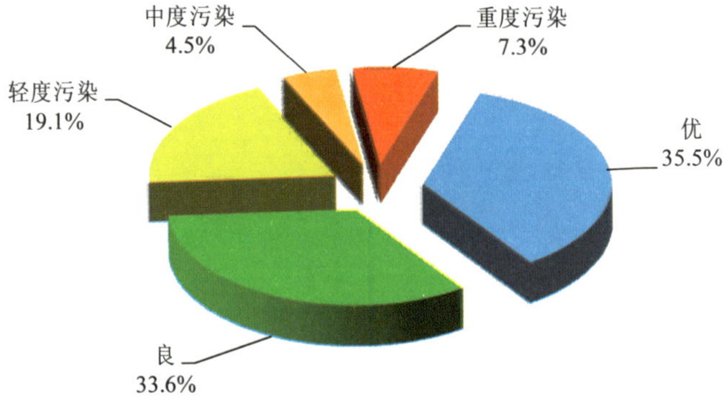

图 2-12 2019 年重要湖库水质状况

表 2-18 2019 年重要湖库水质状况

分类	个数	优	良好	轻度污染	中度污染	重度污染
“三湖”/个	3	0	0	3	0	0
重要湖泊/个	57	10	19	15	5	8
重要水库/个	50	29	18	3	0	0
总计/个	110	39	37	21	5	8
比例/%		35.5	33.6	19.1	4.5	7.3

注：“三湖”指太湖、巢湖和滇池，以下同。

除“三湖”外，其他开展水华遥感监测的湖库中，洱海共利用 15 景 GF1-WFV 数据，乌梁素海共利用 25 景 GF1-WFV 数据，兴凯湖共利用 10 景 GF1-WFV 和 17 景 GF6-WFV 数据，鄱阳湖共利用 198 景 MODIS 数据，洞庭湖共利用 178 景 MODIS 数据，于桥水库共利用 60 景 GF1-WFV 数据和 8 景 GF6-WFV 数据，均未发现明显水华；丹江口流域共利用 23 景 GF1-WFV 和 10 景 GF6-WFV 数据，在支流处监测到 5 次水华。

2.3.2 重要湖泊

2019 年，除“三湖”外其他监测水质的 57 个重要湖泊中，8 个为重度污染，分别为艾比湖、杞麓湖、呼伦湖、星云湖、程海、乌伦古湖、纳木错和羊卓雍错（程海、乌伦古湖和纳木错氟化物天然背景值较高，程海和羊卓雍错 pH 天然背景值较高）；5 个为中度污染，分别为异龙湖、淀山湖、高邮湖、大通湖和兴凯湖；15 个为轻度污染，分别为洪湖、龙感湖、阳澄湖、白洋淀、仙女湖、洪泽湖、白马湖、南漪湖、沙湖、小兴凯湖、焦岗湖、鄱阳湖、瓦埠湖、洞庭湖和博斯腾湖；19 个水质良好，分别为斧头湖、衡水湖、菜子湖、骆马湖、东钱湖、梁子湖、西湖、武昌湖、升金湖、东平湖、南四湖、镜泊湖、黄大湖、百花湖、乌梁素海、阳宗海、洱海、赛里木湖和色林错；10 个水质为优，分别为红枫湖、香山湖、高唐湖、万峰湖、花亭湖、班公错、邛海、柘林湖、抚仙湖和泸沽湖。

5 个湖泊总氮为劣Ⅴ类，分别为艾比湖、杞麓湖、淀山湖、白洋淀和万峰湖；8 个为Ⅴ类，分别为呼伦湖、洪湖、异龙湖、骆马湖、洞庭湖、百花湖、乌梁素海和高唐湖；14 个为Ⅳ类，分别为星云湖、龙感湖、阳澄湖、仙女湖、洪泽湖、白马湖、斧头湖、南漪湖、东钱湖、鄱阳湖、西湖、东平湖、镜泊湖和红枫湖；其他湖泊符合Ⅲ类水质标准。

除“三湖”外其他监测营养状态的 54 个湖泊中，6 个为中度富营养，分别为艾比湖、杞麓湖、呼伦湖、星云湖、洪湖和异龙湖；19 个为轻度富营养，分别为龙感湖、淀山湖、高邮湖、阳澄湖、白洋淀、仙女湖、洪泽湖、白马湖、斧头湖、大通湖、南漪湖、沙湖、衡水湖、菜子湖、小兴凯湖、骆马湖、焦岗湖、兴凯湖和东钱湖；3 个为贫营养，分别为柘林湖、抚仙湖和泸沽湖；其他湖泊为中营养，详见图 2-13。

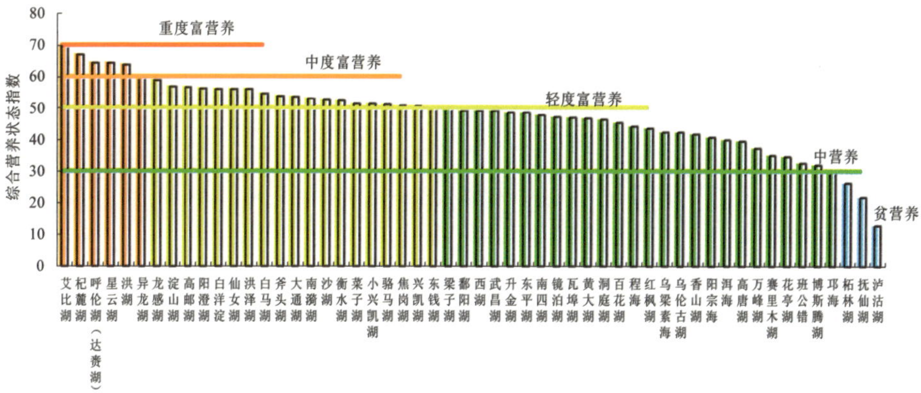

图 2-13　2019 年重要湖泊营养状态

（1）太湖

2019 年，太湖湖体为轻度污染，主要污染指标为总磷。其中，西部沿岸区为中度污染，北部沿岸区和湖心区为轻度污染，东部沿岸区水质良好，详见表 2-19。

表 2-19　2019 年太湖水质状况及营养状态

湖区	综合营养状态指数	营养状态	水质类别		主要超标指标（超标倍数）
			2019 年	2018 年	
北部沿岸区	55.6	轻度富营养	Ⅳ	Ⅳ	总磷（0.6）
西部沿岸区	60.2	中度富营养	Ⅴ	Ⅴ	总磷（1.5）
湖心区	56.4	轻度富营养	Ⅳ	Ⅳ	总磷（0.5）
东部沿岸区	50.3	轻度富营养	Ⅲ	Ⅳ	—
全湖	56.0	轻度富营养	Ⅳ	Ⅳ	总磷（0.6）

全湖总氮为Ⅳ类。其中，西部沿岸区为劣Ⅴ类，北部沿岸区和湖心区为Ⅳ类，东部沿岸区为Ⅲ类。

全湖为轻度富营养状态。其中，西部沿岸区为中度富营养，北部沿岸区、东部沿岸区和湖心区为轻度富营养。

太湖主要环湖河流水质为优。39 条环湖河流的 55 个水质断面中，Ⅱ类 15 个，占 27.3%；Ⅲ类 35 个，占 63.6%；Ⅳ类 5 个，占 9.1%；无其他类。与 2018 年相比，Ⅱ类水质断面比例下降 5.4 个百分点，Ⅲ类上升 16.3 个百分点，Ⅳ类下降 10.9 个百分点，其他类均持平。

2019 年 4 月至 10 月，沙渚、金墅港和渔洋山的藻密度平均值分别为 925 万个/L、775 万个/L 和 662 万个/L，水华程度均为无明显水华。与 2018 年相比，沙渚Ⅰ级水华程度比例下降 2.3 个百分点，Ⅱ级下降 7 个百分点，Ⅲ级上升 9.3 个百分点；金墅港Ⅰ级水华程度比例上升 1.9 个百分点，Ⅱ级下降 29.4 个百分点，Ⅲ级上升 27.6 个百分点；渔洋山Ⅰ级水华程度比例下降 2.8 个百分点，Ⅱ级下降 19.6 个百分点，Ⅲ级上升 22.4 个百分点。太湖湖体藻类密度日均值范围为 354 万～3 067 万个/L，水华程度为“无明显水华”～“轻度水华”。与 2018 年相比，Ⅱ级水华程度比例上升 5.9 个百分点，Ⅲ级下降 5.9 个百分点。

2019 年，太湖水华遥感监测共利用 307 景 MODIS 数据，开展有效监测（除全云无效影像）236 次。太湖累计水华面积为 21 472.8 km^2，比 2018 年上升 42.9%；

平均水华面积为 144.1 km^2，比 2018 年上升 28.5%；最大水华面积为 921.0 km^2，发生在 5 月 27 日，占太湖湖体总面积的 38.4%，比 2018 年最大水华面积上升 60.6%，提前 181 天。水华发生总次数为 149 次，比 2018 年上升 11.2%；水华规模为“无水华”～“中度水华”，轻度水华和中度水华共发生 27 次，比 2018 年上升 50.0%。综合判断，2019 年太湖水华程度比 2018 年有所加重，详见图 2-14。

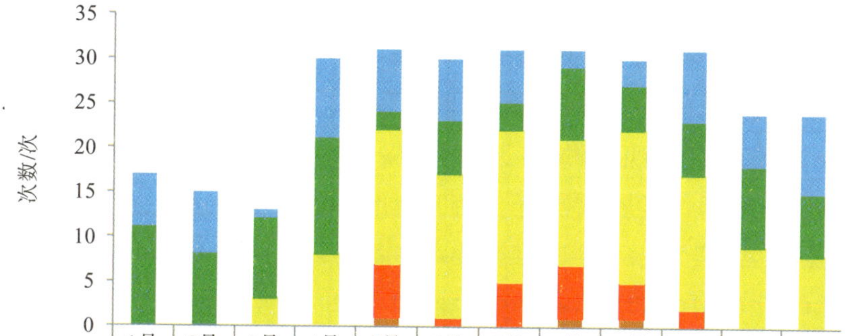

	1月	2月	3月	4月	5月	6月	7月	8月	9月	10月	11月	12月
无效影像（全云）	6	7	1	9	7	7	6	2	3	8	6	9
无水华	11	8	9	13	2	6	3	8	5	6	9	7
无明显水华	0	0	3	8	15	16	17	14	17	15	9	8
轻度水华	0	0	0	0	6	1	5	6	4	2	0	0
中度水华	0	0	0	0	1	0	0	1	1	0	0	0

图 2-14　2019 年太湖水华遥感监测结果月际变化

（2）巢湖

2019 年，巢湖湖体为轻度污染，主要污染指标为总磷。其中，西半湖为中度污染，东半湖为轻度污染，详见表 2-20。

表 2-20　2019 年巢湖水质状况及营养状态

湖区	综合营养状态指数	营养状态	水质类别		主要超标指标（超标倍数）
			2019 年	2018 年	
东半湖	54.0	轻度富营养	Ⅳ	Ⅳ	总磷（0.2）
西半湖	59.2	轻度富营养	Ⅴ	Ⅴ	总磷（1.1）
全湖	56.1	轻度富营养	Ⅳ	Ⅴ	总磷（0.6）

全湖总氮为Ⅳ类。其中，东半湖和西半湖均为Ⅳ类。

全湖为轻度富营养状态。其中，东半湖和西半湖均为轻度富营养状态。

巢湖主要环湖河流为轻度污染，主要污染指标为氨氮、化学需氧量和五日生化需氧量。10 条河流的 14 个水质断面中，Ⅱ类 4 个，占 28.6%；Ⅲ类 4 个，占 28.6%；Ⅳ类 2 个，占 14.3%；Ⅴ类 2 个，占 14.3%；劣Ⅴ类 2 个，占 14.3%；无Ⅰ类。与 2018 年相比，Ⅱ类水质断面比例上升 7.2 个百分点，Ⅲ类下降 28.5 个百分点，Ⅳ类上升 14.3 个百分点，Ⅴ类上升 7.2 个百分点，其他类均持平。

2019 年 4 月至 10 月，巢湖湖体藻类密度日均值范围为 33 万～1 571 万个/L，水华程度为“无水华”～“轻度水华”。与 2018 年相比，Ⅰ级水华程度比例下降 1.1 个百分点，Ⅱ级下降 8.5 个百分点，Ⅲ级上升 9.6 个百分点。

2019 年，巢湖水华遥感监测共利用 315 景 MODIS 数据，开展有效监测（除全云无效影像）227 次。巢湖累计水华面积为 4 275.7 km^2，比 2018 年下降 22.3%；平均水华面积为 47.5 km^2，比 2018 年下降 21.5%；最大水华面积为 210.6 km^2，发生在 10 月 24 日，占巢湖湖体总面积的 27.6%，比 2018 年最大水华面积下降 51.5%，推迟 35 天。水华发生总次数为 90 次，比 2018 年下降 1.1%；水华规模为“无水华～轻度水华”，发现 21 次轻度水华，比 2018 年上升 10.5%。综合判断，2019 年巢湖水华程度比 2018 年有所减轻，详见图 2-14。

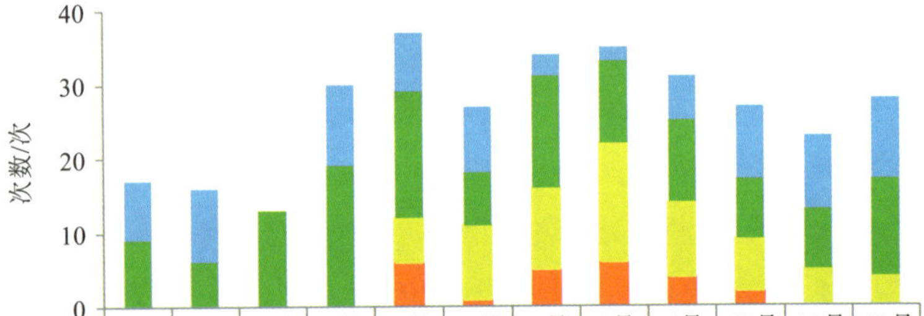

	1月	2月	3月	4月	5月	6月	7月	8月	9月	10月	11月	12月
无效影像（全云）	8	10	0	11	8	9	3	2	6	10	10	11
无水华	9	6	13	19	17	7	15	11	11	8	8	13
无明显水华	0	0	0	0	6	10	11	16	10	7	5	4
轻度水华	0	0	0	0	6	1	5	6	4	2	0	0

图 2-14　2019 年巢湖水华遥感监测结果月际变化

（3）滇池

2019 年，滇池湖体为轻度污染，主要污染指标为化学需氧量和总磷。其中，外海为中度污染，草海为轻度污染，详见表 2-21。

表 2-21　2019 年滇池水质状况及营养状态

湖区	综合营养状态指数	营养状态	水质类别		主要超标指标（超标倍数）
			2019 年	2018 年	
草海	58.2	轻度富营养	Ⅳ	Ⅳ	总磷（0.6）
外海	59.3	轻度富营养	Ⅴ	Ⅳ	化学需氧量（0.6）、总磷（0.4）
全湖	59.5	轻度富营养	Ⅳ	Ⅳ	化学需氧量（0.4）、总磷（0.4）

全湖总氮为Ⅳ类。其中，草海为劣Ⅴ类，外海为Ⅲ类。

全湖为轻度富营养状态。其中，草海和外海均为轻度富营养状态。

滇池主要环湖河流为轻度污染，主要污染指标为化学需氧量、总磷和氨氮。12 条河流的 12 个水质断面中，Ⅱ类 4 个，占 33.3%；Ⅲ类 4 个，占 33.3%；Ⅳ类 4 个，占 33.3%；无其他类。与 2018 年相比，Ⅱ类水质断面比例上升 33.3 个百分点，Ⅲ类下降 33.4 个百分点，Ⅳ类上升 25.0 个百分点，Ⅴ类下降 8.3 个百分点，劣Ⅴ类下降 16.7 个百分点，其他类均持平。

2019 年 4 月至 10 月，滇池湖体藻类密度日均值范围为 2 626 万～31 745 万个/L，水华程度为“轻度水华～重度水华”。与 2018 年相比，Ⅲ级水华程度比例上升 12.5 个百分点，Ⅳ级下降 20.1 个百分点，Ⅴ级上升 7.7 个百分点。

2019 年，滇池水华遥感监测共利用 39 景 GF-1WFV 数据，开展有效监测（除全云无效影像）38 次。滇池累计水华面积为 233.9 km^2，比 2018 年下降 10.9%；平均水华面积为 12.3 km^2，比 2018 年下降 15.6%；最大水华面积为 64.0 km^2，发生在 12 月 10 日，占滇池湖体总面积的 22.2%，比 2018 年最大水华面积下降 22.8%，推迟 14 天。水华发生总次数为 19 次，比 2018 年上升 5.6%；水华规模为“无水华”～“轻度水华”，发现 3 次轻度水华，与 2018 年持平。综合判断，2019 年滇池水华程度比 2018 年有所减轻，详见图 2-15。

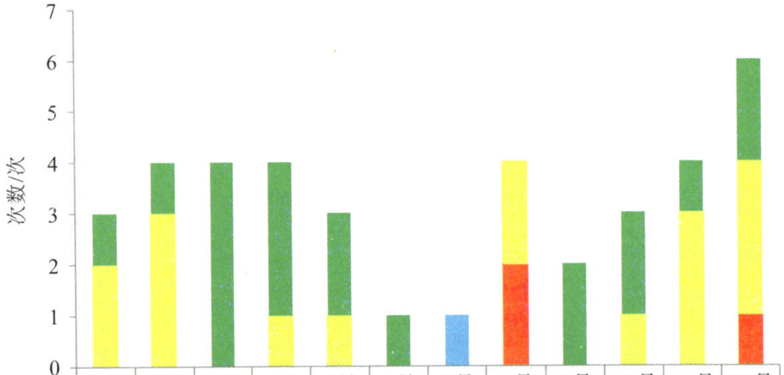

	1月	2月	3月	4月	5月	6月	7月	8月	9月	10月	11月	12月
无效影像（全云）	0	0	0	0	0	0	1	0	0	0	0	0
无水华	1	1	4	3	2	1	0	0	2	2	1	2
无明显水华	2	3	0	1	1	0	0	2	0	1	3	3
轻度水华	0	0	0	0	0	0	0	2	0	0	0	1

图 2-15　2019 年滇池水华遥感监测结果月际变化

2.3.3　重要水库

2019 年，在监测水质的 50 个重要水库中，3 个为中度污染，分别为莲花水库、松花湖和昭平台水库；18 个水质良好，分别为于桥水库、鹤地水库、峡山水库、察尔森水库、三门峡水库、云蒙湖、玉滩水库、崂山水库、磨盘山水库、鲁班水库、尔王庄水库、山美水库、王瑶水库、白龟山水库、小浪底水库、白莲河水库、鲇鱼山水库和富水水库；29 个水质为优，分别为太平湖、新丰江水库、长潭水库、东江水库、隔河岩水库、湖南镇水库、董铺水库、鸭子荡水库、大伙房水库、瀛湖、南湾水库、密云水库、红崖山水库、高州水库、大广坝水库、里石门水库、大隆水库、水丰湖、铜山源水库、龙岩滩水库、丹江口水库、党河水库、怀柔水库、解放村水库、千岛湖、双塔水库、松涛水库、漳河水库和黄龙滩水库。

8 个水库总氮为劣Ⅴ类，分别为于桥水库、三门峡水库、云蒙湖、鸭子荡水库、大伙房水库、山美水库、小浪底水库和红崖山水库；7 个为Ⅴ类，分别为崂山水库、磨盘山水库、松花湖、密云水库、水丰湖、龙岩滩水库和隔河岩水库；9 个为Ⅳ类，分别为莲花水库、峡山水库、察尔森水库、玉滩水库、瀛湖、丹江口水库、党河水库、解放村水库和千岛湖；其他水库均符合Ⅲ类水质标准。

在监测营养状态的 50 个水库中，2 个为轻度富营养，分别为于桥水库和莲花水库；7 个为贫营养，分别为双塔水库、东江水库、松涛水库、漳河水库、黄龙滩水库、隔河岩水库和湖南镇水库；其他水库为中营养，详见图 2-16。

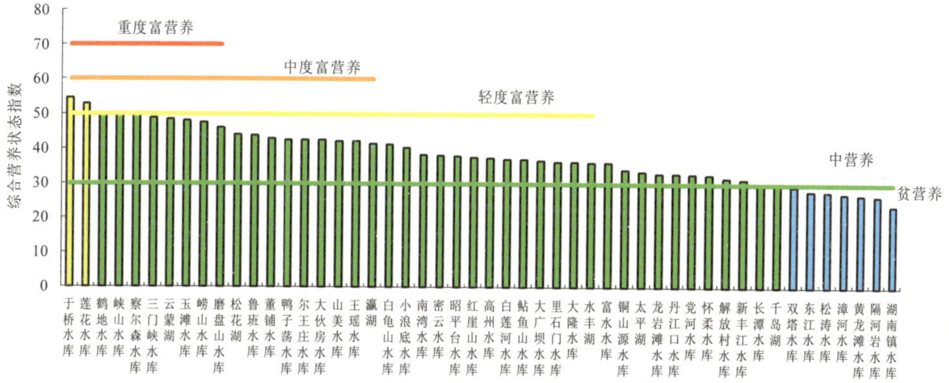

图 2-16　2019 年重要水库营养状态

3　总结

3.1　基本结论

3.1.1　地表水环境质量呈改善趋势

全国地表水总体为轻度污染，与 2018 年相比无明显变化。主要污染指标为化学需氧量、总磷和高锰酸盐指数。水质优良（Ⅰ～Ⅲ类）断面比例为 74.9%，比 2018 年上升 3.9 个百分点；劣Ⅴ类断面比例为 3.4%，比 2018 年下降 0.6 个百分点。主要江河总体水质良好，西北诸河、浙闽片河流、西南诸河和长江流域水质为优，珠江流域水质良好，黄河流域、松花江流域、淮河流域、辽河流域和海河流域为轻度污染。

3.1.2 重要湖库水质略有波动

111个重要湖库中,水质为优的重要湖库39个,比2018年减少2个,占35.5%;水质良好的占33.6%;轻度污染的占19.1%;中度污染的占4.5%;重度污染的占7.3%。主要污染指标为总磷、化学需氧量和高锰酸盐指数。其中,太湖、巢湖和滇池为轻度污染,巢湖水质状况比2018年明显好转。开展营养状态监测的107个湖库中,中度富营养状态的湖库占5.6%,轻度富营养状态的占22.4%,中营养状态的占62.6%,贫营养状态的占9.3%。

3.2 主要环境问题

地表水尤其是湖库水质改善任重而道远。2019年,全国地表水总体为轻度污染。黄河流域、松花江流域、淮河流域、辽河流域和海河流域为轻度污染,水质污染严重(劣Ⅴ类)断面主要分布在黄河流域、海河流域和辽河流域。剔除本底值影响后,仍有4个湖泊(艾比湖、杞麓湖、呼伦湖和星云湖)水质为劣Ⅴ类。监测营养状态的湖泊中,6个为中度富营养,分别为艾比湖、杞麓湖、呼伦湖、星云湖、洪湖和异龙湖。

3.3 对策建议

推进地表水严重污染水体生态治理工作。大力推进碧水保卫战各项工作,开展七大流域水生态监测,推动环境质量常规监测向生态质量监测方向发展,对严重污染水体开展科学合理的生态治理工作。在开展水体综合治理过程中,应当因地制宜,一河(湖、库)一策,应充分考虑河岸与河流湖库整体生态系统的联系和统一,重视河流生态系统保护,避免治理过程中河流生态系统功能退化。

示例五："十三五"时期地表水环境质量状况及变化趋势（生态环境监测要情）

摘要："十三五"时期，全国地表水环境质量逐年持续好转，2020年Ⅰ～Ⅲ类和劣Ⅴ类水质断面比例相较于2016年分别上升15.6个百分点、下降8.0个百分点，氨氮、总磷、五日生化需氧量、化学需氧量和高锰酸盐指数平均浓度分别下降68.6%、43.5%、34.6%、16.0%和11.1%。重点流域主要江河总体水质持续好转，七大流域干流水质基本优于其主要支流；重要湖库水质总体呈好转趋势，富营养化湖库数量有所增加。长江经济带、环渤海入海河流和粤港澳大湾区等水污染防治重点攻坚计划取得显著成效，《长江保护修复攻坚战行动计划》12个消劣断面和《渤海综合治理攻坚战行动计划》10个消劣断面均已完成目标。

1　全国地表水

1.1　水质状况

2016—2019年全国地表水总体均处于轻度污染状况，2020年全国地表水总体水质良好，详见图1-1；2016年以来，Ⅰ～Ⅲ类水质断面比例逐年持续升高、劣Ⅴ类比例逐年持续降低；至2020年，Ⅰ～Ⅲ类水质断面比例为83.4%、劣Ⅴ类为0.6%，相较于2016年分别上升15.6个百分点、下降8.0个百分点，详见表1-1。

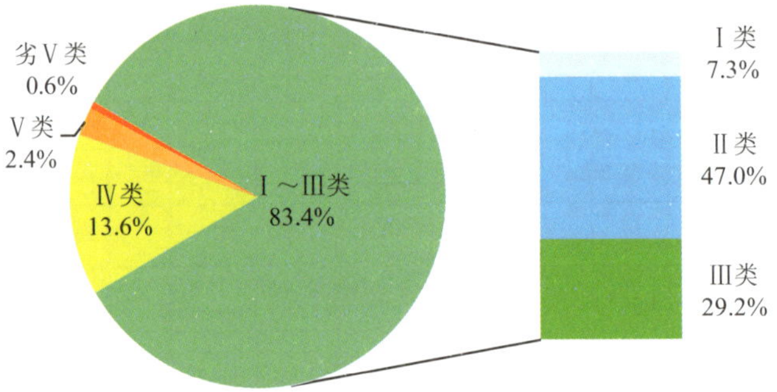

图 1-1 2020 年全国地表水质断面类别比例

表 1-1 “十三五”时期全国地表水质状况

年份	Ⅰ～Ⅲ类断面比例/%	Ⅰ～Ⅲ类断面比例变化（百分点）	劣Ⅴ类断面比例/%	劣Ⅴ类断面比例变化（百分点）	水质状况
2016	67.8	—	8.6	—	轻度污染
2017	67.9	0.1	8.3	−0.3	轻度污染
2018	71.0	3.1	6.7	−1.6	轻度污染
2019	74.9	3.9	3.4	−3.3	轻度污染
2020	83.4	8.5	0.6	−2.8	良好

从“十三五”时期全国地表水年内的变化规律分析：Ⅰ～Ⅲ类水质断面比例年内基本呈先降后升的变化趋势，总体上汛期比例略低于非汛期，且每年的 12 月比次年 1 月比例略高；劣Ⅴ类水质断面比例年内也基本呈先降后升的变化趋势，1 月开始比例逐渐降低，汛期过后略有升高，详见图 1-2、图 1-3。

2020 年年内全国地表水Ⅰ～Ⅲ类水质断面比例呈现明显的深“U”形变化趋势，与多年平均变化趋势相比，月度变化幅度明显较大；劣Ⅴ类水质断面比例也呈现出与往年不同的变化规律。受 2020 年年初新冠肺炎疫情影响、社会排放量减少，2 月至 4 月Ⅰ～Ⅲ类和劣Ⅴ类水质断面比例相较于 1 月升高和降低幅度较大；5 月开始全国陆续进入汛期，2020 年汛期降水量相较于多年平均偏多，面源污染导致Ⅰ～Ⅲ类水质断面比例下降幅度相对较大、劣Ⅴ类水质断面比例有所提高；

2020 年 10 月以后，受水量增加水环境容量增大和收官年冲刺的双重影响，全国地表水Ⅰ～Ⅲ类和劣Ⅴ类水质断面比例又出现明显的升高和降低。2021 年 1 月，全国地表水Ⅰ～Ⅲ类水质断面比例为 82.7%，延续了水质良好的状态。

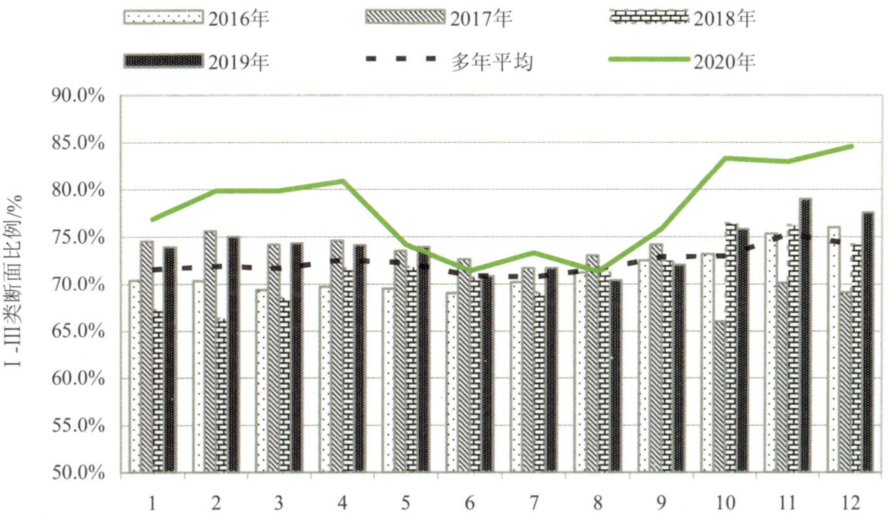

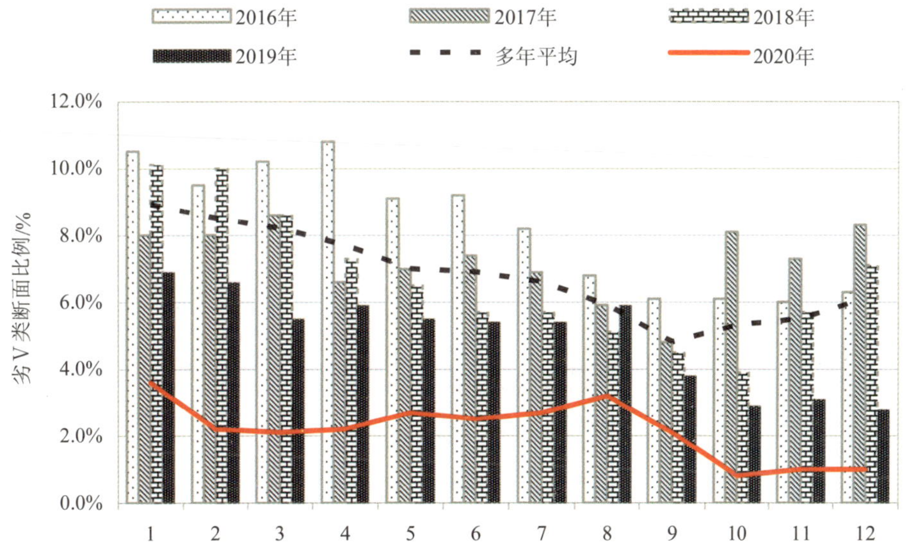

图 1-2　近年全国地表水Ⅰ～Ⅲ类和劣Ⅴ类水质断面比例变化

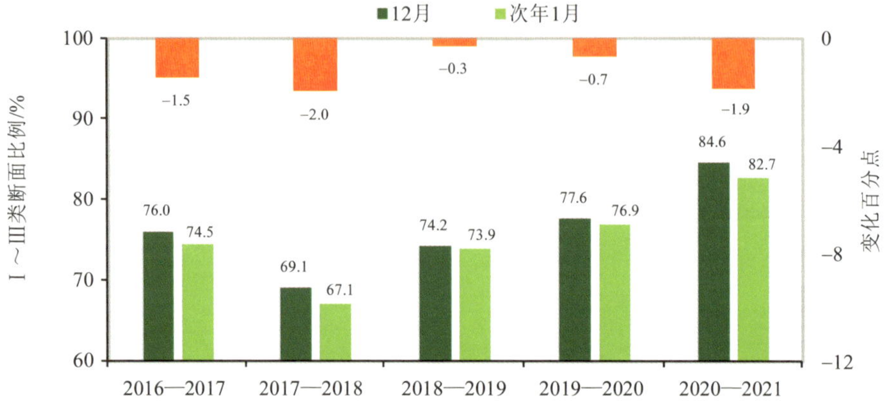

图 1-3　近年全国地表水 12 月与次年 1 月Ⅰ～Ⅲ类断面比例变化

1.2　主要污染指标情况

“十三五”时期，全国地表水主要污染指标为化学需氧量、总磷、高锰酸盐指数、五日生化需氧量和氨氮。2016—2017 年首要污染指标为总磷，2018—2020 年首要污染指标为化学需氧量。主要污染指标平均浓度和超标率基本呈现持续下降的变化趋势，总磷、氨氮、五日生化需氧量、化学需氧量和高锰酸盐指数断面超标率分别下降 10.4 个百分点、9.8 个百分点、9.6 个百分点、8.4 个百分点和 4.6 个百分点，氨氮、总磷、五日生化需氧量、化学需氧量和高锰酸盐指数平均浓度分别下降 68.6%、43.5%、34.6%、16.0%和 11.1%，详见图 1-4、图 1-5。

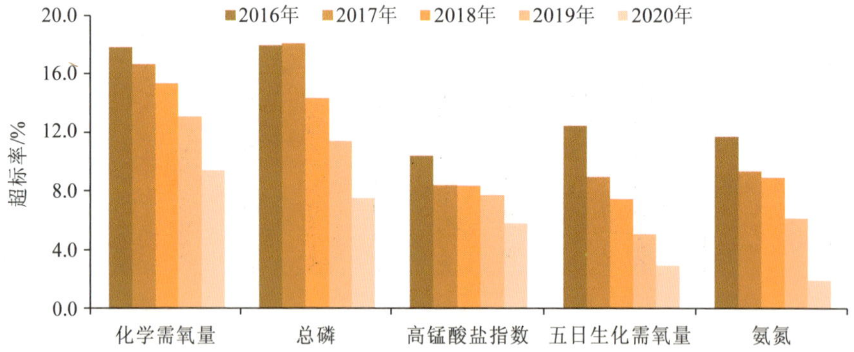

图 1-4　“十三五”时期全国地表水主要污染指标超标率

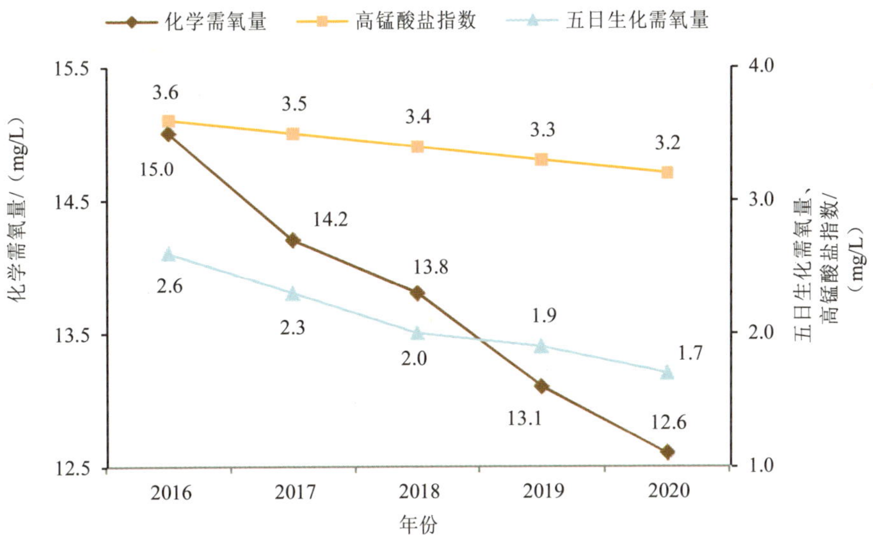

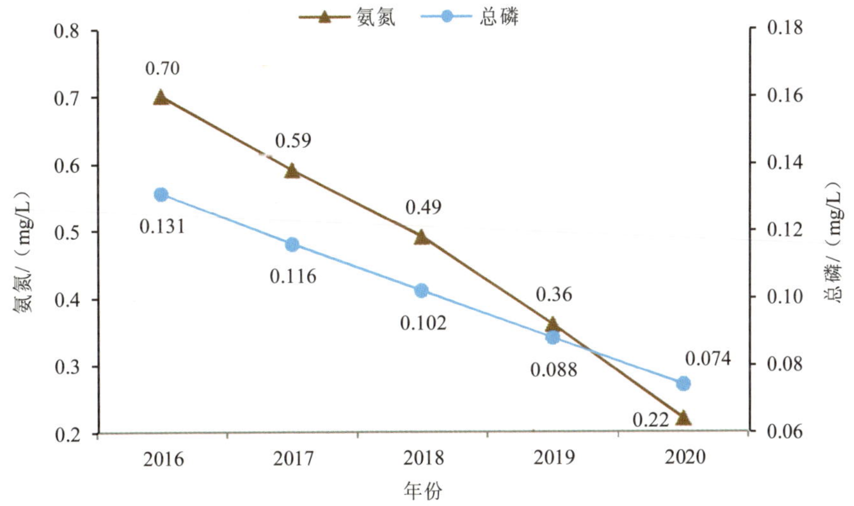

图 1-5　“十三五”时期全国地表水主要污染指标平均浓度

2 重点流域

2.1 主要江河

长江、黄河、珠江、松花江、淮河、海河和辽河七大流域及西北诸河、西南诸河和浙闽片河流 2016—2018 年总体均处于轻度污染状况，2019 年和 2020 年水质均良好。2016 年以来，Ⅰ～Ⅲ类水质断面比例逐年持续升高、劣Ⅴ类比例逐年持续降低；至 2020 年Ⅰ～Ⅲ类水质断面比例为 87.4%、劣Ⅴ类为 0.2%，相较于 2016 年分别上升 16.2 个百分点、下降 8.9 个百分点，详见表 2-1。

表 2-1 “十三五”时期重点流域主要江河水质状况

年度	Ⅰ～Ⅲ类断面比例/%	劣Ⅴ类断面比例/%	水质状况
2016	71.2	9.1	轻度污染
2017	71.8	8.4	轻度污染
2018	74.3	6.9	轻度污染
2019	79.1	3.0	良好
2020	87.4	0.2	良好

“十三五”时期，七大流域干流水质基本优于其主要支流。长江流域和珠江流域干支流水质均为优良。黄河流域和松花江流域干流水质优良；主要支流 2016—2019 年为中、轻度污染，2020 年水质良好。淮河干流除 2017 年为轻度污染，其余年份水质为优；主要支流 2016—2019 年均为轻度污染，2020 年水质良好。海河干支流水质持续好转，干流由中度污染好转为轻度污染，主要支流由重度污染好转为轻度污染。辽河干流除 2018 年为中度污染，其余年份均为轻度污染；主要支流 2016—2019 年为中、重度污染，2020 年为轻度污染，详见表 2-2。

表 2-2　“十三五”时期七大流域主要江河水质状况

年度	长江干流	珠江干流	黄河干流	松花江干流	淮河干流	海河干流	辽河干流
2016	优	良好	优	优	优	中度污染	轻度污染
2017	优	良好	优	良好	轻度污染	中度污染	轻度污染
2018	优	良好	优	优	优	轻度污染	中度污染
2019	优	良好	优	良好	优	轻度污染	轻度污染
2020	优	优	优	优	优	轻度污染	轻度污染
年度	长江主要支流	珠江主要支流	黄河主要支流	松花江主要支流	淮河主要支流	海河主要支流	辽河主要支流
2016	良好	良好	轻度污染	轻度污染	轻度污染	重度污染	中度污染
2017	良好	良好	中度污染	轻度污染	轻度污染	中度污染	重度污染
2018	良好	良好	轻度污染	中度污染	轻度污染	中度污染	中度污染
2019	优	良好	轻度污染	轻度污染	轻度污染	轻度污染	中度污染
2020	优	优	良好	良好	良好	轻度污染	轻度污染

2.2　重要湖库

全国重要湖库 2016—2017 年Ⅰ～Ⅲ类和劣Ⅴ类个数分别略有下降和上升，2017—2020 年分别呈逐年上升和逐年下降趋势，总体呈好转趋势。2020 年与 2016 年相比，6 个湖库水质明显好转，30 个湖库水质有所好转，9 个湖库水质有所下降，1 个湖库水质明显下降，详见图 2-1。水质明显好转的 6 个湖库分别为宁夏石嘴山的沙湖、湖南益阳的大通湖、内蒙古巴彦淖尔的乌梁素海、山东聊城的高唐湖、四川绵阳的鲁班水库和青海海南州的龙羊峡水库。水质明显下降的湖泊为黑龙江鸡西的兴凯湖。水质有所下降的 9 个湖库分别为湖北鄂州的梁子湖和黄冈的白莲河水库、云南玉溪的杞麓湖、安徽淮南的焦岗湖、甘肃酒泉的双塔水库、黑龙江鸡西的小兴凯湖、江苏扬州的高邮湖、山东青岛的崂山水库和新疆博州的赛里木湖。

“十三五”时期，处于富营养化状态的湖库数量由2016年的25个增加至2020年的32个，其中，湖北荆州的洪湖由中营养下降为中度富营养，山东潍坊的峡山水库和泰安的东平湖、湖北武汉的斧头湖、安徽淮南的瓦埠湖和池州的升金湖、浙江宁波的东钱湖、江西新余的仙女湖、江苏宿迁的骆马湖、黑龙江牡丹江的莲花水库和河北衡水的衡水湖共10个湖库由中营养下降为轻度富营养，浙江杭州的西湖、宁夏石嘴山的沙湖、黑龙江鸡西的兴凯湖和内蒙古巴彦淖尔的乌梁素海共4个湖泊由轻度富营养好转为中营养。

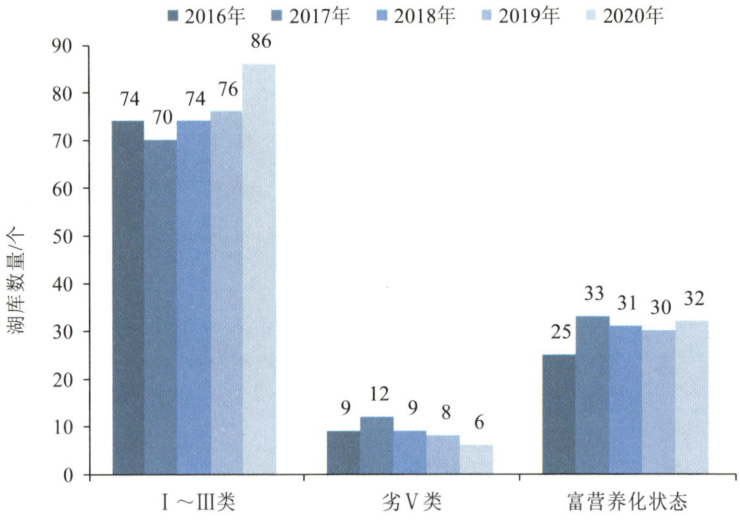

图2-1 “十三五”时期重点湖库水质状况

“十三五”时期，太湖水质状况和营养状态稳定，分别为轻度污染和轻度富营养；巢湖水质状况在轻度污染和中度污染间波动变化，营养状态稳定为轻度富营养；滇池水质状况总体呈好转趋势，由中、重度污染好转为轻度污染，营养状态在中度富营养和轻度富营养间波动变化；白洋淀水质状况除2017年为中度污染外，其余年份均为轻度污染，营养状态稳定为轻度富营养；洱海总体水质优良，营养状态稳定为中营养；丹江口水库水质状况和营养状况稳定，分别为优和中营养，详见表2-3、表2-4。

表 2-3　“十三五”时期“老三湖”水质状况

年份	太湖		巢湖		滇池	
	水质状况	营养状态	水质状况	营养状态	水质状况	营养状态
2016	轻度污染	轻度富营养	轻度污染	轻度富营养	中度污染	中度富营养
2017	轻度污染	轻度富营养	中度污染	轻度富营养	重度污染	中度富营养
2018	轻度污染	轻度富营养	中度污染	轻度富营养	轻度污染	轻度富营养
2019	轻度污染	轻度富营养	轻度污染	轻度富营养	轻度污染	轻度富营养
2020	轻度污染	轻度富营养	轻度污染	轻度富营养	轻度污染	中度富营养

表 2-4　“十三五”时期“新三湖”水质状况

年份	白洋淀		洱海		丹江口水库	
	水质状况	营养状态	水质状况	营养状态	水质状况	营养状态
2016	轻度污染	轻度富营养	良好	中营养	优	中营养
2017	中度污染	轻度富营养	良好	中营养	优	中营养
2018	轻度污染	轻度富营养	优	中营养	优	中营养
2019	轻度污染	轻度富营养	良好	中营养	优	中营养
2020	轻度污染	轻度富营养	优	中营养	优	中营养

3　重点攻关区域

3.1　长江经济带

长江经济带 9 省 2 市 2016—2017 年总体均处于轻度污染状况，2018—2020 年水质均良好。2016 年以来，Ⅰ～Ⅲ类水质断面比例逐年持续升高、劣Ⅴ类比例逐年持续降低；至 2020 年，Ⅰ～Ⅲ类水质断面比例为 87.6%、劣Ⅴ类为 0.4%，相较于 2016 年分别上升 14.3 个百分点、下降 2.9 个百分点，详见表 3-1。

2020 年长江流域主要江河总体水质为优，Ⅰ～Ⅲ类水质断面比例为 96.7%、劣Ⅴ类为 0，相较于 2016 年分别上升 14.4 个百分点、下降 3.5 个百分点；已于 2019 年提前达到《长江保护修复攻坚战行动计划》中 2020 年分别达到 85%以上和低于 2%的目标。12 个消劣断面已完成目标。

表 3-1 “十三五”时期长江经济带 9 省 2 市水质状况

年份	Ⅰ～Ⅲ类断面比例/%	劣Ⅴ类断面比例/%	水质状况
2016	73.3	3.3	轻度污染
2017	73.9	3.0	轻度污染
2018	79.3	1.9	良好
2019	82.5	1.3	良好
2020	87.6	0.4	良好

3.2 环渤海入海河流

入海河流 2017 年为中度污染，其余年份均为轻度污染。虽总体处于污染状态，但Ⅰ～Ⅲ类水质断面比例呈升高趋势、劣Ⅴ类比例呈降低趋势，2020 年Ⅰ～Ⅲ类水质断面比例为 67.9%、劣Ⅴ类为 0.5%，相较于 2016 年分别上升 21.0 个百分点、下降 16.7 个百分点。

环渤海入海河流由中、重度污染好转为轻度污染。2020 年，Ⅰ～Ⅲ类水质断面比例为 43.5%、劣Ⅴ类为 0，相较于 2016 年分别上升 30.5 个百分点、下降 34.8 个百分点。《渤海综合治理攻坚战行动计划》列出的 10 个消劣断面已完成目标。

“十三五”时期入海河流水质状况见表 3-2。

表 3-2 “十三五”时期入海河流水质状况

年份	入海河流			环渤海入海河流		
	Ⅰ～Ⅲ类断面比例/%	劣Ⅴ类断面比例/%	水质状况	Ⅰ～Ⅲ类断面比例/%	劣Ⅴ类断面比例/%	水质状况
2016	46.9	17.2	轻度污染	13.0	34.8	中度污染
2017	47.7	21.0	中度污染	17.0	44.7	重度污染
2018	45.9	14.9	轻度污染	17.4	21.7	中度污染
2019	54.2	4.2	轻度污染	21.7	4.3	轻度污染
2020	67.9	0.5	轻度污染	43.5	0	轻度污染

3.3　粤港澳大湾区

粤港澳大湾区（珠三角）由轻、中度污染变为良好，Ⅰ～Ⅲ类水质断面比例持续升高，劣Ⅴ类已完全消除；至 2020 年Ⅰ～Ⅲ类水质断面比例为 85.4%、劣Ⅴ类为 0，相较于 2016 年分别上升 25.0 个百分点、下降 16.7 个百分点，详见表 3-3。

表 3-3　“十三五”时期粤港澳大湾区（珠三角）水质状况①

年份	Ⅰ～Ⅲ类断面比例/%	劣Ⅴ类断面比例/%	水质状况
2016	60.4	16.7	轻度污染
2017	62.5	18.8	轻度污染
2018	64.6	20.8	中度污染
2019	68.8	10.4	轻度污染
2020	85.4	0	良好

深圳河、茅洲河、东莞运河、淡水河、中心河、石马河、洋沙排洪渠和淡澳河等重度污染河流全面好转。

① 以 2050 断面为基础，采用 9 个排名城市（广州、江门、肇庆、深圳、珠海、佛山、东莞、中山、惠州）48 个断面数据进行统计。

附件 “十三五”时期国家地表水环境质量监测网各流域断面设置情况

长江流域“十三五”国控监测断面设置情况

序号	断面名称	所在河流	省份	所在地区	所在河流级别	汇入河流（湖库、海洋）	断面属性	断面功能
1	直门达	通天河	青海省	玉树州	干流	金沙江		评价、考核、排名
2	金沙江岗托桥	金沙江	西藏自治区	昌都地区	干流	长江	省界（川—藏）	评价、考核、排名
3	贺龙桥	金沙江	云南省	迪庆州	干流	长江	省界（川—滇）	评价、考核、排名
4	新华	金沙江	云南省	丽江市	干流	长江	市界（迪庆州—丽江市）	评价、考核、排名
5	金江桥	金沙江	云南省	丽江市	干流	长江		评价、考核、排名
6	大湾子	金沙江	云南省	楚雄州	干流	长江	省界（川—滇）	评价、考核、排名
7	蒙姑	金沙江	云南省	昆明市	干流	长江		评价、考核、排名
8	三块石	金沙江	云南省	昭通市	干流	长江	省界（滇、川）	评价、考核、排名
9	倮果	金沙江	四川省	攀枝花市	干流	长江		评价、考核、排名
10	龙洞	金沙江	四川省	攀枝花市	干流	长江	省界（滇、川）	评价、考核、排名
11	石门子	金沙江	四川省	宜宾市	干流	长江		评价、考核、排名

序号	断面名称	所在河流	省份	所在地区	所在河流级别	汇入河流（湖库、海洋）	断面属性	断面功能
12	挂弓山	长江	四川省	宜宾市	干流	东海		评价、考核、排名
13	纳溪大渡口	长江	四川省	泸州市	干流	东海	市界（宜宾市—泸州市）	评价、考核、排名
14	手爬岩	长江	四川省	泸州市	干流	东海		评价、考核、排名
15	朱沱	长江	重庆市	永川区	干流	东海	省界（川—渝）	评价、考核、排名
16	江津大桥	长江	重庆市	江津区	干流	东海	入库口	评价、考核、排名
17	寸滩	长江	重庆市	江北区	干流	东海		评价、考核、排名
18	清溪场	长江	重庆市	涪陵区	干流	东海		评价、考核、排名
19	苏家	长江	重庆市	忠县	干流	东海		评价、考核、排名
20	和尚山	长江	重庆市	九龙坡区	干流	东海		评价、考核、排名
21	丰收坝	长江	重庆市	大渡口区	干流	东海		评价、考核、排名
22	晒网坝	长江	重庆市	万州区	干流	东海		评价、考核、排名
23	白帝城	长江	重庆市	奉节县	干流	东海		评价、考核、排名
24	巫峡口	长江	湖北省	恩施州	干流	东海	省界（渝—鄂）	评价、考核、排名
25	南津关	长江	湖北省	宜昌市	干流	东海		评价、考核、排名
26	云池（白洋）	长江	湖北省	宜昌市	干流	东海		评价、考核、排名
27	观音寺	长江	湖北省	荆州市	干流	东海		评价、考核、排名
28	柳口	长江	湖北省	荆州市	干流	东海		评价、考核、排名

序号	断面名称	所在河流	省份	所在地区	所在河流级别	汇入河流（湖库、海洋）	断面属性	断面功能
29	调关	长江	湖北省	荆州市	干流	东海		评价、考核、排名
30	杨泗港	长江	湖北省	武汉市	干流	东海		评价、考核、排名
31	白浒山	长江	湖北省	武汉市	干流	东海	市界（武汉市—鄂州市）	评价、考核、排名
32	燕矶	长江	湖北省	鄂州市	干流	东海		评价、考核、排名
33	风波港	长江	湖北省	黄石市	干流	东海		评价、考核、排名
34	中官铺	长江	湖北省	黄冈市	干流	东海	省界（鄂—赣）	评价、考核、排名
35	砖瓦厂	长江	湖北省	荆州市	干流	东海	市界（宜昌市—荆州市）	评价、考核、排名
36	黄腊石	长江	湖北省	恩施州	干流	东海	市界（恩施州—宜昌市）	评价、考核、排名
37	荆江口	长江	湖南省	岳阳市	干流	东海	省界（鄂—湘）	评价、考核、排名
38	城陵矶	长江	湖南省	岳阳市	干流	东海		评价、考核、排名
39	姚港	长江	江西省	九江市	干流	东海	省界（鄂、赣）	评价、考核、排名
40	湖口	长江	江西省	九江市	干流	东海		评价、考核、排名
41	香口	长江	安徽省	池州市	干流	东海	省界（赣—皖）	评价、考核、排名
42	东西梁山	长江	安徽省	芜湖市	干流	东海		评价、考核、排名
43	五步沟	长江	安徽省	池州市	干流	东海	市界（池州市—铜陵市）	评价、考核、排名
44	皖河口	长江	安徽省	安庆市	干流	东海		评价、考核、排名

序号	断面名称	所在河流	省份	所在地区	所在河流级别	汇入河流（湖库、海洋）	断面属性	断面功能
45	前江口	长江	安徽省	安庆市	干流	东海		评价、考核、排名
46	陈家墩	长江	安徽省	铜陵市	干流	东海	市界（铜陵市—芜湖市）	评价、考核、排名
47	三兴村	长江	安徽省	马鞍山市	干流	东海	省界（皖—苏）	评价、考核、排名
48	九乡河口	长江	江苏省	南京市	干流	东海		评价、考核、排名
49	小河口上游	长江	江苏省	扬州市	干流	东海	市界（南京市—扬州市）	评价、考核、排名
50	焦山尾	长江	江苏省	镇江市	干流	东海		评价、考核、排名
51	小湾	长江	江苏省	无锡市	干流	东海		评价、考核、排名
52	魏村	长江	江苏省	常州市	干流	东海		评价、考核、排名
53	高港码头	长江	江苏省	泰州市	干流	东海		评价、考核、排名
54	姚港	长江	江苏省	南通市	干流	东海		评价、考核、排名
55	浏河	长江	上海市		干流	东海	省界（苏—沪）	评价、考核、排名
56	青草沙进水口	长江	上海市		干流	东海		评价、考核、排名
57	白龙港	长江	上海市		干流	东海		评价、考核、排名
58	朝阳农场	长江	上海市		干流	东海		评价、考核、排名、入海控制
59	龙兴村	漾弓江	云南省	丽江市	一级	金沙江	市界（丽江市—大理州）	评价、考核、排名

序号	断面名称	所在河流	省份	所在地区	所在河流级别	汇入河流（湖库、海洋）	断面属性	断面功能
60	江边	龙川江	云南省	楚雄州	一级	金沙江		评价、考核、排名
61	西观桥	龙川江	云南省	楚雄州	一级	金沙江		评价、考核、排名
62	富民大桥	螳螂川	云南省	昆明市	一级	金沙江		评价、考核、排名
63	普渡河桥	普渡河	云南省	昆明市	一级	金沙江		评价、考核、排名
64	四级站	小江	云南省	昆明市	一级	金沙江		评价、考核、排名
65	江底桥	牛栏江	云南省	昭通市	一级	金沙江	市界（曲靖市—昭通市）	评价、考核、排名
66	崔家庄	牛栏江	云南省	滇中新区	一级	金沙江		评价、考核、排名
67	河口（象鼻山吊桥）	牛栏江	云南省	昆明市	一级	金沙江		评价、考核、排名
68	横江桥	横江	云南省	昭通市	一级	金沙江	省界（滇—川）	评价、考核、排名
69	以礼河水文站	以礼河	云南省	曲靖市	一级	金沙江		评价、考核、排名
70	通仙桥	鸣矣河	云南省	滇中新区	二级	普渡河		评价、考核、排名
71	头屯河	头屯河	云南省	昭通市	三级	六冲河		评价、考核、排名
72	柏枝	雅砻江	四川省	攀枝花市	一级	金沙江		评价、考核、排名
73	雅砻江口	雅砻江	四川省	攀枝花市	一级	金沙江		评价、考核、排名
74	都江堰水文站	岷江（内江）	四川省	成都市	一级	长江	市界（阿坝州—成都市）	评价、考核、排名

序号	断面名称	所在河流	省份	所在地区	所在河流级别	汇入河流（湖库、海洋）	断面属性	断面功能
75	岳店子下	岷江（外江）	四川省	成都市	一级	长江	市界（成都市—眉山市）	评价、考核、排名
76	彭山岷江大桥	岷江	四川省	眉山市	一级	长江		评价、考核、排名
77	悦来渡口	岷江	四川省	乐山市	一级	长江	市界（眉山市—乐山市）	评价、考核、排名
78	凉姜沟	岷江	四川省	宜宾市	一级	长江	入江口	评价、考核、排名
79	泸天化大桥	永宁河	四川省	泸州市	一级	长江	入江口	评价、考核、排名
80	八角	绵远河	四川省	德阳市	一级	长江		评价、考核、排名
81	宏缘	沱江	四川省	资阳市	一级	长江	市界（成都市—资阳市）	评价、考核、排名
82	幸福村（河东元坝）	沱江	四川省	资阳市	一级	长江	市界（资阳市—内江市）	评价、考核、排名
83	李家湾	沱江	四川省	自贡市	一级	长江		评价、考核、排名
84	大磨子	沱江	四川省	泸州市	一级	长江	市界（自贡市—泸州市）	评价、考核、排名
85	沱江大桥	沱江	四川省	泸州市	一级	长江	入江口	评价、考核、排名
86	醒觉溪	赤水河	四川省	泸州市	一级	长江	入江口	评价、考核、排名
87	八庙沟	嘉陵江	四川省	广元市	一级	长江		评价、考核、排名
88	金溪电站	嘉陵江	四川省	南充市	一级	长江		评价、考核、排名
89	沙溪	嘉陵江	四川省	南充市	一级	长江	市界（广元市—南充市）	评价、考核、排名
90	脚仙村	沱江	四川省	自贡市	一级	长江	市界（内江市—自贡市）	评价、考核、排名

序号	断面名称	所在河流	省份	所在地区	所在河流级别	汇入河流（湖库、海洋）	断面属性	断面功能
91	月波	岷江	四川省	宜宾市	一级	长江	市界（乐山市—宜宾市）	评价、考核、排名
92	烈面	嘉陵江	四川省	广安市	一级	长江	市界（南充市—广安市）	评价、考核、排名
93	幺滩	御临河	四川省	广安市	一级	长江	省界（川—渝）	评价、考核、排名
94	蔡家渡口	长宁河	四川省	宜宾市	一级	长江		评价、考核、排名
95	拱城铺渡口	沱江	四川省	资阳市	一级	长江		评价、考核、排名
96	渭门桥	岷江	四川省	阿坝州	一级	长江		评价、考核、排名
97	上石盘	嘉陵江	四川省	广元市	一级	长江		评价、考核、排名
98	昔街大桥	安宁河	四川省	攀枝花市	二级	雅砻江	市界（凉山州—攀枝花市）	评价、考核、排名
99	阿七大桥	安宁河	四川省	凉山州	二级	雅砻江		评价、考核、排名
100	南渡	南河	四川省	广元市	二级	嘉陵江		评价、考核、排名
101	姚渡	白龙江	四川省	广元市	二级	嘉陵江	省界（甘—川）	评价、考核、排名
102	苴国村	白龙江	四川省	广元市	二级	嘉陵江	入江口	评价、考核、排名
103	平武水文站	涪江	四川省	绵阳市	二级	嘉陵江		评价、考核、排名
104	百顷	涪江	四川省	绵阳市	二级	嘉陵江	市界（绵阳市—遂宁市）	评价、考核、排名
105	丰谷	涪江	四川省	绵阳市	二级	嘉陵江		评价、考核、排名
106	福田坝	涪江	四川省	绵阳市	二级	嘉陵江		评价、考核、排名

序号	断面名称	所在河流	省份	所在地区	所在河流级别	汇入河流（湖库、海洋）	断面属性	断面功能
107	团堡岭	渠江	四川省	达州市	二级	嘉陵江	市界（达州市—广安市）	评价、考核、排名
108	升钟水库铁炉寺	西河	四川省	南充市	二级	嘉陵江	市界（广元市—南充市）	评价、考核、排名
109	文成镇	东河	四川省	南充市	二级	嘉陵江	市界（广元市—南充市）	评价、考核、排名
110	黄龙溪	府河	四川省	成都市	二级	岷江	市界（成都市—眉山市）	评价、考核、排名
111	二江寺	江安河	四川省	成都市	二级	岷江		评价、考核、排名
112	三谷庄	大渡河	四川省	雅安市	二级	岷江	市界（雅安市—乐山市）	评价、考核、排名
113	大岗山	大渡河	四川省	雅安市	二级	岷江	市界（甘孜州—雅安市）	评价、考核、排名
114	李码头	大渡河	四川省	乐山市	二级	岷江	入江口	评价、考核、排名
115	两河口	越溪河	四川省	自贡市	二级	岷江	市界（自贡市—宜宾市）	评价、考核、排名
116	马边河河口	马边河	四川省	乐山市	二级	岷江		评价、考核、排名
117	手傍岩	巴河	四川省	巴中市	二级	渠江		评价、考核、排名
118	江陵	巴河	四川省	达州市	二级	渠江	市界（巴中市—达州市）	评价、考核、排名
119	大蹬沟	巴河	四川省	达州市	二级	渠江		评价、考核、排名
120	三川	鸭子河	四川省	德阳市	二级	沱江		评价、考核、排名
121	球溪河口	球溪河	四川省	内江市	二级	沱江	入江口	评价、考核、排名
122	碳研所	釜溪河	四川省	自贡市	二级	沱江		评价、考核、排名

序号	断面名称	所在河流	省份	所在地区	所在河流级别	汇入河流（湖库、海洋）	断面属性	断面功能
123	胡市大桥	濑溪河	四川省	泸州市	二级	沱江	入江口	评价、考核、排名
124	201 医院	北河	四川省	成都市	二级	沱江	市界（德阳市—成都市）	评价、考核、排名
125	三邑大桥	青白江	四川省	成都市	二级	沱江		评价、考核、排名
126	双江桥	石亭江	四川省	德阳市	二级	沱江		评价、考核、排名
127	马尔邦碉王山庄	大金川河	四川省	阿坝州	三级	大渡河		评价、考核、排名
128	龟都府	青衣江	四川省	雅安市	三级	大渡河	市界（雅安市—眉山市）	评价、考核、排名
129	木城镇	青衣江	四川省	乐山市	三级	大渡河	市界（眉山市—乐山市）	评价、考核、排名
130	姜公堰	青衣江	四川省	乐山市	三级	大渡河	入江口	评价、考核、排名
131	县城马踏石点	白水江	四川省	阿坝州	三级	白龙江		评价、考核、排名
132	梓江大桥	梓江	四川省	遂宁市	三级	涪江	入江口	评价、考核、排名
133	跑马滩	琼江	四川省	遂宁市	三级	涪江	市界（资阳市—遂宁市）	评价、考核、排名
134	象山	郪江	四川省	德阳市	三级	涪江	市界（德阳市—遂宁市）	评价、考核、排名
135	北川通口	通口河	四川省	绵阳市	三级	涪江		评价、考核、排名
136	廖家堰	威远河	四川省	自贡市	三级	釜溪河	市界（内江市—自贡市）	评价、考核、排名
137	西平镇	凯江	四川省	德阳市	三级	嘉陵江	市界（德阳市—绵阳市）	评价、考核、排名
138	白兔乡	流江河	四川省	达州市	三级	渠江	市界（南充市—达州市）	评价、考核、排名

序号	断面名称	所在河流	省份	所在地区	所在河流级别	汇入河流（湖库、海洋）	断面属性	断面功能
139	舵石盘	州河	四川省	达州市	三级	渠江		评价、考核、排名
140	车家河	州河	四川省	达州市	三级	渠江		评价、考核、排名
141	小水沟	梭磨河	四川省	阿坝州	四级	大金川河		评价、考核、排名
142	联盟桥	任市河	四川省	达州市	五级	明月江	省界（渝—川）	评价、考核、排名
143	固水子村	白龙江	甘肃省	陇南市	二级	嘉陵江		评价、考核、排名
144	两水桥	白龙江	甘肃省	陇南市	二级	嘉陵江		评价、考核、排名
145	石门坎	綦江河	重庆市	綦江区	一级	长江	省界（黔—渝）	评价、考核、排名
146	北渡	綦江河	重庆市	江津区	一级	长江		评价、考核、排名
147	金子	嘉陵江	重庆市	合川区	一级	长江	省界（川—渝）	评价、考核、排名
148	北温泉	嘉陵江	重庆市	北碚区	一级	长江		评价、考核、排名
149	运输桥	龙溪河	重庆市	长寿区	一级	长江		评价、考核、排名
150	六剑滩	龙溪河	重庆市	长寿区	一级	长江		评价、考核、排名
151	万木	乌江	重庆市	酉阳县	一级	长江	省界（黔—渝）	评价、考核、排名
152	锣鹰	乌江	重庆市	武隆县	一级	长江		评价、考核、排名
153	白马	乌江	重庆市	武隆县	一级	长江		评价、考核、排名
154	高阳渡口	澎溪河	重庆市	云阳县	一级	长江		评价、考核、排名

序号	断面名称	所在河流	省份	所在地区	所在河流级别	汇入河流（湖库、海洋）	断面属性	断面功能
155	花台	大宁河	重庆市	巫山县	一级	长江		评价、考核、排名
156	御临镇	御临河	重庆市	渝北区	一级	长江		评价、考核、排名
157	湖海场	龙河	重庆市	丰都县	一级	长江		评价、考核、排名
158	木瓜洞	渠溪河	重庆市	涪陵区	一级	长江		评价、考核、排名
159	卫星桥	黄金河	重庆市	忠县	一级	长江		评价、考核、排名
160	朱杨溪	临江河	重庆市	江津区	一级	长江		评价、考核、排名
161	高洞梁	汝溪河	重庆市	忠县	一级	长江		评价、考核、排名
162	向家	磨刀溪	重庆市	万州区	一级	长江		评价、考核、排名
163	汤溪河江口	汤溪河	重庆市	云阳县	一级	长江		评价、考核、排名
164	罗汉大桥	梅溪河	重庆市	奉节县	一级	长江		评价、考核、排名
165	两河口	璧南河	重庆市	璧山区	一级	长江		评价、考核、排名
166	黎家乡崔家岩村	大洪河（大洪湖）	重庆市	长寿区	一级	长江	省界（川—渝）	评价、考核、排名
167	高洞电站	濑溪河	重庆市	荣昌区	二级	沱江	省界（渝—川）	评价、考核、排名
168	玉溪	涪江	重庆市	潼南区	二级	嘉陵江	省界（川—渝）	评价、考核、排名
169	码头	渠江	重庆市	合川区	二级	嘉陵江	省界（川—渝）	评价、考核、排名

序号	断面名称	所在河流	省份	所在地区	所在河流级别	汇入河流（湖库、海洋）	断面属性	断面功能
170	官渡	渠江	重庆市	合川区	二级	嘉陵江		评价、考核、排名
171	太和	涪江	重庆市	合川区	二级	嘉陵江		评价、考核、排名
172	红花村	唐岩河	重庆市	酉阳县	二级	乌江	入江口	评价、考核、排名
173	郁江桥	郁江	重庆市	彭水县	二级	乌江	入江口	评价、考核、排名
174	江口镇	芙蓉江	重庆市	武隆县	二级	乌江	省界（黔—渝）	评价、考核、排名
175	鸭江镇	大溪河（渝）	重庆市	武隆县	二级	乌江		评价、考核、排名
176	水寨子	任河	重庆市	城口县	二级	汉江	省界（渝—陕）	评价、考核、排名
177	寨溪大桥	蒲河	重庆市	綦江区	二级	綦江河		评价、考核、排名
178	红岩	蒲河	重庆市	万盛经开区	二级	綦江河		评价、考核、排名
179	光辉	琼江	重庆市	潼南区	三级	涪江	省界（川—渝）	评价、考核、排名
180	中和	琼江	重庆市	铜梁区	三级	涪江	入江口	评价、考核、排名
181	临渡	小安溪	重庆市	合川区	三级	涪江		评价、考核、排名
182	土堡寨	前河	重庆市	城口县	四级	州河	省界（渝—川）	评价、考核、排名
183	黄牛铺	嘉陵江	陕西省	宝鸡市	一级	长江		评价、考核、排名
184	灶火庵	嘉陵江	陕西省	宝鸡市	一级	长江	省界（陕—川）	评价、考核、排名
185	鲁光坪	嘉陵江	陕西省	汉中市	一级	长江		评价、考核、排名

序号	断面名称	所在河流	省份	所在地区	所在河流级别	汇入河流（湖库、海洋）	断面属性	断面功能
186	白水江	嘉陵江	陕西省	汉中市	一级	长江		评价、考核、排名
187	小钢桥	汉江	陕西省	安康市	一级	长江	市界（汉中市—安康市）	评价、考核、排名
188	老君关	汉江	陕西省	安康市	一级	长江		评价、考核、排名
189	烈金坝	汉江	陕西省	汉中市	一级	长江		评价、考核、排名
190	黄金峡	汉江	陕西省	汉中市	一级	长江		评价、考核、排名
191	南柳渡	汉江	陕西省	汉中市	一级	长江		评价、考核、排名
192	梁西渡	汉江	陕西省	汉中市	一级	长江		评价、考核、排名
193	构峪口	丹江	陕西省	商洛市	二级	汉江		评价、考核、排名
194	丹凤下	丹江	陕西省	商洛市	二级	汉江		评价、考核、排名
195	淅川荆紫关	丹江	河南省	南阳市	二级	汉江	省界（陕—豫）	评价、考核、排名
196	淅川史家湾	丹江	河南省	南阳市	二级	汉江		评价、考核、排名
197	三道河	老灌河	河南省	南阳市	三级	丹江	市界（三门峡市—南阳市）	评价、考核、排名
198	淅川张营	老灌河	河南省	南阳市	三级	丹江		评价、考核、排名
199	上河	淇河	河南省	南阳市	三级	丹江	市界（三门峡市—南阳市）	评价、考核、排名
200	淅川高湾	淇河	河南省	南阳市	三级	丹江		评价、考核、排名
201	南阳盆窑	白河	河南省	南阳市	三级	唐白河		评价、考核、排名

序号	断面名称	所在河流	省份	所在地区	所在河流级别	汇入河流（湖库、海洋）	断面属性	断面功能
202	方城夏河	唐河	河南省	南阳市	三级	唐白河		评价、考核、排名
203	内乡怀乡桥	湍河	河南省	南阳市	四级	白河		评价、考核、排名
204	大冶湖闸	大冶湖	湖北省	黄石市	一级	长江	入河口	评价、考核、排名
205	冯集	倒水	湖北省	武汉市	一级	长江	市界（黄冈市—武汉市）	评价、考核、排名
206	龙口	倒水	湖北省	武汉市	一级	长江		评价、考核、排名
207	新刘家台	东荆河	湖北省	荆州市	一级	长江	市界（潜江市—荆州市）	评价、考核、排名
208	汉洪大桥	东荆河	湖北省	荆州市	一级	长江		评价、考核、排名
209	潜江大桥	东荆河	湖北省	潜江市	一级	长江		评价、考核、排名
210	富池闸	富水	湖北省	黄石市	一级	长江		评价、考核、排名
211	白家湾	汉江	湖北省	襄阳市	一级	长江		评价、考核、排名
212	陈家坡	汉江	湖北省	十堰市	一级	长江		评价、考核、排名
213	汉南村	汉江	湖北省	仙桃市	一级	长江		评价、考核、排名
214	罗汉闸	汉江	湖北省	荆门市	一级	长江	市界（荆门市—天门市）	评价、考核、排名
215	沈湾	汉江	湖北省	襄阳市	一级	长江	市界（十堰市—襄阳市）	评价、考核、排名
216	羊尾	汉江	湖北省	十堰市	一级	长江	省界（陕—鄂）	评价、考核、排名
217	余家湖	汉江	湖北省	襄阳市	一级	长江		评价、考核、排名

序号	断面名称	所在河流	省份	所在地区	所在河流级别	汇入河流（湖库、海洋）	断面属性	断面功能
218	转斗	汉江	湖北省	荆门市	一级	长江	市界（襄阳市—荆门市）	评价、考核、排名
219	宗关	汉江	湖北省	武汉市	一级	长江		评价、考核、排名
220	岳口	汉江	湖北省	天门市	一级	长江		评价、考核、排名
221	小河	汉江	湖北省	孝感市	一级	长江		评价、考核、排名
222	皇庄	汉江	湖北省	荆门市	一级	长江		评价、考核、排名
223	黄山头	虎渡河	湖北省	荆州市	一级	长江		评价、考核、排名
224	金水闸	金水	湖北省	武汉市	一级	长江		评价、考核、排名
225	马渡河	沮河	湖北省	宜昌市	一级	长江	市界（襄阳市—宜昌市）	评价、考核、排名
226	铁路大桥（小桂林）	沮河	湖北省	宜昌市	一级	长江		评价、考核、排名
227	荆州河口	沮漳河	湖北省	荆州市	一级	长江	入江口	评价、考核、排名
228	两河口（草埠湖水厂）	沮漳河	湖北省	宜昌市	一级	长江	市界（宜昌市—荆州市）	评价、考核、排名
229	郭玉	举水	湖北省	武汉市	一级	长江	市界（黄冈市—武汉市）	评价、考核、排名
230	沐家泾	举水	湖北省	武汉市	一级	长江	市界（武汉市—黄冈市）	评价、考核、排名
231	麻城许家湾	举水	湖北省	黄冈市	一级	长江		评价、考核、排名
232	陆溪口	陆水	湖北省	咸宁市	一级	长江		评价、考核、排名
233	洪下水文站	陆水	湖北省	咸宁市	一级	长江		评价、考核、排名

序号	断面名称	所在河流	省份	所在地区	所在河流级别	汇入河流（湖库、海洋）	断面属性	断面功能
234	康家岗	藕池河	湖北省	荆州市	一级	长江		评价、考核、排名
235	西河驿	蕲水	湖北省	黄冈市	一级	长江		评价、考核、排名
236	恩施大沙坝	清江	湖北省	恩施州	一级	长江		评价、考核、排名
237	桅杆坪	清江	湖北省	宜昌市	一级	长江	市界（恩施州—宜昌市）	评价、考核、排名
238	清江大桥	清江	湖北省	宜昌市	一级	长江	入江口	评价、考核、排名
239	七要口	清江	湖北省	恩施州	一级	长江		评价、考核、排名
240	大悟河口	滠水	湖北省	孝感市	一级	长江	市界（孝感市—黄冈市）	评价、考核、排名
241	滠口	滠水	湖北省	武汉市	一级	长江		评价、考核、排名
242	运粮湖同心队	四湖总干渠	湖北省	潜江市	一级	长江	市界（荆州市—潜江市）	评价、考核、排名
243	新河村	四湖总干渠	湖北省	荆州市	一级	长江	市界（潜江市荆州市）	评价、考核、排名
244	新滩	四湖总干渠	湖北省	荆州市	一级	长江		评价、考核、排名
245	淤泥湖	松滋河	湖北省	荆州市	一级	洞庭湖		评价、考核、排名
246	杨家垱	松滋河	湖北省	荆州市	一级	洞庭湖		评价、考核、排名
247	港洲村	通顺河	湖北省	武汉市	一级	长江	市界（仙桃市—武汉市）	评价、考核、排名
248	黄陵大桥	通顺河	湖北省	武汉市	一级	长江		评价、考核、排名
249	兰溪大桥	浠水	湖北省	黄冈市	一级	长江		评价、考核、排名

序号	断面名称	所在河流	省份	所在地区	所在河流级别	汇入河流（湖库、海洋）	断面属性	断面功能
250	长沙坝	香溪河	湖北省	宜昌市	一级	长江		评价、考核、排名
251	安陆桑树	涢水	湖北省	孝感市	一级	长江	市界（荆门市—孝感市）	评价、考核、排名
252	朱家河口	涢水	湖北省	武汉市	一级	长江		评价、考核、排名
253	太平沙	涢水	湖北省	武汉市	一级	长江	市界（孝感市—武汉市）	评价、考核、排名
254	鲢鱼地泵站	涢水	湖北省	孝感市	一级	长江		评价、考核、排名
255	隔卜桥	涢水	湖北省	孝感市	一级	长江		评价、考核、排名
256	平林	涢水	湖北省	随州市	一级	长江	市界（随州市—孝感市）	评价、考核、排名
257	涢水大桥	涢水	湖北省	随州市	一级	长江		评价、考核、排名
258	西河桥	淦水	湖北省	咸宁市	二级	斧头湖		评价、考核、排名
259	垌家桥	汉北河	湖北省	孝感市	二级	汉江	市界（天门市—孝感市）	评价、考核、排名
260	新沟闸	汉北河	湖北省	孝感市	二级	汉江		评价、考核、排名
261	玉皇滩	金钱河	湖北省	十堰市	二级	汉江	省界（陕—鄂）	评价、考核、排名
262	夹河口	金钱河	湖北省	十堰市	二级	汉江		评价、考核、排名
263	焦家院	堵河	湖北省	十堰市	二级	汉江		评价、考核、排名
264	界牌沟	堵河	湖北省	十堰市	二级	汉江	省界（陕—鄂）	评价、考核、排名
265	阳日湾	南河	湖北省	神农架地区	二级	汉江		评价、考核、排名

序号	断面名称	所在河流	省份	所在地区	所在河流级别	汇入河流（湖库、海洋）	断面属性	断面功能
266	茶庵	南河	湖北省	襄阳市	二级	汉江		评价、考核、排名
267	马兰河口	南河	湖北省	襄阳市	二级	汉江	市界（十堰市—襄阳市）	评价、考核、排名
268	天河口	天河	湖北省	十堰市	二级	汉江		评价、考核、排名
269	拖市	天门河	湖北省	天门市	二级	汉江	市界（荆门市—天门市）	评价、考核、排名
270	张湾	唐白河	湖北省	襄阳市	二级	汉江		评价、考核、排名
271	马良龚家湾	竹皮河	湖北省	荆门市	二级	汉江		评价、考核、排名
272	朱市	蛮河	湖北省	襄阳市	二级	汉江		评价、考核、排名
273	聂家滩	北河	湖北省	襄阳市	二级	汉江		评价、考核、排名
274	白石港	漳河	湖北省	宜昌市	二级	沮漳河	市界（荆门市—宜昌市）	评价、考核、排名
275	江口村	溇水	湖北省	恩施州	二级	澧水	省界（鄂—湘）	评价、考核、排名
276	巴河镇河口	巴河	湖北省	黄冈市	二级	渠江		评价、考核、排名
277	周家坝	唐岩河	湖北省	恩施州	二级	乌江	省界（鄂—渝）	评价、考核、排名
278	长顺乡	郁江	湖北省	恩施州	二级	乌江	省界（鄂—渝）	评价、考核、排名
279	百福司镇	酉水	湖北省	恩施州	二级	沅江	省界（鄂—渝）	评价、考核、排名
280	孝昌王店	澴水	湖北省	孝感市	二级	涢水	市界（随州市—孝感市）	评价、考核、排名
281	孝感河口大桥	澴水	湖北省	孝感市	二级	涢水		评价、考核、排名

序号	断面名称	所在河流	省份	所在地区	所在河流级别	汇入河流（湖库、海洋）	断面属性	断面功能
282	厉山	厥水	湖北省	随州市	二级	涢水		评价、考核、排名
283	剑河口	剑河	湖北省	十堰市	三级	丹江口水库		评价、考核、排名
284	浪河口	浪河	湖北省	十堰市	三级	丹江口水库		评价、考核、排名
285	孙家湾	官山河	湖北省	十堰市	三级	丹江口水库		评价、考核、排名
286	王河电站	滔河	湖北省	十堰市	三级	丹江口水库	省界（鄂—豫）	评价、考核、排名
287	神定河口	神定河	湖北省	十堰市	三级	丹江口水库	入库口	评价、考核、排名
288	泗河口	泗河	湖北省	十堰市	三级	丹江口水库	入库口	评价、考核、排名
289	潘口水库坝上	官渡河	湖北省	十堰市	三级	堵河		评价、考核、排名
290	东湾桥	犟河	湖北省	十堰市	三级	堵河		评价、考核、排名
291	应城公路桥	大富水	湖北省	孝感市	三级	汉北河		评价、考核、排名
292	田店泵站	大富水	湖北省	孝感市	三级	汉北河	市界（荆门市—孝感市）	评价、考核、排名
293	京山河邓李港	京山河	湖北省	荆门市	三级	汉北河		评价、考核、排名
294	埠口	唐河	湖北省	襄阳市	三级	唐白河	省界（豫—鄂）	评价、考核、排名
295	翟湾	白河	湖北省	襄阳市	三级	唐白河	省界（豫—鄂）	评价、考核、排名
296	汤店	滚河	湖北省	襄阳市	三级	唐白河		评价、考核、排名
297	茅台	赤水河	贵州省	仁怀市	一级	长江		评价、考核、排名

序号	断面名称	所在河流	省份	所在地区	所在河流级别	汇入河流（湖库、海洋）	断面属性	断面功能
298	清水铺	赤水河	贵州省	毕节市	一级	长江	省界（滇—黔）	评价、考核、排名
299	鲢鱼溪	赤水河	贵州省	赤水市	一级	长江	省界（黔—川）	评价、考核、排名
300	大关桥	乌江	贵州省	贵阳市	一级	长江	市界（毕节市—贵阳市）	评价、考核、排名
301	大乌江镇	乌江	贵州省	遵义市	一级	长江	市界（遵义市—铜仁市）	评价、考核、排名
302	六广	乌江	贵州省	贵阳市	一级	长江		评价、考核、排名
303	沿江渡	乌江	贵州省	遵义市	一级	长江		评价、考核、排名
304	乌杨树	乌江	贵州省	铜仁市	一级	长江		评价、考核、排名
305	长沙	习水河	贵州省	赤水市	二级	赤水河	省界（黔—川）	评价、考核、排名
306	坡渡	羊蹬河	贵州省	遵义市	二级	綦江河	省界（黔—渝）	评价、考核、排名
307	龙场	三岔河	贵州省	六盘水市	二级	乌江	市界（六盘水市—安顺市）	评价、考核、排名
308	大桥边	六冲河	贵州省	毕节市	二级	乌江		评价、考核、排名
309	打秋坪	湘江（黔）	贵州省	遵义市	二级	乌江		评价、考核、排名
310	新庄	清水河	贵州省	贵阳市	二级	乌江		评价、考核、排名
311	棉花渡	清水河	贵州省	贵阳市	二级	乌江	市界（贵阳市—遵义市）	评价、考核、排名
312	冷龙	石阡河	贵州省	铜仁市	二级	乌江		评价、考核、排名
313	长脚	洪渡河	贵州省	遵义市	二级	乌江	省界（黔—渝）	评价、考核、排名

序号	断面名称	所在河流	省份	所在地区	所在河流级别	汇入河流（湖库、海洋）	断面属性	断面功能
314	斯拉河大桥	三岔河	贵州省	安顺市	二级	乌江		评价、考核、排名
315	鲤鱼塘	湘江（黔）	贵州省	遵义市	二级	乌江		评价、考核、排名
316	西岩寺	印江河	贵州省	铜仁市	二级	乌江		评价、考核、排名
317	鱼塘大桥	芙蓉江	贵州省	遵义市	二级	乌江		评价、考核、排名
318	旁海	清水江	贵州省	黔东南州	二级	沅江		评价、考核、排名
319	兴仁桥	清水江	贵州省	黔东南州	二级	沅江	市界（黔南州—黔东南州）	评价、考核、排名
320	玉屏	舞水	贵州省	铜仁市	二级	沅江	市界（黔东南州—铜仁市）	评价、考核、排名
321	重安江大桥	重安江	贵州省	黔东南州	三级	清水江	市界（黔南州—黔东南州）	评价、考核、排名
322	平敏大桥	巴拉河	贵州省	黔东南州	三级	清水江		评价、考核、排名
323	高店	白甫河	贵州省	毕节市	三级	六冲河		评价、考核、排名
324	凤山桥边	羊昌河	贵州省	黔南州	四级	重安江		评价、考核、排名
325	六门闸	华容河	湖南省	岳阳市	一级	洞庭湖		评价、考核、排名
326	三江口	澧水	湖南省	常德市	一级	洞庭湖		评价、考核、排名
327	永定澄潭（区水厂）	澧水	湖南省	张家界市	一级	洞庭湖		评价、考核、排名
328	窑坡渡	澧水	湖南省	常德市	一级	洞庭湖		评价、考核、排名
329	南渡	汨罗江	湖南省	岳阳市	一级	洞庭湖		评价、考核、排名

序号	断面名称	所在河流	省份	所在地区	所在河流级别	汇入河流（湖库、海洋）	断面属性	断面功能
330	马坡湖	松滋河	湖南省	常德市	一级	洞庭湖	省界（鄂—湘）	评价、考核、排名
331	橘子洲	湘江	湖南省	长沙市	一级	洞庭湖		评价、考核、排名
332	昭山	湘江	湖南省	长沙市	一级	洞庭湖	市界（湘潭市—长沙市）	评价、考核、排名
333	城北水厂	湘江	湖南省	衡阳市	一级	洞庭湖		评价、考核、排名
334	霞湾	湘江	湖南省	株洲市	一级	洞庭湖		评价、考核、排名
335	熬洲	湘江	湖南省	衡阳市	一级	洞庭湖		评价、考核、排名
336	归阳镇	湘江	湖南省	衡阳市	一级	洞庭湖	市界（永州市—衡阳市）	评价、考核、排名
337	樟树港	湘江	湖南省	岳阳市	一级	洞庭湖	市界（长沙市—岳阳市）	评价、考核、排名
338	绿埠头	湘江	湖南省	永州市	一级	洞庭湖	省界（桂—湘）	评价、考核、排名
339	八仙桥	新墙河	湖南省	岳阳市	一级	洞庭湖		评价、考核、排名
340	坡头	沅江	湖南省	常德市	一级	洞庭湖		评价、考核、排名
341	五强溪	沅江	湖南省	怀化市	一级	洞庭湖		评价、考核、排名
342	托口	沅江	湖南省	怀化市	一级	洞庭湖	省界（黔—湘）	评价、考核、排名
343	浦市上游	沅江	湖南省	湘西州	一级	洞庭湖	市界（怀化市—湘西州）	评价、考核、排名
344	萝卜湾	沅江	湖南省	怀化市	一级	洞庭湖		评价、考核、排名
345	武水汇合口	沅江	湖南省	湘西州	一级	洞庭湖		评价、考核、排名

序号	断面名称	所在河流	省份	所在地区	所在河流级别	汇入河流（湖库、海洋）	断面属性	断面功能
346	侯家淇	沅江	湖南省	怀化市	一级	洞庭湖		评价、考核、排名
347	陈家河（四水厂）	沅江	湖南省	常德市	一级	洞庭湖		评价、考核、排名
348	桂花渡水厂	资江	湖南省	邵阳市	一级	洞庭湖		评价、考核、排名
349	万家嘴	资江	湖南省	益阳市	一级	洞庭湖		评价、考核、排名
350	坪口	资江	湖南省	益阳市	一级	洞庭湖	市界（娄底市—益阳市）	评价、考核、排名
351	球溪	资江	湖南省	娄底市	一级	洞庭湖	市界（邵阳市—娄底市）	评价、考核、排名
352	桃谷山	资江	湖南省	益阳市	一级	洞庭湖		评价、考核、排名
353	渌水入河口	渌水	湖南省	株洲市	二级	湘江		评价、考核、排名
354	涟水入河口	涟水	湖南省	湘潭市	二级	湘江		评价、考核、排名
355	西阳渡口	涟水	湖南省	湘潭市	二级	湘江	市界（娄底市—湘潭市）	评价、考核、排名
356	大河滩	耒水	湖南省	衡阳市	二级	湘江	市界（郴州市—衡阳市）	评价、考核、排名
357	耒水入湘江口	耒水	湖南省	衡阳市	二级	湘江		评价、考核、排名
358	联江村	蒸水	湖南省	衡阳市	二级	湘江	市界（邵阳市—衡阳市）	评价、考核、排名
359	蒸水入湘江口	蒸水	湖南省	衡阳市	二级	湘江		评价、考核、排名
360	罗渡镇	舂陵水	湖南省	衡阳市	二级	湘江	市界（郴州市—衡阳市）	评价、考核、排名
361	舂陵水入湘江口	舂陵水	湖南省	衡阳市	二级	湘江		评价、考核、排名

序号	断面名称	所在河流	省份	所在地区	所在河流级别	汇入河流（湖库、海洋）	断面属性	断面功能
362	草市镇	洣水	湖南省	衡阳市	二级	湘江	市界（株洲市—衡阳市）	评价、考核、排名
363	洣水入湘江口	洣水	湖南省	衡阳市	二级	湘江		评价、考核、排名
364	诸葛庙	潇水	湖南省	永州市	二级	湘江		评价、考核、排名
365	双牌水库	潇水	湖南省	永州市	二级	湘江		评价、考核、排名
366	捞刀河口	捞刀河	湖南省	长沙市	二级	湘江		评价、考核、排名
367	胜利	沩水	湖南省	长沙市	二级	湘江		评价、考核、排名
368	三角洲	浏阳河	湖南省	长沙市	二级	湘江		评价、考核、排名
369	江口	酉水	湖南省	湘西州	二级	沅江		评价、考核、排名
370	凤滩水库	酉水	湖南省	湘西州	二级	沅江		评价、考核、排名
371	里耶镇	酉水	湖南省	湘西州	二级	沅江	省界（渝—湘）	评价、考核、排名
372	溪子口（县水厂）	酉水	湖南省	怀化市	二级	沅江	市界（湘西州—怀化市）	评价、考核、排名
373	石花村	花垣河	湖南省	湘西州	三级	酉水	省界（黔—湘）	评价、考核、排名
374	铜信溪电站	辰水	湖南省	怀化市	二级	沅江	省界（黔—湘）	评价、考核、排名
375	舞水入河口（黔城二水厂）	舞水	湖南省	怀化市	二级	沅江		评价、考核、排名
376	鱼市	舞水	湖南省	怀化市	二级	沅江	省界（黔—湘）	评价、考核、排名

序号	断面名称	所在河流	省份	所在地区	所在河流级别	汇入河流（湖库、海洋）	断面属性	断面功能
377	地阳坪公路大桥	渠水	湖南省	怀化市	二级	沅江	省界（黔—湘）	评价、考核、排名
378	托口渠水	渠水	湖南省	怀化市	二级	沅江		评价、考核、排名
379	绥宁河口镇	巫水	湖南省	邵阳市	二级	沅江		评价、考核、排名
380	塘渡口	夫夷水	湖南省	邵阳市	二级	资江		评价、考核、排名
381	窑市	夫夷水	湖南省	邵阳市	二级	资江	省界（桂—湘）	评价、考核、排名
382	渡头村	赧水	湖南省	邵阳市	二级	资江		评价、考核、排名
383	邵水入河口	邵水	湖南省	邵阳市	二级	资江		评价、考核、排名
384	渡口大桥	永乐江	湖南省	郴州市	三级	洣水		评价、考核、排名
385	街埠头	涟水侧水	湖南省	娄底市	三级	涟水		评价、考核、排名
386	河溪水文站	峒河	湖南省	湘西州	三级	武水		评价、考核、排名
387	大洋洲	赣江	江西省	吉安市	一级	鄱阳湖	市界（吉安市—宜春市）	评价、考核、排名
388	通津	赣江	江西省	吉安市	一级	鄱阳湖		评价、考核、排名
389	金滩	赣江	江西省	吉安市	一级	鄱阳湖		评价、考核、排名
390	新庙前	赣江	江西省	赣州市	一级	鄱阳湖		评价、考核、排名
391	丰城小港口	赣江	江西省	宜春市	一级	鄱阳湖	市界（宜春市—南昌市）	评价、考核、排名
392	生米	赣江	江西省	南昌市	一级	鄱阳湖		评价、考核、排名

序号	断面名称	所在河流	省份	所在地区	所在河流级别	汇入河流（湖库、海洋）	断面属性	断面功能
393	昌邑	赣江	江西省	南昌市	一级	鄱阳湖	市界（南昌市—九江市）	评价、考核、排名
394	滁槎	赣江南支	江西省	南昌市	一级	鄱阳湖		评价、考核、排名
395	周坊	赣江中支	江西省	南昌市	一级	鄱阳湖		评价、考核、排名
396	大港	赣江北支	江西省	南昌市	一级	鄱阳湖		评价、考核、排名
397	吴城赣江	赣江	江西省	九江市	一级	鄱阳湖		评价、考核、排名
398	塔城	抚河东支	江西省	南昌市	一级	鄱阳湖		评价、考核、排名
399	新联	抚河西支	江西省	南昌市	一级	鄱阳湖		评价、考核、排名
400	港口	修河	江西省	宜春市	一级	鄱阳湖		评价、考核、排名
401	三都	修河	江西省	九江市	一级	鄱阳湖		评价、考核、排名
402	吴城修河	修河	江西省	九江市	一级	鄱阳湖		评价、考核、排名
403	土桥	信江	江西省	鹰潭市	一级	鄱阳湖		评价、考核、排名
404	流口村	信江	江西省	上饶市	一级	鄱阳湖	市界（上饶市—鹰潭市）	评价、考核、排名
405	铅山	信江	江西省	上饶市	一级	鄱阳湖		评价、考核、排名
406	旗山	信江	江西省	上饶市	一级	鄱阳湖		评价、考核、排名
407	应家坊	信江	江西省	上饶市	一级	鄱阳湖		评价、考核、排名
408	弋阳	信江	江西省	上饶市	一级	鄱阳湖		评价、考核、排名

序号	断面名称	所在河流	省份	所在地区	所在河流级别	汇入河流（湖库、海洋）	断面属性	断面功能
409	梅港	信江	江西省	上饶市	一级	鄱阳湖		评价、考核、排名
410	瑞洪大桥	信江西支	江西省	上饶市	一级	鄱阳湖		评价、考核、排名
411	赵家湾	饶河	江西省	上饶市	一级	鄱阳湖		评价、考核、排名
412	超坊	抚河	江西省	抚州市	一级	鄱阳湖		评价、考核、排名
413	钟岭水厂	抚河	江西省	抚州市	一级	鄱阳湖		评价、考核、排名
414	焦石坝	抚河	江西省	抚州市	一级	鄱阳湖	市界（抚州市—南昌市）	评价、考核、排名
415	鄱阳湖出口	鄱阳湖	江西省	九江市	一级	长江		评价、考核、排名
416	赣县梅林	贡江	江西省	赣州市	二级	赣江		评价、考核、排名
417	梓坑	贡江	江西省	赣州市	二级	赣江		评价、考核、排名
418	峡山	贡江	江西省	赣州市	二级	赣江		评价、考核、排名
419	临水河口	临水	江西省	抚州市	二级	抚河		评价、考核、排名
420	浮桥	袁水	江西省	新余市	二级	赣江		评价、考核、排名
421	洋江	袁水	江西省	新余市	二级	赣江		评价、考核、排名
422	棚下（杨村）	袁水	江西省	萍乡市	二级	赣江	市界（萍乡市—宜春市）	评价、考核、排名
423	罗坊	袁水	江西省	新余市	二级	赣江		评价、考核、排名
424	大余城郊	章江	江西省	赣州市	二级	赣江		评价、考核、排名

序号	断面名称	所在河流	省份	所在地区	所在河流级别	汇入河流（湖库、海洋）	断面属性	断面功能
425	市自来水厂	章江	江西省	赣州市	二级	赣江		评价、考核、排名
426	梅江江口	梅江	江西省	赣州市	二级	赣江		评价、考核、排名
427	平江江口	平江	江西省	赣州市	二级	赣江		评价、考核、排名
428	龙南自来水厂	桃江	江西省	赣州市	二级	赣江		评价、考核、排名
429	桃江江口	桃江	江西省	赣州市	二级	赣江		评价、考核、排名
430	上犹江江口	上犹江	江西省	赣州市	二级	赣江		评价、考核、排名
431	遂川江江口	遂川江	江西省	吉安市	二级	赣江		评价、考核、排名
432	蜀水河口	蜀水	江西省	吉安市	二级	赣江		评价、考核、排名
433	孤江江口	孤江	江西省	吉安市	二级	赣江		评价、考核、排名
434	禾水河口	禾水	江西省	吉安市	二级	赣江		评价、考核、排名
435	龙山口	禾水	江西省	萍乡市	二级	赣江		评价、考核、排名
436	乌江江口	乌江	江西省	吉安市	二级	赣江		评价、考核、排名
437	高安市青州村	锦江	江西省	宜春市	二级	赣江		评价、考核、排名
438	良田村	锦江	江西省	宜春市	二级	赣江		评价、考核、排名
439	消江江口	消江	江西省	宜春市	二级	赣江		评价、考核、排名
440	鄱阳花园	昌江	江西省	上饶市	二级	饶河		评价、考核、排名

序号	断面名称	所在河流	省份	所在地区	所在河流级别	汇入河流（湖库、海洋）	断面属性	断面功能
441	鲇鱼山	昌江	江西省	景德镇市	二级	饶河		评价、考核、排名
442	镇埠	昌江	江西省	景德镇市	二级	饶河	省界（皖—赣）	评价、考核、排名
443	戴村	乐安河	江西省	景德镇市	二级	饶河	市界（上饶市—景德镇市）	评价、考核、排名
444	野鸡山村	乐安河	江西省	景德镇市	二级	饶河	市界（景德镇市—上饶市）	评价、考核、排名
445	白塔河河口	白塔河	江西省	鹰潭市	二级	信江		评价、考核、排名
446	三洪村	潦河	江西省	宜春市	二级	修河		评价、考核、排名
447	潦河河口	潦河	江西省	九江市	二级	修河		评价、考核、排名
448	桐车湾	萍水河	江西省	萍乡市	二级	渌水		评价、考核、排名
449	金鱼石	萍水河	江西省	萍乡市	二级	渌水	省界（赣—湘）	评价、考核、排名
450	孔目江江口	孔目江	江西省	新余市	三级	袁水		评价、考核、排名
451	洎水河河口	洎水河	江西省	上饶市	三级	乐安河		评价、考核、排名
452	南河河口	南河	江西省	景德镇市	三级	昌江		评价、考核、排名
453	采石河下游	采石河	安徽省	马鞍山市	一级	长江		评价、考核、排名
454	得胜河入江口	得胜河	安徽省	马鞍山市	一级	长江		评价、考核、排名
455	姑溪河大桥	姑溪河	安徽省	马鞍山市	一级	长江		评价、考核、排名
456	华阳河入江口	华阳河	安徽省	安庆市	一级	长江		评价、考核、排名

序号	断面名称	所在河流	省份	所在地区	所在河流级别	汇入河流（湖库、海洋）	断面属性	断面功能
457	荻港	黄浒河	安徽省	芜湖市	一级	长江		评价、考核、排名
458	当涂查湾	青山河	安徽省	马鞍山市	一级	长江		评价、考核、排名
459	河口	青通河	安徽省	池州市	一级	长江		评价、考核、排名
460	宝塔根	青弋江	安徽省	芜湖市	一级	长江	入江口	评价、考核、排名
461	泾南交界	青弋江	安徽省	宣城市	一级	长江	市界（宣城市—芜湖市）	评价、考核、排名
462	入江口	秋浦河	安徽省	池州市	一级	长江		评价、考核、排名
463	双丰	秋浦河	安徽省	池州市	一级	长江		评价、考核、排名
464	顺安河入江口	顺安河	安徽省	铜陵市	一级	长江		评价、考核、排名
465	皖河大桥	皖河	安徽省	安庆市	一级	长江		评价、考核、排名
466	东流	尧渡河	安徽省	池州市	一级	长江		评价、考核、排名
467	鲁港桥	漳河（皖）	安徽省	芜湖市	一级	长江		评价、考核、排名
468	枞阳大闸	长河	安徽省	安庆市	一级	长江		评价、考核、排名
469	水口	来河	安徽省	滁州市	二级	滁河		评价、考核、排名
470	化肥厂下	襄河	安徽省	滁州市	二级	滁河		评价、考核、排名
471	乌衣下	清流河	安徽省	滁州市	二级	滁河		评价、考核、排名
472	管家渡	水阳江	安徽省	宣城市	二级	青弋江	市界（宣城市—芜湖市）	评价、考核、排名

序号	断面名称	所在河流	省份	所在地区	所在河流级别	汇入河流（湖库、海洋）	断面属性	断面功能
473	汪溪	水阳江	安徽省	宣城市	二级	青弋江		评价、考核、排名
474	张溪	黄湓河	安徽省	池州市	二级	升金湖		评价、考核、排名
475	水厂取水口	潜水	安徽省	安庆市	二级	皖河		评价、考核、排名
476	车轴寺大桥	皖水	安徽省	安庆市	二级	皖河		评价、考核、排名
477	狮子口	无量溪河	安徽省	宣城市	三级	水阳江		评价、考核、排名
478	陈浅	滁河	江苏省	南京市	一级	长江	省界（皖—苏）	评价、考核、排名
479	马甸闸西	古马干河	江苏省	泰州市	一级	长江		评价、考核、排名
480	三江营	夹江	江苏省	扬州市	一级	长江	入江口	评价、考核、排名
481	九圩港桥	九圩港河	江苏省	南通市	一级	长江		评价、考核、排名
482	兆文山	句容河	江苏省	镇江市	一级	长江		评价、考核、排名
483	祥和大桥	南官河	江苏省	泰州市	一级	长江		评价、考核、排名
484	节制闸	秦淮新河	江苏省	南京市	一级	长江		评价、考核、排名
485	碾砣港闸	如海运河	江苏省	南通市	一级	长江		评价、考核、排名
486	新十圩港大桥	十圩港	江苏省	泰州市	一级	长江		评价、考核、排名
487	聚南大桥	通启运河	江苏省	南通市	独流入海	黄海		评价、考核、排名
488	葛村桥	团结河	江苏省	镇江市	一级	长江		评价、考核、排名

序号	断面名称	所在河流	省份	所在地区	所在河流级别	汇入河流（湖库、海洋）	断面属性	断面功能
489	七桥瓮	外秦淮河	江苏省	南京市	一级	长江		评价、考核、排名
490	冻青桥	仪扬河	江苏省	扬州市	一级	长江		评价、考核、排名
491	新河桥	运粮河	江苏省	镇江市	一级	长江		评价、考核、排名
492	大寨桥	通扬运河	江苏省	扬州市	三级	泰州引江河	市界（扬州市—泰州市）	评价、考核、排名
493	吴淞口	黄浦江	上海市	宝山区	一级	长江		评价、考核、排名
494	闵行西界	黄浦江	上海市	闵行区	一级	长江		评价、考核、排名
495	临江	黄浦江	上海市	徐汇区	一级	长江		评价、考核、排名
496	淀峰	黄浦江	上海市	青浦区	一级	长江		评价、考核、排名
497	七效港西桥	北横引河	上海市	崇明县	一级	长江		评价、考核、排名
498	前卫村桥	北横引河	上海市	崇明县	一级	长江		评价、考核、排名
499	五效	南横引河	上海市	崇明县	一级	长江		评价、考核、排名
500	三沙洪交汇口	南横引河	上海市	崇明县	一级	长江		评价、考核、排名
501	蕴川路桥	新练祁河	上海市	宝山区	一级	长江	入江口	评价、考核、排名
502	汾湖大桥	太浦河	上海市	青浦区	二级	黄浦江	省界（苏—沪）	评价、考核、排名
503	横潦泾	大泖港	上海市	松江区	二级	黄浦江	入河口	评价、考核、排名
504	二团	大治河	上海市	浦东新区	二级	黄浦江	入河口	评价、考核、排名

序号	断面名称	所在河流	省份	所在地区	所在河流级别	汇入河流（湖库、海洋）	断面属性	断面功能
505	钱桥	金汇港	上海市	奉贤区	二级	黄浦江		评价、考核、排名
506	浙江路桥	苏州河	上海市	闸北区	二级	黄浦江	入河口	评价、考核、排名
507	黄渡	苏州河	上海市	嘉定区	二级	黄浦江		评价、考核、排名
508	太浦河桥	太浦河	上海市	青浦区	二级	黄浦江	入河口	评价、考核、排名
509	斜塘口	园泄泾	上海市	松江区	二级	黄浦江	入河口	评价、考核、排名
510	三甲港	川杨河	上海市	浦东新区	二级	黄浦江		评价、考核、排名
511	马家河坝	金沙江	云南省	昭通市	干流	长江		趋势科研
512	葫芦口	金沙江	四川省	凉山州	干流	长江	省界（滇—川）	趋势科研
513	金江	金沙江	四川省	攀枝花市	干流	长江	省界（川—滇）	趋势科研
514	银杏沱	长江	湖北省	宜昌市	干流	东海		趋势科研
515	坝前木鱼岛	长江	湖北省	宜昌市	干流	东海		趋势科研
516	五岭子	长江	湖北省	荆州市	干流	东海		趋势科研
517	池州水厂	长江	安徽省	池州市	干流	东海		趋势科研
518	江宁河口	长江	江苏省	南京市	干流	东海		趋势科研
519	南京长江大桥	长江	江苏省	南京市	干流	东海		趋势科研
520	梅山段岸边带	长江	江苏省	南京市	干流	东海		趋势科研
521	下青龙港	长江	江苏省	泰州市	干流	东海		趋势科研
522	启东港	长江（北支）	江苏省	南通市	干流	东海		趋势科研
523	团结闸	长江	江苏省	南通市	干流	东海	省界（沪—苏）	趋势科研
524	陈行水库	长江	上海市	宝山区	干流	东海		趋势科研
525	东风西沙	长江	上海市	崇明县	干流	东海		趋势科研
526	芒康县嘎托河下游 1 km	嘎托河	西藏区	昌都地区	一级	金沙江		趋势科研

序号	断面名称	所在河流	省份	所在地区	所在河流级别	汇入河流（湖库、海洋）	断面属性	断面功能
527	江达县字曲河下游1 km	字曲河	西藏区	昌都地区	二级	藏曲河		趋势科研
528	贡觉县马曲下游1 km	马曲河	西藏区	昌都地区	二级	热曲河		趋势科研
529	中江	漾弓江	云南省	大理市	一级	金沙江		趋势科研
530	毛板桥水库	龙川江	云南省	楚雄州	一级	金沙江		趋势科研
531	阿旺	小江	云南省	昆明市	一级	金沙江		趋势科研
532	德泽水库大坝	牛栏江	云南省	曲靖市	一级	金沙江		趋势科研
533	洛亥	南广河	四川省	宜宾市	一级	长江	省界（滇—川）	趋势科研
534	南广镇	南广河	四川省	宜宾市	一级	长江	入江口	趋势科研
535	清平	绵远河	四川省	德阳市	一级	长江		趋势科研
536	小渡口	嘉陵江	四川省	南充市	一级	长江		趋势科研
537	于佳乡黄龙桥	越溪河	四川省	自贡市	二级	岷江	市界（内江市—自贡市）	趋势科研
538	水磨	寿溪河	四川省	阿坝州	二级	岷江	入江口	趋势科研
539	清江桥	中河	四川省	德阳市	二级	沱江	市界（德阳市—成都市）	趋势科研
540	顺河场	沱江河	四川省	内江市	二级	沱江	市界（资阳市—内江市）	趋势科研
541	竹园镇阳泉坝	青竹江	四川省	广元市	三级	白龙江	市界（绵阳市—广元市）	趋势科研
542	郪江口	郪江	四川省	遂宁市	三级	涪江	入江口	趋势科研
543	老南桥	凯江	四川省	绵阳市	三级	涪江	入江口	趋势科研
544	发轮河口	发轮河	四川省	内江市	三级	球溪河	市界（眉山市—内江市）	趋势科研
545	上河坝	铜钵河	四川省	达州市	四级	州河	省界（渝—川）	趋势科研
546	大溪沟	嘉陵江	重庆市	渝中区	一级	长江		趋势科研
547	三叉沟	龙溪河	重庆市	梁平县	一级	长江		趋势科研
548	磨刀溪	龙河	重庆市	石柱县	一级	长江		趋势科研
549	长滩	磨刀溪	重庆市	万州区	一级	长江	省界（鄂—渝）	趋势科研
550	津关	澎溪河	重庆市	开县	一级	长江		趋势科研

序号	断面名称	所在河流	省份	所在地区	所在河流级别	汇入河流（湖库、海洋）	断面属性	断面功能
551	鹤丰乡	大溪河	重庆市	奉节县	一级	长江		趋势科研
552	黄荆沟	长滩河	重庆市	云阳县	一级	长江		趋势科研
553	李家湾	桃花溪	重庆市	长寿区	一级	长江		趋势科研
554	百汇	碧溪河	重庆市	涪陵区	一级	长江		趋势科研
555	斑竹林	清溪河	重庆市	涪陵区	一级	长江		趋势科研
556	高桥	麻溪河	重庆市	涪陵区	一级	长江		趋势科研
557	两汇镇	黎香溪	重庆市	涪陵区	一级	长江		趋势科研
558	高跳登	赤溪河	重庆市	丰都县	一级	长江		趋势科研
559	张家湾	东溪河	重庆市	忠县	一级	长江		趋势科研
560	长道河	玉溪河	重庆市	忠县	一级	长江		趋势科研
561	逍遥庄	壤渡河	重庆市	万州区	一级	长江		趋势科研
562	老娃洞	石桥河	重庆市	万州区	一级	长江		趋势科研
563	庙坝	五桥河	重庆市	万州区	一级	长江		趋势科研
564	高粱	苎溪河	重庆市	万州区	一级	长江		趋势科研
565	黄莲村	草堂河	重庆市	奉节县	一级	长江		趋势科研
566	朱衣镇	朱衣河	重庆市	奉节县	一级	长江		趋势科研
567	净坛峰	神女溪	重庆市	巫山县	一级	长江		趋势科研
568	十二洞电站	抱龙河	重庆市	巫山县	一级	长江		趋势科研
569	三溪电站	三溪河	重庆市	巫山县	一级	长江		趋势科研
570	巫山乡	南河	重庆市	开县	二级	澎溪河	省界（川—渝）	趋势科研
571	茶洞	花垣河	重庆市	秀山县	三级	酉水	省界（黔—渝）	趋势科研
572	妙泉入口	龙潭河	重庆市	秀山县	三级	酉水		趋势科研
573	雷家坡	丹江	陕西省	商洛市	二级	汉江		趋势科研
574	旬河口	旬河	陕西省	安康市	二级	汉江		趋势科研
575	月河	月河	陕西省	安康市	二级	汉江		趋势科研
576	坝河口	坝河	陕西省	安康市	二级	汉江		趋势科研
577	紫阳洞河口	洞河	陕西省	安康市	二级	汉江		趋势科研
578	五龙泉	丹江口水库	河南省	南阳市	二级	汉江	省界（豫—鄂）	趋势科研
579	杨河	老灌河	河南省	南阳市	三级	丹江		趋势科研
580	西峡水文站	老灌河	河南省	南阳市	三级	丹江		趋势科研

序号	断面名称	所在河流	省份	所在地区	所在河流级别	汇入河流（湖库、海洋）	断面属性	断面功能
581	许营	老灌河	河南省	南阳市	三级	丹江		趋势科研
582	淇河桥	淇河	河南省	南阳市	三级	丹江		趋势科研
583	郭滩	唐河	河南省	南阳市	三级	唐白河		趋势科研
584	封湾	丁河	河南省	南阳市	四级	老灌河		趋势科研
585	东台子	蛇尾河	河南省	南阳市	四级	老灌河		趋势科研
586	天堂林场大石板	巴河	湖北省	黄冈市	一级	长江	省界（皖—鄂）	趋势科研
587	野桑坪	叱溪河	湖北省	宜昌市	一级	长江		趋势科研
588	周八家	倒水	湖北省	黄冈市	一级	长江	省界（豫—鄂）	趋势科研
589	姚嘴王岭村	东荆河	湖北省	仙桃市	一级	长江	市界（潜江市—仙桃市）	趋势科研
590	富水镇	富水	湖北省	黄石市	一级	长江	市界（咸宁市—黄石市）	趋势科研
591	坝上	汉江	湖北省	十堰市	一级	长江		趋势科研
592	高石碑	汉江	湖北省	潜江市	一级	长江		趋势科研
593	龙王庙	汉江	湖北省	武汉市	一级	长江		趋势科研
594	石剅	汉江	湖北省	仙桃市	一级	长江	市界（仙桃市—孝感市）	趋势科研
595	宜昌市大桥	黄柏河	湖北省	宜昌市	一级	长江		趋势科研
596	新河口	金水	湖北省	武汉市	一级	长江	市界（咸宁市—武汉市）	趋势科研
597	槐树坪电站	九畹溪	湖北省	宜昌市	一级	长江		趋势科研
598	陶冲村	举水	湖北省	黄冈市	一级	长江	省界（豫—鄂）	趋势科研
599	牌楼	青干河	湖北省	宜昌市	一级	长江		趋势科研
600	蜘蛛店村	滠水	湖北省	黄冈市	一级	长江		趋势科研
601	神龙洞	神农溪	湖北省	恩施州	一级	长江		趋势科研
602	蝉潭水电站	太平溪	湖北省	宜昌市	一级	长江		趋势科研
603	郑场游潭村	通顺河	湖北省	仙桃市	一级	长江	市界（潜江市—仙桃市）	趋势科研
604	文化	童庄河	湖北省	宜昌市	一级	长江		趋势科研
605	樊口	长港	湖北省	鄂州市	一级	长江		趋势科研

序号	断面名称	所在河流	省份	所在地区	所在河流级别	汇入河流（湖库、海洋）	断面属性	断面功能
606	洋港镇	朝阳河	湖北省	黄石市	二级	富水	省界（赣—鄂）	趋势科研
607	水石门	天河	湖北省	十堰市	二级	汉江	省界（陕—鄂）	趋势科研
608	清河口	小清河	湖北省	襄阳市	二级	汉江	入江口	趋势科研
609	青曲	曲远河	湖北省	十堰市	二级	汉江		趋势科研
610	东河口	东河	湖北省	十堰市	二级	汉江		趋势科研
611	康家沟	漳河	湖北省	荆门市	二级	沮漳河	市界（襄阳市—荆门市）	趋势科研
612	大悟界牌	澴水	湖北省	孝感市	二级	涢水	省界（豫—鄂）	趋势科研
613	淘谷河口	淘谷河	湖北省	十堰市	三级	丹江口水库	入库口	趋势科研
614	滔河水库	滔河	湖北省	十堰市	三级	丹江	省界（陕—鄂）	趋势科研
615	新洲	汇湾河	湖北省	十堰市	三级	堵河		趋势科研
616	洛阳河九湖	洛阳河	湖北省	神农架地区	四级	官渡河		趋势科研
617	两河口	桐梓河	贵州省	遵义市	二级	赤水河	入江口	趋势科研
618	岔河	三岔河	贵州省	六盘水市	二级	乌江	市界（毕节市—六盘水市）	趋势科研
619	焦家桥	羊昌河 1	贵州省	安顺市	三级	红枫湖		趋势科研
620	沙河口	澧水	湖南省	常德市	一级	洞庭湖	入湖口	趋势科研
621	金凤水库	新墙河	湖南省	岳阳市	一级	洞庭湖		趋势科研
622	溇水入河口	溇水	湖南省	张家界市	二级	澧水		趋势科研
623	靳江河口	靳江	湖南省	长沙市	二级	湘江		趋势科研
624	边城	花垣河	湖南省	湘西州	三级	酉水	省界（渝—湘）	趋势科研
625	黄龙洞	索溪	湖南省	张家界市	三级	溇水		趋势科研
626	捞金桥	捞金河	湖南省	娄底市	四级	孙水	市界（邵阳市—娄底市）	趋势科研
627	潭坑口	赣江	江西省	赣州市	一级	鄱阳湖	市界（赣州市—吉安市）	趋势科研
628	赛城湖口	长河	江西省	九江市	一级	长江		趋势科研

序号	断面名称	所在河流	省份	所在地区	所在河流级别	汇入河流（湖库、海洋）	断面属性	断面功能
629	宜春彬江	袁水	江西省	宜春市	二级	赣江	市界（宜春市—新余市）	趋势科研
630	湘水河口	湘水	江西省	赣州市	二级	赣江		趋势科研
631	绵水大桥	绵水	江西省	赣州市	二级	赣江		趋势科研
632	濂水河口	濂水	江西省	赣州市	二级	赣江		趋势科研
633	黄龙河河口	黄龙河	江西省	赣州市	二级	赣江		趋势科研
634	关山村	昌江	江西省	景德镇市	二级	饶河	市界（景德镇市—上饶市）	趋势科研
635	汊河	滁河	安徽省	滁州市	一级	长江	省界（皖—苏）	趋势科研
636	西津河大桥	西津河	安徽省	宣城市	三级	水阳江		趋势科研
637	滁河闸	滁河	江苏省	南京市	一级	长江		趋势科研
638	钱家渡	官溪河	江苏省	南京市	一级	长江	省界（苏—皖）	趋势科研
639	土桥	句容河	江苏省	南京市	一级	长江	市界（镇江市—南京市）	趋势科研
640	洋桥	秦淮河	江苏省	南京市	一级	长江		趋势科研
641	天桥	石碛河	江苏省	南京市	一级	长江		趋势科研
642	顾家桥	张家港河	江苏省	无锡市	一级	长江	市界（苏州市—无锡市）	趋势科研
643	开太桥	二干河	江苏省	南京市	二级	方便水库		趋势科研
644	乌刹桥	溧水河	江苏省	南京市	三级	二干河		趋势科研
645	大洋港桥	通吕运河	江苏省	南通市	独流入海	黄海	入海口	入海控制
646	塘芦港闸	通启运河	江苏省	南通市	独流入海	黄海	入海口	入海控制
647	陆渡	浏河	上海市	嘉定区	一级	长江	省界（苏—沪）	趋势科研
648	杨浦大桥	黄浦江	上海市	杨浦区	一级	长江		趋势科研

黄河流域“十三五”国控监测断面设置情况

序号	断面名称	所在河流	所在省份	所在地区	所在河流级别	汇入河流（湖库、海洋）	断面属性	断面功能
1	门堂	黄河	青海省	果洛州	干流	渤海	省界（青—甘）	评价、考核、排名
2	玛曲	黄河	甘肃省	甘南州	干流	渤海	省界（甘—青）	评价、考核、排名
3	唐乃亥	黄河	青海省	海南州	干流	渤海	县界（兴海县—贵南县）	评价、考核、排名
4	大河家	黄河	青海省	海东市	干流	渤海	省界（青—甘）	评价、考核、排名
5	扶和桥	黄河	甘肃省	兰州市	干流	渤海	市界（临夏州—兰州市）	评价、考核、排名
6	什川桥	黄河	甘肃省	兰州市	干流	渤海	市界（兰州市—白银市）	评价、考核、排名
7	新城桥	黄河	甘肃省	兰州市	干流	渤海		评价、考核、排名
8	青城桥	黄河	甘肃省	白银市	干流	渤海	市界（兰州市—白银市）	评价、考核、排名
9	靖远桥	黄河	甘肃省	白银市	干流	渤海	县界（白银区—靖远县）	评价、考核、排名
10	五佛寺	黄河	甘肃省	白银市	干流	渤海	省界（甘—宁）	评价、考核、排名
11	中卫下河沿	黄河	宁夏区	中卫市	干流	渤海	省界（甘—宁）	评价、考核、排名
12	金沙湾	黄河	宁夏区	吴忠市	干流	渤海	市界（中卫市—吴忠市）	评价、考核、排名
13	叶盛公路桥	黄河	宁夏区	银川市	干流	渤海	市界（吴忠市—银川市）	评价、考核、排名
14	银古公路桥	黄河	宁夏区	银川市	干流	渤海		评价、考核、排名
15	平罗黄河大桥	黄河	宁夏区	石嘴山市	干流	渤海	市界（银川市—石嘴山市）	评价、考核、排名

序号	断面名称	所在河流	所在省份	所在地区	所在河流级别	汇入河流（湖库、海洋）	断面属性	断面功能
16	麻黄沟	黄河	宁夏回族自治区	石嘴山市	干流	渤海	省界（宁—蒙）	评价、考核、排名
17	磴口	黄河	内蒙古自治区	包头市	干流	渤海	市界（包头市、鄂尔多斯市）	评价、考核、排名
18	三盛公	黄河	内蒙古自治区	巴彦淖尔市	干流	渤海	市界（乌海市—巴彦淖尔市）	评价、考核、排名
19	黑柳子	黄河	内蒙古自治区	巴彦淖尔市	干流	渤海	市界（巴彦淖尔市—包头市）	评价、考核、排名
20	头道拐	黄河	内蒙古自治区	呼和浩特市	干流	渤海	市界（包头市—呼和浩特市）	评价、考核、排名
21	喇嘛湾	黄河	内蒙古自治区	呼和浩特市	干流	渤海	省界（蒙—晋）	评价、考核、排名
22	万家寨水库	黄河	山西省	忻州市	干流	渤海	省界（蒙—晋、陕）	评价、考核、排名
23	碛塄	黄河	陕西省	榆林市	干流	渤海	省界（晋、陕）	评价、考核、排名
24	柏树坪	黄河	陕西省	榆林市	干流	渤海	省界（晋、陕）	评价、考核、排名
25	龙门	黄河	山西省	运城市	干流	渤海	省界（晋、陕）	评价、考核、排名
26	风陵渡大桥	黄河	河南省	三门峡市	干流	渤海	省界（晋、陕—晋、豫）	评价、考核、排名
27	小浪底水库	黄河	河南省	济源市	干流	渤海		评价、考核、排名
28	花园口	黄河	河南省	郑州市	干流	渤海		评价、考核、排名
29	刘庄	黄河	山东省	菏泽市	干流	渤海	省界（豫、鲁）	评价、考核、排名
30	泺口	黄河	山东省	济南市	干流	渤海	县界（槐荫区—天桥区）	评价、考核、排名
31	利津水文站	黄河	山东省	东营市	干流	渤海	市界（滨州市—东营市）	评价、考核、排名、入海控制

序号	断面名称	所在河流	所在省份	所在地区	所在河流级别	汇入河流（湖库、海洋）	断面属性	断面功能
32	金滩	湟水	青海省	海北州	一级	黄河	市界（海北州—西宁市）	评价、考核、排名
33	小峡桥	湟水	青海省	西宁市	一级	黄河	市界（西宁市—海东市）	评价、考核、排名
34	扎马隆	湟水	青海省	西宁市	一级	黄河	县界（湟源县—湟中县）	评价、考核、排名
35	润泽桥	湟水	青海省	西宁市	一级	黄河	县界（湟中县—城北区）	评价、考核、排名
36	塔尔桥	湟水	青海省	西宁市	一级	黄河		评价、考核、排名
37	民和桥	湟水	青海省	海东市	一级	黄河	省界（青—甘）	评价、考核、排名
38	湟水桥	湟水	甘肃省	兰州市	一级	黄河	入河口	评价、考核、排名
39	洮园桥	洮河	甘肃省	定西市	一级	黄河		评价、考核、排名
40	都斯兔河入黄口	都斯兔河	宁夏回族自治区	石嘴山市	一级	黄河	省界（蒙—宁）	评价、考核、排名
41	三营	清水河	宁夏回族自治区	固原市	一级	黄河	市界（固原市—中卫市）	评价、考核、排名
42	泉眼山	清水河	宁夏回族自治区	中卫市	一级	黄河		评价、考核、排名
43	大入黄口	大黑河	内蒙古自治区	呼和浩特市	一级	黄河	入河口	评价、考核、排名
44	卧佛下	大黑河	内蒙古自治区	乌兰察布市	一级	黄河	市界（乌兰察布市—呼和浩特市）	评价、考核、排名
45	浑河入黄口	浑河	内蒙古自治区	呼和浩特市	一级	黄河	入河口	评价、考核、排名
46	三艮才入黄口	昆河	内蒙古自治区	包头市	一级	黄河	入河口	评价、考核、排名
47	四道沙河入黄口	四道沙河	内蒙古自治区	包头市	一级	黄河		评价、考核、排名

序号	断面名称	所在河流	所在省份	所在地区	所在河流级别	汇入河流（湖库、海洋）	断面属性	断面功能
48	乌兰木伦河	乌兰木伦河	内蒙古自治区	鄂尔多斯市	一级	黄河	省界（蒙—陕）	评价、考核、排名
49	总排干入黄口	总排干	内蒙古自治区	巴彦淖尔市	一级	黄河		评价、考核、排名
50	温家川	窟野河	陕西省	榆林市	一级	黄河	入河口	评价、考核、排名
51	高家川	秃尾河	陕西省	榆林市	一级	黄河		评价、考核、排名
52	辛店	无定河	陕西省	榆林市	一级	黄河	入河口	评价、考核、排名
53	碛口	湫水河	山西省	吕梁市	一级	黄河	省界（晋—晋、陕）	评价、考核、排名
54	裴家川口	岚漪河	山西省	吕梁市	一级	黄河	省界（晋—晋、陕）	评价、考核、排名
55	裴沟	屈产河	山西省	吕梁市	一级	黄河	省界（晋—晋、陕）	评价、考核、排名
56	西崖底	三川河	山西省	吕梁市	一级	黄河		评价、考核、排名
57	两河口桥	三川河	山西省	吕梁市	一级	黄河	省界（晋—晋、陕）	评价、考核、排名
58	碧村	蔚汾河	山西省	吕梁市	一级	黄河	省界（晋—晋、陕）	评价、考核、排名
59	杀虎口	苍头河	山西省	朔州市	一级	黄河	省界（晋—蒙）	评价、考核、排名
60	王家河	清涧河	陕西省	延安市	一级	黄河	入河口	评价、考核、排名
61	阎家滩	延河	陕西省	延安市	一级	黄河	入河口	评价、考核、排名
62	朱家沟	延河	陕西省	延安市	一级	黄河	县界（宝塔区—延长县）	评价、考核、排名
63	昝家山	仕望河	陕西省	延安市	一级	黄河	入河口	评价、考核、排名

序号	断面名称	所在河流	所在省份	所在地区	所在河流级别	汇入河流（湖库、海洋）	断面属性	断面功能
64	河西村	汾河	山西省	忻州市	一级	黄河	市界（忻州市—太原市）	评价、考核、排名
65	温南社	汾河	山西省	太原市	一级	黄河	市界（太原市—吕梁市）	评价、考核、排名
66	上兰	汾河	山西省	太原市	一级	黄河	县界（万柏林区—尖草坪区）	评价、考核、排名
67	汾河水库出口	汾河	山西省	太原市	一级	黄河		评价、考核、排名
68	王庄桥南	汾河	山西省	晋中市	一级	黄河	市界（晋中市—临汾市）	评价、考核、排名
69	上平望	汾河	山西省	临汾市	一级	黄河	市界（临汾市—运城市）	评价、考核、排名
70	庙前村	汾河	山西省	运城市	一级	黄河	省界（晋—晋、陕）	评价、考核、排名
71	黑城村	昕水河	山西省	临汾市	一级	黄河	省界（晋—晋、陕）	评价、考核、排名
72	芝川	濃水河	陕西省	韩城市	一级	黄河	入河口	评价、考核、排名
73	上亳城	亳清河	山西省	运城市	一级	黄河		评价、考核、排名
74	小曹河	徐水河	陕西省	渭南市	一级	黄河	入河口	评价、考核、排名
75	桦林	渭河	甘肃省	天水市	一级	黄河	市界（定西市—天水市）	评价、考核、排名
76	北道桥	渭河	甘肃省	天水市	一级	黄河		评价、考核、排名
77	葡萄园	渭河	甘肃省	天水市	一级	黄河	省界（甘—陕）	评价、考核、排名
78	魏家堡	渭河	陕西省	宝鸡市	一级	黄河		评价、考核、排名
79	卧龙寺桥	渭河	陕西省	宝鸡市	一级	黄河	县界（渭滨区—陈仓区）	评价、考核、排名

序号	断面名称	所在河流	所在省份	所在地区	所在河流级别	汇入河流（湖库、海洋）	断面属性	断面功能
80	兴平	渭河	陕西省	咸阳市	一级	黄河	县界（兴平市—秦都区）	评价、考核、排名
81	咸阳铁桥	渭河	陕西省	西安市	一级	黄河	市界（咸阳市—西安市）	评价、考核、排名
82	新丰镇大桥	渭河	陕西省	西安市	一级	黄河	市界（西安市—渭南市）	评价、考核、排名
83	沙王渡	渭河	陕西省	渭南市	一级	黄河		评价、考核、排名
84	潼关吊桥	渭河	陕西省	渭南市	一级	黄河	省界（陕—陕、晋）	评价、考核、排名
85	张留庄	涑水河	山西省	运城市	一级	黄河	省界（晋—晋、陕）	评价、考核、排名
86	拴驴泉	沁河	山西省	晋城市	一级	黄河	省界（晋—豫）	评价、考核、排名
87	龙头	沁河	山西省	长治市	一级	黄河	市界（长治市—临汾市）	评价、考核、排名
88	张峰水库出口	沁河	山西省	晋城市	一级	黄河	市界（临汾市—晋城市）	评价、考核、排名
89	武陟渠首	沁河	河南省	焦作市	一级	黄河	入河口	评价、考核、排名
90	窄口长桥	宏农涧河	河南省	三门峡市	一级	黄河	入河口	评价、考核、排名
91	七里铺	伊洛河	河南省	巩义市	一级	黄河	市界（巩义市—郑州市）	评价、考核、排名
92	濮阳大韩桥	金堤河	河南省	濮阳市	一级	黄河		评价、考核、排名
93	张秋	金堤河	山东省	聊城市	一级	黄河	省界（豫、鲁）	评价、考核、排名
94	王台大桥	大汶河	山东省	泰安市	一级	东平湖	入湖口	评价、考核、排名
95	贺小庄	牟汶河	山东省	莱芜市	二级	大汶河	市界（莱芜市—泰安市）	评价、考核、排名

序号	断面名称	所在河流	所在省份	所在地区	所在河流级别	汇入河流（湖库、海洋）	断面属性	断面功能
96	寨子河桥	牟汶河	山东省	莱芜市	二级	大汶河		评价、考核、排名
97	徐家汶	瀛汶河	山东省	泰安市	三级	牟汶河	市界（莱芜市—泰安市）	评价、考核、排名
98	卧虎山水库	玉符河	山东省	济南市	一级	玉符河	出库口	评价、考核、排名
99	峡塘	大通河	青海省	海东市	二级	湟水	省界（青—甘）	评价、考核、排名
100	甘冲口	大通河	青海省	海东市	二级	湟水	市界（海北州—海东市）	评价、考核、排名
101	地沟桥	大夏河	甘肃省	甘南州	二级	刘家峡水库	市界（甘南州—临夏州）	评价、考核、排名
102	折桥	大夏河	甘肃省	临夏州	二级	刘家峡水库	县界（临夏市—东乡县）	评价、考核、排名
103	长庆桥	泾河	甘肃省	平凉市	二级	渭河	省界（甘—陕）	评价、考核、排名
104	平镇桥	泾河	甘肃省	平凉市	二级	渭河	县界（崆峒区—泾川县）	评价、考核、排名
105	玉桥	葫芦河	宁夏回族自治区	固原市	二级	黄河	省界（宁—甘）	评价、考核、排名
106	弹筝峡	泾河	宁夏回族自治区	固原市	二级	渭河	省界（宁—甘）	评价、考核、排名
107	桑柳树	磁窑河	山西省	晋中市	二级	汾河	市界（吕梁市—晋中市）	评价、考核、排名
108	贾家畔	牸牛川	陕西省	榆林市	二级	窟野河	省界（蒙—陕）	评价、考核、排名
109	曲立	岚河	山西省	吕梁市	二级	汾河	市界（吕梁市—太原市）	评价、考核、排名
110	北峪口	文峪河	山西省	吕梁市	二级	汾河	县界（交城县—文水县）	评价、考核、排名
111	南姚	文峪河	山西省	吕梁市	二级	汾河	市界（吕梁市—晋中市）	评价、考核、排名

序号	断面名称	所在河流	所在省份	所在地区	所在河流级别	汇入河流（湖库、海洋）	断面属性	断面功能
112	郝村	潇河	山西省	晋中市	二级	汾河	市界（晋中市—太原市）	评价、考核、排名
113	灞河口	灞河	陕西省	西安市	二级	渭河	县界（蓝田县—灞桥区）	评价、考核、排名
114	三郎村	灞河	陕西省	西安市	二级	渭河	入河口	评价、考核、排名
115	田庄镇南城村	北洛河	陕西省	延安市	二级	渭河		评价、考核、排名
116	西曲村	浍河	山西省	运城市	二级	汾河	市界（临汾市—运城市）	评价、考核、排名
117	黑河张家桥	黑河	陕西省	咸阳市	二级	渭河	县界（长武县—彬县）	评价、考核、排名
118	泾河桥	泾河	陕西省	咸阳市	二级	渭河	市界（咸阳市—西安市）	评价、考核、排名
119	千河公路桥	千河	陕西省	宝鸡市	二级	渭河	县界（千阳县—凤翔县）	评价、考核、排名
120	岔口	石川河	陕西省	铜川市	二级	渭河		评价、考核、排名
121	张家庄	尤河	陕西省	渭南市	二级	渭河	入河口	评价、考核、排名
122	鱼河	榆溪河	陕西省	榆林市	二级	黄河	县界（榆阳区—横山县）	评价、考核、排名
123	后寨	丹河	河南省	焦作市	二级	沁河	省界（晋—豫）	评价、考核、排名
124	灵口	洛河	陕西省	商洛市	二级	伊洛河	省界（陕—豫）	评价、考核、排名
125	王谦村	洛河	陕西省	渭南市	二级	伊洛河	入河口	评价、考核、排名
126	洛河大桥	洛河	河南省	三门峡市	二级	伊洛河	市界（三门峡市—洛阳市）	评价、考核、排名
127	白马寺	洛河	河南省	洛阳市	二级	伊洛河	县界（洛阳市区—偃师市）	评价、考核、排名
128	洛宁长水	洛河	河南省	洛阳市	二级	伊洛河	县界（洛宁县—宜阳县）	评价、考核、排名

序号	断面名称	所在河流	所在省份	所在地区	所在河流级别	汇入河流（湖库、海洋）	断面属性	断面功能
129	高崖寨	洛河	河南省	洛阳市	二级	伊洛河	县界（宜阳县—洛阳市区）	评价、考核、排名
130	潭头	伊河	河南省	洛阳市	二级	洛河	县界（栾川县—嵩县）	评价、考核、排名
131	龙门大桥	伊河	河南省	洛阳市	二级	洛河	县界（伊川县—洛龙区）	评价、考核、排名
132	封丘陶北	天然渠	河南省	新乡市	二级	天然文岩渠	市界（新乡市—长垣县）	评价、考核、排名
133	封丘王堤	文岩渠	河南省	新乡市	二级	天然文岩渠	市界（新乡市—长垣县）	评价、考核、排名
134	宁县桥头	马莲河	甘肃省	庆阳市	三级	泾河	省界（甘—陕）	评价、考核、排名
135	马头坡	蒲河	甘肃省	庆阳市	三级	泾河	市界（庆阳市—平凉市）	评价、考核、排名
136	联财	渝河	宁夏回族自治区	固原市	三级	黄河	省界（宁—甘）	评价、考核、排名
137	沟圈	茹河	宁夏回族自治区	固原市	四级	蒲河	省界（宁—甘）	评价、考核、排名
138	下海勃湾	黄河	内蒙古自治区	乌海市	干流	渤海		趋势科研
139	画匠营子	黄河	内蒙古自治区	包头市	干流	渤海		趋势科研
140	昭君坟	黄河	内蒙古自治区	包头市	干流	渤海		趋势科研
141	河口镇	黄河	内蒙古自治区	呼和浩特市	干流	渤海		趋势科研
142	小浪底水库南村	黄河	河南省	三门峡市	干流	渤海	市界（三门峡市—洛阳市）	趋势科研
143	东明公路大桥	黄河	河南省	濮阳市	干流	渤海		趋势科研
144	西钢桥	湟水	青海省	西宁市	一级	黄河		趋势科研
145	同仁水文站下游	隆务河	青海省	黄南州	一级	黄河		趋势科研

序号	断面名称	所在河流	所在省份	所在地区	所在河流级别	汇入河流（湖库、海洋）	断面属性	断面功能
146	东河入黄口	东河	内蒙古自治区	包头市	一级	黄河		趋势科研
147	西河入黄口	西河	内蒙古自治区	包头市	一级	黄河		趋势科研
148	龙王沟入黄口	龙王沟	内蒙古自治区	鄂尔多斯市	一级	黄河		趋势科研
149	民生渠	大黑河	内蒙古自治区	呼和浩特市	一级	黄河		趋势科研
150	孟家沟	窟野河	陕西省	榆林市	一级	黄河		趋势科研
151	庙畔	无定河	陕西省	榆林市	一级	黄河	省界（蒙—陕）	趋势科研
152	寨东桥	三川河	山西省	吕梁市	一级	黄河		趋势科研
153	石窑村	延河	陕西省	延安市	一级	黄河		趋势科研
154	秀西	云岩河	陕西省	延安市	一级	黄河	入河口	趋势科研
155	禹庙	县川河	山西省	忻州市	一级	黄河	省界（晋—晋、陕）	趋势科研
156	花园子	朱家川河	山西省	忻州市	一级	黄河	省界（晋—晋、陕）	趋势科研
157	雷鸣寺	汾河	山西省	忻州市	一级	黄河		趋势科研
158	小店桥	汾河	山西省	太原市	一级	黄河		趋势科研
159	解村	板涧河	山西省	运城市	一级	黄河		趋势科研
160	常兴桥	渭河	陕西省	宝鸡市	一级	黄河	市界（宝鸡市—咸阳市）	趋势科研
161	虢镇桥	渭河	陕西省	宝鸡市	一级	黄河	县界（渭滨、金台区—陈仓区）	趋势科研
162	南营	渭河	陕西省	咸阳市	一级	黄河		趋势科研
163	天江人渡	渭河	陕西省	西安市	一级	黄河		趋势科研
164	树园	渭河	陕西省	渭南市	一级	黄河		趋势科研
165	张峰水库入口	沁河	山西省	临汾市	一级	黄河	市界（临汾市—晋城市）	趋势科研
166	孔家坡	沁河	山西省	长治市	一级	黄河		趋势科研
167	沁阳伏背	沁河	河南省	焦作市	一级	黄河	市界（济源市—焦作市）	趋势科研
168	五龙口	沁河	河南省	济源市	一级	黄河		趋势科研
169	温县汜水滩	（新）蟒河	河南省	焦作市	一级	黄河		趋势科研

序号	断面名称	所在河流	所在省份	所在地区	所在河流级别	汇入河流（湖库、海洋）	断面属性	断面功能
170	曲阳湖	蟒河	河南省	济源市	一级	黄河		趋势科研
171	北梁桥	青龙涧河	河南省	三门峡市	一级	黄河		趋势科研
172	九孔桥	青龙涧河	河南省	三门峡市	一级	黄河		趋势科研
173	张村桥	阳平河	河南省	三门峡市	一级	黄河		趋势科研
174	芦台桥	枣香河	河南省	三门峡市	一级	黄河		趋势科研
175	伊洛汇合处	伊洛河	河南省	巩义市	一级	黄河	市界（洛阳市—巩义市）	趋势科研
176	口子	汜水河	河南省	郑州市	一级	黄河	县界（荥阳县—郑州市）	趋势科研
177	长垣大车集	天然文岩渠	河南省	新乡市	一级	黄河		趋势科研
178	濮阳渠村桥	天然文岩渠	河南省	濮阳市	一级	黄河	市界（新乡市—濮阳市）	趋势科研
179	范县金堤桥	金堤河	河南省	濮阳市	一级	黄河		趋势科研
180	宋海桥	金堤河	河南省	濮阳市	一级	黄河	县界（濮阳县—范县）	趋势科研
181	子路堤桥	金堤河	河南省	濮阳市	一级	黄河	县界（范县—台前县）	趋势科研
182	仲子庙	金堤河	山东省	聊城市	一级	黄河	省界（豫、鲁）	趋势科研
183	大汶口	大汶河	山东省	泰安市	一级	东平湖		趋势科研
184	茶棚	北沙河	山东省	济南市	一级	黄河		趋势科研
185	入黄河口	北沙河	山东省	济南市	一级	黄河		趋势科研
186	北旬子	泮河	山东省	泰安市	一级	黄河		趋势科研
187	贺家湾水库	泾河	宁夏回族自治区	固原市	二级	渭河		趋势科研
188	西峡水库	泾河	宁夏回族自治区	固原市	二级	渭河		趋势科研
189	金陵桥	金陵河	陕西省	宝鸡市	二级	渭河	入河口	趋势科研
190	玻璃厂前	清姜河	陕西省	宝鸡市	二级	渭河	入河口	趋势科研
191	红石峡	榆溪河	陕西省	榆林市	二级	黄河		趋势科研

序号	断面名称	所在河流	所在省份	所在地区	所在河流级别	汇入河流（湖库、海洋）	断面属性	断面功能
192	岔口1	文峪河	山西省	吕梁市	二级	汾河		趋势科研
193	东焦河水库出口	丹河	山西省	晋城市	二级	沁河		趋势科研
194	赵庄	丹河	山西省	晋城市	二级	沁河		趋势科研
195	蔡庄水库出口	潇河	山西省	晋中市	二级	汾河		趋势科研
196	新河入渭	新河	陕西省	西安市	二级	黄河		趋势科研
197	三里桥	沣河	陕西省	西安市	二级	渭河		趋势科研
198	黑河入渭	黑河	陕西省	西安市	二级	渭河		趋势科研
199	涝河入渭	涝河	陕西省	西安市	二级	黄河		趋势科研
200	临河入渭	临河	陕西省	西安市	二级	黄河		趋势科研
201	漆水河入渭口	漆水河	陕西省	咸阳市	二级	渭河		趋势科研
202	金锁	漆水河	陕西省	铜川市	二级	渭河	县界（宜君县—印台区）	趋势科研
203	三里洞	漆水河	陕西省	铜川市	二级	渭河	县界（印台区—王益区）	趋势科研
204	渑池吴庄	涧河	河南省	三门峡市	二级	洛河	市界（三门峡市—洛阳市）	趋势科研
205	塔尼	涧河	河南省	三门峡市	二级	洛河	县界（渑池县—义马市）	趋势科研
206	北麻桥	文峪河	河南省	三门峡市	二级	汾河		趋势科研
207	陆浑水库	伊河	河南省	洛阳市	二级	洛河	县界（嵩县—伊川县）	趋势科研
208	滑县孔村桥	黄庄河	河南省	滑县	二级	金堤河	市界（长垣县—滑县）	趋势科研
209	黄塔桥	西柳青河	河南省	滑县	二级	金堤河	市界（新乡市—滑县）	趋势科研
210	方下河桥	方下河	山东省	莱芜市	二级	牟汶河		趋势科研
211	嘶马河桥	嘶马河	山东省	莱芜市	二级	牟汶河		趋势科研
212	孝义河入汶口	孝义河	山东省	莱芜市	二级	牟汶河		趋势科研
213	柴家台村	马莲河	甘肃省	庆阳市	三级	泾河	省界（宁—甘）	趋势科研

珠江流域“十三五”国控监测断面设置情况

序号	断面名称	所在河流	省份	所在地区	所在河流级别	汇入河流（湖库、海洋）	断面属性	断面功能
1	坡脚	南盘江	贵州省	黔西南州	干流	南海	省界（黔、桂）	评价、考核、排名
2	三江口	南盘江	贵州省	黔西南州	干流	南海	省界（滇、黔）	评价、考核、排名
3	蔗香南	南盘江	贵州省	黔西南州	干流	南海		评价、考核、排名
4	长虹桥	南盘江	云南省	红河州	干流	南海	县界（弥勒市—开远市）	评价、考核、排名
5	江边桥	南盘江	云南省	红河州	干流	南海	市界（红河州—文山州）	评价、考核、排名
6	花山水库出水口	南盘江	云南省	曲靖市	干流	南海		评价、考核、排名
7	天生桥	南盘江	云南省	曲靖市	干流	南海	市界（曲靖市—昆明市）	评价、考核、排名
8	设里桥	南盘江	云南省	曲靖市	干流	南海	市界（文山州—曲靖市）	评价、考核、排名
9	盘溪大桥	南盘江	云南省	玉溪市	干流	南海	市界（玉溪市—红河州）	评价、考核、排名
10	禄丰村	南盘江	云南省	昆明市	干流	南海	市界（昆明市—红河州）	评价、考核、排名
11	九甸大桥	曲江	云南省	玉溪市	一级	南盘江	市界（玉溪市—红河州）	评价、考核、排名
12	永昌桥	曲江	云南省	玉溪市	一级	南盘江		评价、考核、排名
13	黄泥河	黄泥河	贵州省	黔西南州	一级	南盘江	市界（六盘水市—黔西南州）	评价、考核、排名
14	赵家渡	马别河	贵州省	黔西南州	一级	南盘江		评价、考核、排名
15	六排	红水河	广西壮族自治区	河池市	干流	南海	省界（桂—黔）	评价、考核、排名

序号	断面名称	所在河流	省份	所在地区	所在河流级别	汇入河流（湖库、海洋）	断面属性	断面功能
16	大化	红水河	广西壮族自治区	河池市	干流	南海	县界（大化县—都安县）	评价、考核、排名
17	车渡	红水河	广西壮族自治区	来宾市	干流	南海	县界（兴宾区—象州县）	评价、考核、排名
18	垒亭	红水河	广西壮族自治区	来宾市	干流	南海		评价、考核、排名
19	坝草	北盘江	贵州省	安顺市	一级	红水河	市界（安顺市—黔西南州）	评价、考核、排名
20	岔河口	北盘江	贵州省	黔西南州	一级	红水河	市界（六盘水市—黔西南州）	评价、考核、排名
21	发耳	北盘江	贵州省	六盘水市	一级	红水河	省界（滇、黔—黔）	评价、考核、排名
22	蔗香北	北盘江	贵州省	黔西南州	一级	红水河	省界（黔—黔、桂）	评价、考核、排名
23	厂房大桥	北盘江	云南省	曲靖市	一级	红水河	省界（滇—黔）	评价、考核、排名
24	打邦	打邦河	贵州省	安顺市	二级	北盘江	县界（关岭县—镇宁县）	评价、考核、排名
25	黄果树	打邦河	贵州省	安顺市	二级	北盘江	市界（六盘水市—安顺市）	评价、考核、排名
26	边外河	濛江	贵州省	黔南州	一级	红水河	省界（黔—桂）	评价、考核、排名
27	勒马	黔江	广西壮族自治区	来宾市	干流	南海		评价、考核、排名
28	从江大桥	都柳江	贵州省	黔东南州	一级	黔江	省界（黔—桂）	评价、考核、排名
29	榕江	都柳江	贵州省	黔东南州	一级	黔江	县界（榕江县—从江县）	评价、考核、排名

序号	断面名称	所在河流	省份	所在地区	所在河流级别	汇入河流（湖库、海洋）	断面属性	断面功能
30	三都桥	都柳江	贵州省	黔南州	一级	黔江		评价、考核、排名
31	新华	都柳江	贵州省	黔东南州	一级	黔江	市界（黔南州—黔东南州）	评价、考核、排名
32	木洞	融江	广西壮族自治区	柳州市	一级	黔江		评价、考核、排名
33	露塘	柳江	广西壮族自治区	柳州市	一级	黔江		评价、考核、排名
34	石龙	柳江	广西壮族自治区	来宾市	一级	黔江	县界（象州县—武宣县）	评价、考核、排名
35	象州运江老街	柳江	广西壮族自治区	来宾市	一级	黔江	市界（柳州市—来宾市）	评价、考核、排名
36	交州	平等河	广西壮族自治区	桂林市	二级	融江	市界（桂林市—柳州市）	评价、考核、排名
37	界牌	樟江	贵州省	黔南州	二级	柳江	省界（黔—桂）	评价、考核、排名
38	杨民	龙江	广西壮族自治区	河池市	二级	柳江	市界（河池市—柳州市）	评价、考核、排名
39	渔村	洛清江	广西壮族自治区	柳州市	二级	柳江	市界（柳州市—来宾市）	评价、考核、排名
40	龙溪	洛清江	广西壮族自治区	桂林市	二级	柳江	市界（桂林市—柳州市）	评价、考核、排名
41	石良角	浔江	广西壮族自治区	梧州市	干流	南海		评价、考核、排名

序号	断面名称	所在河流	省份	所在地区	所在河流级别	汇入河流（湖库、海洋）	断面属性	断面功能
42	石嘴	浔江	广西壮族自治区	贵港市	干流	南海		评价、考核、排名
43	武林渡口	浔江	广西壮族自治区	贵港市	干流	南海	市界（贵港市—梧州市）	评价、考核、排名
44	罗村口	剥隘河	广西壮族自治区	百色市	一级	浔江	省界（滇—桂）	评价、考核、排名
45	公篓	右江	广西壮族自治区	百色市	一级	浔江		评价、考核、排名
46	雁江	右江	广西壮族自治区	南宁市	一级	浔江	市界（百色市—南宁市）	评价、考核、排名
47	谷拉河大桥	谷拉河	云南省	文山州	二级	右江		评价、考核、排名
48	澄碧河水库	澄碧河	广西壮族自治区	百色市	二级	右江		评价、考核、排名
49	叮当	武鸣河	广西壮族自治区	南宁市	二级	右江		评价、考核、排名
50	老口	邕江	广西壮族自治区	南宁市	一级	浔江		评价、考核、排名
51	六景	邕江	广西壮族自治区	南宁市	一级	浔江		评价、考核、排名
52	上中	左江	广西壮族自治区	南宁市	二级	邕江	市界（崇左市—南宁市）	评价、考核、排名

序号	断面名称	所在河流	省份	所在地区	所在河流级别	汇入河流（湖库、海洋）	断面属性	断面功能
53	渠立	左江	广西壮族自治区	崇左市	二级	邕江		评价、考核、排名
54	棉江	左江	广西壮族自治区	崇左市	二级	邕江	县界（龙州县—江州区）	评价、考核、排名
55	隘屯	难滩河	广西壮族自治区	百色市	三级	左江	国界（中—越）	评价、考核、排名
56	那弄	明江	广西壮族自治区	崇左市	三级	左江		评价、考核、排名
57	上金	明江	广西壮族自治区	崇左市	三级	左江	县界（宁明县—龙州县）	评价、考核、排名
58	南岸	郁江	广西壮族自治区	南宁市	一级	浔江	市界（南宁市—贵港市）	评价、考核、排名
59	火电厂	郁江	广西壮族自治区	贵港市	一级	浔江		评价、考核、排名
60	自良渡口	北流江	广西壮族自治区	玉林市	一级	浔江	市界（玉林市—梧州市）	评价、考核、排名
61	封开城上	西江	广东省	肇庆市	干流	南海	省界（桂—粤）	评价、考核、排名
62	黄岗	西江	广东省	肇庆市	干流	南海		评价、考核、排名
63	永安	西江	广东省	肇庆市	干流	南海	市界（肇庆市—佛山市）	评价、考核、排名
64	古劳	西江	广东省	佛山市	干流	南海	市界（佛山市—佛山市、江门市）	评价、考核、排名

序号	断面名称	所在河流	省份	所在地区	所在河流级别	汇入河流（湖库、海洋）	断面属性	断面功能
65	古封	西江	广东省	肇庆市	干流	南海	市界（肇庆市—肇庆市、云浮市）	评价、考核、排名
66	六都水厂上游	西江	广东省	肇庆市、云浮市	干流	南海	市界（云浮市、肇庆市）	评价、考核、排名
67	都骑	西江	广东省	肇庆市、云浮市	干流	南海	市界（云浮市、肇庆市）	评价、考核、排名
68	阳朔	漓江	广西壮族自治区	桂林市	一级	西江	县界（雁山区—阳朔县）	评价、考核、排名
69	京南	桂江	广西壮族自治区	梧州市	一级	西江	市界（贺州市—梧州市）	评价、考核、排名
70	桂花	桂江	广西壮族自治区	贺州市	一级	西江	市界（桂林市—贺州市）	评价、考核、排名
71	水库出水口	甘棠江	广西壮族自治区	桂林市	二级	漓江	县界（灵川县—叠彩区）	评价、考核、排名
72	白沙街	贺江	广东省	肇庆市	一级	西江	省界（桂—粤）	评价、考核、排名
73	贺街	贺江	广西壮族自治区	贺州市	一级	西江		评价、考核、排名
74	下东	西江干流水道	广东省	佛山市、江门市	干流	南海	市界（佛山市、江门市）	评价、考核、排名
75	布洲	磨刀门水道	广东省	中山市、珠海市、江门市	干流	南海	市界（江门市、中山市、珠海市）	评价、考核、排名

序号	断面名称	所在河流	省份	所在地区	所在河流级别	汇入河流（湖库、海洋）	断面属性	断面功能
76	珠海大桥	磨刀门水道	广东省	珠海市、中山市	干流	南海	市界（中山市、珠海市—珠海市）	评价、考核、排名、入海控制
77	洪奇沥	洪奇沥水道	广东省	广州市	干流	南海	市界（广州市、中山市）	评价、考核、排名、入海控制
78	蕉门	蕉门水道	广东省	广州市	干流	南海		评价、考核、排名、入海控制
79	尖峰大桥	黄杨河	广东省	珠海市	干流	南海		评价、考核、排名
80	鸦岗	珠江广州段	广东省	广州市	干流	南海		评价、考核、排名
81	墩头基	珠江广州段	广东省	广州市	干流	南海		评价、考核、排名
82	莲花山	珠江广州段	广东省	广州市、东莞市	干流	南海	市界（广州市、东莞市）	评价、考核、排名、入海控制
83	平洲	平洲水道	广东省	佛山市、广州市	干流	南海	市界（佛山市—广州市）	评价、考核、排名
84	乌洲	顺德水道	广东省	佛山市、广州市	干流	南海	市界（佛山市—广州市）	评价、考核、排名
85	官坦	沙湾水道	广东省	广州市	干流	南海		评价、考核、排名
86	中山港码头	横门水道	广东省	中山市	干流	南海		评价、考核、排名、入海控制
87	石角咀水闸	前山河水道	广东省	珠海市	干流	南海		评价、考核、排名
88	流溪河山庄	流溪河	广东省	广州市	一级	珠江广州段		评价、考核、排名

序号	断面名称	所在河流	省份	所在地区	所在河流级别	汇入河流（湖库、海洋）	断面属性	断面功能
89	大龙涌口	市桥水道	广东省	广州市	一级	沙湾水道		评价、考核、排名
90	北江石尾	北江	广东省	清远市	干流	南海		评价、考核、排名
91	七星岗	北江	广东省	清远市	干流	南海		评价、考核、排名
92	石角	北江	广东省	清远市	干流	南海	市界（清远市—佛山市）	评价、考核、排名
93	高桥	北江	广东省	韶关市	干流	南海	市界（韶关市—清远市）	评价、考核、排名
94	梁村	北江	广东省	肇庆市	干流	南海	市界（肇庆市—佛山市）	评价、考核、排名
95	三溪桥	武江	广东省	韶关市	一级	北江	省界（湘—粤）	评价、考核、排名
96	十里亭	武江	广东省	韶关市	一级	北江		评价、考核、排名
97	长坝	浈江	广东省	韶关市	一级	北江		评价、考核、排名
98	连江西牛	连江	广东省	清远市	一级	北江		评价、考核、排名
99	龙川城铁路桥	东江	广东省	河源市	干流	南海		评价、考核、排名
100	江口	东江	广东省	河源市	干流	南海	市界（河源市—惠州市）	评价、考核、排名
101	沙田泗盛	东江	广东省	东莞市	干流	南海		评价、考核、排名、入海控制
102	博罗城下（新角）	东江	广东省	惠州市	干流	南海		评价、考核、排名
103	惠州汝湖	东江	广东省	惠州市	干流	南海		评价、考核、排名

序号	断面名称	所在河流	省份	所在地区	所在河流级别	汇入河流（湖库、海洋）	断面属性	断面功能
104	庙咀里	定南水	广东省	河源市	一级	枫树坝水库	省界（赣—粤）	评价、考核、排名
105	兴宁电站	寻乌水	广东省	河源市	一级	枫树坝水库	省界（赣—粤）	评价、考核、排名
106	马安大桥下	西枝江	广东省	惠州市	一级	东江	县界（惠阳区—惠城区）	评价、考核、排名
107	紫溪	淡水河	广东省	惠州市	二级	西枝江		评价、考核、排名
108	旗岭	石马河	广东省	东莞市	一级	东江		评价、考核、排名
109	沙河河口（里波水）	沙河	广东省	惠州市	一级	东江		评价、考核、排名
110	九龙潭	增江	广东省	惠州市	一级	东江	市界（惠州市—广州市）	评价、考核、排名
111	增江口	增江	广东省	广州市	一级	东江		评价、考核、排名
112	大墩	东江北干流	广东省	广州市、东莞市	干流	南海	市界（广州市、东莞市）	评价、考核、排名
113	樟村（家乐福）	东莞运河	广东省	东莞市	一级	东江南支流		评价、考核、排名
114	民生	北仑河	广西壮族自治区	防城港市	独流入海	北部湾	国界（中、越）	评价、考核、排名
115	狗尾濑	北仑河	广西壮族自治区	防城港市	独流入海	北部湾	国界（中、越）	评价、考核、排名
116	木头滩	防城江	广西壮族自治区	防城港市	独流入海	北部湾	县界（防城区—港口区）	评价、考核、排名

序号	断面名称	所在河流	省份	所在地区	所在河流级别	汇入河流（湖库、海洋）	断面属性	断面功能
117	茅岭大桥	茅岭江	广西壮族自治区	钦州市	独流入海	钦州湾		评价、考核、排名、入海控制
118	钦江东	钦江	广西壮族自治区	钦州市	独流入海	钦州湾		评价、考核、排名、入海控制
119	高塘	大风江	广西壮族自治区	钦州市	独流入海	北部湾		评价、考核、排名、入海控制
120	亚桥	南流江	广西壮族自治区	北海市	独流入海	北部湾		评价、考核、排名、入海控制
121	横塘	南流江	广西壮族自治区	玉林市	独流入海	北部湾	市界（玉林市—钦州市）	评价、考核、排名
122	东边埇	武利江	广西壮族自治区	北海市	一级	南流江	市界（钦州市—北海市）	评价、考核、排名
123	山角	九洲江	广东省	湛江市	独流入海	南海	省界（桂—粤）	评价、考核、排名
124	赤坎水厂（塘口取水口）	九洲江	广东省	湛江市	独流入海	南海		评价、考核、排名
125	排里	九洲江	广东省	湛江市	独流入海	南海		评价、考核、排名
126	南渡河桥	南渡河	广东省	湛江市	独流入海	雷州湾		评价、考核、排名
127	江口门	鉴江	广东省	茂名市	独流入海	南海	市界（茂名市—湛江市）	评价、考核、排名
128	黄坡	鉴江	广东省	湛江市	独流入海	南海		评价、考核、排名、入海控制

序号	断面名称	所在河流	省份	所在地区	所在河流级别	汇入河流（湖库、海洋）	断面属性	断面功能
129	米急渡	鉴江	广东省	茂名市	独流入海	南海		评价、考核、排名
130	石碧	小东江	广东省	茂名市	一级	鉴江	市界（茂名市—湛江市）	评价、考核、排名
131	塘口	袂花江	广东省	茂名市	独流入海	南海	市界（茂名市—湛江市）	评价、考核、排名
132	江城	漠阳江	广东省	阳江市	独流入海	南海		评价、考核、排名
133	苍山渡口	潭江	广东省	江门市	独流入海	南海		评价、考核、排名、入海控制
134	牛湾	潭江	广东省	江门市	独流入海	南海		评价、考核、排名
135	共和村	茅洲河	广东省	东莞市、深圳市	独流入海	南海	市界（深圳市、东莞市）	评价、考核、排名
136	深圳河口	深圳河	广东省	深圳市	独流入海	南海		评价、考核、排名、入海控制
137	大麻	韩江	广东省	梅州市	独流入海	南海		评价、考核、排名
138	赤凤	韩江	广东省	梅州市	独流入海	南海	市界（梅州市—潮州市）	评价、考核、排名
139	大衙	韩江	广东省	潮州市	独流入海	南海	市界（潮州市、汕头市）	评价、考核、排名
140	隆都	韩江东溪	广东省	汕头市	独流入海	南海	市界（潮州市—汕头市）	评价、考核、排名
141	长汀美溪桥	汀江	福建省	龙岩市	一级	韩江	县界（长汀县—上杭县）	评价、考核、排名
142	上杭李家坪	汀江	福建省	龙岩市	一级	韩江		评价、考核、排名
143	青溪	汀江	广东省	梅州市	一级	韩江	省界（闽—粤）	评价、考核、排名

序号	断面名称	所在河流	省份	所在地区	所在河流级别	汇入河流（湖库、海洋）	断面属性	断面功能
144	西阳电站	梅江	广东省	梅州市	一级	韩江		评价、考核、排名
145	东湖	榕江南河	广东省	揭阳市	独流入海	南海		评价、考核、排名
146	龙石	榕江北河	广东省	揭阳市	一级	榕江		评价、考核、排名
147	海门湾桥闸	练江	广东省	汕头市	独流入海	南海		评价、考核、排名、入海控制
148	隆溪大道桥	龙江（粤东）	广东省	揭阳市	独流入海	南海		评价、考核、排名
149	升平	梅溪河	广东省	汕头市	独流入海	南海		评价、考核、排名、入海控制
150	陆丰半湾水闸	螺河	广东省	汕尾市	独流入海	南海		评价、考核、排名、入海控制
151	海丰西闸	黄江河	广东省	汕尾市	独流入海	南海		评价、考核、排名、入海控制
152	山口	南渡江	海南省	澄迈县	独流入海	北部湾		评价、考核、排名
153	后黎村	南渡江	海南省	澄迈县	独流入海	北部湾	市界（澄迈县—海口市）	评价、考核、排名
154	龙塘	南渡江	海南省	海口市	独流入海	北部湾		评价、考核、排名
155	儒房	南渡江	海南省	海口市	独流入海	北部湾	入海口	评价、考核、排名、入海控制
156	乐中	昌化江	海南省	五指山市	独流入海	北部湾	县界（五指山市—乐东县）	评价、考核、排名
157	跨界桥	昌化江	海南省	东方市	独流入海	北部湾	县界（乐东县—东方市）	评价、考核、排名
158	大风	昌化江	海南省	昌江县	独流入海	北部湾	入海口	评价、考核、排名、入海控制
159	叉河口	石碌河	海南省	昌江县	一级	昌化江		评价、考核、排名

序号	断面名称	所在河流	省份	所在地区	所在河流级别	汇入河流（湖库、海洋）	断面属性	断面功能
160	龙江	万泉河	海南省	琼海市	独流入海	南海		评价、考核、排名
161	汀洲	万泉河	海南省	琼海市	独流入海	南海	入海口	评价、考核、排名、入海控制
162	溪仔村	大边河	海南省	琼海市	一级	万泉河	县界（琼中县—琼海市）	评价、考核、排名
163	农垦橡胶所一队	文昌河	海南省	文昌市	独流入海	南海	市界（海口市—文昌市）	评价、考核、排名
164	群英大坝	陵水河	海南省	陵水县	独流入海	南海	县界（保亭县—陵水县）	评价、考核、排名
165	妙林	三亚河	海南省	三亚市	独流入海	南海		评价、考核、排名
166	柴石滩	南盘江	云南省	昆明市	干流	南海		趋势科研
167	燕子洞	泸江	云南省	红河州	一级	南盘江		趋势科研
168	石桥	泸江	云南省	红河州	一级	南盘江		趋势科研
169	锁龙桥	甸溪河	云南省	红河州	一级	南盘江		趋势科研
170	乃格	黄泥河	云南省	曲靖市	一级	南盘江	省界（滇—黔）	趋势科研
171	合山电厂	红水河	广西壮族自治区	来宾市	干流	南海		趋势科研
172	马蹄渡	红水河	广西壮族自治区	来宾市	干流	南海	县界（忻城县—合山市）	趋势科研
173	抵门	涟江	贵州省	黔南州	一级	红水河		趋势科研
174	海里电站	涟江	贵州省	黔南州	一级	红水河		趋势科研
175	八总大桥	坝王河	贵州省	黔南州	二级	濛江		趋势科研
176	甲茶	曹渡河	贵州省	黔南州	一级	红水河		趋势科研
177	马陇	刁江	广西壮族自治区	河池市	一级	红水河		趋势科研
178	白额	黔江	广西壮族自治区	贵港市	干流	南海		趋势科研

序号	断面名称	所在河流	省份	所在地区	所在河流级别	汇入河流（湖库、海洋）	断面属性	断面功能
179	大陆洲	黔江	广西壮族自治区	来宾市	干流	南海		趋势科研
180	浪溪江	浪溪江	广西壮族自治区	柳州市	二级	融江		趋势科研
181	贝江口	贝江	广西壮族自治区	柳州市	二级	融江		趋势科研
182	六甲	龙江	广西壮族自治区	河池市	二级	柳江	省界（桂—黔）	趋势科研
183	东江	大环江	广西壮族自治区	河池市	三级	龙江	县界（金城江区—环江县）	趋势科研
184	巴营	右江	广西壮族自治区	百色市	一级	浔江		趋势科研
185	西洋江板蚌乡政府	西洋江	云南省	文山州	二级	右江		趋势科研
186	八角电站	水口河	广西壮族自治区	崇左市	三级	左江	国界（越—中）	趋势科研
187	德天	归春河	广西壮族自治区	崇左市	三级	左江	国界（越—中）	趋势科研
188	平而关	平而河	广西壮族自治区	崇左市	三级	左江	国界（越—中）	趋势科研
189	路怀	明江	广西壮族自治区	防城港市	三级	左江	市界（防城港市—崇左市）	趋势科研
190	新立	黑水河	广西壮族自治区	崇左市	三级	左江	县界（大新县—江州区）	趋势科研

序号	断面名称	所在河流	省份	所在地区	所在河流级别	汇入河流（湖库、海洋）	断面属性	断面功能
191	武思江大桥	武思江	广西壮族自治区	贵港市	二级	郁江	市界（玉林市、钦州市—贵港市）	趋势科研
192	爽底坪	杨梅河	广西壮族自治区	玉林市	二级	北流江	省界（粤—桂）	趋势科研
193	鸡啼门大桥	鸡啼门	广东省	珠海市	独流入海	南海	入海口	入海控制
194	宝珠围	黄华河	广西壮族自治区	岑溪市	二级	北流江	省界（粤—桂）	趋势科研
195	大河	漓江	广西壮族自治区	桂林市	一级	西江		趋势科研
196	石咀	桂江	广西壮族自治区	梧州市	一级	西江		趋势科研
197	扒齿	荔浦河	广西壮族自治区	桂林市	二级	桂江		趋势科研
198	南江口	罗定江	广东省	云浮市	一级	西江	县界（郁南县—云安县）	趋势科研
199	下坪	新兴江	广东省	云浮市	一级	西江	县界（新兴县—云安县）	趋势科研
200	高明水厂	西江干流水道	广东省	佛山市	干流	南海		趋势科研
201	全禄水厂	磨刀门水道	广东省	中山市、江门市	干流	南海	市界（江门市、中山市）	趋势科研
202	东塱	珠江广州段	广东省	广州市	干流	南海		趋势科研
203	长洲	珠江广州段	广东省	广州市	干流	南海		趋势科研
204	羊额水厂	顺德水道	广东省	佛山市	干流	南海		趋势科研
205	沙湾水厂	沙湾水道	广东省	广州市	干流	南海		趋势科研

序号	断面名称	所在河流	省份	所在地区	所在河流级别	汇入河流（湖库、海洋）	断面属性	断面功能
206	南沙湾断面	前山河水道	广东省	珠海市、中山市	干流	南海	市界（中山市—珠海市）	趋势科研
207	篁边	西海水道	广东省	江门市	干流	南海		趋势科研
208	新沙	石板沙水道	广东省	江门市	干流	南海		趋势科研
209	人和	流溪河	广东省	广州市	一级	珠江广州段		趋势科研
210	马大丰水厂	小榄水道	广东省	中山市	一级	横门水道		趋势科研
211	飞来峡	北江	广东省	清远市	干流	南海		趋势科研
212	北江水厂	北江	广东省	佛山市	干流	南海		趋势科研
213	孟洲坝电站	北江	广东省	韶关市	干流	南海		趋势科研
214	浆水乡龟爻村9组桥	武江	湖南省	郴州市	一级	北江		趋势科研
215	孔江水库上游	浈江	广东省	韶关市	一级	北江	省界（赣—粤）	趋势科研
216	河坪	浈江	广东省	韶关市	一级	北江		趋势科研
217	墨江出口	墨江	广东省	韶关市	二级	浈江		趋势科研
218	丹霞山	锦江	广东省	韶关市	二级	浈江		趋势科研
219	滃江大坝	滃江	广东省	清远市	一级	北江		趋势科研
220	湟江口	湟江	广东省	清远市	一级	北江		趋势科研
221	飞水桥	滨江	广东省	清远市	一级	北江		趋势科研
222	五马岗	绥江	广东省	肇庆市	一级	北江		趋势科研
223	河源临江	东江	广东省	河源市	干流	南海		趋势科研
224	东岸	东江	广东省	东莞市、惠州市	干流	南海	市界（惠州市—东莞市）	趋势科研
225	俐江出口	俐江	广东省	河源市	一级	东江	县界（和平县—龙川县）	趋势科研
226	马头福水	新丰江	广东省	韶关市	一级	东江	市界（韶关市—河源市）	趋势科研
227	榄溪渡口	秋香江	广东省	河源市	一级	东江	县界（紫金县—源城县）	趋势科研
228	公庄河口（泰美）	公庄河	广东省	惠州市	一级	东江		趋势科研
229	西湖村	淡水河	广东省	深圳市、惠州市	二级	西枝江	市界（深圳市—惠州市）	趋势科研

序号	断面名称	所在河流	省份	所在地区	所在河流级别	汇入河流（湖库、海洋）	断面属性	断面功能
230	上垟	坪山河	广东省	惠州市、深圳市	三级	淡水河	市界（深圳市—惠州市）	趋势科研
231	企坪	观澜河	广东省	东莞市	二级	石马河	市界（深圳市—东莞市）	趋势科研
232	石龙北河	东江北干流	广东省	东莞市、惠州市	干流	南海	市界（惠州市—东莞市）	趋势科研
233	第六水厂	东江南支流	广东省	东莞市	干流	南海		趋势科研
234	三滩	防城江	广西壮族自治区	防城港市	独流入海	北部湾	县界（防城区—港口区）	入海控制
235	高速公路西桥	钦江	广西壮族自治区	钦州市	独流入海	南海	入海口	入海控制
236	边贸码头	北仑河	广西壮族自治区	防城港市	独流入海	南海	国界（中、越）、入海口	入海控制
237	南域	南流江	广西壮族自治区	北海市	独流入海	南海	入海口	入海控制
238	西门江	西门江	广西壮族自治区	北海市	独流入海	南海	入海口	入海控制
239	高速公路桥	白沙河	广西壮族自治区	北海市	独流入海	南海	入海口	入海控制
240	婆围村	南康江	广西壮族自治区	北海市	独流入海	南海	入海口	入海控制
241	营仔	九洲江	广东省	湛江市	独流入海	南海	入海口	入海控制
242	铜鼓电站	鉴江	广东省	茂名市	独流入海	南海		趋势科研
243	飞马桥	袂花江	广东省	茂名市	独流入海	南海		趋势科研

序号	断面名称	所在河流	省份	所在地区	所在河流级别	汇入河流（湖库、海洋）	断面属性	断面功能
244	大山江	袂花江	广东省	湛江市	独流入海	南海	入海口	入海控制
245	中朗	漠阳江	广东省	阳江市	独流入海	南海		趋势科研
246	尖山	漠阳江	广东省	阳江市	独流入海	南海	入海口	入海控制
247	埠场	漠阳江	广东省	阳江市	独流入海	南海	入海口	入海控制
248	那格	漠阳江	广东省	阳江市	独流入海	南海	入海口	入海控制
249	恩城水厂	潭江	广东省	江门市	独流入海	南海		趋势科研
250	外砂	韩江西溪	广东省	汕头市	独流入海	南海		入海控制
251	莲阳桥闸	韩江东溪	广东省	汕头市	独流入海	南海	入海口	入海控制
252	地都	榕江	广东省	汕头市	独流入海	南海	入海口	入海控制
253	莱口水电站	鹤市河	广东省	梅州市、河源市	二级	五华河	市界（河源市—梅州市）	趋势科研
254	引榕干渠	引榕干渠	广东省	揭阳市	一级	榕江南河		趋势科研
255	深坑	枫江	广东省	揭阳市、潮州市	二级	榕江北河		趋势科研
256	青洋山桥	练江	广东省	汕头市、揭阳市	独流入海	南海	市界（揭阳市—汕头市）	趋势科研
257	罗温水厂	龙州河	海南省	定安县	一级	南渡江		趋势科研
258	什统村	昌化江	海南省	五指山市	独流入海	北部湾	县界（琼中县—五指山市）	趋势科研
259	冲山镇	南圣河	海南省	五指山市	一级	昌化江		趋势科研
260	崖城大桥	宁远河	海南省	三亚市	独流入海	南海		入海控制
261	上村桥	珠碧江	海南省	儋州市	独流入海	北部湾		入海控制

序号	断面名称	所在河流	省份	所在地区	所在河流级别	汇入河流（湖库、海洋）	断面属性	断面功能
262	中和桥	北门江	海南省	儋州市	独流入海	北部湾	入海口	入海控制
263	水涯新区	文昌河	海南省	文昌市	独流入海	南海	入海口	入海控制
264	白切滩电站	文澜江	海南省	临高县	独流入海	南海	入海口	入海控制
265	坡柳水闸	文教河	海南省	文昌市	独流入海	南海	入海口	入海控制
266	藤桥河大桥	藤桥河	海南省	三亚市	独流入海	南海	入海口	入海控制
267	罗带铁路桥	罗带河	海南省	东方市	独流入海	南海	入海口	入海控制
268	乐罗	望楼河	海南省	乐东黎族自治县	独流入海	南海	入海口	入海控制
269	大溪村	陵水河	海南省	陵水黎族自治县	独流入海	南海	入海口	入海控制
270	演州河河口	演州河	海南省	海口市	独流入海	南海	入海口	入海控制
271	分洪桥	太阳河	海南省	万宁市	独流入海	南海	入海口	入海控制
272	和乐桥	龙首河	海南省	万宁市	独流入海	南海	入海口	入海控制
273	后安桥	龙尾河	海南省	万宁市	独流入海	南海	入海口	入海控制
274	后山村	东山河	海南省	万宁市	独流入海	南海	入海口	入海控制
275	羊头外村桥	九曲江	海南省	琼海市	独流入海	南海	入海口	入海控制
276	虎爪断桥	淡澳河	广东省	惠州市	独流入海	南海	入海口	入海控制
277	南边灶桥	南边灶河	广东省	惠州市	独流入海	南海	入海口	入海控制

序号	断面名称	所在河流	省份	所在地区	所在河流级别	汇入河流（湖库、海洋）	断面属性	断面功能
278	三棵树	岩前河	广东省	惠州市	独流入海	南海	入海口	入海控制
279	滨海十路与石化大道中交会处	柏岗河	广东省	惠州市	独流入海	南海	入海口	入海控制
280	横头街霞涌医院门口前	霞涌河	广东省	惠州市	独流入海	南海	入海口	入海控制
281	吉隆商贸城前	吉隆河	广东省	惠州市	独流入海	南海	入海口	入海控制
282	东溪水闸	黄江河	广东省	汕尾市	独流入海	南海	入海口	入海控制
283	乌坎	乌坎河	广东省	汕尾市	独流入海	南海	入海口	入海控制
284	小漠桥	赤石河	广东省	汕尾市	独流入海	南海	入海口	入海控制
285	大泉	丰头河	广东省	阳江市	独流入海	南海	入海口	入海控制
286	寿长	寿长河	广东省	阳江市	独流入海	南海	入海口	入海控制
287	翠亨宾馆	兰溪河	广东省	中山市	独流入海	南海	入海口	入海控制
288	泮沙桥	泮沙排洪渠	广东省	中山市	独流入海	南海	入海口	入海控制
289	合水口	中心河	广东省	中山市	独流入海	南海	入海口	入海控制
290	凤江桥	黄冈河	广东省	潮州市	独流入海	南海	入海口	入海控制
291	电力局排海口	关屋河	广东省	茂名市	独流入海	南海	入海口	入海控制
292	寨头河出海口	寨头河	广东省	茂名市	独流入海	南海	入海口	入海控制
293	森高排污口	森高河	广东省	茂名市	独流入海	南海	入海口	入海控制

松花江流域“十三五”国控监测断面设置情况

序号	断面名称	所在河流	省份	所在地区	所在河流级别	汇入河流（湖库、海洋）	断面属性	断面功能
1	呼玛上	黑龙江	黑龙江省	大兴安岭地区	干流	鄂霍次克海	国界（中、俄）	评价、考核、排名
2	黑河上	黑龙江	黑龙江省	黑河市	干流	鄂霍次克海	国界（中、俄）	评价、考核、排名
3	黑河下	黑龙江	黑龙江省	黑河市	干流	鄂霍次克海	国界（中、俄）	评价、考核、排名
4	嘉荫	黑龙江	黑龙江省	伊春市	干流	鄂霍次克海	国界（中、俄）	评价、考核、排名
5	名山	黑龙江	黑龙江省	鹤岗市	干流	鄂霍次克海	国界（中、俄）	评价、考核、排名
6	松花江口上	黑龙江	黑龙江省	佳木斯市	干流	鄂霍次克海	国界（中、俄）	评价、考核、排名
7	抚远	黑龙江	黑龙江省	佳木斯市	干流	鄂霍次克海	国界（中、俄）	评价、考核、排名
8	塔河大桥	呼玛河	黑龙江省	大兴安岭地区	一级	黑龙江	县界（呼中区—塔河县）	评价、考核、排名
9	呼玛河口内	呼玛河	黑龙江省	大兴安岭地区	一级	黑龙江	入河口	评价、考核、排名
10	西双河大桥	逊别拉河	黑龙江省	黑河市	一级	黑龙江	市界（黑河市—伊春市）	评价、考核、排名
11	嘎洛托	额尔古纳河	内蒙古自治区	呼伦贝尔市	干流	鄂霍次克海	国界（中、俄）	评价、考核、排名
12	黑山头	额尔古纳河	内蒙古自治区	呼伦贝尔市	干流	鄂霍次克海	国界（中、俄）	评价、考核、排名
13	室韦	额尔古纳河	内蒙古自治区	呼伦贝尔市	干流	鄂霍次克海	国界（中、俄）	评价、考核、排名
14	伊木河	额尔古纳河	内蒙古自治区	呼伦贝尔市	干流	鄂霍次克海	国界（中、俄）	评价、考核、排名
15	大山矿	哈拉哈河	内蒙古自治区	兴安盟	一级	贝尔湖	国界（中—蒙）	评价、考核、排名

序号	断面名称	所在河流	省份	所在地区	所在河流级别	汇入河流（湖库、海洋）	断面属性	断面功能
16	陶海	海拉尔河	内蒙古自治区	呼伦贝尔市	一级	额尔古纳河	县界（海拉尔区—陈巴尔虎旗）	评价、考核、排名
17	嵯岗	海拉尔河	内蒙古自治区	呼伦贝尔市	一级	额尔古纳河		评价、考核、排名
18	根河口内	根河	内蒙古自治区	呼伦贝尔市	一级	额尔古纳河		评价、考核、排名
19	虎头上	乌苏里江	黑龙江省	鸡西市	一级	黑龙江	国界（中、俄）	评价、考核、排名
20	饶河上	乌苏里江	黑龙江省	双鸭山市	一级	黑龙江	国界（中、俄）	评价、考核、排名
21	乌苏镇	乌苏里江	黑龙江省	佳木斯市	一级	黑龙江	国界（中、俄）	评价、考核、排名
22	858 九队	松阿察河	黑龙江省	鸡西市	二级	乌苏里江		评价、考核、排名
23	碱场桥	穆棱河	黑龙江省	鸡西市	二级	乌苏里江	市界（牡丹江市—鸡西市）	评价、考核、排名
24	知一桥	穆棱河	黑龙江省	鸡西市	二级	乌苏里江	县界（鸡东县—密山市）	评价、考核、排名
25	穆棱河口内	穆棱河	黑龙江省	鸡西市	二级	乌苏里江	入河口	评价、考核、排名
26	宝清大桥	挠力河	黑龙江省	双鸭山市	二级	乌苏里江		评价、考核、排名
27	挠力河口内	挠力河	黑龙江省	双鸭山市	二级	乌苏里江		评价、考核、排名
28	三岔口	绥芬河	黑龙江省	牡丹江市	干流	日本海	国界（中—俄）	评价、考核、排名
29	崇善	图们江	吉林省	延边州	干流	日本海	国界（中、朝）	评价、考核、排名
30	圈河	图们江	吉林省	延边州	干流	日本海	国界（中、朝）	评价、考核、排名
31	西崴子	嘎呀河	吉林省	延边州	一级	图们江		评价、考核、排名

序号	断面名称	所在河流	省份	所在地区	所在河流级别	汇入河流（湖库、海洋）	断面属性	断面功能
32	榆树川	布尔哈通河	吉林省	延边州	二级	嘎呀河	县界（安图县—延吉市）	评价、考核、排名
33	延吉下	布尔哈通河	吉林省	延边州	二级	嘎呀河	县界（延吉市—图们市）	评价、考核、排名
34	石井（小河龙）	海兰河	吉林省	延边州	三级	布尔哈通河	县界（龙井市—延吉市）	评价、考核、排名
35	三家子	珲春河	吉林省	延边州	一级	图们江	入河口	评价、考核、排名
36	池北铁桥	松花江	吉林省	长白山保护开发区	干流	黑龙江		评价、考核、排名
37	白山大桥	松花江	吉林省	吉林市	干流	黑龙江	县界（抚松市—桦甸市）	评价、考核、排名
38	墙缝	松花江	吉林省	吉林市	干流	黑龙江		评价、考核、排名
39	兰旗大桥	松花江	吉林省	吉林市	干流	黑龙江	县界（丰满区—船营区）	评价、考核、排名
40	哨口	松花江	吉林省	吉林市	干流	黑龙江		评价、考核、排名
41	白旗	松花江	吉林省	吉林市	干流	黑龙江	市界（吉林市—长春市）	评价、考核、排名
42	松花江村	松花江	吉林省	长春市	干流	黑龙江		评价、考核、排名
43	镇江口	松花江	吉林省	长春市	干流	黑龙江	市界（长春市—松原市）	评价、考核、排名
44	宁江	松花江	吉林省	松原市	干流	黑龙江	市界（长春市—松原市）	评价、考核、排名
45	松林	松花江	吉林省	松原市	干流	黑龙江	省界（吉—黑）	评价、考核、排名
46	肇源	松花江	黑龙江省	大庆市	干流	黑龙江	省界（吉—黑）	评价、考核、排名
47	朱顺屯	松花江	黑龙江省	哈尔滨市	干流	黑龙江	市界（绥化市—哈尔滨市）	评价、考核、排名

序号	断面名称	所在河流	省份	所在地区	所在河流级别	汇入河流（湖库、海洋）	断面属性	断面功能
48	大顶子山	松花江	黑龙江省	哈尔滨市	干流	黑龙江		评价、考核、排名
49	摆渡镇	松花江	黑龙江省	哈尔滨市	干流	黑龙江		评价、考核、排名
50	佳木斯上	松花江	黑龙江省	佳木斯市	干流	黑龙江	市界（哈尔滨市—佳木斯市）	评价、考核、排名
51	佳木斯下	松花江	黑龙江省	佳木斯市	干流	黑龙江	县界（东风区—桦川县）	评价、考核、排名
52	同江	松花江	黑龙江省	佳木斯市	干流	黑龙江	入河口	评价、考核、排名
53	福兴	辉发河	吉林省	吉林市	一级	松花江	入河口	评价、考核、排名
54	兴隆	辉发河	吉林省	通化市	一级	松花江	市界（通化市—吉林市）	评价、考核、排名
55	蛟河口	蛟河	吉林省	吉林市	一级	松花湖	入湖口	评价、考核、排名
56	烟筒山	饮马河	吉林省	吉林市	一级	石头口门水库	市界（吉林市—长春市）	评价、考核、排名
57	饮马河大桥	饮马河	吉林省	长春市	一级	松花江		评价、考核、排名
58	刘珍屯	饮马河	吉林省	长春市	一级	松花江		评价、考核、排名
59	靠山南楼	饮马河	吉林省	长春市	一级	松花江		评价、考核、排名
60	砖瓦窑桥	双阳河	吉林省	长春市	二级	饮马河		评价、考核、排名
61	官厅桥	岔路河	吉林省	吉林市	二级	石头口门水库	市界（吉林市—长春市）	评价、考核、排名
62	新立城大坝	伊通河	吉林省	长春市	二级	饮马河		评价、考核、排名
63	靠山大桥	伊通河	吉林省	长春市	二级	饮马河		评价、考核、排名

序号	断面名称	所在河流	省份	所在地区	所在河流级别	汇入河流（湖库、海洋）	断面属性	断面功能
64	博霍头	嫩江	黑龙江省	黑河市	一级	松花江	省界（蒙、黑）)	评价、考核、排名
65	繁荣村	嫩江	黑龙江省	黑河市	一级	松花江	省界（蒙、黑）	评价、考核、排名
66	富源村	嫩江	黑龙江省	齐齐哈尔市	一级	松花江	省界（蒙、黑）	评价、考核、排名
67	拉哈	嫩江	黑龙江省	齐齐哈尔市	一级	松花江	省界（蒙、黑）	评价、考核、排名
68	浏园	嫩江	黑龙江省	齐齐哈尔市	一级	松花江		评价、考核、排名
69	江桥	嫩江	黑龙江省	齐齐哈尔市	一级	松花江	市界（齐齐哈尔市—大庆市）	评价、考核、排名
70	白沙滩	嫩江	吉林省	白城市	一级	松花江	省界（黑、吉）	评价、考核、排名
71	嫩江口内	嫩江	黑龙江省	大庆市	一级	松花江	省界（吉、黑）	评价、考核、排名
72	加格达奇上	甘河	黑龙江省	大兴安岭地区	二级	嫩江	省界（蒙—黑）	评价、考核、排名
73	讷尔克气	甘河	内蒙古自治区	呼伦贝尔市	二级	嫩江	省界（黑—蒙）	评价、考核、排名
74	李屯	甘河	内蒙古自治区	呼伦贝尔市	二级	嫩江	省界（蒙—黑）	评价、考核、排名
75	老山头	讷谟尔河	黑龙江省	黑河市	二级	嫩江	市界（黑河市—齐齐哈尔市）	评价、考核、排名
76	讷谟尔河口	讷谟尔河	黑龙江省	齐齐哈尔市	二级	嫩江		评价、考核、排名
77	查哈阳乡	诺敏河	黑龙江省	齐齐哈尔市	二级	嫩江	省界（蒙—黑）	评价、考核、排名
78	新发	阿伦河	内蒙古自治区	呼伦贝尔市	二级	嫩江	省界（蒙—黑）	评价、考核、排名
79	音河水库	音河	黑龙江省	齐齐哈尔市	二级	嫩江	省界（蒙—黑）	评价、考核、排名

序号	断面名称	所在河流	省份	所在地区	所在河流级别	汇入河流（湖库、海洋）	断面属性	断面功能
80	宝泉镇上（黑）	乌裕尔河	黑龙江省	黑河市	二级	扎龙湿地	市界（黑河市—齐齐哈尔市）	评价、考核、排名
81	龙安桥	乌裕尔河	黑龙江省	齐齐哈尔市	二级	扎龙湿地		评价、考核、排名
82	成吉思汗	雅鲁河	内蒙古自治区	呼伦贝尔市	二级	嫩江	省界（蒙—黑）	评价、考核、排名
83	绰尔河口	绰尔河	内蒙古自治区	兴安盟	二级	嫩江	省界（蒙—黑）	评价、考核、排名
84	高力板	霍林河	内蒙古自治区	兴安盟	二级	嫩江	省界（蒙—吉）	评价、考核、排名
85	斯力很	洮儿河	内蒙古自治区	兴安盟	二级	嫩江	省界（蒙—吉）	评价、考核、排名
86	到保大桥	洮儿河	吉林省	白城市	二级	嫩江	县界（洮北区—镇赉县）	评价、考核、排名
87	月亮湖下	洮儿河	吉林省	白城市	二级	嫩江	入河口	评价、考核、排名
88	宝泉	蛟流河	内蒙古自治区	兴安盟	三级	洮儿河	省界（蒙—吉）	评价、考核、排名
89	兴盛乡	拉林河	黑龙江省	哈尔滨市	一级	松花江	省界（黑—吉）	评价、考核、排名
90	苗家	拉林河	黑龙江省	哈尔滨市	一级	松花江	省界（吉—黑）	评价、考核、排名
91	肖家船口	细鳞河	吉林省	吉林市	二级	拉林河	省界（吉—黑）	评价、考核、排名
92	阿什河口内	阿什河	黑龙江省	哈尔滨市	一级	松花江	入河口	评价、考核、排名
93	双河渠首	呼兰河	黑龙江省	伊春市	一级	松花江	市界（伊春市—绥化市）	评价、考核、排名
94	绥望桥	呼兰河	黑龙江省	绥化市	一级	松花江	县界（北林区—兰西县）	评价、考核、排名
95	榆林镇鞍山屯	呼兰河	黑龙江省	绥化市	一级	松花江	市界（绥化市—哈尔滨市）	评价、考核、排名

序号	断面名称	所在河流	省份	所在地区	所在河流级别	汇入河流（湖库、海洋）	断面属性	断面功能
96	呼兰河口内	呼兰河	黑龙江省	哈尔滨市	一级	松花江	入河口	评价、考核、排名
97	蚂蚁河口内	蚂蚁河	黑龙江省	哈尔滨市	一级	松花江		评价、考核、排名
98	大山	牡丹江	吉林省	延边州	一级	松花江	省界（吉—黑）	评价、考核、排名
99	海浪	牡丹江	黑龙江省	牡丹江市	一级	松花江		评价、考核、排名
100	柴河铁路桥	牡丹江	黑龙江省	牡丹江市	一级	松花江		评价、考核、排名
101	牡丹江口内	牡丹江	黑龙江省	哈尔滨市	一级	松花江	入河口	评价、考核、排名
102	海浪河口内	海浪河	黑龙江省	牡丹江市	二级	牡丹江		评价、考核、排名
103	抢肯	倭肯河	黑龙江省	七台河市	一级	松花江	市界（七台河市—哈尔滨市）	评价、考核、排名
104	倭肯河口内	倭肯河	黑龙江省	哈尔滨市	一级	松花江	入河口	评价、考核、排名
105	友好	汤旺河	黑龙江省	伊春市	一级	松花江		评价、考核、排名
106	汤旺河口内	汤旺河	黑龙江省	佳木斯市	一级	松花江	入河口	评价、考核、排名
107	梧桐河口内	梧桐河	黑龙江省	佳木斯市	一级	松花江	入河口	评价、考核、排名
108	兴农排灌站	安邦河	黑龙江省	双鸭山市	一级	松花江	市界（双鸭山市—佳木斯市）	评价、考核、排名
109	北极村	黑龙江	黑龙江省	大兴安岭地区	干流	鄂霍次克海	国界（中、俄）	趋势科研
110	高滩村	黑龙江	黑龙江省	黑河市	干流	鄂霍次克海	国界（中、俄）	趋势科研
111	松花江口下	黑龙江	黑龙江省	佳木斯市	干流	鄂霍次克海	国界（中、俄）	趋势科研

序号	断面名称	所在河流	省份	所在地区	所在河流级别	汇入河流（湖库、海洋）	断面属性	断面功能
112	莲花河八屯闸	莲花河	黑龙江省	佳木斯市	一级	黑龙江		趋势科研
113	浓江乡	浓江河	黑龙江省	抚远县	一级	黑龙江		趋势科研
114	莫日根乌拉	克鲁伦河	内蒙古自治区	呼伦贝尔市	一级	呼伦湖（达赉湖）	国界（蒙—中）	趋势科研
115	乌尔逊大桥	乌尔逊河	内蒙古自治区	呼伦贝尔市	一级	呼伦湖（达赉湖）	县界（新巴尔虎左旗—新巴尔虎右旗）	趋势科研
116	八号牧场	海拉尔河	内蒙古自治区	呼伦贝尔市	一级	额尔古纳河	县界（牙克石市—海拉尔区）	趋势科研
117	大桥屯	免渡河	内蒙古自治区	呼伦贝尔市	二级	海拉尔河		趋势科研
118	五牧场	伊敏河	内蒙古自治区	呼伦贝尔市	二级	海拉尔河		趋势科研
119	呼和诺尔下	莫日格勒河	内蒙古自治区	呼伦贝尔市	二级	海拉尔河		趋势科研
120	育良	根河	内蒙古自治区	呼伦贝尔市	一级	额尔古纳河	县界（根河市—额尔古纳市）	趋势科研
121	苏沁	得耳布尔河	内蒙古自治区	呼伦贝尔市	二级	根河		趋势科研
122	白鹿岛	激流河	内蒙古自治区	呼伦贝尔市	一级	额尔古纳河		趋势科研
123	虎头下	乌苏里江	黑龙江省	鸡西市	一级	黑龙江	国界（中、俄）	趋势科研
124	别拉洪村	别拉洪河	黑龙江省	抚远县	二级	乌苏里江		趋势科研
125	世贸	小绥芬河	黑龙江省	绥芬河市	一级	绥芬河		趋势科研
126	对头砬子	小绥芬河	黑龙江省	绥芬河市	一级	绥芬河	县界（绥芬河市—东宁县）	趋势科研
127	南坪	图们江	吉林省	延边州	干流	日本海	国界（中、朝）	趋势科研
128	图们	图们江	吉林省	延边州	干流	日本海	国界（中、朝）	趋势科研

序号	断面名称	所在河流	省份	所在地区	所在河流级别	汇入河流（湖库、海洋）	断面属性	断面功能
129	河东	图们江	吉林省	延边州	干流	日本海	国界（中、朝）	趋势科研
130	八叶桥	嘎呀河	吉林省	延边州	一级	图们江		趋势科研
131	大仙	大汪清河	吉林省	延边州	二级	嘎呀河		趋势科研
132	春化	珲春河	吉林省	延边州	一级	图们江		趋势科研
133	瀑布下	松花江	吉林省	长白山管委会	干流	黑龙江		趋势科研
134	溪浪口	松花江	吉林省	吉林市	干流	黑龙江		趋势科研
135	拉林河口下	松花江	黑龙江省	大庆市	干流	黑龙江	省界（吉、黑）	趋势科研
136	三岔河	松花江	黑龙江省	大庆市	干流	黑龙江		趋势科研
137	牡丹江口上	松花江	黑龙江省	哈尔滨市	干流	黑龙江		趋势科研
138	牡丹江口下	松花江	黑龙江省	哈尔滨市	干流	黑龙江		趋势科研
139	绥滨入	松花江	黑龙江省	鹤岗市	干流	黑龙江	市界（鹤岗市—同江市）	趋势科研
140	江南屯	松花江	黑龙江省	佳木斯市	干流	黑龙江		趋势科研
141	富锦下	松花江	黑龙江省	佳木斯市	干流	黑龙江	县界（富锦市—同江市）	趋势科研
142	参乡一号桥	头道松花江	吉林省	白山市	级	松花江		趋势科研
143	抚生渡口	头道松花江	吉林省	白山市	一级	松花江		趋势科研
144	海岛电站坝下100米	珠子河	吉林省	白山市	二级	头道松花江		趋势科研
145	富尔河	富尔河	吉林省	延边州	二级	二道松花江		趋势科研
146	鲜明村	莲河	吉林省	辽源市	二级	辉发河	县界（东丰县—梅河市）	趋势科研
147	一统河入口	一统河	吉林省	通化市	二级	辉发河		趋势科研
148	高集岗桥	三统河	吉林省	通化市	二级	辉发河		趋势科研
149	兰家	挡石河	吉林省	吉林市	二级	辉发河		趋势科研

序号	断面名称	所在河流	省份	所在地区	所在河流级别	汇入河流（湖库、海洋）	断面属性	断面功能
150	三台子	金沙河	吉林省	吉林市	二级	辉发河		趋势科研
151	新站	拉法河	吉林省	吉林市	二级	蛟河		趋势科研
152	柳溪村	沐石河	吉林省	长春市	一级	松花江		趋势科研
153	十三家子大桥	雾开河	吉林省	长春市	二级	饮马河		趋势科研
154	杨家崴子	伊通河	吉林省	长春市	二级	饮马河		趋势科研
155	讷谟尔河口上	嫩江	内蒙古自治区	呼伦贝尔市	一级	松花江	省界（蒙、黑）	趋势科研
156	哈尔戈	嫩江	吉林省	白城市	一级	松花江	市界（白城市—松原市）	趋势科研
157	多布库尔河大桥	多布库尔河	黑龙江省	大兴安岭地区	二级	嫩江		趋势科研
158	雅鲁河口	雅鲁河	黑龙江省	齐齐哈尔市	二级	嫩江		趋势科研
159	济沁河	济沁河	内蒙古自治区	呼伦贝尔市	三级	雅鲁河	省界（蒙—黑）)	趋势科研
160	贾家街	归流河	内蒙古自治区	兴安盟	三级	洮儿河		趋势科研
161	拉林河口内	拉林河	黑龙江省	大庆市	一级	松花江		趋势科研
162	龙家亮子	卡岔河	吉林省	长春市	二级	拉林河	县界（榆树市—五常市）	趋势科研
163	西泉眼水库出口	阿什河	黑龙江省	哈尔滨市	一级	松花江		趋势科研
164	东方红水库	通肯河	黑龙江省	绥化市	二级	呼兰河		趋势科研
165	泥河水库	泥河	黑龙江省	绥化市	二级	呼兰河		趋势科研
166	肇东金山村	肇兰新河	黑龙江省	绥化市	二级	呼兰河		趋势科研
167	巨源镇	蜚克图河	黑龙江省	哈尔滨市	一级	松花江		趋势科研
168	姜家店	少陵河	黑龙江省	哈尔滨市	一级	松花江		趋势科研

序号	断面名称	所在河流	省份	所在地区	所在河流级别	汇入河流（湖库、海洋）	断面属性	断面功能
169	木兰达河口内	木兰达河	黑龙江省	哈尔滨市	一级	松花江		趋势科研
170	凌河	蚂蚁河	黑龙江省	哈尔滨市	一级	松花江	县界（延寿县—方正县）	趋势科研
171	亚布力	蚂蚁河	黑龙江省	哈尔滨市	一级	松花江		趋势科研
172	秋梨沟	黄泥河	吉林省	延边州	二级	蚂蚁河		趋势科研
173	岔林河口内	岔林河	黑龙江省	哈尔滨市	一级	松花江		趋势科研
174	敦化上	牡丹江	吉林省	延边州	一级	松花江		趋势科研
175	花脸沟	牡丹江	黑龙江省	牡丹江市	一级	松花江	市界（牡丹江市—哈尔滨市）	趋势科研
176	沙河桥	沙河	吉林省	延边州	二级	牡丹江		趋势科研
177	巴兰河口内	巴兰河	黑龙江省	哈尔滨市	一级	松花江		趋势科研
178	苗圃	汤旺河	黑龙江省	伊春市	一级	松花江		趋势科研
179	晨明	汤旺河	黑龙江省	伊春市	一级	松花江	市界（伊春市—佳木斯市）	趋势科研
180	大铁桥	伊春河	黑龙江省	伊春市	二级	汤旺河		趋势科研
181	西南岔河	西南岔河	黑龙江省	伊春市	二级	汤旺河		趋势科研
182	三股流	鹤立河	黑龙江省	鹤岗市	二级	梧桐河	市界（鹤岗市—佳木斯市）	趋势科研
183	滚兔岭	安邦河	黑龙江省	双鸭山市	一级	松花江		趋势科研
184	古恰闸口	安肇新河	黑龙江省	大庆市	一级	松花江		趋势科研
185	白杨木桥	白杨木河	黑龙江省	哈尔滨市	一级	松花江		趋势科研
186	梨树沟	木其河	吉林省	吉林市	一级	松花江		趋势科研

淮河流域“十三五”国控监测断面设置情况

序号	断面名称	所在河流	省份	所在地区	所在河流级别	汇入河流（湖库、海洋）	断面属性	断面功能
1	长台关甘岸桥	淮河	河南省	信阳市	干流	洪泽湖	市界（南阳市—信阳市）	评价、考核、排名
2	淮滨水文站	淮河	河南省	信阳市	干流	洪泽湖	县界（息县—淮滨县）	评价、考核、排名
3	王家坝	淮河	安徽省	阜阳市	干流	洪泽湖	省界（豫—皖）	评价、考核、排名
4	鲁台孜	淮河	安徽省	淮南市	干流	洪泽湖	市界（阜阳市—淮南市）	评价、考核、排名
5	石头埠	淮河	安徽省	淮南市	干流	洪泽湖	县界（谢家集区—田家庵区）	评价、考核、排名
6	新城口	淮河	安徽省	淮南市	干流	洪泽湖		评价、考核、排名
7	蚌埠闸上	淮河	安徽省	蚌埠市	干流	洪泽湖		评价、考核、排名
8	沫河口	淮河	安徽省	蚌埠市	干流	洪泽湖		评价、考核、排名
9	小柳巷	淮河	安徽省	滁州市	干流	洪泽湖	省界（皖—皖、苏）	评价、考核、排名
10	淮河大桥	淮河	江苏省	淮安市	干流	洪泽湖		评价、考核、排名
11	竹竿铺	竹竿河	河南省	信阳市	一级	淮河	县界（罗山县—光山县）	评价、考核、排名
12	信阳琵琶山桥	浉河	河南省	信阳市	一级	淮河	县界（浉河区—罗山县）	评价、考核、排名
13	潢川水文站	潢河	河南省	信阳市	一级	淮河	县界（光山县—潢川县）	评价、考核、排名
14	西平杨庄	洪河	河南省	驻马店市	一级	淮河		评价、考核、排名
15	新蔡班台	洪河	河南省	驻马店市	一级	淮河	省界（豫—皖）	评价、考核、排名

序号	断面名称	所在河流	省份	所在地区	所在河流级别	汇入河流（湖库、海洋）	断面属性	断面功能
16	新蔡李桥	洪河	河南省	新蔡县	一级	淮河	市界（驻马店市—新蔡县）	评价、考核、排名
17	淮滨北庙	白露河	河南省	信阳市	一级	淮河	县界（潢川县—淮滨县）	评价、考核、排名
18	固始李畈	史河	河南省	信阳市	一级	淮河	省界（皖—豫）	评价、考核、排名
19	蒋集水文站	史灌河	河南省	信阳市	一级	淮河	省界（豫—皖）	评价、考核、排名
20	工农兵大桥	沣河	安徽省	六安市	一级	淮河		评价、考核、排名
21	东湖闸	汲河	安徽省	六安市	一级	淮河		评价、考核、排名
22	大店岗	淠河	安徽省	淮南市	一级	淮河		评价、考核、排名
23	新安渡口	淠河	安徽省	六安市	一级	淮河		评价、考核、排名
24	白洋淀渡口	东淝河	安徽省	淮南市	一级	淮河		评价、考核、排名
25	丁埠大桥	竹根河	安徽省	六安市	一级	淮河		评价、考核、排名
26	白沙水库	颍河	河南省	许昌市	一级	淮河	市界（郑州市—许昌市）	评价、考核、排名
27	临颍吴刘闸	颍河	河南省	漯河市	一级	淮河		评价、考核、排名
28	西华址坊	颍河	河南省	周口市	一级	淮河	市界（漯河市—周口市）	评价、考核、排名
29	周口康店	颍河	河南省	周口市	一级	淮河	县界（西华县—川汇区）	评价、考核、排名
30	界首七渡口	颍河	安徽省	阜阳市	一级	淮河	省界（豫—皖）	评价、考核、排名
31	阜阳段上游	颍河	安徽省	阜阳市	一级	淮河		评价、考核、排名

序号	断面名称	所在河流	省份	所在地区	所在河流级别	汇入河流（湖库、海洋）	断面属性	断面功能
32	阜阳段下	颍河	安徽省	阜阳市	一级	淮河		评价、考核、排名
33	杨湖	颍河	安徽省	阜阳市	一级	淮河		评价、考核、排名
34	阜南	谷河	安徽省	阜阳市	一级	经蒙河分洪道入淮河		评价、考核、排名
35	五里闸	东淝河	安徽省	淮南市	一级	淮河		评价、考核、排名
36	利辛段	西淝河	安徽省	亳州市	一级	淮河	县界（涡阳县—利辛县）	评价、考核、排名
37	西淝河闸下	西淝河	安徽省	淮南市	一级	淮河		评价、考核、排名
38	鹿邑付桥	涡河	河南省	周口市	一级	淮河	省界（豫—皖）	评价、考核、排名
39	通许邸阁	涡河	河南省	开封市	一级	淮河	市界（开封市—周口市）	评价、考核、排名
40	岳坊大桥	涡河	安徽省	亳州市	一级	淮河	县界（涡阳县—蒙城县）	评价、考核、排名
41	涡阳义门大桥	涡河	安徽省	亳州市	一级	淮河	县界（谯城区—涡阳县）	评价、考核、排名
42	龙亢	涡河	安徽省	蚌埠市	一级	淮河	市界（亳州市—蚌埠市）	评价、考核、排名
43	五河	怀洪新河	安徽省	蚌埠市	一级	淮河		评价、考核、排名
44	公路桥	池河	安徽省	滁州市	一级	淮河		评价、考核、排名
45	团结闸	新汴河	江苏省	宿迁市	一级	淮河		评价、考核、排名
46	临淮乡	老汴河	江苏省	宿迁市	一级	洪泽湖		评价、考核、排名
47	大屈	新濉河	江苏省	宿迁市	一级	淮河		评价、考核、排名

序号	断面名称	所在河流	省份	所在地区	所在河流级别	汇入河流（湖库、海洋）	断面属性	断面功能
48	顾勒大桥	徐洪河	江苏省	宿迁市	一级	淮河		评价、考核、排名
49	砖瓦厂	溧河	江苏省	宿迁市	一级	洪泽湖		评价、考核、排名
50	戴楼衡阳	三河	江苏省	淮安市	一级	高邮湖		评价、考核、排名
51	板桥水库	汝河	河南省	驻马店市	二级	洪河		评价、考核、排名
52	汝南沙口	汝河	河南省	驻马店市	二级	洪河		评价、考核、排名
53	薄山水库	臻头河	河南省	驻马店市	三级	汝河		评价、考核、排名
54	固始马罡	灌河	河南省	固始县	二级	史灌河	市界（信阳市—固始县）	评价、考核、排名
55	响洪甸水库出水口	西淠河	安徽省	六安市	二级	淠河		评价、考核、排名
56	陶洪集	东淠河	安徽省	六安市	二级	淠河		评价、考核、排名
57	石漫滩水库	滚河	河南省	平顶山市	二级	洪河		评价、考核、排名
58	舞阳马湾	沙河	河南省	漯河市	二级	颍河	市界（平顶山市—漯河市）	评价、考核、排名
59	西华程湾	沙河	河南省	漯河市	二级	颍河	市界（漯河市—周口市）	评价、考核、排名
60	紫罗山	北汝河	河南省	洛阳市	三级	沙河	市界（洛阳市—汝州市）	评价、考核、排名
61	杨寨中村	北汝河	河南省	平顶山市	三级	沙河	市界（汝州市—平顶山市）	评价、考核、排名
62	大陈闸	北汝河	河南省	平顶山市	三级	沙河	市界（许昌市—平顶山市）	评价、考核、排名
63	叶舞公路桥	澧河	河南省	漯河市	四级	北汝河	市界（平顶山市—漯河市）	评价、考核、排名

序号	断面名称	所在河流	省份	所在地区	所在河流级别	汇入河流（湖库、海洋）	断面属性	断面功能
64	临颍高村桥	清潩河	河南省	漯河市	二级	颍河	市界（许昌市—漯河市）	评价、考核、排名
65	鄢陵陶城闸	清潩河	河南省	周口市	二级	颍河	市界（漯河市—周口市）	评价、考核、排名
66	尖岗水库	贾鲁河	河南省	郑州市	二级	颍河		评价、考核、排名
67	中牟陈桥	贾鲁河	河南省	开封市	二级	颍河	市界（郑州市—开封市）	评价、考核、排名
68	西华大王庄	贾鲁河	河南省	周口市	二级	颍河	入河口	评价、考核、排名
69	新郑黄甫寨	双洎河	河南省	郑州市	三级	贾鲁河	市界（郑州市—许昌市）	评价、考核、排名
70	许庄	泉河	安徽省	阜阳市	二级	颍河	省界（豫—皖）	评价、考核、排名
71	商水双桥	汾河	河南省	周口市	三级	泉河	县界（商水县—项城市）	评价、考核、排名
72	郾城漯邓桥	黑河	河南省	漯河市	二级	颍河	市界（漯河市—驻马店市）	评价、考核、排名
73	张大桥	黑茨河	安徽省	阜阳市	二级	茨淮新河	省界（豫—皖）	评价、考核、排名
74	睢县板桥	惠济河	河南省	商丘市	二级	涡河	市界（开封市—商丘市）	评价、考核、排名
75	刘寨村后	惠济河	安徽省	亳州市	二级	涡河	省界（豫—皖）	评价、考核、排名
76	睢阳包公庙	大沙河	河南省	商丘市	二级	涡河	省界（豫—皖）	评价、考核、排名
77	李大桥闸	澥河	安徽省	淮北市	二级	怀洪新河	市界（淮北市—宿州市）	评价、考核、排名
78	黄口	浍河	河南省	商丘市	二级	怀洪新河	省界（豫—皖）	评价、考核、排名
79	东坪集	浍河	安徽省	宿州市	二级	怀洪新河	市界（淮北市—宿州市）	评价、考核、排名

序号	断面名称	所在河流	省份	所在地区	所在河流级别	汇入河流（湖库、海洋）	断面属性	断面功能
80	湖沟	浍河	安徽省	蚌埠市	二级	怀洪新河	市界（宿州市—蚌埠市）	评价、考核、排名
81	蚌埠固镇	浍河	安徽省	蚌埠市	二级	怀洪新河		评价、考核、排名
82	颜集	包河	安徽省	亳州市	三级	浍河	省界（豫—皖）	评价、考核、排名
83	永城张板桥	沱河	河南省	永城市	二级	怀洪新河	市界（商丘市—永城市）	评价、考核、排名
84	小王桥	沱河	安徽省	淮北市	二级	怀洪新河	省界（豫—皖）	评价、考核、排名
85	后常桥	沱河	安徽省	淮北市	二级	怀洪新河	市界（淮北市—宿州市）	评价、考核、排名
86	芦岭桥	沱河	安徽省	宿州市	二级	怀洪新河		评价、考核、排名
87	关咀	沱河	安徽省	蚌埠市	二级	怀洪新河	市界（宿州市—蚌埠市）	评价、考核、排名
88	符离闸	濉河	安徽省	宿州市	二级	新濉河	市界（淮北市—宿州市）	评价、考核、排名
89	黄桥	奎河	江苏省	徐州市	二级	新濉河	省界（苏—皖）	评价、考核、排名
90	下楼公路桥	运料河	安徽省	宿州市	二级	新濉河	省界（苏—皖）	评价、考核、排名
91	唐曹	浔河	江苏省	淮安市	二级	白马湖	县界（洪泽县—洪泽县）	评价、考核、排名
92	天长化工厂	白塔河	安徽省	滁州市	二级	高邮湖		评价、考核、排名
93	李集	京杭大运河(梁济运河段)	山东省	济宁市	一级	南四湖		评价、考核、排名
94	台儿庄大桥	京杭大运河（韩庄运河）	山东省	枣庄市	一级	南四湖	省界（鲁—苏）	评价、考核、排名

序号	断面名称	所在河流	省份	所在地区	所在河流级别	汇入河流（湖库、海洋）	断面属性	断面功能
95	蔺家坝	京杭大运河（不牢河段）	江苏省	徐州市	一级	长江	省界（苏—鲁）	评价、考核、排名
96	张楼	京杭大运河（中运河段）	江苏省	徐州市	一级	长江	市界（徐州市—宿迁市）	评价、考核、排名
97	马陵翻水站	京杭大运河（中运河段）	江苏省	宿迁市	一级	长江		评价、考核、排名
98	五叉河口	京杭大运河（中运河段）	江苏省	淮安市	一级	长江	市界（宿迁—淮安）	评价、考核、排名
99	大运河船闸（宝应船闸）	京杭大运河（里运河段）	江苏省	扬州市	一级	长江		评价、考核、排名
100	槐泗河口	京杭大运河（里运河段）	江苏省	扬州市	一级	长江		评价、考核、排名
101	总渠苏嘴	苏北灌溉总渠	江苏省	淮安市	独流入海	黄海	市界（淮安—盐城）	评价、考核、排名
102	六垛闸	苏北灌溉总渠	江苏省	盐城市	独流入海	黄海		评价、考核、排名、入海控制
103	大庆路桥	串场河	江苏省	盐城市	独流入海	黄海		评价、考核、排名
104	沙集西闸	徐洪河	江苏省	徐州市	独流入海	黄海		评价、考核、排名
105	临洪闸	蔷薇河	江苏省	连云港市	独流入海	黄海		评价、考核、排名、入海控制
106	新村桥	淮沭新河	江苏省	连云港市	一级	蔷薇河		评价、考核、排名

序号	断面名称	所在河流	省份	所在地区	所在河流级别	汇入河流（湖库、海洋）	断面属性	断面功能
107	善后河闸	古泊善后河	江苏省	连云港市	独流入海	黄海		评价、考核、排名、入海控制
108	盐河桥	西盐大浦河	江苏省	连云港	独流入海	黄海		评价、考核、排名
109	沭南闸	通榆河	江苏省	连云港市	独流入海	黄海		评价、考核、排名
110	城北大桥	通榆河	江苏省	盐城市	独流入海	黄海		评价、考核、排名
111	草堰大桥	通榆河	江苏省	盐城市	独流入海	黄海	县界（东台县—大丰县）	评价、考核、排名
112	江都西闸	芒稻河	江苏省	扬州市	一级	通榆河		评价、考核、排名
113	泰西	新通扬运河	江苏省	泰州市	一级	通榆河	市界（扬州市—泰州市）	评价、考核、排名
114	泰东大桥	泰东河	江苏省	盐城市	一级	通榆河	市界（泰州市—盐城市）	评价、考核、排名
115	东安闸桥西	如泰运河	江苏省	南通市	独流入海	黄海		评价、考核、排名、入海控制
116	新洋港闸	新洋港	江苏省	盐城市	独流入海	黄海	入海口	评价、考核、排名、入海控制
117	龙冈凤凰桥	蟒蛇河	江苏省	盐城市	一级	新洋港	县界（盐都县—大丰县）	评价、考核、排名
118	大团桥	斗龙港	江苏省	盐城市	独流入海	黄海		评价、考核、排名
119	富民桥	东台河	江苏省	盐城市	独流入海	黄海	入海口	评价、考核、排名
120	三垛西大桥	北澄子河	江苏省	扬州市	独流入海	黄海		评价、考核、排名
121	海陵大桥	引江河	江苏省	泰州市	一级	长江		评价、考核、排名
122	牛庄闸	泉河	山东省	济宁市	二级	京杭大运河（梁济运河段）		评价、考核、排名

序号	断面名称	所在河流	省份	所在地区	所在河流级别	汇入河流（湖库、海洋）	断面属性	断面功能
123	于楼	洙赵新河	山东省	菏泽市	一级	南四湖	市界（菏泽市—济宁市）	评价、考核、排名
124	喻屯	洙赵新河	山东省	济宁市	一级	南四湖		评价、考核、排名
125	105 公路桥	洙水河	山东省	济宁市	一级	南四湖	县界（嘉祥县—任城区）	评价、考核、排名
126	高河桥（老万福河口）	老万福河	山东省	济宁市	一级	南四湖		评价、考核、排名
127	湘子庙	新万福河	山东省	济宁市	一级	南四湖	市界（菏泽市—济宁市）	评价、考核、排名
128	徐寨	东渔河	山东省	菏泽市	一级	南四湖	市界（菏泽市—济宁市）	评价、考核、排名
129	西姚	东渔河	山东省	济宁市	一级	南四湖		评价、考核、排名
130	入湖口	西支河	山东省	济宁市	一级	南四湖		评价、考核、排名
131	沙庄桥	复新河	江苏省	徐州市	一级	南四湖	省界（苏—鲁）	评价、考核、排名
132	华山闸	大沙河	江苏省	徐州市	一级	南四湖	县界（丰县—沛县）	评价、考核、排名
133	东石佛	光府河	山东省	济宁市	一级	南四湖		评价、考核、排名
134	兖州南大桥	泗河	山东省	济宁市	一级	南四湖		评价、考核、排名
135	尹沟	泗河	山东省	济宁市	一级	南四湖	县界（北湖区—微山县）	评价、考核、排名
136	马楼	白马河	山东省	济宁市	一级	南四湖	县界（邹城市—微山县）	评价、考核、排名
137	王晁桥	北沙河	山东省	枣庄市	一级	南四湖	市界（枣庄市—济宁市）	评价、考核、排名
138	群乐桥	城郭河	山东省	枣庄市	一级	南四湖	市界（枣庄市—济宁市）	评价、考核、排名

序号	断面名称	所在河流	省份	所在地区	所在河流级别	汇入河流（湖库、海洋）	断面属性	断面功能
139	十字河大桥	薛城大沙河	山东省	枣庄市	一级	南四湖	市界（枣庄市—济宁市）	评价、考核、排名
140	贾庄闸	峄城大沙河	山东省	枣庄市	二级	京杭大运河（韩庄运河）	县界（峄城区—台儿庄区）	评价、考核、排名
141	新薛河入湖口	新薛河	山东省	济宁市	一级	南四湖	市界（枣庄市—济宁市）	评价、考核、排名
142	李集桥	沿河	江苏省	徐州市	二级	顺堤河	省界（苏—鲁）	评价、考核、排名
143	西石佛	老运河	山东省	济宁市	一级	南四湖	县界（北湖区—任城区）	评价、考核、排名
144	老运河微山段	老运河	山东省	济宁市	一级	南四湖		评价、考核、排名
145	东偏泓	东邳苍分洪道	江苏省	徐州市	二级	京杭大运河（中运河）	省界（鲁—苏）	评价、考核、排名
146	艾山西大桥	邳苍分洪道	江苏省	徐州市	二级	京杭大运河（中运河）	省界（鲁—苏）	评价、考核、排名
147	310 公路桥	武河	山东省	临沂市	二级	京杭大运河（中运河）	省界（鲁—苏）	评价、考核、排名
148	沙沟桥	沙沟河	山东省	临沂市	二级	京杭大运河（中运河）	省界（鲁—苏）	评价、考核、排名
149	捷庄	白马河	山东省	临沂市	一级	骆马湖	省界（鲁—苏）	评价、考核、排名
150	韩旺大桥	沂河	山东省	淄博市	一级	骆马湖	市界（淄博市—临沂市）	评价、考核、排名
151	临沂北大桥	沂河	山东省	临沂市	一级	骆马湖		评价、考核、排名
152	港上桥	沂河	江苏省	徐州市	一级	骆马湖	省界（鲁—苏）	评价、考核、排名
153	道口	沭河	山东省	临沂市	一级	新沂河	市界（日照市—临沂市）	评价、考核、排名
154	李庄	沭河	江苏省	徐州市	一级	新沂河	省界（鲁—苏）	评价、考核、排名

序号	断面名称	所在河流	省份	所在地区	所在河流级别	汇入河流（湖库、海洋）	断面属性	断面功能
155	雍水坝	沭河	江苏省	宿迁市	一级	新沂河	市界（徐州市—宿迁市）	评价、考核、排名
156	临沭大兴桥	新沭河	山东省	临沂市	独流入海	黄海	省界（鲁—苏）	评价、考核、排名
157	袁闸	盐河	江苏省	连云港市	独流入海	黄海	市界（淮安市—连云港市）	评价、考核、排名
158	柴米河桥	柴米河	江苏省	连云港市	一级	盐河	市界（宿迁市—连云港市）	评价、考核、排名
159	灌河大桥	灌河	江苏省	连云港市	独流入海	黄海		评价、考核、排名
160	支脉河陈桥	支脉河	山东省	东营市	独流入海	渤海	市界（滨州市—东营市）	评价、考核、排名
161	睦里庄	小清河	山东省	济南市	独流入海	渤海		评价、考核、排名
162	辛丰庄	小清河	山东省	济南市	独流入海	渤海		评价、考核、排名
163	羊口	小清河	山东省	潍坊市	独流入海	渤海		评价、考核、排名、入海控制
164	西闸	小清河	山东省	滨州市	独流入海	渤海	市界（淄博市—滨州市）	评价、考核、排名
165	范李	小清河	山东省	滨州市	独流入海	渤海	市界（滨州市—东营市）	评价、考核、排名
166	张建桥	弥河	山东省	潍坊市	独流入海	渤海		评价、考核、排名
167	新河大闸	北胶莱河	山东省	青岛市	独流入海	渤海	市界（潍坊市—青岛市）	评价、考核、排名
168	入海口	风河	山东省	青岛市	独流入海	黄海	入海口	评价、考核、排名、入海控制
169	新夹河大桥	大沽夹河	山东省	烟台市	独流入海	黄海		评价、考核、排名、入海控制
170	南桥	母猪河	山东省	威海市	独流入海	黄海		评价、考核、排名、入海控制

序号	断面名称	所在河流	省份	所在地区	所在河流级别	汇入河流（湖库、海洋）	断面属性	断面功能
171	二水厂	乳山河	山东省	威海市	独流入海	黄海		评价、考核、排名、入海控制
172	桥头	五龙河	山东省	烟台市	独流入海	黄海		评价、考核、排名、入海控制
173	斜拉桥	大沽河	山东省	青岛市	独流入海	黄海		评价、考核、排名、入海控制
174	大古镇	付疃河	山东省	日照市	独流入海	黄海		评价、考核、排名、入海控制
175	吉利河水库出口	吉利河	山东省	青岛市	独流入海	黄海		评价、考核、排名
176	金口坝	潍河	山东省	潍坊市	独流入海	渤海		评价、考核、排名
177	柳疃桥	白浪河	山东省	潍坊市	独流入海	渤海		评价、考核、排名、入海控制
178	马连庄	大沽河	山东省	青岛市	独流入海	黄海	市界（烟台市—青岛市）	评价、考核、排名
179	泰祥桥	沽河	山东省	威海市	独流入海	黄海		评价、考核、排名
180	赵村桥	白沙河	山东省	青岛市	独流入海	黄海		评价、考核、排名
181	出山大桥	淮河	湖北省	随州市	干流	洪泽湖		趋势科研
182	息县大埠口	淮河	河南省	信阳市	干流	洪泽湖	县界（罗山县—息县）	趋势科研
183	马城	淮河	安徽省	蚌埠市	干流	洪泽湖	市界（淮南市—蚌埠市）	趋势科研
184	肖咀	淮河	江苏省	淮安市	干流	洪泽湖	省界（皖、苏—苏）	趋势科研
185	梅山水库出水口	史河	安徽省	六安市	一级	淮河		趋势科研
186	罗管闸	淠河总干渠	安徽省	六安市	一级	淮河	市界（六安市—合肥市）	趋势科研
187	槐店闸	颍河	河南省	周口市	一级	淮河		趋势科研

序号	断面名称	所在河流	省份	所在地区	所在河流级别	汇入河流（湖库、海洋）	断面属性	断面功能
188	平山头水厂	东淝河	安徽省	淮南市	一级	淮河		趋势科研
189	亳州	涡河	安徽省	亳州市	一级	淮河		趋势科研
190	太平桥	濠河	安徽省	滁州市	一级	淮河		趋势科研
191	正阳梁庄村	汝河	河南省	驻马店市	二级	洪河	市界（驻马店市—新蔡县）	趋势科研
192	扶沟摆渡口	贾鲁河	河南省	周口市	二级	颍河	市界（开封市—周口市）	趋势科研
193	鹿邑宋河桥	大沙河	河南省	鹿邑县	二级	涡河	市界（商丘市—周口市）	趋势科研
194	十河	赵王河	安徽省	亳州市	二级	涡河	省界（豫—皖）	趋势科研
195	双沟	油河	安徽省	亳州市	二级	涡河	省界（豫—皖）	趋势科研
196	五马	武家河	安徽省	亳州市	二级	涡河	省界（豫—皖）	趋势科研
197	方店闸	澥河	安徽省	宿州市	二级	怀洪新河	市界（宿州市—蚌埠市）	趋势科研
198	临涣集	浍河	安徽省	淮北市	二级	怀洪新河		趋势科研
199	南沙河	南沙河	安徽省	滁州市	二级	池河		趋势科研
200	任圩孜桥	王引河	安徽省	淮北市	三级	沱河	省界（豫—皖）	趋势科研
201	漯河三里桥	澧河	河南省	漯河市	四级	北汝河		趋势科研
202	邓楼	京杭大运河（梁济运河段）	山东省	济宁市	一级	南四湖		趋势科研
203	八浅	京杭大运河（里运河段）	江苏省	扬州市	一级	长江	市界（淮安市—扬州市）	趋势科研
204	渠北闸	苏北灌溉总渠	江苏省	淮安市	独流入海	黄海	县界（淮安区—淮安区）	趋势科研
205	友谊桥	蔷薇河	江苏省	连云港市	独流入海	黄海	市界（宿迁市—连云港市）	趋势科研
206	古贲大桥	通榆河	江苏省	南通市	独流入海	黄海	市界（南通市—盐城市）	趋势科研
207	崔母大桥	通扬运河	江苏省	南通市	独流入海	黄海	市界（泰州市—南通市）	趋势科研

序号	断面名称	所在河流	省份	所在地区	所在河流级别	汇入河流（湖库、海洋）	断面属性	断面功能
208	朱楼桥	新通扬运河	江苏省	南通市	一级	通榆河	市界（泰州市—南通市）	趋势科研
209	仇湖大桥	串场河	江苏省	南通市	独流入海	黄海	市界（南通市—盐城市）	趋势科研
210	射阳河闸	射阳河	江苏省	盐城市	独流入海	黄海	入海口	入海控制
211	黄沙港闸	黄沙港	江苏省	盐城市	独流入海	黄海	入海口	入海控制
212	斗龙港闸	斗龙港	江苏省	盐城市	独流入海	黄海	入海口	入海控制
213	川东闸	川东港	江苏省	盐城市	独流入海	黄海	入海口	入海控制
214	林子	东偏泓	江苏省	徐州市	一级	京杭大运河（中运河）	省界（鲁—苏）	趋势科研
215	刘集闸	房亭河	江苏省	徐州市	一级	京杭大运河（中运河）		趋势科研
216	重山桥	汶河	山东省	临沂市	一级	沂河	县界（蒙阴县—沂南县）	趋势科研
217	角沂	祊河	山东省	临沂市	级	沂河		趋势科研
218	毛林大桥	新沂河	江苏省	徐州市	独流入海	黄海	市界（徐州市—宿迁市）	趋势科研
219	张庄	新沂河	江苏省	宿迁市	独流入海	黄海		趋势科研
220	拦污闸	新沂河	江苏省	连云港市	独流入海	黄海	市界（宿迁市—连云港市）	趋势科研
221	韩庄乡	淮沭河	江苏省	淮安市	一级	新沂河	市界（淮安市—宿迁市）	趋势科研
222	墩尚水漫桥	新沭河	江苏省	连云港市	独流入海	黄海	入海口	入海控制
223	陈港	灌河	江苏省	盐城市	独流入海	黄海	入海口	入海控制

序号	断面名称	所在河流	省份	所在地区	所在河流级别	汇入河流（湖库、海洋）	断面属性	断面功能
224	堰头	支脉河	山东省	淄博市	独流入海	渤海	市界（淄博市—滨州市）	趋势科研
225	辛沙路桥	支脉河	山东省	东营市	独流入海	渤海	入海口	趋势科研
226	东八路桥	广利河	山东省	东营市	独流入海	渤海	入海口	入海控制
227	章齐沟入小清河口	章齐沟	山东省	济南市	一级	小清河	市界（济南市—滨州市）	趋势科研
228	张官庄	杏花河	山东省	滨州市	一级	小清河	市界（滨州市—淄博市）	趋势科研
229	朱码闸	盐河	江苏省	淮安市	独流入海	黄海		趋势科研
230	神头	孝妇河	山东省	淄博市	一级	小清河		趋势科研
231	长山	孝妇河	山东省	滨州市	一级	小清河	市界（淄博市—滨州市）	趋势科研
232	唐家老庄	白浪河	山东省	潍坊市	独流入海	渤海		趋势科研
233	古县	潍河	山东省	潍坊市	独流入海	渤海	县界（诸城市—坊子区）	趋势科研
234	沂胶路桥	渠河	山东省	潍坊市	一级	潍河	县界（安丘市—坊子区）	趋势科研
235	泽河桥	泽河	山东省	青岛市	一级	北胶莱河	市界（青岛市—烟台市）	趋势科研
236	烟潍路桥	黄水河	山东省	烟台市	独流入海	渤海		入海控制
237	辛安河入海口	辛安河	山东省	烟台市	独流入海	黄海	县界（莱山区—高新区）	入海控制
238	西庄	黄垒河	山东省	烟台市	独流入海	黄海	市界（烟台市—威海市）	趋势科研
239	墨水河入海口	墨水河	山东省	青岛市	独流入海	黄海		入海控制

序号	断面名称	所在河流	省份	所在地区	所在河流级别	汇入河流（湖库、海洋）	断面属性	断面功能
240	闸子集	南胶莱河	山东省	青岛市	一级	大沽河		趋势科研
241	铺集桥	胶河	山东省	青岛市	二级	南胶莱河	市界（青岛市—潍坊市）	趋势科研
242	李村河入海口	李村河	山东省	青岛市	独流入海	黄海	入海口	入海控制
243	海泊河入海口	海泊河	山东省	青岛市	独流入海	黄海	入海口	入海控制
244	平畅河入海口	平畅河	山东省	烟台市	独流入海	黄海	入海口	入海控制
245	大皂孙家	龙山河	山东省	烟台市	独流入海	黄海	入海口	入海控制
246	东村河入海口	东村河	山东省	烟台市	独流入海	黄海	入海口	入海控制
247	烟威路桥	沁水河	山东省	烟台市	独流入海	黄海	入海口	入海控制
248	界河入海口	界河	山东省	烟台市	独流入海	渤海	入海口	入海控制
249	后田	泳汶河	山东省	烟台市	独流入海	渤海	入海口	入海控制
250	潘家庵	虞河	山东省	潍坊市	独流入海	渤海	入海口	入海控制
251	浪暖口	黄垒河	山东省	威海市	独流入海	黄海	入海口	入海控制
252	烧香北闸	烧香河	江苏省	连云港市	独流入海	黄海	入海口	入海控制
253	大浦闸	大浦河	江苏省	连云港市	独流入海	黄海	入海口	入海控制
254	大板跳闸	排淡河	江苏省	连云港市	独流入海	黄海	入海口	入海控制
255	海头大桥	龙王河	江苏省	连云港市	独流入海	黄海	入海口	入海控制

序号	断面名称	所在河流	省份	所在地区	所在河流级别	汇入河流（湖库、海洋）	断面属性	断面功能
256	204 公路桥	沙旺河	江苏省	连云港市	独流入海	黄海	入海口	入海控制
257	坝头桥	青口河	江苏省	连云港市	独流入海	黄海	入海口	入海控制
258	兴庄桥	兴庄河	江苏省	连云港市	独流入海	黄海	入海口	入海控制
259	郑园桥	朱稽河	江苏省	连云港市	独流入海	黄海	入海口	入海控制
260	范河桥	范河	江苏省	连云港市	独流入海	黄海	入海口	入海控制
261	新沂河海口控制工程	新沂河	江苏省	连云港市	独流入海	黄海	入海口	入海控制
262	四队桥	车轴河	江苏省	连云港市	独流入海	黄海	入海口	入海控制
263	燕尾闸	五灌河	江苏省	连云港市	独流入海	黄海	入海口	入海控制
264	头罾闸	中山河	江苏省	盐城市	独流入海	黄海	入海口	入海控制
265	王港闸	王港河	江苏省	盐城市	独流入海	黄海	入海口	入海控制
266	川水港闸	东台河	江苏省	盐城市	独流入海	黄海	入海口	入海控制
267	小洋口	栟茶运河	江苏省	南通市	独流入海	黄海	入海口	入海控制
268	环东闸口	掘苴河	江苏省	南通市	独流入海	黄海	入海口	入海控制
269	北凌新闸	北凌河	江苏省	南通市	独流入海	黄海	入海口	入海控制

海河流域“十三五”国控监测断面设置情况

序号	断面名称	所在河流	省份	所在地区	所在河流级别	汇入河流（湖库、海洋）	断面属性	断面功能
1	大河口	滦河	内蒙古自治区	锡林郭勒盟	干流	渤海	省界（蒙—冀）	评价、考核、排名
2	郭家屯	滦河	河北省	承德市	干流	渤海		评价、考核、排名
3	偏桥子大桥	滦河	河北省	承德市	干流	渤海		评价、考核、排名
4	上板城大桥	滦河	河北省	承德市	干流	渤海		评价、考核、排名
5	大杖子（一）	滦河	河北省	承德市	干流	渤海	县界（承德县—兴隆县）	评价、考核、排名
6	大黑汀水库	滦河	河北省	唐山市	干流	渤海		评价、考核、排名
7	滦县大桥	滦河	河北省	唐山市	干流	渤海		评价、考核、排名
8	姜各庄	滦河	河北省	唐山市	干流	渤海		评价、考核、排名、入海控制
9	26#大桥	柳河	河北省	承德市	一级	滦河	县界（兴隆县—营子区）	评价、考核、排名
10	大杖子（二）	柳河	河北省	承德市	一级	滦河	入河口	评价、考核、排名
11	党坝	瀑河	河北省	承德市	一级	滦河		评价、考核、排名
12	大桑园	瀑河	河北省	承德市	一级	滦河	入河口	评价、考核、排名
13	田庄子	青龙河	河北省	秦皇岛市	一级	滦河	市界（秦皇岛市—唐山市）	评价、考核、排名
14	唐三营	伊逊河	河北省	承德市	一级	滦河		评价、考核、排名
15	李台	伊逊河	河北省	承德市	一级	滦河	县界（滦平县—双滦区）	评价、考核、排名

序号	断面名称	所在河流	省份	所在地区	所在河流级别	汇入河流（湖库、海洋）	断面属性	断面功能
16	上二道河子	武烈河	河北省	承德市	一级	滦河		评价、考核、排名
17	洋河口	洋河 1	河北省	秦皇岛市	独流入海	渤海	入海口	评价、考核、排名、入海控制
18	涧河口	陡河	河北省	唐山市	独流入海	渤海	入海口	评价、考核、排名、入海控制
19	石河口	石河	河北省	秦皇岛市	独流入海	渤海	入海口	评价、考核、排名、入海控制
20	戴河口	戴河	河北省	秦皇岛市	独流入海	渤海	入海口	评价、考核、排名、入海控制
21	汤河口	汤河	河北省	秦皇岛市	独流入海	渤海	入海口	评价、考核、排名、入海控制
22	饮马河口	饮马河	河北省	秦皇岛市	独流入海	渤海	入海口	评价、考核、排名、入海控制
23	于桥水库出口	引滦天津河	天津市	蓟州区	一级	海河		评价、考核、排名
24	三岔口	海河	天津市	河北区	干流	渤海		评价、考核、排名
25	海河大闸	海河	天津市	滨海新区	干流	渤海		评价、考核、排名、入海控制
26	曹庄子泵站	南水北调天津段	天津市	西青区	引水渠道	海河		评价、考核、排名
27	生产圈闸	洪泥河	天津市	津南区	一级	海河		评价、考核、排名
28	蓟运河防潮闸	蓟运河	天津市	滨海新区	一级	永定新河		评价、考核、排名、入海控制
29	东店	泃河	北京市	平谷区	二级	蓟运河	省界（京—冀）	评价、考核、排名
30	三河东大桥	泃河	河北省	廊坊市	二级	蓟运河	省界（冀—津）	评价、考核、排名

序号	断面名称	所在河流	省份	所在地区	所在河流级别	汇入河流（湖库、海洋）	断面属性	断面功能
31	西屯桥	州河	天津市	蓟州区	二级	蓟运河		评价、考核、排名
32	丰北闸	还乡河	河北省	唐山市	二级	邱庄水库	省界（冀—津）	评价、考核、排名
33	淋河桥	淋河	天津市	蓟州区	三级	于桥水库	省界（冀—津）	评价、考核、排名
34	黎河桥	黎河	天津市	蓟州区	三级	于桥水库	省界（冀—津）	评价、考核、排名
35	果河桥	果河	天津市	蓟州区	三级	于桥水库	入库口	评价、考核、排名
36	沙河桥	沙河	天津市	蓟州区	三级	于桥水库	省界（冀—津）	评价、考核、排名
37	苏庄	潮白河	北京市	顺义区	一级	潮白新河	省界（京—冀）	评价、考核、排名
38	吴村	潮白河	河北省	廊坊市	一级	潮白新河	省界（京、冀）	评价、考核、排名
39	大套桥	潮白新河	天津市	宝坻区	一级	永定新河	省界（冀—津）	评价、考核、排名
40	黄白桥	潮白新河	天津市	宝坻区	一级	永定新河		评价、考核、排名
41	古北口	潮河	北京市	密云区	二级	密云水库	省界（冀—京）	评价、考核、排名
42	辛庄桥	潮河	北京市	密云区	二级	密云水库		评价、考核、排名
43	后城	白河	河北省	张家口市	二级	密云水库	省界（冀—京）	评价、考核、排名
44	大关桥	白河	北京市	密云区	二级	密云水库		评价、考核、排名
45	墙子路	清水河	河北省	承德市	二级	密云水库	省界（冀—京）	评价、考核、排名
46	王家摆	北运河	河北省	廊坊市	一级	海河	省界（京—冀）	评价、考核、排名

序号	断面名称	所在河流	省份	所在地区	所在河流级别	汇入河流（湖库、海洋）	断面属性	断面功能
47	土门楼	北运河	天津市	武清区	一级	海河	省界（冀—津）	评价、考核、排名
48	北洋桥	北运河	天津市	河北区	一级	海河		评价、考核、排名
49	大红门闸上	凉水河	北京市	丰台区	二级	北运河		评价、考核、排名
50	新八里桥	通惠河	北京市	朝阳区	二级	北运河		评价、考核、排名
51	秦营扬水站	凤港引渠	河北省	廊坊市	二级	北运河	省界（京—冀）	评价、考核、排名
52	老夏安公路	龙凤减河	河北省	廊坊市	二级	北运河	省界（京—冀）	评价、考核、排名
53	白石桥	长河	北京市	海淀区	三级	通惠河	区界（海淀区—西城区）	评价、考核、排名
54	鼓楼外大街	北护城河	北京市	东城区	三级	通惠河	区界（西城区—东城区）	评价、考核、排名
55	清河闸	清河	北京市	海淀区	三级	温榆河		评价、考核、排名
56	沙子营	清河	北京市	朝阳区	三级	温榆河		评价、考核、排名
57	沙窝	坝河	北京市	朝阳区	三级	温榆河	区界（朝阳区—通州区）	评价、考核、排名
58	花园路	土城沟	北京市	海淀区	四级	坝河		评价、考核、排名
59	沿河城	永定河	北京市	门头沟区	一级	永定新河	省界（冀—京）	评价、考核、排名
60	南大荒桥	永定河	北京市	石景山区	一级	永定新河		评价、考核、排名
61	梵王寺	桑干河	山西省	朔州市	一级	官厅水库	市界（忻州市—朔州市）	评价、考核、排名
62	东榆林水库出口	桑干河	山西省	朔州市	一级	官厅水库		评价、考核、排名

序号	断面名称	所在河流	省份	所在地区	所在河流级别	汇入河流（湖库、海洋）	断面属性	断面功能
63	固定桥	桑干河	山西省	大同市	一级	官厅水库		评价、考核、排名
64	册田水库出口	桑干河	山西省	大同市	一级	官厅水库	省界（晋—冀）	评价、考核、排名
65	温泉屯	桑干河	河北省	张家口市	一级	官厅水库		评价、考核、排名
66	塘汉公路桥	永定新河	天津市	滨海新区	一级	渤海	入海口	评价、考核、排名、入海控制
67	谷家营	妫水河	北京市	延庆区	二级	官厅水库	入库口	评价、考核、排名
68	堡子湾	御河	山西省	大同市	二级	桑干河	省界（蒙—晋）	评价、考核、排名
69	利仁皂	御河	山西省	大同市	二级	桑干河		评价、考核、排名
70	洗马庄	壶流河	山西省	大同市	二级	桑干河	省界（晋—冀）	评价、考核、排名
71	左卫桥	洋河	河北省	张家口市	二级	官厅水库		评价、考核、排名
72	八号桥	洋河	河北省	张家口市	二级	官厅水库	省界（冀—京）	评价、考核、排名
73	三小营	龙河	河北省	廊坊市	二级	永定河	省界（京—冀）	评价、考核、排名
74	大王务	龙河	河北省	廊坊市	二级	永定河	省界（冀—津）	评价、考核、排名
75	广北滨河路（桥）	永定河引水渠	北京市	西城区	二级			评价、考核、排名
76	宣家塔	南洋河	山西省	大同市	三级	洋河	省界（晋—冀）	评价、考核、排名
77	老鸦庄	清水河 1	河北省	张家口市	三级	洋河		评价、考核、排名

序号	断面名称	所在河流	省份	所在地区	所在河流级别	汇入河流（湖库、海洋）	断面属性	断面功能
78	台头	大清河	河北省	廊坊市	一级	渤海	省界（冀—津）	评价、考核、排名
79	万家码头	独流减河	天津市	滨海新区	一级	渤海		评价、考核、排名、入海控制
80	南水芦	唐河	山西省	大同市	二级	大清河	省界（晋—冀）	评价、考核、排名
81	白合	唐河	河北省	保定市	二级	西大洋水库	入库口	评价、考核、排名
82	大沙地	拒马河	北京市	房山区	二级	大清河	省界（冀—京）	评价、考核、排名
83	张坊	拒马河	北京市	房山区	二级	大清河	省界（京—冀）	评价、考核、排名
84	北河店	南拒马河	河北省	保定市	三级	白洋淀		评价、考核、排名
85	码头	大石河	河北省	保定市	三级	白洋淀	省界（京—冀）	评价、考核、排名
86	杜里村	潴龙河	河北省	保定市	三级	白洋淀	省界（晋—冀）	评价、考核、排名
87	焦庄	府河	河北省	保定市	三级	白洋淀		评价、考核、排名
88	安州	府河	河北省	保定市	三级	白洋淀		评价、考核、排名
89	小王庄	子牙河	河北省	沧州市	一级	海河	市界（沧州市—廊坊市）	评价、考核、排名
90	小河闸	子牙河	河北省	廊坊市	一级	海河	省界（冀—津）	评价、考核、排名
91	大红桥	子牙河	天津市	红桥区	一级	海河		评价、考核、排名
92	阎辛庄	子牙新河	河北省	沧州市	一级	渤海	省界（冀—津）	评价、考核、排名
93	马棚口防潮闸	子牙新河	天津市	滨海新区	一级	渤海		评价、考核、排名、入海控制

序号	断面名称	所在河流	省份	所在地区	所在河流级别	汇入河流（湖库、海洋）	断面属性	断面功能
94	代县桥	滹沱河	山西省	忻州市	二级	子牙河		评价、考核、排名
95	定襄桥	滹沱河	山西省	忻州市	二级	子牙河		评价、考核、排名
96	南庄	滹沱河	山西省	忻州市	二级	子牙河	市界（忻州市—阳泉市）	评价、考核、排名
97	闫家庄大桥	滹沱河	山西省	阳泉市	二级	子牙河	省界（晋—冀）	评价、考核、排名
98	下槐镇	滹沱河	河北省	石家庄市	二级	子牙河	入库口	评价、考核、排名
99	枣营	滹沱河	河北省	石家庄市	二级	子牙河	市界（石家庄市—衡水市）	评价、考核、排名
100	临河富庄桥	滹沱河	河北省	沧州市	二级	子牙河	市界（衡水市—沧州市）	评价、考核、排名
101	曲周	滏阳河	河北省	邯郸市	二级	子牙新河		评价、考核、排名
102	艾辛庄	滏阳河	河北省	邢台市	二级	子牙新河		评价、考核、排名
103	小范桥	滏阳河	河北省	衡水市	二级	子牙新河		评价、考核、排名
104	齐家务	北排河	河北省	沧州市	二级	渤海	省界（冀—津）	评价、考核、排名
105	北排水河防潮闸	北排河	天津市	滨海新区	二级	渤海		评价、考核、排名、入海控制
106	李家堡一	南排河	河北省	沧州市	二级	渤海	入海口	评价、考核、排名、入海控制
107	大口河口	宣惠河	河北省	沧州市	二级	渤海	入海口	评价、考核、排名、入海控制
108	翟庄子	沧浪渠	天津市	滨海新区	二级	渤海	省界（冀—津）	评价、考核、排名
109	沧浪渠出境	沧浪渠	天津市	滨海新区	二级	渤海		评价、考核、排名、入海控制

序号	断面名称	所在河流	省份	所在地区	所在河流级别	汇入河流（湖库、海洋）	断面属性	断面功能
110	团瓢桥	青静黄排水渠	天津市	静海区	二级	渤海	省界（冀—津）	评价、考核、排名
111	青静黄防潮闸	青静黄排水渠	天津市	滨海新区	二级	渤海		评价、考核、排名、入海控制
112	连村闸	清凉江	河北省	衡水市	三级	南排河		评价、考核、排名
113	张帆庄	江江河	河北省	沧州市	三级	南排河	市界（衡水市—沧州市）	评价、考核、排名
114	地都	绵河	河北省	石家庄市	三级	滹沱河	省界（晋—冀）	评价、考核、排名
115	平山桥	绵河	河北省	石家庄市	三级	滹沱河		评价、考核、排名
116	兆通	石津总干渠	河北省	石家庄市	三级	滹沱河		评价、考核、排名
117	南张村	石津总干渠	河北省	石家庄市	三级	滹沱河		评价、考核、排名
118	陈家营	牧马河	山西省	忻州市	三级	滹沱河		评价、考核、排名
119	坪上桥	清水河 2	山西省	忻州市	三级	滹沱河		评价、考核、排名
120	王寨村	松溪河	山西省	晋中市	四级	绵河	省界（晋—冀）	评价、考核、排名
121	白羊墅	桃河	山西省	阳泉市	四级	绵河		评价、考核、排名
122	大石桥	洨河	河北省	石家庄市	四级	滏阳河		评价、考核、排名
123	沙阳	洺河	河北省	邯郸市	四级	渤海	市界（邯郸市—邢台市）	评价、考核、排名
124	后西吴桥	牛尾河	河北省	邢台市	四级	澧河		评价、考核、排名
125	秤钩湾	卫运河	山东省	聊城市	一级	漳卫新河	省界（冀—鲁）	评价、考核、排名

序号	断面名称	所在河流	省份	所在地区	所在河流级别	汇入河流（湖库、海洋）	断面属性	断面功能
126	油坊桥	卫运河	山东省	德州市	一级	漳卫新河	省界（冀、鲁）	评价、考核、排名
127	第三店	南运河	山东省	德州市	一级	海河	省界（鲁—冀）	评价、考核、排名
128	井冈山桥	南运河	天津市	红桥区	一级	海河		评价、考核、排名
129	小泊头桥	漳卫新河	山东省	滨州市	一级	渤海	省界（冀、鲁）	评价、考核、排名
130	岳城水库出口	漳河	河北省	邯郸市	二级	岳城水库		评价、考核、排名
131	小河口	卫河	河南省	新乡市	二级	南运河		评价、考核、排名
132	五陵	卫河	河南省	安阳市	二级	南运河	市界（鹤壁市—安阳市）	评价、考核、排名
133	南乐元村集	卫河	河南省	濮阳市	二级	南运河	省界（豫—冀）	评价、考核、排名
134	小峧	浊漳河	山西省	长治市	三级	漳河		评价、考核、排名
135	王家庄	浊漳河	山西省	长治市	三级	漳河	省界（晋—豫）	评价、考核、排名
136	刘家庄	清漳河	河北省	邯郸市	三级	岳城水库	省界（晋—冀）	评价、考核、排名
137	黄花营	淇河	河南省	鹤壁市	三级	卫河	市界（安阳市—鹤壁市）	评价、考核、排名
138	前枋城	淇河	河南省	鹤壁市	三级	卫河		评价、考核、排名
139	获嘉东碑村	共产主义渠	河南省	新乡市	三级	卫河	市界（焦作市—新乡市）	评价、考核、排名
140	卫辉下马营	共产主义渠	河南省	鹤壁市	三级	卫河	市界（新乡市—鹤壁市）	评价、考核、排名

序号	断面名称	所在河流	省份	所在地区	所在河流级别	汇入河流（湖库、海洋）	断面属性	断面功能
141	修武水文站	大沙河	河南省	新乡市	三级	卫河	市界（焦作市—新乡市）	评价、考核、排名
142	彰武水库	安阳河	河南省	安阳市	三级	卫河	出库口	评价、考核、排名
143	冯宿桥	安阳河	河南省	安阳市	三级	卫河		评价、考核、排名
144	新乡贾太湖	人民胜利渠	河南省	新乡县	三级	卫河	县界（新乡县—卫滨区）	评价、考核、排名
145	后湾水库出口	浊漳西源	山西省	长治市	四级	浊漳河		评价、考核、排名
146	北寨	浊漳南源	山西省	长治市	四级	浊漳河		评价、考核、排名
147	关河水库出口	浊漳北源	山西省	长治市	四级	浊漳河		评价、考核、排名
148	弓上水库	淅河	河南省	安阳市	四级	淇河		评价、考核、排名
149	南谷洞水库	露水河	河南省	安阳市	三级	红旗渠		评价、考核、排名
150	司徒桥	绛河	山西省	长治市	五级	浊漳南源		评价、考核、排名
151	前油坊	徒骇河	山东省	德州市	干流	渤海	市界（聊城市—德州市）	评价、考核、排名
152	夏口	徒骇河	山东省	济南市	干流	渤海	市界（德州市—济南市）	评价、考核、排名
153	富国	徒骇河	山东省	滨州市	干流	渤海	入海口	评价、考核、排名、入海控制
154	芦家河子水库	小米河	山东省	滨州市	二级	徒骇河		评价、考核、排名
155	濮阳西水坡	马颊河	河南省	濮阳市	干流	渤海		评价、考核、排名
156	南乐水文站	马颊河	河南省	濮阳市	干流	渤海	省界（豫—冀）	评价、考核、排名

序号	断面名称	所在河流	省份	所在地区	所在河流级别	汇入河流（湖库、海洋）	断面属性	断面功能
157	冢北桥	马颊河	河北省	邯郸市	干流	渤海	省界（冀—鲁）	评价、考核、排名
158	董姑桥	马颊河	山东省	德州市	干流	渤海	市界（聊城市—德州市）	评价、考核、排名
159	胜利桥	马颊河	山东省	滨州市	干流	渤海	入海口	评价、考核、排名、入海控制
160	王杠子闸	德惠新河	山东省	滨州市	独流入海	渤海	市界（德州市—滨州市）	评价、考核、排名
161	三角洼水库	幸福河	山东省	滨州市	二级	德惠新河		评价、考核、排名
162	红旗杆	青龙河	河北省	秦皇岛市	一级	滦河	省界（辽—冀）	趋势科研
163	雹神庙	武烈河	河北省	承德市	一级	滦河	入河口	趋势科研
164	磷矿上游	武烈河	河北省	承德市	一级	滦河	县界（隆化县—承德县）	趋势科研
165	天桥	潮河	河北省	承德市	二级	密云水库	县界（丰宁县—滦平县）	趋势科研
166	榆林庄	北运河	北京市	通州区	一级	海河		趋势科研
167	壶流河小渡口	桑干河	河北省	张家口市	一级	官厅水库		趋势科研
168	太平庄闸	白沟河	河北省	廊坊市	二级	大清河		趋势科研
169	马庄	漕河	河北省	保定市	三级	白洋淀		趋势科研
170	蒲口	孝义河	河北省	保定市	三级	白洋淀		趋势科研
171	献县闸	子牙新河	河北省	沧州市	一级	渤海	市界（衡水市—沧州市）	趋势科研
172	李家堡二	廖佳洼河	河北省	沧州市	独流入海	渤海	入海口	入海控制
173	杨二庄	清凉江	河北省	邢台市	三级	南排河		趋势科研
174	高庄	汪洋沟	河北省	石家庄市	三级	滏阳河	市界（石家庄市—宁晋县）	趋势科研
175	临清	卫运河	河北省	邢台市	一级	漳卫新河	省界（鲁、冀）	趋势科研

序号	断面名称	所在河流	省份	所在地区	所在河流级别	汇入河流（湖库、海洋）	断面属性	断面功能
176	卫辉皇甫	卫河	河南省	鹤壁市	二级	南运河	市界（新乡市—鹤壁市）	趋势科研
177	龙王庙	卫河	河北省	邯郸市	二级	南运河	省界（豫—冀）	趋势科研
178	东宋门	岔河	河北省	沧州市	二级	漳卫新河	省界（鲁—冀）	趋势科研
179	田龙庄	岔河	山东省	德州市	二级	漳卫新河		趋势科研
180	祁家沟	清漳东源	山西省	晋中市	四级	清漳河		趋势科研
181	横岭北桥	清漳西源	山西省	晋中市	四级	清漳河		趋势科研
182	毕屯	徒骇河	山东省	聊城市	干流	渤海	省界（豫—鲁）	趋势科研
183	申桥	徒骇河	山东省	滨州市	干流	渤海	市界（济南市—滨州市）	趋势科研
184	任堂桥	马颊河	山东省	聊城市	干流	渤海	省界（豫—鲁）	趋势科研
185	下洼闸	秦口河	山东省	滨州市	独流入海	渤海		趋势科研
186	滨孤路桥	挑河	山东省	东营市	独流入海	渤海	入海口	入海控制
187	五号桩	神仙沟	山东省	东营市	独流入海	渤海	入海口	入海控制
188	李家堡桥	石碑河	河北省	秦皇岛市	独流入海	渤海	入海口	入海控制
189	新开河口	新开河	河北省	秦皇岛市	独流入海	渤海	入海口	入海控制
190	大山	德惠新河	山东省	滨州市	独流入海	渤海	入海口	入海控制
191	邵家	潮河 1	山东省	滨州市	独流入海	渤海	入海口	入海控制

辽河流域“十三五”国控监测断面设置情况

序号	断面名称	所在河流	省份	所在地区	所在河流级别	汇入河流（湖库、海洋）	断面属性	断面功能
1	甸子	老哈河	内蒙古自治区	赤峰市	干流	西辽河	省界（冀—蒙）	评价、考核、排名
2	东山湾大桥	老哈河	内蒙古自治区	赤峰市	干流	西辽河	县界（松山区—敖汉旗）	评价、考核、排名
3	大兴南	老哈河	内蒙古自治区	赤峰市	干流	西辽河	市界（赤峰市—通辽市）	评价、考核、排名
4	孔家	西辽河	内蒙古自治区	通辽市	干流	辽河		评价、考核、排名
5	西辽河大桥	西辽河	吉林省	四平市	干流	辽河	省界（蒙—吉）	评价、考核、排名
6	金宝屯	西辽河	内蒙古自治区	通辽市	干流	辽河	省界（吉—蒙）	评价、考核、排名
7	二道河子	西辽河	内蒙古自治区	通辽市	干流	辽河	省界（蒙—辽）	评价、考核、排名
8	三合屯	辽河	辽宁省	铁岭市	干流	渤海	市界（昌图县—铁岭市）	评价、考核、排名
9	珠尔山	辽河	辽宁省	铁岭市	干流	渤海	市界（铁岭市—沈阳市）	评价、考核、排名
10	马虎山	辽河	辽宁省	沈阳市	干流	渤海	市界（铁岭市—沈阳市）	评价、考核、排名
11	巨流河大桥	辽河	辽宁省	沈阳市	干流	渤海		评价、考核、排名
12	红庙子	辽河	辽宁省	沈阳市	干流	渤海	市界（沈阳市—鞍山市）	评价、考核、排名
13	盘锦兴安	辽河	辽宁省	盘锦市	干流	渤海	市界（鞍山市—盘锦市）	评价、考核、排名
14	曙光大桥	辽河	辽宁省	盘锦市	干流	渤海		评价、考核、排名
15	赵圈河	辽河	辽宁省	盘锦市	干流	渤海		评价、考核、排名、入海控制

序号	断面名称	所在河流	省份	所在地区	所在河流级别	汇入河流（湖库、海洋）	断面属性	断面功能
16	河清	东辽河	吉林省	辽源市	一级	辽河	市界（辽源市—四平市）	评价、考核、排名
17	城子上	东辽河	吉林省	四平市	一级	辽河		评价、考核、排名
18	四双大桥	东辽河	吉林省	四平市	一级	辽河	省界（吉—辽）	评价、考核、排名
19	海日苏	西拉木伦河	内蒙古自治区	赤峰市	一级	西辽河	县界（巴林右旗—翁牛特旗）	评价、考核、排名
20	大兴北	西拉木伦河	内蒙古自治区	赤峰市	一级	西辽河	市界（赤峰市—通辽市）	评价、考核、排名
21	天合龙	乌尔吉木伦河	内蒙古自治区	赤峰市	一级	西辽河	市界（赤峰市—通辽市）	评价、考核、排名
22	六家子	招苏台河	吉林省	四平市	一级	辽河	省界（吉—辽）	评价、考核、排名
23	通江口	招苏台河	辽宁省	铁岭市	一级	辽河		评价、考核、排名
24	林家	条子河	吉林省	四平市	二级	招苏台河	省界（吉—辽）	评价、考核、排名
25	清河水库入库口	清河	辽宁省	铁岭市	一级	辽河		评价、考核、排名
26	清辽	清河	辽宁省	铁岭市	一级	辽河		评价、考核、排名
27	亮子河入河口	亮子河	辽宁省	铁岭市	一级	辽河	入河口	评价、考核、排名
28	松树水文站	寇河	辽宁省	铁岭市	二级	清河		评价、考核、排名
29	东大桥	柴河	辽宁省	铁岭市	一级	辽河		评价、考核、排名
30	柴河水库入库口	柴河	辽宁省	铁岭市	一级	辽河		评价、考核、排名
31	凡河一号桥	凡河	辽宁省	铁岭市	一级	辽河		评价、考核、排名

序号	断面名称	所在河流	省份	所在地区	所在河流级别	汇入河流（湖库、海洋）	断面属性	断面功能
32	拉马桥	拉马河	辽宁省	沈阳市	一级	辽河		评价、考核、排名
33	柳河桥	柳河	辽宁省	沈阳市	一级	辽河		评价、考核、排名
34	胜利塘	绕阳河	辽宁省	盘锦市	一级	辽河		评价、考核、排名
35	柳家桥	庞家河	辽宁省	锦州市	二级	绕阳河	市界（锦州市—盘锦市）	评价、考核、排名
36	沟帮子镇	沙子河	辽宁省	锦州市	二级	绕阳河	市界（锦州市—盘锦市）	评价、考核、排名
37	阿及堡	浑河	辽宁省	抚顺市	干流	大辽河		评价、考核、排名
38	大伙房水库	浑河	辽宁省	抚顺市	干流	大辽河		评价、考核、排名
39	戈布桥	浑河	辽宁省	抚顺市	干流	大辽河		评价、考核、排名
40	东陵大桥	浑河	辽宁省	沈阳市	干流	大辽河	市界（抚顺市—沈阳市）	评价、考核、排名
41	砂山	浑河	辽宁省	沈阳市	干流	大辽河		评价、考核、排名
42	于家房	浑河	辽宁省	沈阳市	干流	大辽河	市界（沈阳市—鞍山市）	评价、考核、排名
43	三岔河	大辽河	辽宁省	盘锦市	干流	渤海		评价、考核、排名
44	辽河公园	大辽河	辽宁省	营口市	干流	渤海		评价、考核、排名、入海控制
45	老官砬子	太子河	辽宁省	本溪市	一级	大辽河		评价、考核、排名
46	兴安	太子河	辽宁省	本溪市	一级	参窝水库	市界（本溪市—辽阳市）	评价、考核、排名

序号	断面名称	所在河流	省份	所在地区	所在河流级别	汇入河流（湖库、海洋）	断面属性	断面功能
47	葠窝坝下	太子河	辽宁省	辽阳市	一级	大辽河	市界（本溪市—辽阳市）	评价、考核、排名
48	下王家	太子河	辽宁省	辽阳市	一级	大辽河		评价、考核、排名
49	下口子	太子河	辽宁省	辽阳市	一级	大辽河	市界（辽阳市—鞍山市）	评价、考核、排名
50	刘家台	太子河	辽宁省	鞍山市	一级	大辽河		评价、考核、排名
51	小姐庙	太子河	辽宁省	鞍山市	一级	大辽河	市界（鞍山市—盘锦市）	评价、考核、排名
52	北杂木	浑河清原段	辽宁省	抚顺市	一级	大伙房水库	县界（清原县—抚顺县）	评价、考核、排名
53	古楼	苏子河	辽宁省	抚顺市	一级	大伙房水库	县界（新宾县—抚顺县）	评价、考核、排名
54	台沟	社河	辽宁省	抚顺市	一级	大伙房水库		评价、考核、排名
55	蒲河沿	蒲河	辽宁省	沈阳市	一级	浑河		评价、考核、排名
56	兴国桥	蒲河	辽宁省	沈阳市	一级	浑河		评价、考核、排名
57	于台	细河	辽宁省	沈阳市	一级	浑河		评价、考核、排名
58	南太子河入库口	太子河南支	辽宁省	本溪市	一级	观音阁水库		评价、考核、排名
59	北太子河入观音阁水库口	太子河北支	辽宁省	本溪市	一级	观音阁水库		评价、考核、排名
60	河洪桥	北沙河	辽宁省	辽阳市	二级	太子河		评价、考核、排名
61	汤河桥	汤河	辽宁省	辽阳市	二级	太子河		评价、考核、排名

序号	断面名称	所在河流	省份	所在地区	所在河流级别	汇入河流（湖库、海洋）	断面属性	断面功能
62	牛庄	海城河	辽宁省	鞍山市	二级	太子河		评价、考核、排名
63	二道河水库口	二道河	辽宁省	辽阳市	二级	汤河水库		评价、考核、排名
64	下达河入汤河水库口	下达河	辽宁省	辽阳市	二级	汤河水库		评价、考核、排名
65	王家窝棚	大凌河	辽宁省	葫芦岛市	独流入海	渤海	市界（葫芦岛市—朝阳市）	评价、考核、排名
66	南大桥	大凌河	辽宁省	朝阳市	独流入海	渤海		评价、考核、排名
67	章吉营	大凌河	辽宁省	朝阳市	独流入海	渤海		评价、考核、排名
68	王家沟	大凌河	辽宁省	锦州市	独流入海	渤海	市界（朝阳市—锦州市）	评价、考核、排名
69	张家堡	大凌河	辽宁省	锦州市	独流入海	渤海	县界（义县—凌海市）	评价、考核、排名
70	西八千	大凌河	辽宁省	锦州市	独流入海	渤海	入海口	评价、考核、排名、入海控制
71	大凌河西支入河口	大凌河西支	辽宁省	朝阳市	一级	大凌河	入河口	评价、考核、排名
72	老虎山河大桥	老虎山河	辽宁省	朝阳市	一级	阎王鼻子水库	省界（蒙—辽）	评价、考核、排名
73	李家湾大桥	老虎山河	辽宁省	朝阳市	一级	阎王鼻子水库	入河口	评价、考核、排名
74	牤牛河大桥	牤牛河	辽宁省	朝阳市	一级	白石水库	入库口	评价、考核、排名
75	高台子	西细河	辽宁省	锦州市	一级	大凌河	市界（阜新市—锦州市）	评价、考核、排名
76	何家信子	小凌河	辽宁省	锦州市	独流入海	渤海		评价、考核、排名

序号	断面名称	所在河流	省份	所在地区	所在河流级别	汇入河流（湖库、海洋）	断面属性	断面功能
77	西树林	小凌河	辽宁省	锦州市	独流入海	渤海	入海口	评价、考核、排名、入海控制
78	卧佛寺	女儿河	辽宁省	葫芦岛市	一级	小凌河	市界（葫芦岛市—锦州市）	评价、考核、排名
79	女儿河入河口	女儿河	辽宁省	锦州市	一级	小凌河		评价、考核、排名
80	红石碑入海前	兴城河	辽宁省	葫芦岛市	独流入海	渤海	入海口	评价、考核、排名、入海控制
81	孤家子	六股河	辽宁省	葫芦岛市	独流入海	渤海		评价、考核、排名
82	大清河口	大清河	辽宁省	营口市	独流入海	渤海	入海口	评价、考核、排名、入海控制
83	复州湾大桥	复州河	辽宁省	大连市	独流入海	渤海		评价、考核、排名
84	三台子	复州河	辽宁省	大连市	独流入海	渤海	入海口	评价、考核、排名、入海控制
85	麦家	大沙河	辽宁省	大连市	独流入海	黄海	入海口	评价、考核、排名
86	茧场	碧流河	辽宁省	营口市	独流入海	黄海	市界（营口市—大连市）	评价、考核、排名
87	城子坦	碧流河	辽宁省	大连市	独流入海	黄海	入海口	评价、考核、排名、入海控制
88	小于屯	庄河	辽宁省	大连市	独流入海	黄海	入海口	评价、考核、排名、入海控制
89	万泰	英那河	辽宁省	大连市	独流入海	黄海		评价、考核、排名
90	英那河入海口	英那河	辽宁省	大连市	独流入海	黄海	入海口	评价、考核、排名、入海控制
91	口子街	大洋河	辽宁省	鞍山市	独流入海	黄海		评价、考核、排名

序号	断面名称	所在河流	省份	所在地区	所在河流级别	汇入河流（湖库、海洋）	断面属性	断面功能
92	大洋河桥	大洋河	辽宁省	丹东市	独流入海	黄海	入海口	评价、考核、排名、入海控制
93	关门山大桥	哨子河	辽宁省	鞍山市	一级	大洋河		评价、考核、排名
94	鸠谷	鸭绿江	吉林省	白山市	干流	黄海	国界（中、朝）	评价、考核、排名
95	葫芦套	鸭绿江	吉林省	白山市	干流	黄海	国界（中、朝）	评价、考核、排名
96	云峰	鸭绿江	吉林省	通化市	干流	黄海	国界（中、朝）	评价、考核、排名
97	老虎哨	鸭绿江	吉林省	通化市	干流	黄海	国界（中、朝）、省界（吉—辽）	评价、考核、排名
98	荒沟	鸭绿江	辽宁省	丹东市	干流	黄海	国界（中、朝）	评价、考核、排名
99	江桥	鸭绿江	辽宁省	丹东市	干流	黄海	国界（中、朝）	评价、考核、排名
100	文安	鸭绿江	辽宁省	丹东市	干流	黄海	国界（中、朝）	评价、考核、排名
101	厦子沟	鸭绿江	辽宁省	丹东市	干流	黄海	国界（中、朝）	评价、考核、排名、入海控制
102	大阳岔	浑江	吉林省	白山市	一级	黄海	国界（中、朝）	评价、考核、排名
103	民主	浑江	吉林省	通化市	一级	鸭绿江	省界（吉—辽）	评价、考核、排名
104	凤鸣电站	浑江	辽宁省	本溪市	一级	鸭绿江		评价、考核、排名
105	蒲石河大桥	蒲石河	辽宁省	丹东市	一级	鸭绿江		评价、考核、排名
106	爱河大桥	爱河	辽宁省	丹东市	一级	鸭绿江		评价、考核、排名

序号	断面名称	所在河流	省份	所在地区	所在河流级别	汇入河流（湖库、海洋）	断面属性	断面功能
107	兴隆坡	老哈河	内蒙古自治区	赤峰市	干流	西辽河	省界（辽、蒙）	趋势科研
108	苏家堡	西辽河	内蒙古自治区	通辽市	干流	辽河	市界（赤峰市—通辽市）	趋势科研
109	福德店	辽河	辽宁省	铁岭市	干流	渤海	省界（吉—辽）	趋势科研
110	辽河源	东辽河	吉林省	辽源市	一级	辽河		趋势科研
111	拦河闸	东辽河	吉林省	辽源市	一级	辽河		趋势科研
112	周家河口	东辽河	吉林省	四平市	一级	辽河		趋势科研
113	小南荒	英金河	内蒙古自治区	赤峰市	一级	老哈河		趋势科研
114	锦东	锡伯河	内蒙古自治区	赤峰市	二级	英金河		趋势科研
115	二道河水库入口	西路嘎河	内蒙古自治区	赤峰市	二级	英金河	省界（冀—蒙）	趋势科研
116	蒙古营子	阴河	内蒙古自治区	赤峰市	二级	英金河	省界（冀—蒙）	趋势科研
117	侯杨丈子村西	蚌河	内蒙古自治区	赤峰市	一级	老哈河	县界（建平县—敖汉旗）	趋势科研
118	沙那水库4队	乌尔吉木伦河	内蒙古自治区	赤峰市	一级	西辽河		趋势科研
119	蜘蛛山大桥南	乌尔吉沐沦河	内蒙古自治区	赤峰市	一级	西辽河		趋势科研
120	大瓦房	新开河	内蒙古自治区	通辽市	一级	西辽河	省界（蒙—吉）	趋势科研
121	秀水桥	秀水河	辽宁省	沈阳市	一级	辽河		趋势科研
122	旧门桥	养息牧河	辽宁省	沈阳市	一级	辽河		趋势科研
123	七台子	浑河	辽宁省	沈阳市	干流	大辽河		趋势科研
124	曹仲屯	白塔堡河	辽宁省	沈阳市	一级	浑河		趋势科研
125	长宝渡口	大凌河	辽宁省	朝阳市	独流入海	渤海		趋势科研
126	二十三道沟	鸭绿江	吉林省	白山市	干流	黄海	国界（中、朝）	趋势科研

序号	断面名称	所在河流	省份	所在地区	所在河流级别	汇入河流（湖库、海洋）	断面属性	断面功能
127	绿江村	鸭绿江	吉林省	白山市	干流	黄海	国界（中、朝）	趋势科研
128	苇沙河	鸭绿江	吉林省	白山市	干流	黄海	国界（中、朝）	趋势科研
129	太王	鸭绿江	吉林省	通化市	干流	黄海	国界（中、朝）	趋势科研
130	水文站	鸭绿江	吉林省	通化市	干流	黄海	国界（中、朝）	趋势科研
131	太平江口	鸭绿江	吉林省	通化市	干流	黄海	国界（中、朝）	趋势科研
132	上活龙	鸭绿江	吉林省	通化市	干流	黄海	国界（中、朝）	趋势科研
133	西村	浑江	吉林省	白山市	一级	鸭绿江	市界（白山市—通化市）	趋势科研
134	八里哨木材检查站处河段	哈尼河	吉林省	通化市	二级	浑江		趋势科研
135	湾湾川入江口	蝲蛄河	吉林省	通化市	二级	浑江	入河口	趋势科研
136	登化	登沙河	辽宁省	大连市	独流入海	黄海	入海口	入海控制
137	营盖公路	大旱河	辽宁省	营口市	独流入海	渤海	入海口	入海控制
138	沙河入海口	沙河	辽宁省	营口市	独流入海	渤海	入海口	入海控制
139	杨家屯	熊岳河	辽宁省	营口市	独流入海	渤海	入海口	入海控制
140	小渔场	六股河	辽宁省	葫芦岛市	独流入海	渤海	入海口	入海控制
141	沈山铁路桥下	连山河	辽宁省	葫芦岛市	独流入海	渤海	入海口	入海控制
142	茨山桥南	五里河	辽宁省	葫芦岛市	独流入海	渤海	入海口	入海控制

浙闽片河流“十三五”国控监测断面设置情况

序号	断面名称	所在河流	省份	所在地区	所在河流级别	汇入河流（湖库、海洋）	断面属性	断面功能
1	下界首	马金溪	浙江省	衢州市	干流	常山港	县界（开化县—常山县）	评价、考核、排名
2	富足山	常山港	浙江省	衢州市	干流	衢江		评价、考核、排名
3	浮石渡	衢江	浙江省	衢州市	干流	兰江		评价、考核、排名
4	下童	衢江	浙江省	衢州市	干流	兰江	市界（衢州市—金华市）	评价、考核、排名
5	横山	衢江	浙江省	金华市	干流	兰江		评价、考核、排名
6	将军岩	兰江	浙江省	金华市	干流	富春江	市界（金华市—杭州市）	评价、考核、排名
7	桐庐	富春江	浙江省	杭州市	干流	钱塘江		评价、考核、排名
8	闸口	钱塘江	浙江省	杭州市	干流	东海		评价、考核、排名
9	双塔底	江山港	浙江省	衢州市	一级	衢江		评价、考核、排名
10	双港口	江山港	浙江省	衢州市	一级	衢江	入河口	评价、考核、排名
11	东迹渡	乌溪江	浙江省	衢州市	一级	衢江	入河口	评价、考核、排名
12	郑家	灵山港	浙江省	衢州市	一级	衢江	入河口	评价、考核、排名
13	义东桥	北江	浙江省	金华市	一级	东阳江	县界（东阳市—义乌市）	评价、考核、排名
14	塔下洲	北江	浙江省	金华市	一级	东阳江		评价、考核、排名
15	东关桥	东阳江	浙江省	金华市	一级	金华江		评价、考核、排名

序号	断面名称	所在河流	省份	所在地区	所在河流级别	汇入河流（湖库、海洋）	断面属性	断面功能
16	费垅	金华江	浙江省	金华市	一级	兰江	入河口	评价、考核、排名
17	台口	南江	浙江省	金华市	二级	东阳江	县界（磐安县—东阳市）	评价、考核、排名
18	南江桥	南江	浙江省	金华市	二级	东阳江	入河口	评价、考核、排名
19	章店	永康江	浙江省	金华市	二级	武义江		评价、考核、排名
20	洪坞桥	武义江	浙江省	金华市	二级	金华江	入河口	评价、考核、排名
21	率水大桥	率水	安徽省	黄山市	一级	新安江		评价、考核、排名
22	篁墩	新安江	安徽省	黄山市	一级	千岛湖		评价、考核、排名
23	街口	新安江	浙江省	杭州市	一级	千岛湖	省界（皖—浙）、入湖口	评价、考核、排名
24	洋溪渡	新安江	浙江省	杭州市	一级	富春江		评价、考核、排名
25	横江大桥	横江	安徽省	黄山市	二级	新安江	入河口	评价、考核、排名
26	新管	扬之河	安徽省	黄山市	二级	练江	市界（宣城市—黄山市）	评价、考核、排名
27	浦口	练江	安徽省	黄山市	二级	新安江	入河口	评价、考核、排名
28	桐君山	分水江	浙江省	杭州市	一级	富春江	入河口	评价、考核、排名
29	上仙屋	浦阳江	浙江省	金华市	一级	钱塘江	市界（金华市—绍兴市）	评价、考核、排名
30	湄池	浦阳江	浙江省	绍兴市	一级	钱塘江		评价、考核、排名
31	浦阳江出口	浦阳江	浙江省	杭州市	一级	钱塘江	入河口	评价、考核、排名

序号	断面名称	所在河流	省份	所在地区	所在河流级别	汇入河流（湖库、海洋）	断面属性	断面功能
32	屠家埠	曹娥江	浙江省	绍兴市	一级	钱塘江		评价、考核、排名
33	汤曹汇合口	曹娥江	浙江省	绍兴市	一级	钱塘江		评价、考核、排名
34	曹娥江大闸闸前	曹娥江	浙江省	绍兴市	一级	钱塘江	入河口	评价、考核、排名、入海控制
35	长诏水库出口	新昌江	浙江省	绍兴市	二级	曹娥江		评价、考核、排名
36	葛山头	平水江	浙江省	绍兴市	河网	萧绍河网		评价、考核、排名
37	王家泾	浙东运河	浙江省	绍兴市	一级	姚江		评价、考核、排名
38	溪口	剡江	浙江省	宁波市	独流入海	奉化江		评价、考核、排名
39	游山	甬江	浙江省	宁波市	独流入海	东海	入海口	评价、考核、排名、入海控制
40	长汀	县江	浙江省	宁波市	一级	奉化江		评价、考核、排名
41	梁桥	鄞江	浙江省	宁波市	一级	奉化江		评价、考核、排名
42	浦口闸	姚江	浙江省	宁波市	一级	甬江		评价、考核、排名
43	清林渡	姚江	浙江省	宁波市	一级	甬江		评价、考核、排名
44	大嵩	大嵩江	浙江省	宁波市	独流入海	象山港海域		评价、考核、排名
45	临城	临城河	浙江省	舟山市	独流入海	东海		评价、考核、排名
46	浮礁渡	大塘港	浙江省	宁波市	独流入海	三门湾海域		评价、考核、排名
47	水车	白溪	浙江省	宁波市	独流入海	三门湾海域		评价、考核、排名

序号	断面名称	所在河流	省份	所在地区	所在河流级别	汇入河流（湖库、海洋）	断面属性	断面功能
48	善岙蒋	海游溪	浙江省	台州市	独流入海	东海	入海口	评价、考核、排名
49	茶溪	永安溪	浙江省	台州市	独流入海	灵江		评价、考核、排名
50	柏枝岙	永安溪	浙江省	台州市	独流入海	灵江		评价、考核、排名
51	老鼠屿	椒江	浙江省	台州市	独流入海	东海	入海口	评价、考核、排名、入海控制
52	沙段	始丰溪	浙江省	台州市	一级	灵江		评价、考核、排名
53	江口	永宁江	浙江省	台州市	一级	椒江	入河口	评价、考核、排名
54	金清新闸	金清港	浙江省	台州市	独流入海	东海	入海口	评价、考核、排名、入海控制
55	温峤	江厦大港	浙江省	台州市	独流入海	东海	入海口	评价、考核、排名
56	大荆	大荆溪	浙江省	温州市	独流入海	东海	入海口	评价、考核、排名
57	蒲岐	虹桥塘河	浙江省	温州市	独流入海	东海	入海口	评价、考核、排名
58	临江	龙泉溪	浙江省	丽水市	独流入海	大溪		评价、考核、排名
59	均溪	龙泉溪	浙江省	丽水市	独流入海	大溪	县界（云和县—莲都区）	评价、考核、排名
60	风化	大溪	浙江省	丽水市	独流入海	瓯江	县界（莲都区—青田县）	评价、考核、排名
61	石门洞	大溪	浙江省	丽水市	独流入海	瓯江		评价、考核、排名
62	小旦	瓯江	浙江省	温州市	独流入海	东海	市界（丽水市—温州市）	评价、考核、排名
63	龙湾	瓯江	浙江省	温州市	独流入海	东海	入海口	评价、考核、排名、入海控制

序号	断面名称	所在河流	省份	所在地区	所在河流级别	汇入河流（湖库、海洋）	断面属性	断面功能
64	松阳二中	松阴溪	浙江省	丽水市	一级	大溪		评价、考核、排名
65	堰后	松阴溪	浙江省	丽水市	一级	大溪	县界（松阳县—莲都区）、入河口	评价、考核、排名
66	水东桥下	好溪	浙江省	丽水市	一级	大溪	入河口	评价、考核、排名
67	沙湾上	小溪	浙江省	丽水市	一级	瓯江		评价、考核、排名
68	外舍	小溪	浙江省	丽水市	一级	瓯江		评价、考核、排名
69	沙头	楠溪江	浙江省	温州市	一级	瓯江		评价、考核、排名
70	清水埠	楠溪江	浙江省	温州市	一级	瓯江	县界（永嘉县—鹿城区）、入河口	评价、考核、排名
71	赵山渡	飞云江	浙江省	温州市	独流入海	东海	县界（文成县—瑞安市）	评价、考核、排名
72	第三农业站	飞云江	浙江省	温州市	独流入海	东海	入海口	评价、考核、排名、入海控制
73	江口渡	鳌江	浙江省	温州市	独流入海	东海	入海口	评价、考核、排名、入海控制
74	宁化肖家	九龙溪	福建省	三明市	干流	沙溪	县界（宁化县—清流县）	评价、考核、排名
75	永安安砂水库下游	九龙溪	福建省	三明市	干流	沙溪	县界（清流县—永安市）	评价、考核、排名
76	永安贡川桥	九龙溪	福建省	三明市	干流	沙溪	县界（永安市—三元区）	评价、考核、排名
77	斑竹溪渡口	沙溪	福建省	三明市	干流	闽江	县界（梅列区—沙县）	评价、考核、排名
78	水汾桥	沙溪	福建省	南平市	干流	闽江	市界（三明市—南平市）	评价、考核、排名
79	十里庵	闽江	福建省	南平市	干流	东海		评价、考核、排名

序号	断面名称	所在河流	省份	所在地区	所在河流级别	汇入河流（湖库、海洋）	断面属性	断面功能
80	古田黄田	闽江	福建省	宁德市	干流	东海	市界（南平市—宁德市）	评价、考核、排名
81	闽清雄江	闽江	福建省	福州市	干流	东海	市界（宁德市—福州市）	评价、考核、排名
82	闽侯竹岐	闽江	福建省	福州市	干流	东海	县界（闽侯县—仓山区）	评价、考核、排名
83	闽安	闽江	福建省	福州市	干流	东海	入海口	评价、考核、排名、入海控制
84	连江琯头	闽江	福建省	福州市	干流	东海	县界（马尾区—连江县）	评价、考核、排名
85	建宁袁庄	濉溪	福建省	三明市	一级	金溪	县界（建宁县—泰宁县）	评价、考核、排名
86	将乐万全	金溪	福建省	三明市	一级	富屯溪	县界（泰宁县—将乐县）	评价、考核、排名
87	将乐樟应	金溪	福建省	南平市	一级	富屯溪	市界（三明市—南平市）	评价、考核、排名
88	浪石	富屯溪	福建省	南平市	一级	闽江	县界（顺昌县—延平区）	评价、考核、排名
89	邵武晒口桥	富屯溪	福建省	南平市	二级	金溪-富屯溪		评价、考核、排名
90	建阳坪州大桥	南浦溪	福建省	南平市	一级	建溪	县界（浦城县—建阳区）	评价、考核、排名
91	建瓯七里街	建溪	福建省	南平市	一级	闽江		评价、考核、排名
92	武夷山兴田	崇阳溪	福建省	南平市	二级	建溪	县界（武夷山市—建阳区）	评价、考核、排名
93	建瓯蓬墩	崇阳溪	福建省	南平市	二级	建溪	县界（建阳区—建瓯市）	评价、考核、排名
94	松溪岩下	松源溪	福建省	南平市	二级	松溪	省界（浙—闽）	评价、考核、排名
95	政和西津	松溪	福建省	南平市	二级	建溪	县界（政和县—建瓯市）	评价、考核、排名

序号	断面名称	所在河流	省份	所在地区	所在河流级别	汇入河流（湖库、海洋）	断面属性	断面功能
96	大田高才	尤溪	福建省	三明市	一级	闽江	县界（大田县—尤溪县）	评价、考核、排名
97	尤溪拥口大桥	尤溪	福建省	三明市	一级	闽江	市界（三明市—南平市）	评价、考核、排名
98	永泰横龙	大樟溪	福建省	福州市	一级	闽江	市界（泉州市—福州市）	评价、考核、排名
99	闽侯大樟溪口	大樟溪	福建省	福州市	一级	闽江		评价、考核、排名
100	福安白塔	交溪	福建省	宁德市	独流入海	东海		评价、考核、排名
101	福安赛岐	交溪	福建省	宁德市	独流入海	东海	入海口	评价、考核、排名、入海控制
102	福安洪口	穆阳溪	福建省	宁德市	一级	交溪		评价、考核、排名
103	八都	霍童溪	福建省	宁德市	独流入海	东海	入海口	评价、考核、排名、入海控制
104	双口渡	敖江	福建省	宁德市	独流入海	东海	市界（宁德市—福州市）	评价、考核、排名
105	连江荷山渡口	敖江	福建省	福州市	独流入海	东海	入海口	评价、考核、排名、入海控制
106	福清海口桥	龙江	福建省	福州市	独流入海	东海	入海口	评价、考核、排名、入海控制
107	江口桥	萩芦溪	福建省	莆田市	独流入海	东海	入海口	评价、考核、排名、入海控制
108	园头桥	木兰溪	福建省	莆田市	独流入海	东海	县界（仙游县—城厢区）	评价、考核、排名
109	三江口	木兰溪	福建省	莆田市	独流入海	东海	入海口	评价、考核、排名、入海控制
110	安溪罗内桥	西溪	福建省	泉州市	独流入海	晋江	县界（安溪县—南安市）	评价、考核、排名
111	南安霞东桥	西溪	福建省	泉州市	独流入海	晋江		评价、考核、排名
112	鲟埔	晋江	福建省	泉州市	独流入海	东海	入海口	评价、考核、排名、入海控制

序号	断面名称	所在河流	省份	所在地区	所在河流级别	汇入河流（湖库、海洋）	断面属性	断面功能
113	永春东关桥	桃溪	福建省	泉州市	一级	东溪	县界（永春县—南安市）	评价、考核、排名
114	南安康美桥	东溪	福建省	泉州市	一级	晋江		评价、考核、排名
115	隘头潭	西溪	福建省	厦门市	独流入海	东海		评价、考核、排名
116	华安西陂	九龙江	福建省	漳州市	独流入海	东海	市界（龙岩市—漳州市）	评价、考核、排名
117	浦南水文站	九龙江	福建省	漳州市	独流入海	东海	县界（华安县—芗城区）	评价、考核、排名
118	雁石桥	雁石溪	福建省	龙岩市	一级	九龙江		评价、考核、排名
119	长泰洛宾	龙津溪	福建省	漳州市	一级	九龙江	县界（长泰县—芗城区）	评价、考核、排名
120	南靖靖城桥	西溪	福建省	漳州市	一级	九龙江	县界（南靖县—芗城区）	评价、考核、排名
121	上坂	西溪	福建省	漳州市	一级	九龙江	县界（龙文区—龙海市）	评价、考核、排名
122	南靖洪濑汤坑桥	花山溪	福建省	漳州市	二级	西溪	县界（平和县—南靖县）	评价、考核、排名
123	南溪浮宫桥	南溪	福建省	漳州市	一级	九龙江	入河口	评价、考核、排名
124	云霄高塘渡口	漳江	福建省	漳州市	独流入海	东海	入海口	评价、考核、排名、入海控制
125	诏安澳子头	东溪（诏安）	福建省	漳州市	独流入海	东海	入海口	评价、考核、排名、入海控制
126	龙潭	马金溪	浙江省	衢州市	干流	常山港		趋势科研
127	七堡	钱塘江	浙江省	杭州市	干流	东海	入海口	入海控制
128	马戍口	灵山港	浙江省	衢州市	一级	衢江	市界（丽水市—衢州市）	趋势科研
129	汪家桥	寿昌江	浙江省	杭州市	二级	新安江	入河口	趋势科研
130	河桥	昌化溪	浙江省	杭州市	一级	分水江		趋势科研
131	扶西桥	天目溪	浙江省	杭州市	二级	分水江		趋势科研

序号	断面名称	所在河流	省份	所在地区	所在河流级别	汇入河流（湖库、海洋）	断面属性	断面功能
132	窄溪上港	渌渚江	浙江省	杭州市	一级	富春江	入河口	趋势科研
133	大石堰坝	壶源江	浙江省	金华市	一级	富春江	市界（金华市—杭州市）	趋势科研
134	汤家村	壶源江	浙江省	绍兴市	一级	富春江	市界（绍兴市—杭州市）	趋势科研
135	新市	澄潭江	浙江省	绍兴市	一级	曹娥江		趋势科研
136	环城公路桥	长乐江	浙江省	绍兴市	二级	曹娥江	入河口	趋势科研
137	仝化大桥	黄泽江	浙江省	绍兴市	二级	曹娥江	入河口	趋势科研
138	金山村	萧绍河网	浙江省	杭州市	河网	曹娥江	市界（杭州市—绍兴市）	趋势科研
139	新三江闸内	荷湖江	浙江省	绍兴市	河网	曹娥江	入河口	趋势科研
140	三江口	甬江	浙江省	宁波市	独流入海	东海		趋势科研
141	四灶浦闸	四灶浦	浙江省	宁波市	独流入海	杭州湾海域	入海口	入海控制
142	马家桥	蟹浦大河	浙江省	宁波市	独流入海	杭州湾海域		趋势科研
143	山门	芦江	浙江省	宁波市	独流入海	东海		趋势科研
144	下张	朱溪	浙江省	台州市	独流入海	永安溪	入河口	趋势科研
145	金岭桥	义成港	浙江省	台州市	独流入海	灵江	入河口	趋势科研
146	宣平溪口	宣平溪	浙江省	丽水市	独流入海	大溪	入河口	趋势科研
147	溪下	小安溪	浙江省	金华市	独流入海	大溪	市界（金华市—丽水市）	趋势科研
148	上东岸（左库水库上）	好溪	浙江省	金华市	独流入海	大溪	市界（金华市—丽水市）	趋势科研
149	彭湖	小溪	浙江省	丽水市	独流入海	瓯江		趋势科研

序号	断面名称	所在河流	省份	所在地区	所在河流级别	汇入河流（湖库、海洋）	断面属性	断面功能
150	碧莲	小楠溪	浙江省	温州市	独流入海	楠溪江		趋势科研
151	百丈口	飞云江	浙江省	温州市	独流入海	东海		趋势科研
152	氡泉	会甲溪	浙江省	温州市	独流入海	东海	省界（浙—闽）	趋势科研
153	三叉口	甘宋溪	浙江省	温州市	独流入海	东海	省界（浙—闽）	趋势科研
154	连城罗王	罗口溪	福建省	龙岩市	一级	九龙溪	市界（龙岩市—三明市）	趋势科研
155	连城黄坊	连城溪	福建省	龙岩市	二级	罗口溪	市界（龙岩市—三明市）	趋势科研
156	永安山峰电站下游	文川溪	福建省	三明市	一级	九龙溪	市界（龙岩市—三明市）	趋势科研
157	顺昌富文	富屯溪	福建省	南平市	二级	金溪—富屯溪	县界（邵武市—顺昌县）	趋势科研
158	水东大桥	建溪	福建省	南平市	一级	闽江	入河口	趋势科研
159	建阳西门电站	麻阳溪	福建省	南平市	三级	崇阳溪	入河口	趋势科研
160	建瓯东溪口桥	松溪	福建省	南平市	二级	建溪		趋势科研
161	政上	七星溪	福建省	南平市	三级	松溪		趋势科研
162	古田宝湖	古田溪	福建省	宁德市	一级	闽江		趋势科研
163	闽清梅溪口	梅溪	福建省	福州市	一级	闽江	入河口	趋势科研
164	交溪	白石溪	浙江省	温州市	独流入海	东溪	省界（浙—闽）	趋势科研
165	寿宁武曲	西溪	福建省	宁德市	一级	交溪	县界（寿宁县—福安市）	趋势科研
166	捷步桥	万安溪	福建省	龙岩市	独流入海	九龙江		趋势科研
167	河口	九龙江	福建省	漳州市	独流入海	东海	入海口	入海控制
168	南靖牛崎头桥	龙山溪	福建省	漳州市	二级	西溪		趋势科研

西北诸河“十三五”国控监测断面设置情况

序号	断面名称	所在河流	省份	所在地区	所在河流级别	汇入河流（湖库、海洋）	断面属性	断面功能
1	冰沟	北大河	甘肃省	嘉峪关市	一级	鸳鸯池水库		评价、考核、排名
2	火车站	北大河（干渠）	甘肃省	嘉峪关市	一级	鸳鸯池水库	市界（嘉峪关市—酒泉市）	评价、考核、排名
3	城郊农场	北大河	甘肃省	酒泉市	一级	鸳鸯池水库	县界（肃州区—金塔县）	评价、考核、排名
4	黄藏寺	黑河	青海省	海北州	干流	居延海	省界（青—甘）	评价、考核、排名
5	莺落峡	黑河	甘肃省	张掖市	干流	居延海		评价、考核、排名
6	高崖水文站	黑河	甘肃省	张掖市	干流	居延海		评价、考核、排名
7	六坝桥	黑河	甘肃省	张掖市	干流	居延海	市界（张掖市—酒泉市）	评价、考核、排名
8	王家庄	额济纳河	内蒙古自治区	阿拉善盟	干流	索果诺尔湖（东居延海）	省界（甘—蒙）	评价、考核、排名
9	额济纳桥	额济纳河	内蒙古自治区	阿拉善盟	干流	索果诺尔湖（东居延海）		评价、考核、排名
10	锡林河	锡林河	内蒙古自治区	锡林浩特市	干流			评价、考核、排名
11	扎子沟	石羊河	甘肃省	武威市	干流		县界（武威县—民勤县）	评价、考核、排名
12	皇城水库	东大河	甘肃省	张掖市	一级	石羊河	市界（张掖市—金昌市）	评价、考核、排名
13	黄羊水库	黄羊河	甘肃省	武威市	一级	石羊河	库中心	评价、考核、排名
14	迎山坡	金川河	甘肃省	金昌市		金川峡水库	出、入湖河流	评价、考核、排名
15	西河坝桥	石油河	甘肃省	酒泉市	一级	疏勒河		评价、考核、排名
16	总场水闸	格尔木河	青海省	海西州	干流	达布逊湖		评价、考核、排名

序号	断面名称	所在河流	省份	所在地区	所在河流级别	汇入河流（湖库、海洋）	断面属性	断面功能
17	纳赤台	昆仑河	青海省	海西州	一级	格尔木河		评价、考核、排名
18	白云桥	格尔木西河	青海省	海西州	一级	达布逊湖		评价、考核、排名
19	小桥	格尔木东河	青海省	海西州	一级	达布逊湖		评价、考核、排名
20	布哈河入青海湖口	布哈河	青海省	海北州		青海湖	市界(海北州—海南州)、入湖口（青海湖）	评价、考核、排名
21	富蕴大桥	额尔齐斯河	新疆维吾尔自治区	阿勒泰地区	干流	北冰洋		评价、考核、排名
22	北屯大桥	额尔齐斯河	新疆维吾尔自治区	阿勒泰地区	干流	北冰洋		评价、考核、排名
23	布尔津水文站	额尔齐斯河	新疆维吾尔自治区	阿勒泰地区	干流	北冰洋		评价、考核、排名
24	额河南湾	额尔齐斯河	新疆维吾尔自治区	阿勒泰地区	干流	北冰洋	国界（中—哈）	评价、考核、排名
25	布尔津河大桥	布尔津河	新疆维吾尔自治区	阿勒泰地区	一级	额尔齐斯河	入河口	评价、考核、排名
26	白杨河水库出口	白杨河	新疆维吾尔自治区	克拉玛依市		艾里克湖		评价、考核、排名
27	顶山	乌伦古河	新疆维吾尔自治区	阿勒泰地区	干流	乌伦古湖	入湖口	评价、考核、排名
28	轮台	塔里木河	新疆维吾尔自治区	巴音郭楞蒙古自治州	干流	台特马湖		评价、考核、排名

序号	断面名称	所在河流	省份	所在地区	所在河流级别	汇入河流（湖库、海洋）	断面属性	断面功能
29	尉犁	塔里木河	新疆维吾尔自治区	巴音郭楞蒙古自治州	干流	台特马湖		评价、考核、排名
30	卡群	叶尔羌河	新疆维吾尔自治区	喀什地区		小海子水库		评价、考核、排名
31	阿瓦提镇	叶尔羌河	新疆维吾尔自治区	喀什地区		小海子水库		评价、考核、排名
32	依干其渡口	叶尔羌河	新疆维吾尔自治区	喀什地区		小海子水库		评价、考核、排名
33	萨依巴格	提孜那甫河	新疆维吾尔自治区	喀什地区	二级	叶尔羌河		评价、考核、排名
34	龙口	阿克苏河	新疆维吾尔自治区	阿克苏地区	一级	塔里木河		评价、考核、排名
35	塔里木拦河闸	阿克苏河	新疆维吾尔自治区	阿克苏地区	一级	塔里木河	入河口	评价、考核、排名
36	阿热力	托什干河	新疆维吾尔自治区	阿克苏地区	二级	阿克苏河		评价、考核、排名
37	三级电站	克孜河	新疆维吾尔自治区	喀什地区	二级	喀什噶尔河		评价、考核、排名
38	十二医院	克孜河	新疆维吾尔自治区	喀什地区	二级	喀什噶尔河		评价、考核、排名
39	喀河大桥	喀拉喀什河	新疆维吾尔自治区	和田地区	二级	和田河		评价、考核、排名

序号	断面名称	所在河流	省份	所在地区	所在河流级别	汇入河流（湖库、海洋）	断面属性	断面功能
40	玉河大桥	玉龙喀什河	新疆维吾尔自治区	和田地区	二级	和田河		评价、考核、排名
41	塔提让	车尔臣河	新疆维吾尔自治区	巴音郭楞蒙古自治州	干流	台特马湖		评价、考核、排名
42	霍城63团伊犁河大桥	伊犁河	新疆维吾尔自治区	伊犁哈萨克自治州	干流	巴尔喀什湖	国界（中—哈）	评价、考核、排名
43	英牙尔乡	伊犁河	新疆维吾尔自治区	伊犁哈萨克自治州	干流	巴尔喀什湖		评价、考核、排名
44	雅马渡大桥	伊犁河	新疆维吾尔自治区	伊犁哈萨克自治州	干流	巴尔喀什湖		评价、考核、排名
45	羊场大桥	巩乃斯河	新疆维吾尔自治区	伊犁哈萨克自治州	一级	伊犁河	入河口	评价、考核、排名
46	科布大桥	特克斯河	新疆维吾尔自治区	伊犁哈萨克自治州	一级	伊犁河		评价、考核、排名
47	龙口大桥	特克斯河	新疆维吾尔自治区	伊犁哈萨克自治州	一级	伊犁河		评价、考核、排名
48	喀什河大桥	喀什河	新疆维吾尔自治区	伊犁哈萨克自治州	一级	伊犁河	入河口	评价、考核、排名
49	巴士拜大桥	额敏河	新疆维吾尔自治区	塔城地区	干流	阿拉湖	国界（中—哈）	评价、考核、排名
50	河东乡大桥	白杨河	新疆维吾尔自治区	吐鲁番市	一级	阿拉沟河		评价、考核、排名

序号	断面名称	所在河流	省份	所在地区	所在河流级别	汇入河流（湖库、海洋）	断面属性	断面功能
51	哈尔莫墩	开都河	新疆维吾尔自治区	巴音郭楞蒙古自治州	入湖河流	博斯腾湖		评价、考核、排名
52	汇合口	孔雀河	新疆维吾尔自治区	巴音郭楞蒙古自治州	出湖河流	博斯腾湖		评价、考核、排名
53	兰干	孔雀河	新疆维吾尔自治区	巴音郭楞蒙古自治州	出湖河流	博斯腾湖		评价、考核、排名
54	老龙口	奎屯河	新疆维吾尔自治区	伊犁哈萨克自治州	入湖河流	艾比湖		评价、考核、排名
55	黄沟二库	奎屯河	新疆维吾尔自治区	伊犁哈萨克自治州	入湖河流	艾比湖	入湖口	评价、考核、排名
56	青年渠	乌鲁木齐河	新疆维吾尔自治区	乌鲁木齐市		乌拉泊水库		评价、考核、排名
57	英雄桥	乌鲁木齐河	新疆维吾尔自治区	乌鲁木齐市		乌拉泊水库		评价、考核、排名
58	跃进桥	乌鲁木齐河	新疆维吾尔自治区	乌鲁木齐市		乌拉泊水库		评价、考核、排名
59	七纺桥	水磨河	新疆维吾尔自治区	乌鲁木齐市	干流			评价、考核、排名
60	北大桥	伊吾河	新疆维吾尔自治区	哈密地区	干流			评价、考核、排名
61	三屯河首	三屯河	新疆维吾尔自治区	昌吉回族自治州	干流			评价、考核、排名

序号	断面名称	所在河流	省份	所在地区	所在河流级别	汇入河流（湖库、海洋）	断面属性	断面功能
62	老奇台	开垦河	新疆维吾尔自治区	昌吉回族自治州	干流			评价、考核、排名
63	北大河桥	北大河	甘肃省	酒泉市	一级	鸳鸯池水库		趋势科研
64	山丹河桥	山丹河	甘肃省	张掖市	一级	黑河		趋势科研
65	卡库汇合口	额尔齐斯河	新疆维吾尔自治区	阿勒泰地区	干流	北冰洋		趋势科研
66	大桥水文站	喀拉额尔齐斯河	新疆维吾尔自治区	阿勒泰地区	一级	额尔齐斯河		趋势科研
67	水文站	克兰河	新疆维吾尔自治区	阿勒泰地区	一级	额尔齐斯河		趋势科研
68	哈拉他什水文站	哈巴河	新疆维吾尔自治区	阿勒泰地区	一级	额尔齐斯河	国界（哈—中）	趋势科研
69	别列则克桥	别列则克河	新疆维吾尔自治区	阿勒泰地区	一级	额尔齐斯河	国界（哈—中）	趋势科研
70	塔克什肯	布尔根河	新疆维吾尔自治区	阿勒泰地区	一级	乌伦古河	国界（蒙—中）	趋势科研
71	阿拉尔	塔里木河	新疆维吾尔自治区	阿拉尔市	干流	台特马湖		趋势科研
72	十四团	塔里木河	新疆维吾尔自治区	阿克苏地区	干流	台特马湖		趋势科研
73	沙雅	塔里木河	新疆维吾尔自治区	阿克苏地区	干流	台特马湖		趋势科研

序号	断面名称	所在河流	省份	所在地区	所在河流级别	汇入河流（湖库、海洋）	断面属性	断面功能
74	协合拉	昆玛克河	新疆维吾尔自治区	阿克苏地区	二级	阿克苏河	国界（吉—中）	趋势科研
75	哈拉布拉克	托什干河	新疆维吾尔自治区	克孜勒苏柯尔克孜自治州	二级	阿克苏河	国界（吉—中）	趋势科研
76	沙里桂兰克	托什干河	新疆维吾尔自治区	克孜勒苏柯尔克孜自治州	二级	阿克苏河		趋势科研
77	台兰河闸口	台兰河	新疆维吾尔自治区	阿克苏地区	一级	塔里木河		趋势科研
78	千佛洞站	渭干河	新疆维吾尔自治区	阿克苏地区	一级	塔里木河		趋势科研
79	托克逊站	木扎特河	新疆维吾尔自治区	阿克苏地区	二级	渭干河		趋势科研
80	黑孜站	黑孜河	新疆维吾尔自治区	阿克苏地区	二级	渭干河		趋势科研
81	库车城外	库车河	新疆维吾尔自治区	阿克苏地区	一级	塔里木河		趋势科研
82	轮台县大桥	迪那河	新疆维吾尔自治区	巴音郭楞蒙古自治州	一级	塔里木河		趋势科研
83	木华里闸口	库山河	新疆维吾尔自治区	喀什地区	二级	喀什噶尔河		趋势科研

序号	断面名称	所在河流	省份	所在地区	所在河流级别	汇入河流（湖库、海洋）	断面属性	断面功能
84	盖孜	盖孜河	新疆维吾尔自治区	克孜勒苏柯尔克孜自治州	二级	喀什噶尔河		趋势科研
85	三道桥	盖孜河	新疆维吾尔自治区	喀什地区	二级	喀什噶尔河		趋势科研
86	斯木哈纳	克孜河	新疆维吾尔自治区	克孜勒苏柯尔克孜自治州	二级	喀什噶尔河	国界（吉—中）	趋势科研
87	玉河渠首	玉龙喀什河	新疆维吾尔自治区	和田地区	二级	和田河		趋势科研
88	通古斯拉克	玉龙喀什河	新疆维吾尔自治区	和田地区	二级	和田河		趋势科研
89	昭苏解放桥	特克斯河	新疆维吾尔自治区	伊犁哈萨克自治州	一级	伊犁河	国界（哈—中）	趋势科研
90	种蜂场	喀什河	新疆维吾尔自治区	伊犁哈萨克自治州	一级	伊犁河		趋势科研
91	中哈会晤处	霍尔果斯河	新疆维吾尔自治区	伊犁哈萨克自治州	一级	伊犁河	国界（中、哈界河）	趋势科研
92	63 团边防连	霍尔果斯河	新疆维吾尔自治区	伊犁哈萨克自治州	一级	伊犁河	国界（中、哈界河）	趋势科研
93	塔斯提桥	塔斯提河	新疆维吾尔自治区	塔城地区	干流	阿拉湖	国界（中—哈）	趋势科研

序号	断面名称	所在河流	省份	所在地区	所在河流级别	汇入河流（湖库、海洋）	断面属性	断面功能
94	安集海水库入口	八音沟河	新疆维吾尔自治区	塔城地区	干流			趋势科研
95	柯柯亚村	柯柯亚河	新疆维吾尔自治区	吐鲁番市	干流			趋势科研
96	水电站	白杨河	新疆维吾尔自治区	吐鲁番市	一级	阿拉沟河		趋势科研
97	水文站	黄水沟	新疆维吾尔自治区	巴音郭楞蒙古自治州	入湖河流	博斯腾湖		趋势科研
98	焉耆	开都河	新疆维吾尔自治区	巴音郭楞蒙古自治州	入湖河流	博斯腾湖		趋势科研
99	博湖	开都河	新疆维吾尔自治区	巴音郭楞蒙古自治州	入湖河流	博斯腾湖	入湖口	趋势科研
100	奎屯河大桥	奎屯河	新疆维吾尔自治区	伊犁哈萨克自治州	入湖河流	艾比湖		趋势科研
101	82团铁路桥	精河	新疆维吾尔自治区	博尔塔拉蒙古自治州	入湖河流	艾比湖		趋势科研
102	温泉水文站	博尔塔拉河	新疆维吾尔自治区	博尔塔拉蒙古自治州	入湖河流	艾比湖		趋势科研
103	青乡电站	博尔塔拉河	新疆维吾尔自治区	博尔塔拉蒙古自治州	入湖河流	艾比湖		趋势科研

序号	断面名称	所在河流	省份	所在地区	所在河流级别	汇入河流（湖库、海洋）	断面属性	断面功能
104	红山咀（肯斯瓦特）	玛纳斯河	新疆维吾尔自治区	石河子市	干流	玛纳斯湖		趋势科研
105	玛纳斯电厂	玛纳斯河	新疆维吾尔自治区	石河子市	干流	玛纳斯湖		趋势科研
106	玛依托别	金沟河	新疆维吾尔自治区	塔城地区	一级	玛纳斯河		趋势科研
107	马家庄	塔西河	新疆维吾尔自治区	昌吉回族自治州	干流			趋势科研
108	棉纺厂	呼图壁河	新疆维吾尔自治区	昌吉回族自治州	干流			趋势科研
109	三屯河尾	三屯河	新疆维吾尔自治区	昌吉回族自治州	干流			趋势科研
110	化工厂	头屯河	新疆维吾尔自治区	昌吉回族自治州	干流			趋势科研
111	三坪镇	风克干渠	新疆维吾尔自治区	克拉玛依市	干流			趋势科研
112	英巴格桥	克里雅河	新疆维吾尔自治区	和田地区	干流			趋势科研
113	胜利干渠	皮山河	新疆维吾尔自治区	和田地区	干流			趋势科研

西南诸河“十三五”国控监测断面设置情况

序号	断面名称	所在河流	省份	所在地区	所在河流级别	汇入河流（湖库、海洋）	断面属性	断面功能
1	边雄	雅鲁藏布江	西藏自治区	日喀则市	干流	印度洋	县界（谢通门县—仁布县）	评价、考核、排名
2	色麦	雅鲁藏布江	西藏自治区	拉萨市	干流	印度洋		评价、考核、排名
3	冻萨	雅鲁藏布江	西藏自治区	山南地区	干流	印度洋	国界（中—印）	评价、考核、排名
4	朗县仲达	雅鲁藏布江	西藏自治区	林芝市	干流	印度洋	国界（中—印）	评价、考核、排名
5	米瑞	雅鲁藏布江	西藏自治区	林芝市	干流	印度洋	国界（中—印）	评价、考核、排名
6	背崩乡新解放大桥	雅鲁藏布江	西藏自治区	林芝市	干流	印度洋	国界（中—印）	评价、考核、排名
7	年楚河汇入雅鲁藏布江前500 m	年楚河	西藏自治区	日喀则市	一级	雅鲁藏布江	县界（白朗县—桑珠孜区）	评价、考核、排名
8	达孜	拉萨河	西藏自治区	拉萨市	一级	雅鲁藏布江		评价、考核、排名
9	才纳	拉萨河	西藏自治区	拉萨市	一级	雅鲁藏布江		评价、考核、排名
10	噶尔县狮泉河上游500 m（噶尔）	狮泉河	西藏自治区	阿里地区	干流	印度洋	国界（中—印）	评价、考核、排名
11	托林（札达县象泉河上游500 m）	象泉河	西藏自治区	阿里地区	一级	萨特莱杰河	国界（中—印）	评价、考核、排名
12	定结（朋曲河）	朋曲	西藏自治区	日喀则市	干流	恒河	国界（中—尼）	评价、考核、排名
13	洛隆县怒江嘉玉桥	怒江	西藏自治区	昌都市	干流	怒江		评价、考核、排名
14	八宿县怒江桥	怒江	西藏自治区	昌都市	干流	安达曼海	省界（藏—滇）	评价、考核、排名

序号	断面名称	所在河流	省份	所在地区	所在河流级别	汇入河流（湖库、海洋）	断面属性	断面功能
15	拉甲木底桥	怒江	云南省	怒江州	干流	安达曼海		评价、考核、排名
16	丙舍桥	怒江	云南省	怒江州	干流	安达曼海		评价、考核、排名
17	红旗桥	怒江	云南省	保山市	干流	安达曼海	国界（中—缅）	评价、考核、排名
18	那曲县那曲河下游 1 km	那曲河	西藏自治区	那曲地区	一级	怒江		评价、考核、排名
19	湾甸	枯柯河	云南省	保山市	一级	怒江		评价、考核、排名
20	孟定大桥	南汀河	云南省	临沧市	一级	怒江		评价、考核、排名
21	孟拉桥	南马河	云南省	普洱市	二级	南卡江		评价、考核、排名
22	澜沧江卡若	澜沧江	西藏自治区	昌都市	干流	南海	县界（卡若区—察雅县）	评价、考核、排名
23	芒康县曲孜卡	澜沧江	西藏自治区	昌都市	干流	南海	省界（藏—滇）	评价、考核、排名
24	中路村	澜沧江	云南省	迪庆州	干流	南海		评价、考核、排名
25	永保桥	澜沧江	云南省	保山市	干流	南海		评价、考核、排名
26	嘎旧	澜沧江	云南省	临沧市	干流	南海		评价、考核、排名
27	景临桥	澜沧江	云南省	临沧市	干流	南海		评价、考核、排名
28	思茅港	澜沧江	云南省	普洱市	干流	南海		评价、考核、排名
29	关累码头	澜沧江	云南省	西双版纳州	干流	南海	国界（中—缅）	评价、考核、排名
30	交汇口	沘江	云南省	大理州	一级	澜沧江		评价、考核、排名
31	徐村桥	黑惠江	云南省	大理州	一级	澜沧江		评价、考核、排名

序号	断面名称	所在河流	省份	所在地区	所在河流级别	汇入河流（湖库、海洋）	断面属性	断面功能
32	江尾	弥苴河	云南省	大理州	二级	黑惠江		评价、考核、排名
33	四级坝	西洱河	云南省	大理州	二级	黑惠江		评价、考核、排名
34	黑箐	罗闸河	云南省	临沧市	一级	澜沧江		评价、考核、排名
35	小黑江检查站	小黑江	云南省	临沧市	一级	澜沧江		评价、考核、排名
36	储木场	威远江	云南省	普洱市	一级	澜沧江		评价、考核、排名
37	莲花乡	思茅河	云南省	普洱市	三级	普洱大河		评价、考核、排名
38	风情园大桥	流沙河	云南省	西双版纳州	一级	澜沧江		评价、考核、排名
39	勐仑大桥	补远江	云南省	西双版纳州	一级	澜沧江		评价、考核、排名
40	勐捧岔河	南腊河	云南省	西双版纳州	一级	澜沧江		评价、考核、排名
41	打洛江大桥	南览河	云南省	西双版纳州	二级	南垒河	国界（中—缅）	评价、考核、排名
42	芒东桥	南朗河	云南省	普洱市	二级	南垒河		评价、考核、排名
43	坝洪村	元江	云南省	玉溪市	干流	北部湾		评价、考核、排名
44	蔓耗桥	红河	云南省	红河州	干流	北部湾		评价、考核、排名
45	龙脖渡口	红河	云南省	红河州	干流	北部湾		评价、考核、排名
46	河口县医院	红河	云南省	红河州	干流	北部湾	国界（中—越）	评价、考核、排名
47	龙树桥	礼社江	云南省	大理州	一级	元江		评价、考核、排名

序号	断面名称	所在河流	省份	所在地区	所在河流级别	汇入河流（湖库、海洋）	断面属性	断面功能
48	礼社江口	礼社江	云南省	楚雄州	一级	元江		评价、考核、排名
49	绿汁江大桥	绿汁江	云南省	玉溪市	一级	红河	市界（楚雄州—玉溪市）	评价、考核、排名
50	绿汁江口	绿汁江	云南省	楚雄州	一级	红河		评价、考核、排名
51	水文站	星宿江	云南省	楚雄州	二级	绿汁江		评价、考核、排名
52	小河底河	小河底河	云南省	红河州	一级	红河		评价、考核、排名
53	蚂蟥堡桥	南溪河	云南省	红河州	一级	红河		评价、考核、排名
54	中越桥	南溪河	云南省	红河州	一级	红河	国界（中—越）	评价、考核、排名
55	那发出境	藤条江	云南省	红河州	一级	红河	国界（中—越）	评价、考核、排名
56	土卡河水文站	李仙江	云南省	普洱市	一级	红河		评价、考核、排名
57	天保农场	盘龙河	云南省	文山州	一级	红河	国界（中、越）	评价、考核、排名
58	南利大桥	南利河	云南省	文山州	二级	盘龙河	国界（中—越）	评价、考核、排名
59	汇流电站	大盈江	云南省	德宏州	一级	伊洛瓦底江	国界（中—缅）	评价、考核、排名
60	姐告大桥	瑞丽江	云南省	德宏州	一级	伊洛瓦底江	国界（中—缅）	评价、考核、排名
61	龙江桥	龙川江	云南省	保山市	二级	瑞丽江		评价、考核、排名
62	风平	芒市大河	云南省	德宏州	二级	瑞丽江		评价、考核、排名
63	迭撒大桥	南畹河	云南省	德宏州	二级	瑞丽江	国界（中—缅）	评价、考核、排名

序号	断面名称	所在河流	省份	所在地区	所在河流级别	汇入河流（湖库、海洋）	断面属性	断面功能
64	萨嘎县雅鲁藏布江下游1 km	雅鲁藏布江	西藏自治区	日喀则市	干流	印度洋		趋势科研
65	桑日县雅鲁藏布江下游距比巴河与雅鲁藏布江汇口上游1 km	雅鲁藏布江	西藏自治区	山南地区	干流	印度洋	县界（桑日县—加查县）	趋势科研
66	墨竹工卡县拉萨河下游1 km	拉萨河	西藏自治区	拉萨市	一级	雅鲁藏布江	县界（林周县—达孜县）	趋势科研
67	东嘎	堆龙河	西藏自治区	拉萨市	二级	拉萨河		趋势科研
68	林芝县尼洋河下游1 km	尼洋河	西藏自治区	林芝市	一级	雅鲁藏布江	县界（工布江达县—米林县）	趋势科研
69	波密县帕隆藏布上游500 m	帕隆藏布	西藏自治区	林芝市	一级	雅鲁藏布江	市界（昌都市—林芝市）	趋势科研
70	波密县帕隆藏布下游1 km	帕隆藏布	西藏自治区	林芝市	一级	雅鲁藏布江	县界（波密县—林芝县）	趋势科研
71	洛扎雄曲下游1 km（扎麦村立琼桥）	洛扎雄曲	西藏自治区	山南地区	一级	布拉马普特拉河	国界（中国—不丹）	趋势科研
72	察隅县察隅河（桑昂曲宗）上游旺达桥	察隅河	西藏自治区	林芝市	一级	布拉马普特拉河	国界（中—印）	趋势科研
73	察隅县察隅河（桑昂曲宗）下游1 km（龙岗吊桥）	察隅河	西藏自治区	林芝市	一级	布拉马普特拉河	国界（中—印）	趋势科研
74	亚东县亚东河下游1 km	亚东河	西藏自治区	日喀则市	一级	布拉马普特拉河	国界（中国—不丹）	趋势科研
75	浪坡河	浪坡河	西藏自治区	山南地区	干流	印度洋	国界（中—印）	趋势科研
76	革吉县狮泉河下游1 km	狮泉河	西藏自治区	阿里地区	干流	印度洋	国界（中—印）	趋势科研

序号	断面名称	所在河流	省份	所在地区	所在河流级别	汇入河流（湖库、海洋）	断面属性	断面功能
77	定结县叶如藏布县城下游1 km	叶如藏布	西藏自治区	日喀则市	一级	朋曲		趋势科研
78	普兰县孔雀河下游1 km	孔雀河	西藏自治区	阿里地区	二级	格尔钠利河	国界（中—尼）	趋势科研
79	吉隆县吉隆藏布下游1 km	吉隆藏布	西藏自治区	日喀则市	二级	根德格河	国界（中—尼）	趋势科研
80	聂拉木县波曲河下游1 km	波曲河	西藏自治区	日喀则市	二级	戈西河	国界（中—尼）	趋势科研
81	比如县怒江下游1 km	怒江	西藏自治区	那曲地区	干流	安达曼海		趋势科研
82	昌都县（卡若区）扎曲河如意	扎曲河	西藏自治区	昌都市	一级	澜沧江	省界（青—藏）	趋势科研
83	昌都县（卡若区）昂曲河俄洛	昂曲河	西藏自治区	昌都市	一级	澜沧江	县界（类乌齐县—卡若区）	趋势科研
84	州水文站	澜沧江	云南省	西双版纳州	干流	南海		趋势科研
85	勐罕渡口	澜沧江	云南省	西双版纳州	干流	南海		趋势科研
86	金鸡桥	沘江	云南省	怒江州	一级	澜沧江	市界（怒江州—大理州）	趋势科研
87	普文水文站	普文河	云南省	西双版纳州	二级	补远江	州、市界（普洱市—西双版纳州）	趋势科研
88	东风三分场大桥	南阿河	云南省	西双版纳州	一级	澜沧江	国界（中—缅）	趋势科研
89	红星桥	南垒河	云南省	普洱市	一级	澜沧江	国界（中—缅）	趋势科研
90	八布桥	八布河	云南省	文山州	二级	盘龙河	国界（中—越）	趋势科研
91	嘎中大桥	瑞丽江	云南省	德宏州	一级	伊洛瓦底江		趋势科研
92	三一电站	响水河	云南省	文山州	三级	斋河	国界（中—越）	趋势科研

太湖流域湖体“十三五”国控监测点位设置情况

序号	点位名称	所属湖区	省份	所在地区	点位属性	点位功能
1	五里湖心	太湖北部沿岸区	江苏省	无锡市	湖体	评价、考核、排名
2	梅梁湖心	太湖北部沿岸区	江苏省	无锡市	湖体	评价、考核、排名
3	拖山	太湖北部沿岸区	江苏省	无锡市	湖体	评价、考核、排名
4	锡东水厂	太湖北部沿岸区	江苏省	无锡市	湖体	评价、考核、排名
5	沙渚南	太湖北部沿岸区	江苏省	无锡市	湖体	评价、考核、排名
6	竺山湖心	太湖西部沿岸区	江苏省	常州市	湖体	评价、考核、排名
7	大浦口	太湖西部沿岸区	江苏省	无锡市	湖体	评价、考核、排名
8	兰山嘴	太湖西部沿岸区	江苏省	苏州市	湖体	评价、考核、排名
9	漫山	太湖东部沿岸区	江苏省	苏州市	湖体	评价、考核、排名
10	胥湖心	太湖东部沿岸区	江苏省	苏州市	湖体	评价、考核、排名
11	泽山	太湖东部沿岸区	江苏省	苏州市	湖体	评价、考核、排名
12	椒山	太湖湖心区	江苏省	常州市	湖体	评价、考核、排名
13	乌龟山南	太湖湖心区	江苏省	无锡市	湖体	评价、考核、排名
14	平台山	太湖湖心区	江苏省	苏州市	湖体	评价、考核、排名
15	大雷山	太湖湖心区	江苏省	苏州市	湖体	评价、考核、排名
16	西山西	太湖湖心区	江苏省	苏州市	湖体	评价、考核、排名
17	十四号灯标	太湖湖心区	江苏省	苏州市	湖体	评价、考核、排名
18	新塘港	太湖南部沿岸区	江苏省	苏州市	湖体	趋势科研
19	小梅口	太湖南部沿岸区	江苏省	苏州市	湖体	趋势科研
20	漾西港	太湖南部沿岸区	江苏省	苏州市	湖体	趋势科研

太湖流域环湖河流“十三五”国控监测断面设置情况

序号	断面名称	所在河流	省份	所在地区	所在河流级别	汇入河流（湖库、海洋）	断面属性	断面功能
1	大浦港桥	大浦港	江苏省	无锡市	入湖河流	太湖		评价、考核、排名
2	殷村港桥	殷村港	江苏省	无锡市	入湖河流	太湖		评价、考核、排名
3	百渎港桥	百渎港	江苏省	无锡市	入湖河流	太湖		评价、考核、排名
4	姚巷桥	武进港	江苏省	常州市	入湖河流	太湖		评价、考核、排名
5	蠡桥	梁溪河	江苏省	无锡市	入湖河流	太湖	县界（滨湖区—南长区）	评价、考核、排名
6	潘家坝	南溪河	江苏省	无锡市	入湖河流	太湖	市界（常州市—无锡市）	评价、考核、排名
7	大港桥	大港河	江苏省	无锡市	入湖河流	太湖		评价、考核、排名
8	江边闸	望虞河	江苏省	苏州市	出、入湖河流	太湖		评价、考核、排名
9	312国道桥	望虞河	江苏省	苏州市	出、入湖河流	太湖	市界（无锡市、苏州市）	评价、考核、排名
10	汤溇	汤溇	浙江省	湖州市	入湖河流	太湖		评价、考核、排名
11	汪家埠	东苕溪	浙江省	杭州市	入湖河流	太湖	县界（临安市—余杭区）	评价、考核、排名
12	奉口	东苕溪	浙江省	杭州市	入湖河流	太湖	市界（杭州市—湖州市）	评价、考核、排名
13	城南翻水站	东苕溪	浙江省	湖州市	入湖河流	太湖		评价、考核、排名
14	城西大桥	东苕溪	浙江省	湖州市	入湖河流	太湖		评价、考核、排名

序号	断面名称	所在河流	省份	所在地区	所在河流级别	汇入河流（湖库、海洋）	断面属性	断面功能
15	大钱	东苕溪	浙江省	湖州市	入湖河流	太湖		评价、考核、排名
16	塘浦	西苕溪	浙江省	湖州市	入湖河流	太湖		评价、考核、排名
17	荆湾	西苕溪	浙江省	湖州市	入湖河流	太湖	县界（安吉县—长兴县）	评价、考核、排名
18	铁路桥	西苕溪	浙江省	湖州市	入湖河流	太湖		评价、考核、排名
19	小梅口	西苕溪	浙江省	湖州市	入湖河流	太湖		评价、考核、排名
20	新港口	西苕溪	浙江省	湖州市	入湖河流	太湖		评价、考核、排名
21	杨家浦	杨家浦港	浙江省	湖州市	入湖河流	太湖		评价、考核、排名
22	合溪	泗安溪	浙江省	湖州市	出、入湖河流	太湖		评价、考核、排名
23	新塘	泗安溪	浙江省	湖州市	出、入湖河流	太湖		评价、考核、排名
24	航管站	胥江	江苏省	苏州市	出湖河流	太湖		评价、考核、排名
25	越溪桥	苏东河	江苏省	苏州市	出湖河流	太湖		评价、考核、排名
26	辛丰镇	京杭运河	江苏省	镇江市	干流			评价、考核、排名
27	吕城	京杭运河	江苏省	镇江市	干流		市界（镇江市—常州市）	评价、考核、排名
28	五牧	京杭运河	江苏省	无锡市	干流		市界（常州市—无锡市）	评价、考核、排名
29	望亭上游	京杭运河	江苏省	苏州市	干流		市界（无锡市—苏州市）	评价、考核、排名

序号	断面名称	所在河流	省份	所在地区	所在河流级别	汇入河流（湖库、海洋）	断面属性	断面功能
30	王江泾	京杭运河	浙江省	嘉兴市	干流		省界（苏—浙）	评价、考核、排名
31	五杭运河大桥	京杭运河	浙江省	杭州市	干流			评价、考核、排名
32	顾家桥	京杭运河	浙江省	杭州市	干流			评价、考核、排名
33	赵屯	吴淞江	江苏省	苏州市	环湖河流		省界（苏—沪）	评价、考核、排名
34	朱库港口	朱库港	江苏省	苏州市	环湖河流		省界（苏—沪）	评价、考核、排名
35	千灯浦口	千灯浦	江苏省	苏州市	环湖河流		省界（苏—沪）	评价、考核、排名
36	浏河闸	浏河	江苏省	苏州市	环湖河流			评价、考核、排名
37	金潼桥	白屈港	江苏省	无锡市	环湖河流			评价、考核、排名
38	南浔	頔塘	浙江省	湖州市	环湖河流		省界（浙—苏）	评价、考核、排名
39	乌镇北	澜溪塘	浙江省	嘉兴市	环湖河流		省界（浙—苏）	评价、考核、排名
40	红旗塘大坝	红旗塘	浙江省	嘉兴市	环湖河流		省界（浙—沪）	评价、考核、排名
41	青阳汇	上海塘	浙江省	嘉兴市	环湖河流		省界（浙—沪）	评价、考核、排名
42	小新村	广陈塘	浙江省	嘉兴市	环湖河流		省界（浙—沪）	评价、考核、排名
43	枫南大桥	枫泾塘	浙江省	嘉兴市	环湖河流		省界（浙—沪）	评价、考核、排名
44	善人桥	木光河	江苏省	苏州市	环湖河流			评价、考核、排名

序号	断面名称	所在河流	省份	所在地区	所在河流级别	汇入河流（湖库、海洋）	断面属性	断面功能
45	落蓬湾	胥河	江苏省	常州市	环湖河流		市界（南京市—常州市）	评价、考核、排名
46	黄埝桥	丹金溧漕河	江苏省	常州市	环湖河流		市界（镇江市—常州市）	评价、考核、排名
47	林家闸	九曲河	江苏省	镇江市	环湖河流			评价、考核、排名
48	东潘桥	德胜河	江苏省	常州市	环湖河流			评价、考核、排名
49	钓郗大桥	新兴塘河—九里河	江苏省	无锡市	环湖河流			评价、考核、排名
50	长济桥	新夏港河	江苏省	无锡市	环湖河流			评价、考核、排名
51	池家浜水文站	俞汇塘	浙江省	嘉兴市	环湖河流		省界（浙—沪）	评价、考核、排名
52	湘家荡	湘家荡	浙江省	嘉兴市	环湖河流			评价、考核、排名
53	殷桥	梅溧河	安徽省	宣城市	环湖河流		省界（皖—苏）	评价、考核、排名
54	长山闸一号桥	长山河	浙江省	嘉兴市	河网		入海口	评价、考核、排名、入海控制
55	尤角村	海盐塘	浙江省	嘉兴市	河网			评价、考核、排名
56	乌溪港桥	乌溪港	江苏省	无锡市	入湖河流	太湖		趋势科研
57	陈东桥	陈东港	江苏省	无锡市	入湖河流	太湖		趋势科研
58	洪巷桥	洪巷港	江苏省	无锡市	入湖河流	太湖		趋势科研
59	黄埝桥	太滆运河	江苏省	常州市	入湖河流	太湖		趋势科研
60	虎山桥	浒光河	江苏省	苏州市	入湖河流	太湖		趋势科研
61	太浦闸	太浦河	江苏省	苏州市	出湖河流	太湖		趋势科研

序号	断面名称	所在河流	省份	所在地区	所在河流级别	汇入河流（湖库、海洋）	断面属性	断面功能
62	谏壁桥	京杭大运河	江苏省	镇江市	干流			趋势科研
63	连江桥	京杭大运河	江苏省	常州市	干流			趋势科研
64	钟溪大桥	武宜运河	江苏省	无锡市	环湖河流		市界（常州市—无锡市）	趋势科研
65	杨巷桥	北溪河	江苏省	无锡市	环湖河流		市界（常州市—无锡市）	趋势科研
66	庙桥	锡北河	江苏省	苏州市	环湖河流		市界（无锡市—苏州市）	趋势科研
67	洛东大桥	新塍塘	浙江省	嘉兴市	环湖河流		省界（浙—苏）	趋势科研
68	民主水文站	芦墟塘	浙江省	嘉兴市	环湖河流		省界（苏—浙）	趋势科研
69	晚村	横塘港	浙江省	嘉兴市	环湖河流		市界（湖州市—嘉兴市）	趋势科研
70	东村桥	泗安塘	浙江省	湖州市	环湖河流		省界（皖—浙）	趋势科研
71	武林头	运河西线	浙江省	湖州市	环湖河流		市界（杭州市—湖州市）	趋势科研
72	斜路港	斜路港河	浙江省	嘉兴市	环湖河流		省界（苏—浙）	趋势科研
73	南台头闸一号桥	海盐塘	浙江省	嘉兴市	河网		入海口	入海控制
74	上塘河排涝闸	上塘河	浙江省	嘉兴市	河网		入海口	入海控制
75	盐官排涝枢纽	盐官下河	浙江省	嘉兴市	河网		入海口	入海控制

巢湖流域湖体“十三五”国控监测点位设置情况

序号	点位名称	所属湖区	省份	所在地区	点位属性	点位功能
1	巢湖船厂	巢湖东半湖	安徽省	合肥市	湖体	评价、考核、排名
2	东半湖湖心	巢湖东半湖	安徽省	合肥市	湖体	评价、考核、排名
3	黄麓	巢湖东半湖	安徽省	合肥市	湖体	评价、考核、排名
4	忠庙	巢湖东半湖	安徽省	合肥市	湖体	评价、考核、排名
5	兆河入湖区	巢湖东半湖	安徽省	合肥市	湖体	评价、考核、排名
6	新河入湖区	巢湖西半湖	安徽省	合肥市	湖体	评价、考核、排名
7	西半湖湖心	巢湖西半湖	安徽省	合肥市	湖体	评价、考核、排名
8	湖滨	巢湖西半湖	安徽省	合肥市	湖体	评价、考核、排名

巢湖流域环湖河流“十三五”国控监测断面设置情况

序号	断面名称	所在河流	省份	所在地区	所在河流级别	汇入河流（湖库、海洋）	断面属性	断面功能
1	石堆渡口	白石天河	安徽省	合肥市	一级	巢湖	入湖口	评价、考核、排名
2	三河镇大桥	丰乐河	安徽省	合肥市	二级	杭埠河	入河口	评价、考核、排名
3	河口大桥	杭埠河	安徽省	六安市	一级	巢湖		评价、考核、排名
4	三河镇新大桥	杭埠河	安徽省	合肥市	一级	巢湖		评价、考核、排名
5	北闸渡口	杭埠河	安徽省	合肥市	一级	巢湖	入湖口	评价、考核、排名
6	施口	南淝河	安徽省	合肥市	一级	巢湖	入湖口	评价、考核、排名
7	肥西化肥厂下	派河	安徽省	合肥市	一级	巢湖	入湖口	评价、考核、排名
8	希望桥	十五里河	安徽省	合肥市	一级	巢湖	入湖口	评价、考核、排名
9	双桥河入湖口	双桥河	安徽省	合肥市	一级	巢湖	入湖口	评价、考核、排名
10	三胜大队渡口	裕溪河	安徽省	合肥市	一级	巢湖	出入湖口	评价、考核、排名
11	裕溪口	裕溪河	安徽省	芜湖市	一级	长江	入河口	评价、考核、排名
12	庐江缺口	兆河	安徽省	合肥市	一级	巢湖		评价、考核、排名
13	入湖口渡口	兆河	安徽省	合肥市	一级	巢湖	入湖口	评价、考核、排名
14	柘皋大桥	柘皋河	安徽省	合肥市	一级	巢湖	入湖口	评价、考核、排名
15	河内 1 500 m	店埠河	安徽省	合肥市	二级	南淝河		趋势科研
16	西新庄	南淝河	安徽省	合肥市	一级	巢湖		趋势科研

滇池流域湖体“十三五”国控监测点位设置情况

序号	点位名称	所属湖区	省份	所在地区	点位属性	点位功能
1	草海中心	滇池草海	云南省	昆明市	湖体	评价、考核、排名
2	断桥	滇池草海	云南省	昆明市	湖体	评价、考核、排名
3	灰湾中	滇池外海	云南省	昆明市	湖体	评价、考核、排名
4	罗家营	滇池外海	云南省	昆明市	湖体	评价、考核、排名
5	观音山东	滇池外海	云南省	昆明市	湖体	评价、考核、排名
6	观音山中	滇池外海	云南省	昆明市	湖体	评价、考核、排名
7	观音山西	滇池外海	云南省	昆明市	湖体	评价、考核、排名
8	白鱼口	滇池外海	云南省	昆明市	湖体	评价、考核、排名
9	海口西	滇池外海	云南省	昆明市	湖体	评价、考核、排名
10	滇池南	滇池外海	云南省	昆明市	湖体	评价、考核、排名

滇池流域环湖河流“十三五”国控监测断面设置情况

序号	断面名称	所在河流	省份	所在地区	所在河流级别	汇入河流（湖库、海洋）	断面属性	断面功能
1	宝丰村入湖口	宝象河	云南省	昆明市	一级	滇池	入湖口	评价、考核、排名
2	茨巷河入湖口（牛恋乡）	柴河	云南省	昆明市	一级	滇池	入湖口	评价、考核、排名
3	船房五社桥头（一检站）	船房河	云南省	昆明市	一级	滇池	入湖口	评价、考核、排名
4	大观河入湖口（航运公司）（篆塘河泵站）	大观河	云南省	昆明市	一级	滇池	入湖口	评价、考核、排名
5	东大河滇池入湖口	东大河	云南省	昆明市	一级	滇池	入湖口	评价、考核、排名
6	王大桥	金汁河	云南省	昆明市	二级	大青河		评价、考核、排名
7	大渔乡土罗村入湖口	捞渔河	云南省	昆明市	一级	滇池	入湖口	评价、考核、排名
8	江尾下闸	洛龙河	云南省	昆明市	一级	滇池	入湖口	评价、考核、排名
9	回龙村	马料河	云南省	昆明市	一级	滇池	入湖口	评价、考核、排名
10	严家村桥	盘龙江	云南省	昆明市	一级	滇池	入湖口	评价、考核、排名
11	新河村入湖口（金属筛片厂小桥）	西坝河	云南省	昆明市	一级	滇池	入湖口	评价、考核、排名
12	晋城小寨	淤泥河	云南省	昆明市	一级	滇池	入湖口	评价、考核、排名
13	范家村新二桥	海河	云南省	昆明市	一级	滇池	入湖口	趋势科研
14	积下村（积中村）	老运粮河	云南省	昆明市	一级	滇池	入湖口	趋势科研
15	明波村	乌龙河	云南省	昆明市	一级	滇池	入湖口	趋势科研
16	积善村桥	新河	云南省	昆明市	一级	滇池	入湖口	趋势科研
17	昆阳码头	中河	云南省	昆明市	一级	滇池	入湖口	趋势科研
18	大青河泵站	大青河	云南省	昆明市	一级	滇池	入湖口	趋势科研

大型湖泊“十三五”国控监测点位设置情况

序号	所在流域	点位名称	湖库名称	省份	所在地区	点位功能
1	长江流域	中心点	升金湖	安徽省	池州市	评价、考核、排名
2	长江流域	菜子湖	菜子湖	安徽省	安庆市	评价、考核、排名
3	长江流域	武昌湖	武昌湖	安徽省	安庆市	评价、考核、排名
4	长江流域	东湖湖心	南漪湖	安徽省	宣城市	评价、考核、排名
5	长江流域	西湖湖心	南漪湖	安徽省	宣城市	评价、考核、排名
6	长江流域	龙感湖	龙感湖	安徽省	安庆市	评价、考核、排名
7	长江流域	大官湖	黄大湖	安徽省	安庆市	评价、考核、排名
8	长江流域	黄湖	黄大湖	安徽省	安庆市	评价、考核、排名
9	长江流域	花亭湖坝前	花亭湖	安徽省	安庆市	评价、考核、排名
10	长江流域	花鱼洞	红枫湖	贵州省	贵阳市	评价、考核、排名
11	长江流域	万峰湖	万峰湖	贵州省	黔西南州	评价、考核、排名
12	长江流域	贵铝泵房	百花湖	贵州省	贵阳市	评价、考核、排名
13	长江流域	江夏湖心	斧头湖	湖北省	武汉市	评价、考核、排名
14	长江流域	咸宁湖心	斧头湖	湖北省	咸宁市	评价、考核、排名
15	长江流域	西梁子湖湖心（南北嘴）	梁子湖	湖北省	武汉市	评价、考核、排名
16	长江流域	牛山湖湖心	梁子湖	湖北省	武汉市	评价、考核、排名
17	长江流域	西梁子湖湖北	梁子湖	湖北省	武汉市	评价、考核、排名
18	长江流域	西梁子湖湖南	梁子湖	湖北省	武汉市	评价、考核、排名
19	长江流域	入湖口	梁子湖	湖北省	鄂州市	评价、考核、排名
20	长江流域	东梁子湖湖心	梁子湖	湖北省	鄂州市	评价、考核、排名
21	长江流域	梁子岛水源	梁子湖	湖北省	鄂州市	评价、考核、排名
22	长江流域	出湖口	梁子湖	湖北省	鄂州市	评价、考核、排名
23	长江流域	湖心 A	洪湖	湖北省	荆州市	评价、考核、排名
24	长江流域	杨柴湖	洪湖	湖北省	荆州市	评价、考核、排名
25	长江流域	排水闸	洪湖	湖北省	荆州市	评价、考核、排名
26	长江流域	湖心 B	洪湖	湖北省	荆州市	评价、考核、排名
27	长江流域	蒋家嘴	洞庭湖	湖南省	常德市	评价、考核、排名
28	长江流域	鹿角	洞庭湖	湖南省	岳阳市	评价、考核、排名
29	长江流域	扁山	洞庭湖	湖南省	岳阳市	评价、考核、排名
30	长江流域	虞公庙	洞庭湖	湖南省	岳阳市	评价、考核、排名
31	长江流域	岳阳楼	洞庭湖	湖南省	岳阳市	评价、考核、排名
32	长江流域	洞庭湖出口	洞庭湖	湖南省	岳阳市	评价、考核、排名

序号	所在流域	点位名称	湖库名称	省份	所在地区	点位功能
33	长江流域	东洞庭湖	洞庭湖	湖南省	岳阳市	评价、考核、排名
34	长江流域	横岭湖	洞庭湖	湖南省	岳阳市	评价、考核、排名
35	长江流域	万子湖	洞庭湖	湖南省	益阳市	评价、考核、排名
36	长江流域	南嘴	洞庭湖	湖南省	益阳市	评价、考核、排名
37	长江流域	小河嘴	洞庭湖	湖南省	益阳市	评价、考核、排名
38	长江流域	大通湖	大通湖	湖南省	益阳市	评价、考核、排名
39	长江流域	阳澄湖心	阳澄湖	江苏省	苏州市	评价、考核、排名
40	长江流域	伍湖分场	鄱阳湖	江西省	南昌市	评价、考核、排名
41	长江流域	南矶山	鄱阳湖	江西省	南昌市	评价、考核、排名
42	长江流域	金溪咀刘家	鄱阳湖	江西省	南昌市	评价、考核、排名
43	长江流域	南湖村	鄱阳湖	江西省	南昌市	评价、考核、排名
44	长江流域	鄱阳湖出口	鄱阳湖	江西省	九江市	评价、考核、排名
45	长江流域	三山	鄱阳湖	江西省	九江市	评价、考核、排名
46	长江流域	蚌湖	鄱阳湖	江西省	九江市	评价、考核、排名
47	长江流域	吴城	鄱阳湖	江西省	九江市	评价、考核、排名
48	长江流域	星子	鄱阳湖	江西省	九江市	评价、考核、排名
49	长江流域	老爷庙	鄱阳湖	江西省	九江市	评价、考核、排名
50	长江流域	都昌	鄱阳湖	江西省	九江市	评价、考核、排名
51	长江流域	蛤蟆石	鄱阳湖	江西省	九江市	评价、考核、排名
52	长江流域	莲湖	鄱阳湖	江西省	上饶市	评价、考核、排名
53	长江流域	余干	鄱阳湖	江西省	上饶市	评价、考核、排名
54	长江流域	白沙洲	鄱阳湖	江西省	上饶市	评价、考核、排名
55	长江流域	梅溪咀	鄱阳湖	江西省	上饶市	评价、考核、排名
56	长江流域	康山	鄱阳湖	江西省	上饶市	评价、考核、排名
57	长江流域	湖心岛	仙女湖	江西省	新余市	评价、考核、排名
58	长江流域	坝上	柘林湖	江西省	九江市	评价、考核、排名
59	长江流域	急水港桥	淀山湖	上海市	上海市	评价、考核、排名
60	长江流域	邛海湖心	邛海	四川省	凉山州	评价、考核、排名
61	长江流域	程海湖中	程海	云南省	丽江市	评价、考核、排名
62	长江流域	泸沽湖湖心	泸沽湖	云南省	丽江市	评价、考核、排名
63	太湖流域	湖心	西湖	浙江省	杭州市	评价、考核、排名
64	黄河流域	湖心	乌梁素海	内蒙古自治区	巴彦淖尔市	评价、考核、排名
65	黄河流域	香山湖	香山湖	宁夏回族自治区	中卫市	评价、考核、排名

序号	所在流域	点位名称	湖库名称	省份	所在地区	点位功能
66	黄河流域	沙湖	沙湖	宁夏回族自治区	石嘴山市	评价、考核、排名
67	珠江流域	阳宗海中	阳宗海	云南省	昆明市	评价、考核、排名
68	珠江流域	抚仙湖心	抚仙湖	云南省	玉溪市	评价、考核、排名
69	珠江流域	杞麓湖心	杞麓湖	云南省	玉溪市	评价、考核、排名
70	珠江流域	星云湖心	星云湖	云南省	玉溪市	评价、考核、排名
71	松花江流域	新开流	小兴凯湖	黑龙江省	鸡西市	评价、考核、排名
72	松花江流域	泄洪 1 闸	小兴凯湖	黑龙江省	鸡西市	评价、考核、排名
73	松花江流域	泄洪 2 闸	小兴凯湖	黑龙江省	鸡西市	评价、考核、排名
74	松花江流域	档壁镇	兴凯湖	黑龙江省	鸡西市	评价、考核、排名
75	松花江流域	疗养院	兴凯湖	黑龙江省	鸡西市	评价、考核、排名
76	松花江流域	龙王庙	兴凯湖	黑龙江省	鸡西市	评价、考核、排名
77	松花江流域	中俄交界东	兴凯湖	黑龙江省	鸡西市	评价、考核、排名
78	松花江流域	中俄交界中	兴凯湖	黑龙江省	鸡西市	评价、考核、排名
79	松花江流域	中俄交界西	兴凯湖	黑龙江省	鸡西市	评价、考核、排名
80	松花江流域	电视塔	镜泊湖	黑龙江省	牡丹江市	评价、考核、排名
81	松花江流域	果树场	镜泊湖	黑龙江省	牡丹江市	评价、考核、排名
82	松花江流域	甘珠花	呼伦湖（达赉湖）	内蒙古自治区	呼伦贝尔市	评价、考核、排名
83	松花江流域	小河口	呼伦湖（达赉湖）	内蒙古自治区	呼伦贝尔市	评价、考核、排名
84	淮河流域	瓦埠湖	瓦埠湖	安徽省	淮南市	评价、考核、排名
85	淮河流域	焦岗湖	焦岗湖	安徽省	淮南市	评价、考核、排名
86	淮河流域	老山乡	洪泽湖	江苏省	淮安市	评价、考核、排名
87	淮河流域	龙集镇北	洪泽湖	江苏省	宿迁市	评价、考核、排名
88	淮河流域	成河乡中	洪泽湖	江苏省	宿迁市	评价、考核、排名
89	淮河流域	高良涧镇	洪泽湖	江苏省	淮安市	评价、考核、排名
90	淮河流域	蒋坝镇	洪泽湖	江苏省	淮安市	评价、考核、排名
91	淮河流域	临淮乡	洪泽湖	江苏省	宿迁市	评价、考核、排名
92	淮河流域	湖心区	高邮湖	江苏省	扬州市	评价、考核、排名
93	淮河流域	三场	骆马湖	江苏省	宿迁市	评价、考核、排名
94	淮河流域	骆马湖乡	骆马湖	江苏省	宿迁市	评价、考核、排名
95	淮河流域	洪金	白马湖	江苏省	淮安市	评价、考核、排名
96	淮河流域	东平湖湖南	东平湖	山东省	泰安市	评价、考核、排名

序号	所在流域	点位名称	湖库名称	省份	所在地区	点位功能
97	淮河流域	东平湖湖北	东平湖	山东省	泰安市	评价、考核、排名
98	淮河流域	前白口	南四湖	山东省	济宁市	评价、考核、排名
99	淮河流域	南阳	南四湖	山东省	济宁市	评价、考核、排名
100	淮河流域	二级坝	南四湖	山东省	济宁市	评价、考核、排名
101	淮河流域	大捐	南四湖	山东省	济宁市	评价、考核、排名
102	淮河流域	岛东	南四湖	山东省	济宁市	评价、考核、排名
103	海河流域	采蒲台	白洋淀	河北省	保定市	评价、考核、排名
104	海河流域	光淀张庄	白洋淀	河北省	保定市	评价、考核、排名
105	海河流域	南刘庄	白洋淀	河北省	保定市	评价、考核、排名
106	海河流域	圈头	白洋淀	河北省	保定市	评价、考核、排名
107	海河流域	烧车淀	白洋淀	河北省	保定市	评价、考核、排名
108	海河流域	大湖心	衡水湖	河北省	衡水市	评价、考核、排名
109	海河流域	北湖	高唐湖	山东省	聊城市	评价、考核、排名
110	浙闽片	北湖中心	东钱湖	浙江省	宁波市	评价、考核、排名
111	西北诸河	湖中心	乌伦古湖	新疆维吾尔自治区	阿勒泰地区	评价、考核、排名
112	西北诸河	乌伦古湖码头	乌伦古湖	新疆维吾尔自治区	阿勒泰地区	评价、考核、排名
113	西北诸河	南部渔政点	乌伦古湖	新疆维吾尔自治区	阿勒泰地区	评价、考核、排名
114	西北诸河	博湖 1	博斯腾湖西	新疆维吾尔自治区	巴音郭楞蒙古自治州	评价、考核、排名
115	西北诸河	博湖 2	博斯腾湖东	新疆维吾尔自治区	巴音郭楞蒙古自治州	评价、考核、排名
116	西北诸河	博湖 3	博斯腾湖东	新疆维吾尔自治区	巴音郭楞蒙古自治州	评价、考核、排名
117	西北诸河	博湖 4	博斯腾湖东	新疆维吾尔自治区	巴音郭楞蒙古自治州	评价、考核、排名
118	西北诸河	博湖 5	博斯腾湖东	新疆维吾尔自治区	巴音郭楞蒙古自治州	评价、考核、排名
119	西北诸河	博湖 6	博斯腾湖东	新疆维吾尔自治区	巴音郭楞蒙古自治州	评价、考核、排名
120	西北诸河	博湖 7	博斯腾湖西	新疆维吾尔自治区	巴音郭楞蒙古自治州	评价、考核、排名

序号	所在流域	点位名称	湖库名称	省份	所在地区	点位功能
121	西北诸河	博湖 8	博斯腾湖西	新疆维吾尔自治区	巴音郭楞蒙古自治州	评价、考核、排名
122	西北诸河	博湖 9	博斯腾湖西	新疆维吾尔自治区	巴音郭楞蒙古自治州	评价、考核、排名
123	西北诸河	博湖 10	博斯腾湖西	新疆维吾尔自治区	巴音郭楞蒙古自治州	评价、考核、排名
124	西北诸河	博湖 11	博斯腾湖西	新疆维吾尔自治区	巴音郭楞蒙古自治州	评价、考核、排名
125	西北诸河	博湖 12	博斯腾湖西	新疆维吾尔自治区	巴音郭楞蒙古自治州	评价、考核、排名
126	西北诸河	博湖 13	博斯腾湖西	新疆维吾尔自治区	巴音郭楞蒙古自治州	评价、考核、排名
127	西北诸河	博湖 14	博斯腾湖西	新疆维吾尔自治区	巴音郭楞蒙古自治州	评价、考核、排名
128	西北诸河	博湖 15	博斯腾湖东	新疆维吾尔自治区	巴音郭楞蒙古自治州	评价、考核、排名
129	西北诸河	博湖 16	博斯腾湖东	新疆维吾尔自治区	巴音郭楞蒙古自治州	评价、考核、排名
130	西北诸河	博湖 17	博斯腾湖东	新疆维吾尔自治区	巴音郭楞蒙古自治州	评价、考核、排名
131	西北诸河	赛湖 2	赛里木湖	新疆维吾尔自治区	博尔塔拉蒙古自治州	评价、考核、排名
132	西北诸河	艾比湖 1	艾比湖	新疆维吾尔自治区	博尔塔拉蒙古自治州	评价、考核、排名
133	西南诸河	班公错	班公错	西藏自治区	阿里地区	评价、考核、排名
134	西南诸河	扎西岛（纳木错）	纳木错	西藏自治区	拉萨市	评价、考核、排名
135	西南诸河	羊湖东区	羊卓雍错	西藏自治区	山南地区	评价、考核、排名
136	西南诸河	色林错	色林错	西藏自治区	那曲地区	评价、考核、排名
137	西南诸河	洱海湖心	洱海	云南省	大理州	评价、考核、排名
138	西南诸河	异龙湖中	异龙湖	云南省	红河州	评价、考核、排名
139	长江流域	大官湖（浅水区）	黄大湖	安徽省	安庆市	趋势科研

序号	所在流域	点位名称	湖库名称	省份	所在地区	点位功能
140	长江流域	黄湖（浅水区）	黄大湖	安徽省	安庆市	趋势科研
141	长江流域	黄湖入泊湖口	黄大湖	安徽省	安庆市	趋势科研
142	长江流域	陇南天池湖心	陇南天池	甘肃省	陇南市	趋势科研
143	长江流域	大坝	百花湖	贵州省	贵阳市	趋势科研
144	长江流域	大坝	红枫湖	贵州省	贵阳市	趋势科研
145	长江流域	后午	红枫湖	贵州省	贵阳市	趋势科研
146	长江流域	偏山寨	红枫湖	贵州省	贵阳市	趋势科研
147	长江流域	腰洞	红枫湖	贵州省	贵阳市	趋势科研
148	长江流域	西郊水厂	红枫湖	贵州省	贵阳市	趋势科研
149	长江流域	三岔河	红枫湖	贵州省	贵阳市	趋势科研
150	长江流域	麦西河口	百花湖	贵州省	贵阳市	趋势科研
151	长江流域	岩脚寨	百花湖	贵州省	贵阳市	趋势科研
152	长江流域	花桥	百花湖	贵州省	贵阳市	趋势科研
153	长江流域	澴东湖入湖口	澴东湖	湖北省	孝感市	趋势科研
154	长江流域	澴东湖湖心	澴东湖	湖北省	孝感市	趋势科研
155	长江流域	澴东湖出湖口	澴东湖	湖北省	孝感市	趋势科研
156	长江流域	西毛里湖湖心	西毛里湖	湖南省	常德市	趋势科研
157	长江流域	武宁渡口	柘林湖	江西省	九江市	趋势科研
158	长江流域	武宁界牌	柘林湖	江西省	九江市	趋势科研
159	长江流域	塘边	仙女湖	江西省	新余市	趋势科研
160	长江流域	傣家村	仙女湖	江西省	新余市	趋势科研
161	长江流域	江口	仙女湖	江西省	新余市	趋势科研
162	长江流域	青龙寺	邛海	四川省	凉山州	趋势科研
163	长江流域	邛海宾馆	邛海	四川省	凉山州	趋势科研
164	长江流域	长寿湖入湖口	长寿湖	重庆市	重庆市	趋势科研
165	长江流域	长寿湖湖心	长寿湖	重庆市	重庆市	趋势科研
166	长江流域	长寿湖出湖口	长寿湖	重庆市	重庆市	趋势科研
167	黄河流域	进口区（西大滩）	乌梁素海	内蒙古自治区	巴彦淖尔市	趋势科研
168	黄河流域	出口区（河口）	乌梁素海	内蒙古自治区	巴彦淖尔市	趋势科研

序号	所在流域	点位名称	湖库名称	省份	所在地区	点位功能
169	黄河流域	红碱淖	红碱淖	陕西省	榆林市	趋势科研
170	珠江流域	尖心	抚仙湖	云南省	玉溪市	趋势科研
171	珠江流域	路居	抚仙湖	云南省	玉溪市	趋势科研
172	松花江流域	查干湖入湖口	查干湖	吉林省	松原市	趋势科研
173	松花江流域	查干湖湖心	查干湖	吉林省	松原市	趋势科研
174	松花江流域	查干湖出湖口	查干湖	吉林省	松原市	趋势科研
175	松花江流域	贝尔湖	贝尔湖	内蒙古自治区	呼伦贝尔市	趋势科研
176	淮河流域	取水口	高邮湖	安徽省	滁州市	趋势科研
177	淮河流域	近羊湖尖	高邮湖	江苏省	扬州市	趋势科研
178	海河流域	王口闸	衡水湖	河北省	衡水市	趋势科研
179	海河流域	小湖心	衡水湖	河北省	衡水市	趋势科研
180	海河流域	大赵闸	衡水湖	河北省	衡水市	趋势科研
181	辽河流域	卧龙湖入湖口	卧龙湖	辽宁省	沈阳市	趋势科研
182	辽河流域	卧龙湖湖心	卧龙湖	辽宁省	沈阳市	趋势科研
183	辽河流域	卧龙湖出湖口	卧龙湖	辽宁省	沈阳市	趋势科研
184	浙闽片	南湖中心	东钱湖	浙江省	宁波市	趋势科研
185	西北诸河	黑河湿地入口	黑河湿地	甘肃省	张掖市	趋势科研
186	西北诸河	黑河湿地湖心	黑河湿地	甘肃省	张掖市	趋势科研
187	西北诸河	黑河湿地出口	黑河湿地	甘肃省	张掖市	趋势科研
188	西南诸河	扎西岛西南 12 km 处	纳木错	西藏自治区	拉萨市	趋势科研
189	西南诸河	喜洲	洱海	云南省	大理州	趋势科研
190	西南诸河	龙龛	洱海	云南省	大理州	趋势科研
191	西南诸河	塔村	洱海	云南省	大理州	趋势科研
192	西南诸河	石房子	洱海	云南省	大理州	趋势科研

大型水库“十三五”国控监测点位设置情况

序号	所在流域	点位名称	水库名称	省份	所在地区	点位功能
1	长江流域	靠近大坝	董铺水库	安徽省	合肥市	评价、考核、排名
2	长江流域	湖心	太平湖	安徽省	黄山市	评价、考核、排名
3	长江流域	陶岔	丹江口水库	河南省	南阳市	评价、考核、排名
4	长江流域	五龙泉	丹江口水库	河南省	南阳市	评价、考核、排名
5	长江流域	宋岗	丹江口水库	河南省	南阳市	评价、考核、排名
6	长江流域	坝上中	丹江口水库	湖北省	十堰市	评价、考核、排名
7	长江流域	何家湾	丹江口水库	湖北省	十堰市	评价、考核、排名
8	长江流域	江北大桥	丹江口水库	湖北省	十堰市	评价、考核、排名
9	长江流域	富水水库	富水水库	湖北省	咸宁市	评价、考核、排名
10	长江流域	黄龙 1	黄龙滩水库	湖北省	十堰市	评价、考核、排名
11	长江流域	黄龙 2	黄龙滩水库	湖北省	十堰市	评价、考核、排名
12	长江流域	库坝上	白莲河水库	湖北省	黄冈市	评价、考核、排名
13	长江流域	隔河岩水库坝上	隔河岩水库	湖北省	宜昌市	评价、考核、排名
14	长江流域	渠首闸	漳河水库	湖北省	荆门市	评价、考核、排名
15	长江流域	漳河水库库心	漳河水库	湖北省	荆门市	评价、考核、排名
16	长江流域	头山	东江水库	湖南省	郴州市	评价、考核、排名
17	长江流域	白廊	东江水库	湖南省	郴州市	评价、考核、排名
18	长江流域	石门水库	石门水库（褒河）	陕西省	汉中市	评价、考核、排名
19	长江流域	瀛湖坝前	瀛湖	陕西省	安康市	评价、考核、排名
20	长江流域	鲁班岛	鲁班水库	四川省	绵阳市	评价、考核、排名
21	长江流域	玉滩水库	玉滩水库	重庆市	重庆市	评价、考核、排名
22	黄河流域	南山	小浪底水库	河南省	济源市	评价、考核、排名
23	黄河流域	三门峡水库	三门峡水库	河南省	三门峡市	评价、考核、排名
24	黄河流域	鸭子荡水库	鸭子荡水库	宁夏回族自治区	宁东能源化工基地	评价、考核、排名
25	黄河流域	龙羊峡库区出水口	龙羊峡水库	青海省	海南藏族自治州	评价、考核、排名
26	黄河流域	水库出水口	王瑶水库	陕西省	延安市	评价、考核、排名
27	珠江流域	新丰江水库	新丰江水库	广东省	河源市	评价、考核、排名
28	珠江流域	石骨水库	高州水库	广东省	茂名市	评价、考核、排名
29	珠江流域	良德水库	高州水库	广东省	茂名市	评价、考核、排名

序号	所在流域	点位名称	水库名称	省份	所在地区	点位功能
30	珠江流域	渠首	鹤地水库	广东省	湛江市	评价、考核、排名
31	珠江流域	龙岩滩水库	龙岩滩水库	广西壮族自治区	河池市	评价、考核、排名
32	珠江流域	水库库心	大广坝水库	海南省	东方市	评价、考核、排名
33	珠江流域	南丰库心	松涛水库	海南省	儋州市	评价、考核、排名
34	珠江流域	水库出口	大隆水库	海南省	三亚市	评价、考核、排名
35	松花江流域	水库出口	磨盘山水库	黑龙江省	哈尔滨市	评价、考核、排名
36	松花江流域	三道	莲花水库	黑龙江省	牡丹江市	评价、考核、排名
37	松花江流域	桦树林	松花湖	吉林省	吉林市	评价、考核、排名
38	松花江流域	小荒地	松花湖	吉林省	吉林市	评价、考核、排名
39	松花江流域	沙石浒	松花湖	吉林省	吉林市	评价、考核、排名
40	松花江流域	大丰满	松花湖	吉林省	吉林市	评价、考核、排名
41	松花江流域	西入口	察尔森水库	内蒙古自治区	兴安盟	评价、考核、排名
42	松花江流域	东入口	察尔森水库	内蒙古自治区	兴安盟	评价、考核、排名
43	淮河流域	大坝北	鲇鱼山水库	河南省	信阳市	评价、考核、排名
44	淮河流域	饮用水水源地取水口	南湾水库	河南省	信阳市	评价、考核、排名
45	淮河流域	白龟山水库	白龟山水库	河南省	平顶山市	评价、考核、排名
46	淮河流域	昭平台水库	昭平台水库	河南省	平顶山市	评价、考核、排名
47	淮河流域	中心	崂山水库	山东省	青岛市	评价、考核、排名
48	淮河流域	峡山水库库中	峡山水库	山东省	潍坊市	评价、考核、排名
49	淮河流域	云蒙湖湖心	云蒙湖	山东省	临沂市	评价、考核、排名
50	海河流域	密云水库	密云水库	北京市	密云区	评价、考核、排名
51	海河流域	怀柔水库	怀柔水库	北京市	北京市	评价、考核、排名
52	海河流域	于桥水库库中心	于桥水库	天津市	天津市	评价、考核、排名
53	海河流域	尔王庄水库	尔王庄水库	天津市	天津市	评价、考核、排名
54	辽河流域	浑 37 左	大伙房水库	辽宁省	抚顺市	评价、考核、排名

序号	所在流域	点位名称	水库名称	省份	所在地区	点位功能
55	辽河流域	浑 7 右	大伙房水库	辽宁省	抚顺市	评价、考核、排名
56	辽河流域	浑 7 左	大伙房水库	辽宁省	抚顺市	评价、考核、排名
57	辽河流域	水丰水库	水丰湖	辽宁省	丹东市	评价、考核、排名
58	浙闽片	库心	山美水库	福建省	泉州市	评价、考核、排名
59	浙闽片	小金山	千岛湖	浙江省	杭州市	评价、考核、排名
60	浙闽片	大坝前	千岛湖	浙江省	杭州市	评价、考核、排名
61	浙闽片	三潭岛	千岛湖	浙江省	杭州市	评价、考核、排名
62	浙闽片	坝口	长潭水库	浙江省	台州市	评价、考核、排名
63	浙闽片	龙鼻头	湖南镇水库	浙江省	衢州市	评价、考核、排名
64	浙闽片	里石门水库	里石门水库	浙江省	台州市	评价、考核、排名
65	浙闽片	铜山源水库	铜山源水库	浙江省	衢州市	评价、考核、排名
66	西北诸河	红崖山水库	红崖山水库	甘肃省	武威市	评价、考核、排名
67	西北诸河	解放村水库	解放村水库	甘肃省	酒泉市	评价、考核、排名
68	西北诸河	党河水库	党河水库	甘肃省	酒泉市	评价、考核、排名
69	西北诸河	双塔水库	双塔水库	甘肃省	酒泉市	评价、考核、排名
70	长江流域	水府庙水库库心	水府庙水库	湖南省	湘潭市	趋势科研
71	长江流域	玉滩水库入口	玉滩水库	重庆市	重庆市	趋势科研
72	长江流域	玉滩水库出口	玉滩水库	重庆市	重庆市	趋势科研
73	黄河流域	大横岭	小浪底水库	河南省	济源市	趋势科研
74	黄河流域	桐树玲	小浪底水库	河南省	济源市	趋势科研
75	黄河流域	陆浑水库	陆浑水库	河南省	洛阳市	趋势科研
76	黄河流域	龙羊峡水库湖心	龙羊峡水库	青海省	海南藏族自治州	趋势科研
77	黄河流域	龙羊峡水库入水口	龙羊峡水库	青海省	海南藏族自治州	趋势科研
78	黄河流域	水库出口（上）	汾河水库	山西省	太原市	趋势科研
79	黄河流域	汾河进水区	汾河水库	山西省	太原市	趋势科研
80	黄河流域	涧河进水区	汾河水库	山西省	太原市	趋势科研
81	黄河流域	库中心（上）	汾河水库	山西省	太原市	趋势科研
82	黄河流域	库中心（下）	汾河水库	山西省	太原市	趋势科研
83	黄河流域	水库出口（下）	汾河水库	山西省	太原市	趋势科研
84	珠江流域	南水水库	南水水库	广东省	韶关市	趋势科研
85	珠江流域	枫树坝水库	枫树坝水库	广东省	河源市	趋势科研
86	珠江流域	甘园	白盆珠水库	广东省	惠州市	趋势科研
87	珠江流域	龙岩滩水库入口	龙岩滩水库	广西壮族自治区	河池市	趋势科研

序号	所在流域	点位名称	水库名称	省份	所在地区	点位功能
88	珠江流域	龙岩滩水库出口	龙岩滩水库	广西壮族自治区	河池市	趋势科研
89	松花江流域	库中	尼尔基水库	黑龙江省	齐齐哈尔市	趋势科研
90	松花江流域	库尾	尼尔基水库	黑龙江省	齐齐哈尔市	趋势科研
91	松花江流域	山口湖入口	山口湖	黑龙江省	黑河市	趋势科研
92	松花江流域	山口湖湖心	山口湖	黑龙江省	黑河市	趋势科研
93	松花江流域	山口湖出口	山口湖	黑龙江省	黑河市	趋势科研
94	淮河流域	大坝前	梅山水库	安徽省	六安市	趋势科研
95	淮河流域	大坝前	响洪甸水库	安徽省	六安市	趋势科研
96	淮河流域	云蒙湖入湖口	云蒙湖	山东省	临沂市	趋势科研
97	淮河流域	云蒙湖出湖口	云蒙湖	山东省	临沂市	趋势科研
98	海河流域	官厅入口	官厅水库	河北省	张家口市	趋势科研
99	海河流域	官厅库心	官厅水库	河北省	张家口市	趋势科研
100	海河流域	官厅出口	官厅水库	河北省	张家口市	趋势科研
101	海河流域	岗南水库	岗南水库	河北省	石家庄市	趋势科研
102	海河流域	黄壁庄水库	黄壁庄水库	河北省	石家庄市	趋势科研
103	海河流域	西大洋水库	西大洋水库	河北省	保定市	趋势科研
104	海河流域	王快水库	王快水库	河北省	保定市	趋势科研
105	海河流域	千鹤湖湖心	千鹤湖	河南省	鹤壁市	趋势科研
106	辽河流域	碧流河入口	碧流河水库	辽宁省	大连市	趋势科研
107	辽河流域	碧流河库心	碧流河水库	辽宁省	大连市	趋势科研
108	辽河流域	碧流河出口	碧流河水库	辽宁省	大连市	趋势科研
109	辽河流域	水丰湖入湖口	水丰湖	辽宁省	丹东市	趋势科研
110	辽河流域	水丰湖出湖口	水丰湖	辽宁省	丹东市	趋势科研
111	浙闽片	进口	山美水库	福建省	泉州市	趋势科研
112	浙闽片	出口	山美水库	福建省	泉州市	趋势科研
113	西北诸河	青格达水库（猛进水库）中心	青格达水库（猛进水库）	新疆维吾尔自治区	五家渠市	趋势科研